Anja Spägele

# TikTok-Marketing

Strategie, Content, Best Practices

## Liebe Leserin, lieber Leser,

ohne Frage, TikTok ist eine faszinierende Plattform. Der Aufstieg, den es in den letzten Jahren hingelegt hat, ist wirklich beachtlich. Inzwischen zählt TikTok über eine Milliarde aktive Nutzer*innen pro Monat. Die Wachstumsraten sind noch immer hoch und ein baldiges Ende dieses Trends ist nicht in Sicht. Vor allem bei Jugendlichen ist TikTok sehr beliebt und es verhilft Pop-Songs und Nutzer*innen zu großer Bekanntheit. Auch Unternehmen fragen sich, ob es sich lohnt, auf dieser Plattform aktiv zu werden. Vereinzelt sind Unternehmen schon diesen Schritt gegangen. Doch wie geht man hier richtig vor? Wie muss sich eine Marke präsentieren, um die erhoffte Reichweite auf der Plattform zu erlangen? Wie kann die eigene Zielgruppe erreicht werden? Und ganz wichtig – ist sie dort überhaupt vorhanden?

Anja Spägele hilft Ihnen sich zurechtzufinden. Sie zeigt Ihnen, wie TikTok überhaupt funktioniert und welche Videoformate sich Ihnen bieten. Von der Einrichtung eines Unternehmensprofil und der Erstellung eines Kanalkonzepts, bis zu Videoerstellung, Werbung, Monitoring und Community Management erfahren Sie alles, um erfolgreiche Marketingmaßnahmen auf TikTok umzusetzen. Viele Beispiele, Tipps und Tricks sowie wichtige Hilfestellungen von Rechtsanwalt Thomas Schwenke erleichtern Ihren Einstieg. So vermeiden Sie schwerwiegende Fehler und können sich von guten Beispielen inspirieren lassen.

Dieses Buch wurde mit größter Sorgfalt geschrieben und hergestellt. Sollten Sie dennoch Fragen, Kritik oder inhaltliche Anregungen haben, freue ich mich, wenn Sie mit mir in Kontakt treten.

Nun wünsche ich Ihnen aber viele Freude und Erfolg mit Ihren Videos auf TikTok!

**Ihr Erik Lipperts**
Lektorat Rheinwerk Computing

erik.lipperts@rheinwerk-verlag.de
www.rheinwerk-verlag.de
Rheinwerk Verlag · Rheinwerkallee 4 · 53227 Bonn

# Auf einen Blick

| | | |
|---|---|---|
| 1 | Einführung ins TikTok-Marketing | 15 |
| 2 | #GetToKnowMeBetter – wie funktioniert TikTok? | 21 |
| 3 | Mit strategischer Planung zum erfolgreichen TikTok-Kanal | 51 |
| 4 | Dein Unternehmensprofil bei TikTok – erste Schritte | 71 |
| 5 | Das Kanalkonzept | 85 |
| 6 | Influencer bei TikTok | 121 |
| 7 | Optimiere deine Inhalte für den Algorithmus | 145 |
| 8 | Die verschiedenen TikTok-Formate | 157 |
| 9 | Memes bei TikTok | 197 |
| 10 | Dein Weg zum erfolgreichen Unternehmensprofil – Videos erstellen | 205 |
| 11 | TikTok Analytics | 231 |
| 12 | #ReachThemAll – wie du deine Reichweite steigern kannst | 247 |
| 13 | Werbung auf TikTok | 257 |
| 14 | Mit Followern kommunizieren – warum gutes Community Management den Unterschied macht | 289 |
| 15 | Bonus: Hilfreiche Tipps und Tricks | 307 |
| 16 | #GetItRight – TikTok aus rechtlicher Sicht | 325 |

Wir hoffen, dass Sie Freude an diesem Buch haben und sich Ihre Erwartungen erfüllen. Ihre Anregungen und Kommentare sind uns jederzeit willkommen. Bitte bewerten Sie doch das Buch auf unserer Website unter **www.rheinwerk-verlag.de/feedback**.

An diesem Buch haben viele mitgewirkt, insbesondere:

**Lektorat**  Eril Lipperts, Patricia Zündorf
**Fachgutachten**  Anna Turner
**Korrektorat**  Annette Lennartz, Bonn
**Herstellung**  Norbert Englert
**Typografie und Layout**  Vera Brauner, Maxi Beithe
**Einbandgestaltung**  Lisa Kirsch
**Coverbild**  Unsplash: Benjamin O'Sullivan
**Satz**  III-Satz, Kiel
**Druck**  mediaprint solutions, Paderborn

Dieses Buch wurde gesetzt aus der Syntax Next LT Pro (9,25 pt/13,25 pt) in FrameMaker.

Gedruckt wurde es mit mineralölfreien Farben auf chlorfrei gebleichtem, PEFC®-zertifiziertem Offsetpapier (90 g/m²).

Hergestellt in Deutschland.

Das vorliegende Werk ist in all seinen Teilen urheberrechtlich geschützt. Alle Rechte vorbehalten, insbesondere das Recht der Übersetzung, des Vortrags, der Reproduktion, der Vervielfältigung auf fotomechanischen oder anderen Wegen und der Speicherung in elektronischen Medien.

Ungeachtet der Sorgfalt, die auf die Erstellung von Text, Abbildungen und Programmen verwendet wurde, können weder Verlag noch Autor, Herausgeber oder Übersetzer für mögliche Fehler und deren Folgen eine juristische Verantwortung oder irgendeine Haftung übernehmen.

Die in diesem Werk wiedergegebenen Gebrauchsnamen, Handelsnamen, Warenbezeichnungen usw. können auch ohne besondere Kennzeichnung Marken sein und als solche den gesetzlichen Bestimmungen unterliegen.

Die automatisierte Analyse des Werkes, um daraus Informationen insbesondere über Muster, Trends und Korrelationen gemäß § 44b UrhG (»Text und Data Mining«) zu gewinnen, ist untersagt.

Bibliografische Information der Deutschen Nationalbibliothek:
Die Deutsche Nationalbibliothek verzeichnet diese Publikation in der Deutschen Nationalbibliografie; detaillierte bibliografische Daten sind im Internet über *http://dnb.dnb.de* abrufbar.

**ISBN 978-3-8362-8928-3**

1. Auflage 2022, 1. Nachdruck 2024
© Rheinwerk Verlag, Bonn 2022

Informationen zu unserem Verlag und Kontaktmöglichkeiten finden Sie auf unserer Verlagswebsite **www.rheinwerk-verlag.de**. Dort können Sie sich auch umfassend über unser aktuelles Programm informieren und unsere Bücher und E-Books bestellen.

# Inhalt

Geleitwort .................................................................................. 13

## 1 Einführung ins TikTok-Marketing ............................................ 15

## 2 #GetToKnowMeBetter – wie funktioniert TikTok? ............ 21

2.1 Die Besonderheiten von TikTok ........................................................ 23
    2.1.1 TikToks, Reels und Shorts .................................................... 26
    2.1.2 Der schnelllebige Content bei TikTok .................................. 32
2.2 For You, Watch, Interact – die Customer Journey auf TikTok ........ 32
2.3 Warum TikTok die ideale Plattform für Unternehmen und Influencer ist .................................................................................... 35
    2.3.1 Stärke deine Marke ............................................................... 35
    2.3.2 Steigere deine Reichweite .................................................... 38
    2.3.3 TikTok-Ads – erreiche eine junge Zielgruppe mit kreativem Ad-Content ........................................................... 40
    2.3.4 #HowTikTokBlewUpMyBusiness – die Erfolgsgeschichte von Evelyn ........................................................................... 40
2.4 Ist TikTok für meine Branche interessant? ...................................... 45
2.5 Was du vor deinem Start über TikTok wissen solltest ................... 49

## 3 Mit strategischer Planung zum erfolgreichen TikTok-Kanal .......................................................................... 51

3.1 Lerne die Zielgruppe von TikTok kennen ........................................ 52
    3.1.1 Warum sind Menschen auf TikTok unterwegs? ................. 53
    3.1.2 Wie sieht die demografische Verteilung auf TikTok aus? .. 55
    3.1.3 #CringeAlarm – ist meine Zielgruppe überhaupt bei TikTok vertreten? ............................................................... 57
    3.1.4 Wo erreiche ich Nutzer*innen innerhalb von TikTok am besten? ......................................................................... 59
3.2 Leg deine Zielgruppe bei TikTok fest ................................................ 60
    3.2.1 Möglichkeiten der Zielgruppenanalyse ............................... 60
    3.2.2 Deine Käufer-Persona – eine Schritt-für-Schritt-Anleitung .... 62

| | | | |
|---|---|---|---|
| 3.3 | | Zieldefinition – was möchtest du auf TikTok erreichen? | 65 |
| | 3.3.1 | Brand Loyalty – wieso ist es sinnvoll, sich eine Community um das eigene Produkt aufzubauen? | 68 |
| | 3.3.2 | Best Practice: Die #BookTok-Community als Zielgruppe | 69 |

## 4  Dein Unternehmensprofil bei TikTok – erste Schritte ... 71

| | | | |
|---|---|---|---|
| 4.1 | | Privates Konto, Erstellerkonto oder Unternehmenskonto? | 72 |
| 4.2 | | Privates Konto in Unternehmenskonto oder Erstellerkonto umwandeln | 75 |
| 4.3 | | Richte dein Business-Konto richtig ein | 76 |
| | 4.3.1 | Wähle den richtigen Benutzernamen | 77 |
| | 4.3.2 | Profilbild | 78 |
| | 4.3.3 | Verfasse eine aussagekräftige Kanalbeschreibung! | 79 |
| | 4.3.4 | Kontaktmöglichkeiten und Links | 80 |
| 4.4 | | So bekommst du den blauen Haken | 81 |
| 4.5 | | So richtest du eine zweistufige Authentifizierung ein | 83 |

## 5  Das Kanalkonzept ... 85

| | | | |
|---|---|---|---|
| 5.1 | | #ItsAMatch – der passende Content für dein Unternehmen und deine Zielgruppe | 86 |
| | 5.1.1 | Der Redaktionsplan | 87 |
| | 5.1.2 | Content aus der Schublade – erstelle deinen Themenbaukasten | 88 |
| | 5.1.3 | Sounds, Trends und Challenges bei TikTok | 93 |
| | 5.1.4 | Erkenne Trends | 98 |
| | 5.1.5 | Finde passende Sounds | 99 |
| | 5.1.6 | Benchmark aka Wettbewerbsanalyse | 100 |
| | 5.1.7 | Plane Videokonzepte | 101 |
| 5.2 | | #TellYourStory – heb deine Marke erfolgreich hervor | 102 |
| | 5.2.1 | Warum Storytelling? | 104 |
| | 5.2.2 | Welche Formen von Storytelling gibt es? | 105 |
| | 5.2.3 | Wie erzähle ich meine Geschichte? | 106 |
| | 5.2.4 | Best Practice: Beliebte Storytelling-Elemente auf TikTok | 110 |
| 5.3 | | #BrandIt – finde dein Markenzeichen | 113 |
| 5.4 | | Praxisbeispiel: Hey Leute, Hausbautipp – das Branding von @flovombauherrenforum | 118 |

## 6 Influencer bei TikTok ... 121

### 6.1 Wie TikTok Creators an sich bindet ... 123
- 6.1.1 Livegeschenke und Trinkgeld ... 126
- 6.1.2 TikTok Creator Marketplace ... 127

### 6.2 Influencer Marketing ... 130
- 6.2.1 Die passenden Influencer finden ... 131
- 6.2.2 Möglichkeiten der Zusammenarbeit ... 135
- 6.2.3 Das richtige Briefing und Anschreiben erstellen ... 139
- 6.2.4 Miss Erfolge mit der richtigen Auswertung ... 141
- 6.2.5 Videos von Creators bewerben mit Spark Ads ... 141

## 7 Optimiere deine Inhalte für den Algorithmus ... 145

### 7.1 Den TikTok-Algorithmus verstehen ... 146
### 7.2 Mit den richtigen Hashtags Sichtbarkeit schaffen ... 148
- 7.2.1 Passende Hashtags bei TikTok finden ... 153
- 7.2.2 Best Practice: Fünf Tipps zur Verwendung von Hashtags ... 155

## 8 Die verschiedenen TikTok-Formate ... 157

### 8.1 TikTok Live ... 158
### 8.2 Die verschiedenen Formate im Überblick ... 167
- 8.2.1 Technische Formate ... 167
- 8.2.2 Content-Formate ... 176

### 8.3 Strategische Planung der verschiedenen Formate ... 184
- 8.3.1 Welche Ziele erreichst du mit welchem Format? ... 184
- 8.3.2 Best Practice: Wie finde ich den passenden Content für mein Unternehmen? ... 186
- 8.3.3 Best Practice: Der richtige Aufbau für erfolgreiche Videos ... 187

## 9 Memes bei TikTok ... 197

### 9.1 Was sind Memes? ... 198
### 9.2 Wie werden Memes bei TikTok verwendet? ... 199
### 9.3 Wie kann ich Memes in mein Content Marketing einbauen? ... 202

## 10 Dein Weg zum erfolgreichen Unternehmensprofil – Videos erstellen .... 205

### 10.1 Das richtige Set-up .... 206
### 10.2 Video erstellen .... 207
10.2.1 Den richtigen Sound hinzufügen .... 211
10.2.2 Videoeffekte verwenden .... 213
10.2.3 Texte im Video einblenden .... 218
10.2.4 Sticker einbinden .... 222
10.2.5 Beschreibung und Hashtags .... 225
10.2.6 Cover einstellen .... 226
10.2.7 Nach dem Posten deines Videos .... 228

## 11 TikTok Analytics .... 231

### 11.1 Was ist TikTok Analytics? .... 232
### 11.2 So findest du die Analytics .... 233
### 11.3 Einfach erklärt: TikTok Analytics .... 234
11.3.1 Der Übersicht-Bereich .... 235
11.3.2 Der Inhalt-Bereich .... 236
11.3.3 Der Follower-Bereich .... 238
11.3.4 Der LIVE-Bereich .... 240
11.3.5 Die wichtigsten Kennzahlen .... 241
### 11.4 Erfolge messen .... 242
11.4.1 So wertest du deine Analytics aus .... 243
11.4.2 So vergleichst du deine Erfolge mit anderen Plattformen .... 244
### 11.5 Reporting erstellen .... 245

## 12 #ReachThemAll – wie du deine Reichweite steigern kannst .... 247

### 12.1 Welche Arten von Reichweite gibt es? .... 248
### 12.2 Reichweite organisch steigern .... 249
12.2.1 Sounds und Trends nutzen .... 249
12.2.2 Mit Influencer*innen zusammenarbeiten .... 250
12.2.3 Ein Gewinnspiel veranstalten .... 251
12.2.4 Best Practice: 9 Tipps für mehr Reichweite .... 252
### 12.3 Reichweite kaufen .... 254

## 13 Werbung auf TikTok ... 257

**13.1 Kampagne erstellen – eine Anleitung für den Ads-Manager** ... 260
    13.1.1 Warum du TikTok Ads nutzen solltest ... 260
    13.1.2 Voraussetzungen für Ads bei TikTok ... 262

**13.2 Kampagne planen** ... 263
    13.2.1 Was macht eine gute Kampagnenplanung aus? ... 264
    13.2.2 Strategische Überlegungen für erfolgreiche Ads ... 269
    13.2.3 Video-Ad einstellen ... 271

**13.3 Kampagnen verwalten und optimieren** ... 272
    13.3.1 Anzeigenperformance beobachten ... 273
    13.3.2 Erfolg messen ... 275
    13.3.3 Kampagne optimieren ... 276

**13.4 Für Experten – das TikTok Pixel** ... 277
    13.4.1 Warum brauche ich das TikTok Pixel? ... 277
    13.4.2 Wie binde ich das Pixel ein? ... 277

**13.5 Best Practice: Gestalten von Werbevideos** ... 281
    13.5.1 Creating-Tools ... 282
    13.5.2 Praxisbeispiel: TikTok-Ads für den Ravensburger Verlag ... 284

**13.6 Weitere Werbemöglichkeiten bei TikTok** ... 285
    13.6.1 Branded Hashtag-Challenge ... 285
    13.6.2 Top View Ads ... 286
    13.6.3 Branded Effect ... 287

## 14 Mit Followern kommunizieren – warum gutes Community Management den Unterschied macht ... 289

**14.1 Die TikTok-Community** ... 290

**14.2 Community Management** ... 295
    14.2.1 Wie man in die DMs slidet ... 297
    14.2.2 Kommentare richtig nutzen ... 297
    14.2.3 Weitere Interaktionsmöglichkeiten ... 301
    14.2.4 Best Practice: Tipps für einen guten Community-Aufbau ... 302

**14.3 Community Monitoring** ... 303

## 15 Bonus: Hilfreiche Tipps und Tricks ... 307

### 15.1 Weitere Einsatzmöglichkeiten deines TikTok-Contents ... 307
### 15.2 Nützliche Einstellungen ... 309
    15.2.1 Digital Wellbeing ... 309
    15.2.2 Barrierefreiheit ... 310
    15.2.3 Familienfreundlichkeit ... 311
### 15.3 Hilfreiche Tools und ihre Einsatzgebiete ... 312
    15.3.1 Videoschnitt ... 312
    15.3.2 Videogestaltung ... 315
    15.3.3 Weitere Toolempfehlungen ... 318
### 15.4 TikTok-Workflow – alle wichtigen Aufgaben auf einen Blick ... 318
    15.4.1 Kanalaufbau ... 318
    15.4.2 File Management ... 319
    15.4.3 Projektmanagement ... 320

## 16 #GetItRight – TikTok aus rechtlicher Sicht ... 325

### 16.1 Private und geschäftliche Nutzung von TikTok ... 325
### 16.2 Welches Recht und welche Regeln gelten bei TikTok? ... 326
### 16.3 Datenschutz ... 327
    16.3.1 Datenübermittlung in die USA und Mitverantwortung ... 327
    16.3.2 TikTok Pixel ... 328
    16.3.3 Datenschutzerklärung und Impressum ... 328
### 16.4 Jugendschutz (Mitverantwortung für die Plattformen) ... 329
### 16.5 Video- und Bildrechte (Urheberrecht: Bibliotheken, Stockmaterial, Remixes) ... 329
    16.5.1 Fotos, Videos, Musik und Texte – was wird geschützt? ... 330
    16.5.2 Durch TikTok vermittelte Lizenzen ... 330
    16.5.3 Gesetzliche Ausnahme: Zitatrecht ... 331
    16.5.4 Gesetzliche Ausnahme: Karikaturen, Parodien, Pastiches und Memes ... 332
    16.5.5 Gesetzliche Ausnahme: Unwesentliches Beiwerk ... 332
    16.5.6 Erwerb von Stockmaterial ... 332
    16.5.7 Vereinbarung einer individuellen Nutzungserlaubnis ... 333
    16.5.8 Lizenzfreie Werke ... 334
    16.5.9 Abmahnungen und Uploadfilter ... 334

**16.6 Abbildung von Personen und Sachen** ... 335
    16.6.1 Erkennbarkeit ... 335
    16.6.2 Einwilligung in die Aufnahme ... 336
    16.6.3 Gesetzliche Ausnahmen von der Einwilligungspflicht ... 336
    16.6.4 Keine Privatsphärenverletzung und keine wirtschaftliche Ausbeutung ... 337
    16.6.5 Bildfläche Mitarbeiter (Gesicht des Kanals) ... 337
    16.6.6 Strafbarkeit, Abmahnung und Schadensersatz ... 338

**16.7 Aufnahmen von Sachen und Gebäuden** ... 339

**16.8 Influencer und Werbekennzeichnung** ... 339
    16.8.1 Kennzeichnungspflicht bei Entgelt und selbst erworbene Produkte ... 340
    16.8.2 Art der Werbekennzeichnung ... 340
    16.8.3 Richtlinien für Monetarisierung und Werbung bei TikTok ... 341
    16.8.4 Influencer-Vertrag ... 342
    16.8.5 Keine Pflicht zur Weberkennzeichnung bei Accounts von Unternehmen ... 342
    16.8.6 Mitarbeiter als Corporate Influencer ... 342

**16.9 Namens- und Markenrechte** ... 343
    16.9.1 Welche Namen und Marken sind rechtlich geschützt? ... 343
    16.9.2 Verwechslungsgefahr, Imagetransfer und Herabsetzung ... 344
    16.9.3 Typische Verstöße ... 344
    16.9.4 Erlaubte Nutzung fremder Marken und Markenprodukte ... 345

**16.10 Gewinnspiele und Wettbewerbe** ... 345

**16.11 Äußerungsrecht und Werbeaussagen** ... 347

**16.12 Haftung für Links, Kommentare und fremde Inhalte** ... 348

Index ... 351

# Geleitwort

Nach seinem globalen Höhenflug, angeheizt durch pandemiebedingte Lockdowns, ist TikTok aus der Social-Media-Welt nicht mehr wegzudenken. Der chinesische Kurzvideokanal ist Spitzenreiter in sämtlichen Downloadcharts und hat 2021 sogar Google als beliebteste Onlinedomain abgelöst. Das Phänomen TikTok ist einfach erklärt: Der Algorithmus spielt Nutzer*innen interessenbasierte Videovorschläge auf der *For You Page* aus und erzeugt so eine Sogwirkung. Hat man einmal angefangen zu scrollen, kommt man so schnell nicht mehr weg. Es gibt für jedes Interesse eine zugehörige TikTok-Community, sei es *#AmazonFinds*, wo Nutzerinnen und Nutzer praktische Haushaltgeräte teilen, die sie auf Amazon gefunden haben, *#WitchTok*, wo sich die Gen Z ihrer spirituellen Seite hingibt, oder die Buch-Community *#BookTok*, die auch in diesem TikTok-Guide als Best Practice dient.

TikTok-Nutzer wollen vor allem eines: unterhalten werden. Das verstehen mittlerweile auch Marketingteams und lassen sich auf teils bizarre Aktionen ein. Ich denke da an die Kollaboration der amerikanischen Marken Duolingo (*@duolingo*) und Scrub Daddy (*@scrubdaddy*). Beide sind auf TikTok wegen ihrer überdimensionalen Maskottchen äußerst beliebt. Im April 2022 besuchte der Scrub-Daddy-Schwamm die Duolingo-Eule, und was dann passiert ist, siehst du dir am besten selbst an. So viel sei gesagt: Die nicht ganz jugendfreien Videos verbreiteten sich wie ein Lauffeuer.

Dass TikTok mehr kann als nur seichte Unterhaltung, beweisen Accounts wie *@herranwalt*. Der Rechtsanwalt Tim Hendrik Walter etablierte sich mit kurzen Rechtstipps als Mega-Influencer und zählt mit über 5 Millionen Followern zu einem der erfolgreichsten deutschen TikTok-Accounts. »Infotainment«, die Kombination aus Information und Entertainment, so wie sie Herr Anwalt betreibt, funktioniert auch auf anderen Kanälen. Ich teile auf meinen Instagram- und TikTok-Accounts (*@annaturnersocial*) täglich neue Tipps rund um Themen wie Instagram Marketing, Content-Strategie und Selbstständigkeit und sehe, dass gerade solche Posts das Zeug haben, viral zu gehen.

Mit dem hier vorliegenden Handbuch schafft es Anja Spägele, den Wert einer Plattform aufzuzeigen, bei der für viele noch ein großes Fragezeichen steht. Ihre praktischen Erfahrungen aus der Buchbranche machen die vorgestellten Konzepte und Strategien greifbar und zeigen, dass jede und jeder TikTok erfolgreich nutzen kann.

In diesem Sinne wünsche ich dir viel Erfolg bei der Ausarbeitung deiner TikTok-Strategie und vor allem – hab Spaß dabei!

**Anna Turner**

Social Media und Content Strategin
*www.anna-turner.com*

Kapitel 1

# Einführung ins TikTok-Marketing

Unterhaltsame Kurzvideoplattform mit Suchtpotenzial, Reichweitenmaschine, Ausdrucksmöglichkeit für eine junge Generation, eine Plattform, die zum Entdecken einlädt, und eine Werbeplattform, die nicht wie eine wirken will – das alles und noch so viel mehr macht TikTok aus. Lass uns gemeinsam die Trends setzende App erkunden!

Und damit herzlich willkommen bei unserer gemeinsamen Reise durch das TikTok-Universum: Wir begeben uns – ganz nach dem Motto des »Entdeckens« von TikTok – in die für dich noch mehr oder weniger unbekannte Galaxie der Social-Media-Plattform. Diese hat in den letzten Jahren die Onlinewelt im Sturm erobert und ist aus der Marketingwelt nicht mehr wegzudenken.

TikTok ist dabei die beste Möglichkeit, neue Trends aufzuspüren und eine junge Zielgruppe zu erreichen. Allen voran ist TikTok jedoch eine Unterhaltungsplattform. Hier steht der Spaß im Vordergrund. Der beginnt schon beim Entdecken neuer Content-Ideen, zieht sich weiter bis zur Videoerstellung und endet auch nicht nach dem Hochladen eines neuen Videos. Und genau das möchte ich dir beim Lesen dieses Buches und beim Erkunden der Plattform mit auf den Weg geben.

**Was dich in diesem Buch erwartet und wie du es optimal nutzt**

Auf unserer Reise erkläre ich dir, warum TikTok so besonders ist, was den Reiz der Plattform ausmacht, wie sie funktioniert und warum du sie für dich, dein Unternehmen oder deine Kund*innen nutzen solltest. Einen Überblick, was dich erwartet, findest du in dem folgenden Reiseplan:

Eine schöne Reise startet mit der Planung, und deshalb befassen wir uns zuerst mit der *strategischen Kanalplanung*, bei der ich dir zeige, wie du deine Zielgruppe kennenlernst und wie du dir dein Kanalkonzept nach deinen Zielen erarbeitest. Außerdem zeige ich dir, was es heißt, guten Content zu produzieren, denn dafür musst du die Plattform und die neuesten Trends kennen. Sonst kann schnell der Fehler passieren, Content zu erstellen, der in der Kategorie »cringe« landet und keineswegs gut bei den Nutzern und Nutzerinnen ankommt. Deswegen zeige ich dir während unseres Zwischenstopps bei den Formaten, welche Möglichkeiten TikTok eigentlich bietet, um kreativ zu werden. Außerdem schauen wir uns an, wie wichtig Memes für TikTok sind und wie sie dort funktionieren.

Mittlerweile kannst du bei TikTok aber nicht nur über deinen Kanal Inhalte ausspielen, sondern auch über eine *Werbeplattform* – ähnlich dem *Meta Werbeanzeigenmanager*. Das macht TikTok noch attraktiver für Werbetreibende, um neue Zielgruppen auch dort zu erreichen.

Wie du Werbeanzeigen auf dieser Plattform erstellst, gestaltest und genau innerhalb deiner Zielgruppe ausspielst, lernst du ebenfalls. Dabei habe ich auch einige hilfreiche Tipps und Tricks im Gepäck, um die beste Performance aus deinen Anzeigen herauszuholen. Diese kannst du auch gut um Influencer-Kooperationen ergänzen. TikTok hat hier – ähnlich wie die Plattform *Twitch* – mehrere Wege gefunden, um reichweitenstarke Creators an sich zu binden und zu promoten. Schnall dich also an für einen Abstecher zum *Influencer Marketing*!

Da eine neue Plattform immer auch kritisch betrachtet werden sollte, werden Themen wie *Daten- und Jugendschutz* aufgearbeitet. Durch diese Themen begleitet dich Rechtsanwalt Dr. Thomas Schwenke im letzten Kapitel.

Darüber hinaus erwarten dich viele Praxisbeispiele, Videoausschnitte und Umsetzungstipps. So kannst du nicht nur spannende TikTok-Kanäle entdecken, sondern auch gleich von den besten lernen und selbst deinen Horizont als erfahrener Content Creator erweitern.

Dieses Buch möchte dir die junge Plattform vorstellen, dir eine Anleitung zu ihrer Nutzung bieten und dir helfen, deinen Auftritt auf ein neues Level zu heben. Also zücke deinen bunten Marker – ja, es ist okay, in dieses Buch reinzuschreiben – und halte Stift und Block bereit. Wir schauen uns nämlich jetzt Schritt für Schritt an, wie du deinen TikTok-Kanal langfristig aufbaust und wie du Videos so gestaltest oder verbesserst, dass sie deine Reichweite auch organisch steigern!

An dieser Stelle habe ich aber noch einen wichtigen Hinweis: Social-Media-Plattformen und allen voran TikTok unterliegen einem stetigen Wandel. Es entsteht dort nicht nur unablässig neuer Content, sondern die Plattform selbst entwickelt sich weiter. Das heißt, es werden neue Features eingeführt, vieles verbessert und von den Entwicklern ausprobiert. TikTok hat bereits eine sehr dynamische Entwicklung hinter sich, und jedes Update hält spannende Neuerungen bereit. Auch sind bereits ganz viele neue Möglichkeiten angekündigt worden. Deshalb ist es sinnvoll, dass du die Entwicklungen über das Buch hinaus im Blick behältst.

**Wo kann ich mich über die neuesten TikTok-Features informieren?**

Dafür kann ich dir ein paar Expertenseiten und TikToker*innen empfehlen, die dich immer auf den neuesten Stand bringen:

- Der Newsroom von TikTok selbst bietet spannende Einblicke hinter die Kulissen und stellt Updates, neue Features und tolle Aktionen, Creators und Events vor:

    *https://newsroom.tiktok.com/de-de*

- Auch auf dem dazugehörigen TikTok-Kanal werden dir neue Creators vorgestellt und die neuesten Features erklärt:

    *https://vm.tiktok.com/ZMLuAKPFm*

- Auf dem Blog von Hubspot rund ums Thema Marketing findest du zu neuen Features auch immer ausführliche Anleitungen:

    *https://blog.hubspot.de/marketing*

- Der TikTok-Creator *@dasistjay* stellt neben nützlichen Smartphone-Features auch immer die neuesten Updates von TikTok vor:

    *https://vm.tiktok.com/ZMLuAVNTy*

- Die TikTokerin *@jera.bean* stellt dir als Creator nicht nur die neuesten Tools vor, sondern erklärt dir auch, wie die neuesten TikTok-Trends funktionieren:

    *https://vm.tiktok.com/ZMLuA3rx3*

**Für wen ist dieses Buch?**

Egal, ob du noch ein TikTok-Noob bist und weder mit dem Wort noch mit der Plattform aktuell etwas anfangen kannst oder ob du bereits erfolgreicher Content Creator bist: Du erhältst in diesem Praxishandbuch viele spannende Strategie- und Umsetzungstipps.

Du bist Fitnesstrainer, engagierte Leserin, Marketing Manager in einem Unternehmen oder hast einen Etsy-Shop, dessen Verkäufe du ankurbeln möchtest? Du hast Schwierigkeiten, die Plattform zu verstehen? Du hast gehört, dass du eine neue Zielgruppe über TikTok erreichen kannst und möchtest dein Employer Branding ausweiten? Oder vielleicht bist du auf der Suche nach Inspirationen und hilfreichen Tipps für deinen bereits erfolgreichen TikTok-Kanal? In jedem Fall bist du hier beim Thema TikTok genau richtig.

Mit dem Buch möchte ich dir nämlich die Sorgen nehmen, die du vielleicht bereits vor dem Download der App hast, oder die auftauchen, wenn es daran geht, einen Kanal dort aufzubauen und dich in Videos vor die Kamera zu stellen. Hast du die wilde Seite von TikTok nämlich einmal verstanden und hat sich der Algorithmus mal auf dich eingestimmt, kannst du dort Teil einer aufgeschlossenen und interaktionsfreudigen Community werden, die dich herzlichst willkommen heißt. Ich möchte dir zeigen, wie TikTok funktioniert, wie die Nutzer dort ticken und was auch die Unterschiede zu anderen Plattformen sind, die, wie Instagram Reels, bereits die rudimentären Funktionen von TikTok kopiert haben.

Klingt gut? Dann bleibt nur noch die Frage, wer eigentlich deine Reiseführerin ist, die dich zum gemeinsamen Entdecken der Plattform einlädt und dieses Buch für dich geschrieben hat.

**Wer schreibt hier?**

Hi, ich bin Anja Spägele. Seit 2017 arbeite ich in der Onlinemarketing-Agentur *bilandia*, die sich auf den Buchmarkt spezialisiert hat und Teil der Open Publishing GmbH ist. Deswegen brauchst du dich nicht zu wundern, wenn du viele Praxisbeispiele von *#BookTok* findest, der Buch-Community bei TikTok. Aber keine Sorge, ich habe aus den verschiedensten Branchen Beispiele gesammelt, die vielleicht auch für dich interessant sind. Bei bilandia berate ich Kundinnen und Kunden aus Verlagen oder Buchhandlungen sowie Content Creators und Autor*innen aus dem DACH-Bereich vor allem zu den Themen Content Marketing, Influencer Marketing und Social-Media-Strategie. Am liebsten erkunde und teste ich dabei neue Plattformen und erweitere auf diese Art und Weise meinen eigenen Horizont. So bin ich auch eine aktive TikTok-Nutzerin der frühen Stunde und habe mit diesem Buch – in das ich mein ganzes Know-how gesteckt habe – die Ehre erhalten, dich durch das breite Spektrum des TikTok-Universums zu führen.

Vernetze dich gerne online mit mir:

*https://de.linkedin.com/in/anja-spägele-46aa73140*

*www.xing.com/profile/Anja_Spaegele/cv*

**Danksagung**

Mein herzlichster Dank – kurzer *#Cringealarm* – geht an meine Zwillingsschwester Lisa, die mir zum Glück immer zur Seite steht und mir auch bei der Umsetzung dieses Buches geholfen hat. Auch wenn du wirklich wenig Plan von TikTok hast, konntest du mir dank deiner Arbeit als Redakteurin wirklich grandios bei der Strukturierung helfen und hast mich immer darauf hingewiesen, wenn ich schon zu tief im Thema war. Deine Motivations-GIFs haben mich immer ermuntert, weiterzumachen!

Liebsten Dank auch an die Expert*innen, die mir für dieses Buch zur Seite standen und mir einen wunderbaren Einblick in ihre tägliche Arbeit mit TikTok erlaubt haben. Allen voran gilt mein Dank dir, Linda Schipp! Danke, dass ich deine Perspektive als Creator kennenlernen durfte. Wir haben ja in der Vergangenheit schon erfolgreich gemeinsame Projekte umgesetzt und ich freue mich, dass sich das Buch hier einreihen konnte. Es ist mir immer eine ganz besondere Freude, mit dir zu arbeiten, und ich freue mich auf die kommenden gemeinsamen Projekte.

Herzlichen Dank auch an Dr. Thomas Schwenke für die Beleuchtung der Plattform aus rechtlicher Perspektive in Kapitel 16. Ihr Beitrag hilft unseren Leser*innen sicherlich, einen umfassenden Überblick über TikTok zu erhalten. Danke vor allem dafür, dass Sie sich die Zeit genommen haben, dieses Kapitel möglich zu machen!

Tausend Dank auch an Evelyn Unterfrauner, dass ich deine inspirierende Erfolgsgeschichte hier erzählen durfte. Ich bin persönlich ein großer Fan deiner TikTok-Videos (egal, auf welchem Kanal ich dich auch finde) und freue mich schon darauf, dich bei Gelegenheit wiederzusehen.

Lieben Dank auch an Florian Schoen vom Bauherrenforum, dass du dir die Zeit genommen hast, all meine Fragen zu deinem TikTok-Kanal zu beantworten. Danke für die wertvollen Einblicke in die Plattform und vor allem auch danke für die spannenden und hilfreichen Tipps beim Hausbau. Vielleicht klappt es ja, dass wir uns demnächst auf der ein oder anderen Baustelle persönlich sehen können.

Ein großer Dank geht auch an Anna Turner. Liebsten Dank, dass du dir die Zeit genommen hast, das gesamte Buch mit deinem Expertinnenblick zu begutachten und mir noch viele hilfreiche Tipps und Tricks geliefert hast, die dieses Buch noch ein Stückchen besser machen.

Vielen Dank für das Vertrauen an den Rheinwerk Verlag und allen voran Herrn Lipperts, den Lektor dieses Buches! Sie haben mir nicht nur die Chance gegeben, dieses Buch zu schreiben, sondern mich bereits bei einer sinnvollen Strukturierung unterstützt. Ich glaube, keiner kann so freundlich Kritik üben und gleichzeitig motivieren. Und auch herzlichen Dank an Patricia Zündorf für die vielen wertvollen Kommentare und Anmerkungen im Skript. Wir hatten bisher zwar noch nicht die Gelegenheit, uns mal persönlich zu sprechen, aber ich freue mich schon darauf!

Danke auch an den Buchreport und allen voran Hanna Schönberg aus der Redaktion, die mich regelmäßig für gemeinsame Webinare bucht, so auch für das ausschlaggebende »TikTok für Einsteiger: Welcome to BookTok«, durch das Erik Lipperts erst auf mich aufmerksam wurde.

Ein weiterer Dank gilt auch meinen Kolleginnen und Kollegen bei bilandia, die mir nicht nur Tag für Tag den Arbeitsalltag verschönern, sondern mir immer helfend zur Seite stehen. Ein besonderes Danke gilt Julie Wellan, unserer Advertising-Expertin, dass ich immer auf dich zählen kann und du mich vor allem bei dem Ad-Kapitel bestärkt hast. Danke auch an Albrecht Mangler, dass du meine Neugier und mein Interesse für neue Plattformen wie TikTok immer förderst, mir meine Stärken aufzeigst und mich immer wieder vor neue Herausforderungen stellst!

Danke an Simon, dass du dich als erster freiwilliger Testleser bereiterklärt hast. Du hast mir immer Zeit freigeschaufelt, wenn es mal stressig wurde – vor allem weil das Buch ja nicht mein einziges großes Projekt ist, dass ich zeitgleich gestartet habe. Ich kann hier gar nicht genug meine Wertschätzung dafür ausdrücken!

Ein Dank geht genauso an Freunde und Familie, euch musste ich viel zu oft absagen, um dieses Buch schreiben zu können. Aber gute Nachrichten: Ich habe jetzt wieder Zeit für euch!

Danke auch an alle, die mir erlaubt haben, ihre inspirierende Geschichte weiterzutragen und Screenshots der Webseiten und TikTok-Kanäle in diesem Buch zu verwenden.

Kapitel 2

# #GetToKnowMeBetter – wie funktioniert TikTok?

»Bei TikTok sind nur junge Leute, die tanzen und Musik machen. Das ist nicht unsere Zielgruppe.« Dieses Vorurteil über TikTok wird dir bestimmt auch schon begegnet sein.

TikTok hat sich mittlerweile weiterentwickelt und kann nicht mehr nur auf Lip-Sync- und Musikinhalte reduziert werden. Die Plattform dient in erster Linie der Unterhaltung und ist zu einer bunten Mischung aus mehreren sozialen Netzwerken geworden.

Allen voran ist TikTok eine Social-Media-Plattform, auf der aktuell nur Videos hochgeladen werden können. Diese werden den Nutzern im Hochformat angezeigt und sind zwischen 3 Sekunden und 3 Minuten lang. Das vertikale Format ist für *Digital Natives*[1] nichts Neues. Du wirst es sicherlich von den Stories her kennen, die Snapchat kurzzeitig aufstreben ließen und die von Instagram noch erfolgreicher etabliert wurden. Mittlerweile sind auf fast jeder Social-Media-Plattform Stories zu finden – auch bei TikTok. Im Gegensatz zu Stories springen normale TikToks nach dem Abspielen nicht direkt zum nächsten Element weiter, sondern wiederholen sich – ein Automatismus, der stark an das ehemalige Videoportal *Vine* erinnert, das den Konkurrenzdruck von Facebook und Instagram nicht überlebt hat.

TikTok selbst steht auch in Konkurrenz zu Streaminganbietern wie Netflix, Amazon Prime und Disney Plus sowie dem klassischen Fernsehen. Das liegt am Nutzungsverhalten, das du bestimmt selbst auch kennst. Social-Media-Plattformen checkt man nebenbei – z. B. wenn man abends eine Netflix-Serie ansieht. TikTok hingegen bekommt die volle Aufmerksamkeit der Nutzerinnen und Nutzer, weil es schwer nebenbei konsumierbar ist. TikTok ist nämlich eine sogenannte *Sound-on-Plattform*, bei der die Musik den Ton vorgibt.

---

[1] So werden die Personen bezeichnet, die mit der digitalen Welt aufgewachsen sind.

Der Content, der bei TikTok zu finden ist, ist sehr schnelllebig. In kürzester Zeit werden dort unzählige Videos hintereinander angesehen. Hinterher können die Nutzer nicht mehr sagen, was sie eigentlich angeschaut haben. Teste dich mal schnell selbst, öffne die App und schau dir ein paar Videos an. Überleg danach, an wie viele der Videos du dich noch erinnern kannst. Genau darin liegen tatsächlich der Reiz sowie der Suchtfaktor der App: Sie zieht die Nutzer in ihren Bann, die meist auf der Suche nach schneller Unterhaltung sind. Also, Hand aufs Herz, wie lange warst du eben auf TikTok, anstatt dieses Kapitel fertig zu lesen?

> **Kapitelübersicht: Über TikTok**
> In diesem Kapitel lernst du,
> - wie die Plattform funktioniert,
> - was ihre Besonderheiten sind,
> - welche Rolle die Plattform für deine Kunden spielt
> - und warum du TikTok in deine Marketingstrategie einbauen solltest.

Die Ursprünge der Plattform liegen in der Lip-Sync-App *musical.ly*. Dort wurden anfangs nur Videoclips hochgeladen, in denen Nutzer synchron zum Lieblingssong die Lippen bewegt und meist auch getanzt haben.

2017 kaufte das chinesische Start-up *Bytedance* musical.ly auf und benannte die Plattform 2018 in TikTok um. Das chinesische Pendant zu TikTok ist die App *Douyin*, die in China ebenfalls zu den beliebtesten Plattformen zählt. Nach der Übernahme wurde TikTok weiter ausgebaut und integrierte beispielsweise als Erstes einen eigenen Videoeditor, bei dem Content geschnitten, neu angeordnet und einzelne Elemente getimt werden können.

Als es im März 2020 zu dem fast weltweiten Lockdown aufgrund der Covid-Pandemie kam, startete TikTok seinen Erfolgskurs. Millionen Menschen saßen zu Hause und suchten Ablenkung und Unterhaltung. Gefunden haben sie die bei TikTok. Die Plattform ist seither aus der Onlinewelt nicht mehr wegzudenken und führt die aktuellen Downloadcharts mit über 3 Milliarden Downloads weltweit an.[2] Heute ist die App auf der ganzen Welt im App Store oder im Google Play Store erhältlich, mit Ausnahme von Indien. Dort wurde die App bereits 2020 aufgrund von außenpolitischen Spannungen mit China gesperrt. 2021 löste TikTok dann sogar Google als beliebteste Website ab.[3]

---

2 Quelle: TikTok

3 Quelle: Cloudflare, *https://futurezone.at/amp/digital-life/tiktok-beliebteste-internet-domain-2021-loest-google-ab-cloudflare-ranking/401850094*

Mit dem Claim »Make Your Day« verspricht TikTok, deinen Tag mit interessanten und lustigen Videos besser zu machen. Geh mit mir auf diese Entdeckungstour und ich erkläre dir mehr über die trendige Plattform mit süchtig machendem Content. Lass uns deswegen gleich im nächsten Abschnitt herausfinden, was TikTok so besonders macht!

## 2.1 Die Besonderheiten von TikTok

TikTok ist eine Mobile-First-App, die für das Smartphone bzw. Tablet entwickelt wurde. Die Erstellung, das Bearbeiten und der Upload der TikToks kann komplett in der App abgewickelt werden. In einer Desktop-Version können Videos auch ganz ohne Anmeldung angesehen werden.

Öffnest du TikTok auf deinem Smartphone, startet direkt das erste Video, das sich in voller Größe über den Bildschirm erstreckt. Häufig ist das ein Werbevideo. Dieser Bereich nennt sich unabhängig von der Art des Videos *Homefeed* oder auch *For You Page* (dt. für dich).[4] TikTok ist insgesamt in drei Bereiche mit eigenen Feeds unterteilt (siehe Abbildung 2.1):

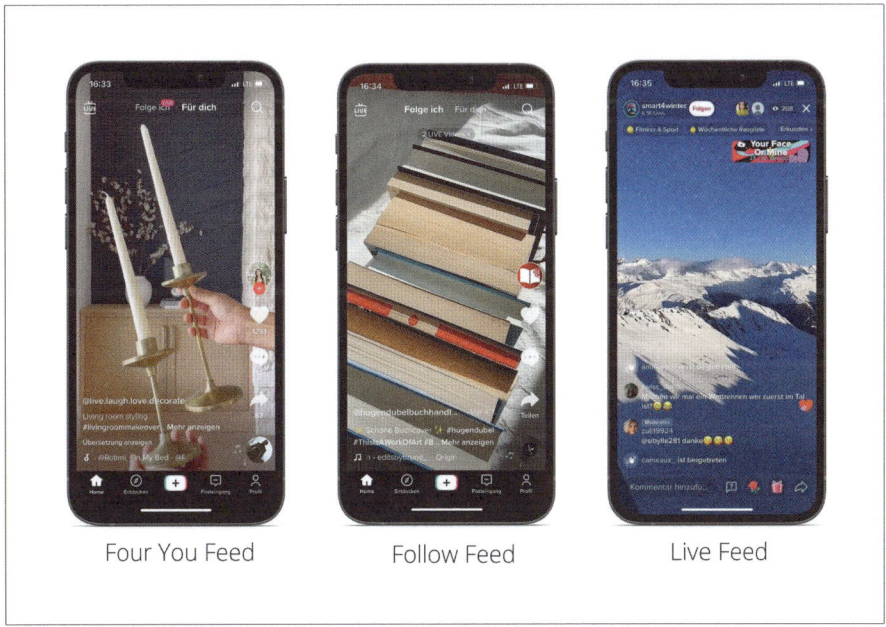

**Abbildung 2.1** Die verschiedenen Feeds bei TikTok

---

4  Die Begriffe Feed und Page werden bei TikTok synonym verwendet.

> **Was ist ein Feed?**
>
> Bei einem Feed handelt es sich um einen meist scrollbaren Bereich, der sich immer wieder mit neuen Inhalten füllt. Das kann z. B. ein Nachrichten-Feed sein, in dem tagesaktuell die neuesten Geschehnisse eintreffen. Bei Social-Media-Plattformen wird der Feed meistens durch einen Algorithmus gesteuert, der die Inhalte auf die unterschiedlichste Art ausspielt und präferiert. Das bedeutet, dass dort nicht unbedingt die neuesten Beiträge ganz oben stehen. Wie das bei TikTok funktioniert, erfährst du im nächsten Abschnitt.

- For You Page oder For You Feed

  Der Homefeed wird über den For-You-Feed-Algorithmus gesteuert, auf den Nutzer keinen Einfluss haben. Laut TikTok verbringen die Nutzer die meiste Zeit übrigens hier. Auf der *For You Page* werden dir Videos angezeigt, die aus einer Mischung aus aktuellen Trends und deinen Interessen bestehen. Im Gegensatz zu anderen Plattformen wie Instagram oder YouTube besteht der Homefeed nicht aus Follow-Content. Das bedeutet, dass du im Homefeed meist keine Videos von Creators entdeckst, denen du folgst. Das Besondere am TikTok-Algorithmus ist, dass er es ermöglicht, schnell organische Reichweite aufzubauen. Das heißt, dass selbst dein erstes TikTok das Potenzial hat, Tausende bis sogar Millionen von Aufrufen zu bekommen, obwohl du keinen einzigen Follower hast. Auf Plattformen wie Instagram oder Facebook bekommt ein Beitrag eines Profils mit kaum Followern hingegen auch kaum Reichweite. Welche Videos auf der For You Page landen und wie der Algorithmus von TikTok arbeitet, erkläre ich dir in Kapitel 7, »Optimiere deine Inhalte für den Algorithmus«, genauer.

- Follow Page oder Follow Feed

  Neben der For You Page gibt es den Bereich *Follow Page* (Folge-ich-Seite). Wie der Name direkt verrät, finden sich dort alle Videos von Creators, denen du folgst. Diese sind hier ebenfalls durch einen Algorithmus sortiert, der vor allem mit Faktoren wie *Uploadzeit* und *Relevanz* arbeitet. Zwei Feeds bieten hier natürlich den Vorteil, dass du gleich durch zwei Platzierungen die Möglichkeit hast, Reichweite und Interaktionen zu erreichen.

- Live Page oder Live Feed

  Der dritte Bereich ist der *Live Feed*. Die Echtzeitübertragung von Video-Content hat sich in den letzten zwei Jahren stark entwickelt. Bestes Beispiel dafür ist die Livestreaming-Plattform Twitch, die heute nicht mehr aus der Social-Media-Welt – vor allem im Gaming-Bereich – wegzudenken ist. Auch alle anderen großen Plattformen wie Facebook, Instagram und YouTube bieten ihren Nutzern die Möglichkeit an, »live zu gehen«. Liveformate bei Social Media sind keineswegs mehr eine Einbahnstraße, sondern hier können Nutzer direkt miteinander interagieren. Klickst du in den TikTok-Livebereich, öffnet sich ein weiterer scrollbarer Feed, in dem du Livestreams von Creators entdecken kannst. Zuerst werden dir hier die Streams von Creators angezeigt, denen du folgst.

Neben den drei Feeds gibt es noch weitere Bereiche in der App. Der Bereich *Entdecken*, den du über die Lupe im unteren Menü erreichst, kann besonders hilfreich für Unternehmen und Creators sein, denn du findest hier jede Menge Inspiration. Ganz oben befindet sich hier die TikTok-Suche mit einer integrierten Suchfunktion (siehe Abbildung 2.2). Dort kannst du z. B. gezielt nach Hashtags, Nutzern und Nutzerinnen oder Sounds suchen. Falls die Lupe des Entdecken-Bereichs bei dir nicht sichtbar ist, hast du bereits ein Update erhalten, dass TikTok gerade testet. Dort wird der Entdecken-Bereich zu *Freunde*, und du kannst dort Videos sehen von Nutzern und Nutzerinnen, mit denen du dich vernetzt hast. Welcher Bereich sich hier durchsetzt, ist bisher leider noch nicht klar.

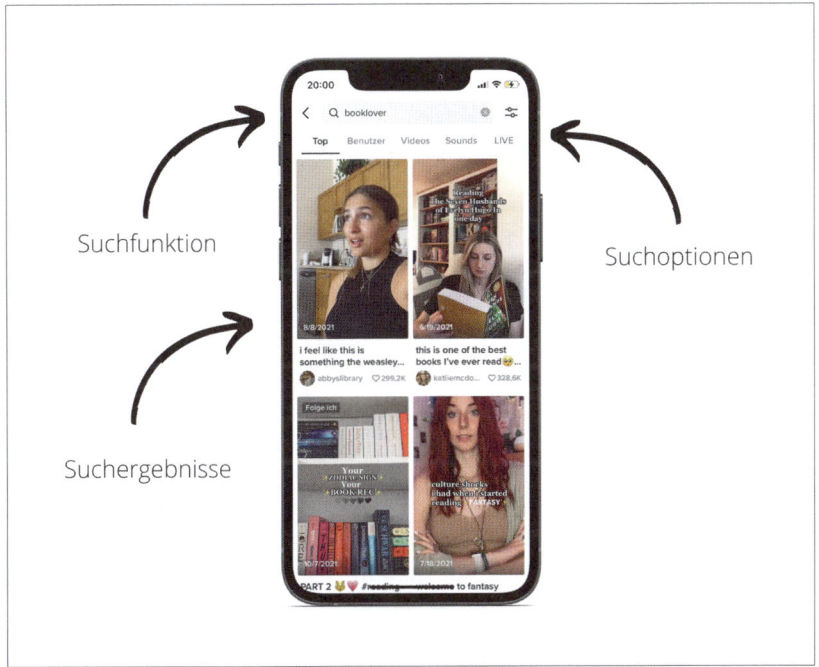

**Abbildung 2.2** Beispielhafte TikTok-Suche nach dem Begriff »booklover«

An dieser Stelle werden dir zudem direkt die aktuellsten Hashtag-Challenges von anderen Unternehmen angezeigt (siehe Abbildung 2.3). Diese sind – wie ganz TikTok – personalisiert und können so bei jedem Nutzer unterschiedlich ausfallen. Sortiert wird nach Region, Aktualität und Relevanz. Willst du sichergehen, dass deine Challenge auch genügend Nutzerinnen sehen, kannst du sie auch als Werbebanner einbuchen. Wie das geht, erfährst du in Kapitel 13, »Werbung auf TikTok«. Hashtag-Challenges sind Challenges, die mit einem Hashtag von Unternehmen oder Creators der Plattform initiiert werden. Wie sie funktionieren und wie du sie einsetzen kannst, erkläre ich dir in Abschnitt 5.1, »#ItsAMatch – der passende Content für dein Unternehmen und deine Zielgruppe«.

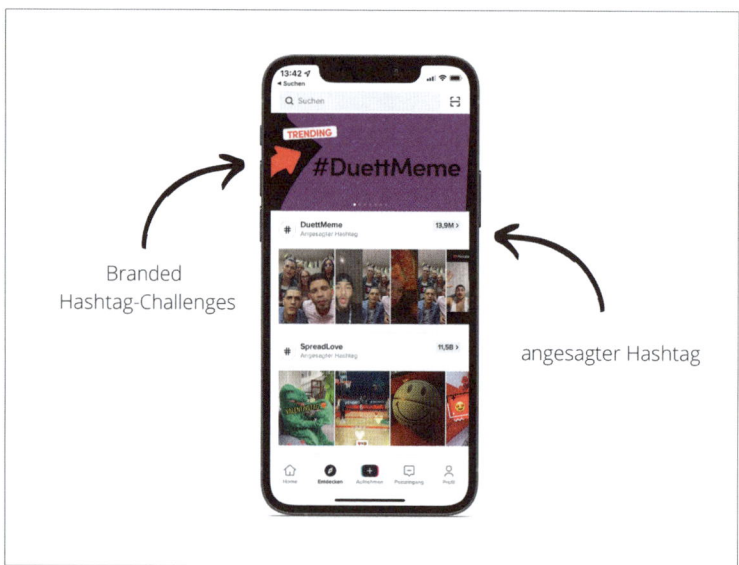

**Abbildung 2.3** Der Bereich »Entdecken« bei TikTok

Klickst du auf einen der vorgeschlagenen Sounds oder ein Hashtag, werden dir alle Videos dazu angezeigt. Das Besondere bei TikTok: Der Initiator des Hashtags oder Sounds steht an erster Stelle. Hier findest du außerdem die aktuell beliebtesten und am meisten verwendeten Sounds. Bei TikTok sollten alle Videos – auch Werbeanzeigen – mit Musik oder einem Sound versehen sein. Das steigert laut TikTok den Erfolg um 6 %.[5] Auch die Auswahl deines Sounds kann Einfluss auf die Reichweite deines Videos haben. Aktuell trendende Songs steigern deine Erfolgschancen für ein virales Video. Weitere Infos zum Thema Sounds findest du ebenfalls in Abschnitt 5.1.

### 2.1.1 TikToks, Reels und Shorts

TikTok ist auf der Überholspur, und die anderen sozialen Netzwerke spüren den Konkurrenzdruck. Deswegen ist es nicht verwunderlich, dass das Videoformat, das TikTok so erfolgreich macht, bereits auf anderen Plattformen zu finden ist (siehe Abbildung 2.4).

---

5  Quelle: TikTok

2.1 Die Besonderheiten von TikTok

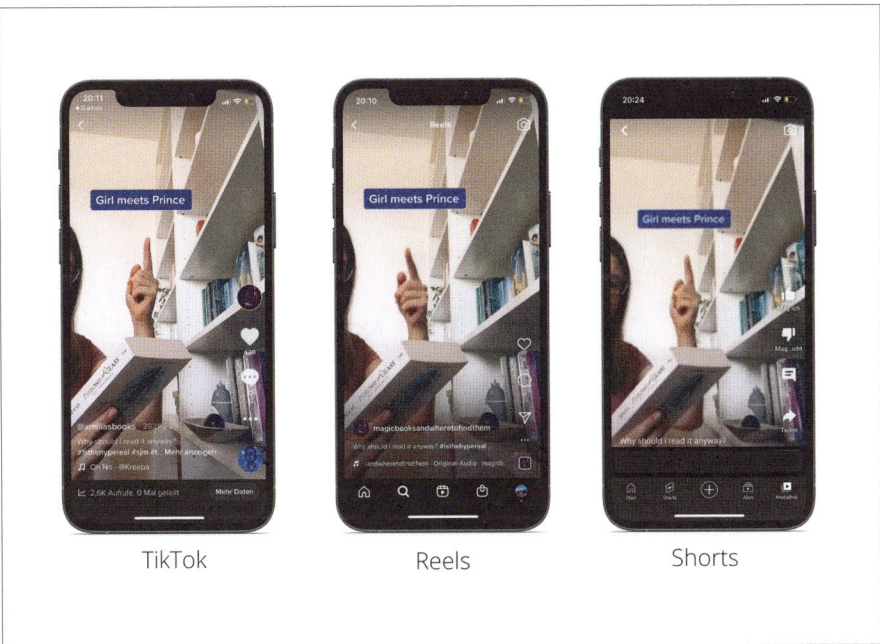

**Abbildung 2.4** Das Videoformat im Vergleich

Zuerst wurde das Format von Instagram mit den sogenannten *Reels* kopiert. Die Plattform ist als »Copycat« bekannt, da sie bereits viele Funktionen von anderen Plattformen selbst integriert hat. Bekanntestes Beispiel sind die Instagram Stories mit den verschiedenen Filtern, die ursprünglich von Snapchat stammen. Mittlerweile gibt es das TikTok-Format auch bei YouTube (*Shorts*) und Snapchat (Spotlight).

Gemeinsam haben TikToks, Reels und Shorts die Basisfunktionen: Die Formate können als sogenanntes Multiclipvideo beschrieben werden, denn ein TikTok kann aus verschiedenen Videoclips und/oder Fotos zusammengefügt werden. Ergänzt werden dann verschiedene Elemente wie Sound, Text oder GIFs und Videoeffekte, wie beispielsweise ein *Timelapse*, also ein Video in Zeitraffer. Ist das Video fertig erstellt, kann es mit einem aus dem Video ausgewählten Thumbnail hochgeladen werden.

### Was sind Reels?

Seit August 2020 gibt es das Format *Reels* bei Instagram. Im Februar 2022 wurde das Format auch für Facebook freigeschalten. Reels sind hochformatige Videos, die im Gegensatz zu Instagram Stories bis zu 90 Sekunden lang sein können. Stories hingegen haben eine Beschränkung auf maximal 15 Sekunden und sind nur

24 Stunden lang verfügbar. Reels erinnern stark an die Basisversion von TikToks und können mittlerweile auch direkt über einen integrierten Videoeditor bei Instagram erstellt werden. Insgesamt gibt es bei Instagram mittlerweile verschiedene Feed-Bereiche, in denen man sich als Nutzer aufhalten kann. Die drei wichtigsten habe ich dir in Abbildung 2.5 visualisiert.

**Abbildung 2.5** Die verschiedenen Bereiche von Instagram

Öffnest du die App, landest du direkt im Haupt-Feed – dort finden sich Fotos oder Videos. Darüber steht der Story-Feed, dargestellt durch Kreise. Über das Hauptmenü kannst du jetzt in den Reels-Feed gelangen. Reels werden aber mittlerweile auch im Haupt-Feed ausgespielt.

Scrollst du durch den Reels-Feed, entdeckst du dort sehr viele ReUploads von TikToks. Das bedeutet, dass Inhalte, die bereits auf TikTok gepostet wurden, von Nutzern auch bei Instagram hochgeladen werden. Erkennbar ist das ganz einfach an dem Wasserzeichen, das TikTok über Videos legt, die von der Plattform heruntergeladen werden. Mittlerweile gilt das auch umgekehrt. Wenn du ein Reels bei Instagram veröffentlichst und es im Nachhinein herunterlädst, enthält das Video ein Wasserzeichen (siehe Abbildung 2.6).

**Abbildung 2.6** Videos mit Wasserzeichen

Instagram hingegen hätte lieber Original-Content auf der eigenen Plattform und findet deswegen diese Art des Doppel-Uploads nicht gut. Deswegen geht Instagram dagegen vor. Im Februar 2021 hat die Plattform in einem Post bekannt gegeben, dass Reels, die ein Wasserzeichen enthalten, mit gedrosselter Reichweite im Feed ausgespielt werden.[6] Wie sehr das letztendlich jedoch Einfluss auf die Videoperformance hat, ist bislang nicht ersichtlich.

Das sollte dich auf jeden Fall nicht davon abhalten, deine TikToks auch auf der Plattform zu teilen, denn Video-Content verschafft deinem Instagram-Kanal mehr Sichtbarkeit. Bei dem Upload sollte lediglich das Wasserzeichen von TikTok nicht in den Videos zu sehen sein. Weitere Tipps zum *ReUpload* habe ich dir noch in Abschnitt 15.1, »Weitere Einsatzmöglichkeiten deines TikTok-Contents«, zusammengestellt.

> **Buchempfehlung: Insta it!**
> Wenn du mehr zum Thema Reels erfahren möchtest, kann ich dir das Buch »Insta it« von Social-Media-Expertin Anne Grabs empfehlen. Darin widmet sie ein ganzes Kapitel mit wertvollen Tipps dem Thema Reels: *www.rheinwerk-verlag.de/insta-it*

---

6 Quelle: *www.instagram.com/p/CLFMSunBRX1*

**Was sind Shorts?**

YouTube ist ebenso auf das Trendformat aufgesprungen und hat sogenannte *Shorts* eingeführt. Das sind hochformatige Videos, die maximal 60 Sekunden lang sein dürfen und auch im YouTube-Feed angezeigt werden. Bei YouTube kann auch zwischen verschiedenen Feeds unterschieden werden. Die wichtigsten Bereiche sind in Abbildung 2.7 dargestellt.

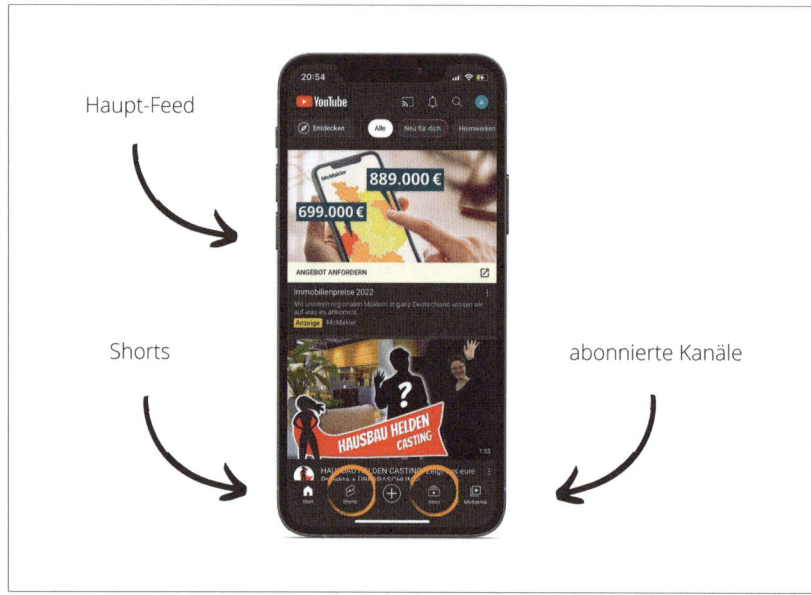

**Abbildung 2.7** Die verschiedenen Bereiche bei YouTube

Shorts haben mittlerweile auch einen eigenen Feed-Bereich bekommen, werden aber ebenso im Haupt-Feed von YouTube angezeigt. Shorts ähneln ebenfalls der Basisversion von TikToks; und auch der Videoeditor, der es ermöglicht, Shorts direkt in der App hochzuladen, erinnert stark an das Original.

**Was hebt TikTok von den anderen Formaten ab?**

YouTube und Instagram haben das ähnliche Format nur in ihre Plattform integriert, TikTok hingegen legt den Hauptfokus auf sein Videoformat und hat es mit weiteren Features ausgestattet, die bisher bei anderen Plattformen fehlen.

Die Hauptunterschiede zwischen den drei Formaten habe ich dir hier noch mal zusammengestellt:

- TikToks können mittlerweile bis zu 3 Minuten lang sein.
- Die Followerzahl spielt bei TikTok keine so große Rolle.

- Jedes TikTok hat das Potenzial, viral zu gehen. Auch Nischenthemen kommen hier nicht zu kurz.
- Mit TikToks erreichst du eine wesentlich jüngere Zielgruppe.
- TikTok hat weitere interaktive Formate wie Duette und Stitches entwickelt, bei denen du mit Videos von anderen Nutzern interagieren kannst. Die einzelnen Formate stelle ich dir aber noch genauer in Kapitel 8 vor.
- TikTok ist die Plattform, die neue Trends setzt.
- Challenges funktionieren dort besonders gut und werden oft auch von Marken initiiert.
- Last, but not least: Die TikTok-Community ist interaktiver und kommentiert oder likt durchschnittlich öfter.

Wie viel aktiver die TikTok-Nutzer im Vergleich zu den Instagram-Nutzern sind, zeigt Abbildung 2.8 anschaulich. Dort siehst du, dass sich die beiden Formate mittlerweile beim Thema Reichweite (hier durchschnittliche Ansichten) nicht mehr viel schenken.

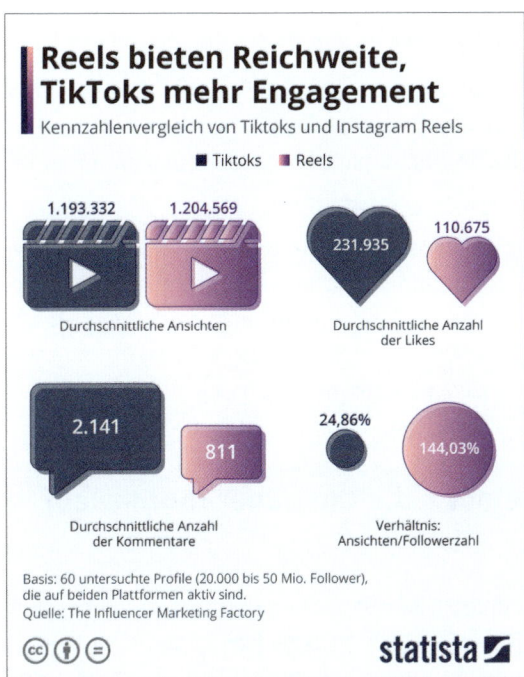

**Abbildung 2.8** TikTok-Nutzer interagieren mehr mit den Videos als Instagrammer. (Quelle: *https://de.statista.com/infografik/24174/kennzahlenvergleich-von-tiktoks-und-instagram-reels*)

Bei Instagram kommt die Reichweite jedoch mehr von eigenen Followern. Bei TikTok werden die Videos mehr Nutzern ausgespielt, die dir bisher nicht folgen.

Außerdem interagiert die TikTok-Community viel mehr mit den Videos. Das bedeutet durchschnittlich mehr Likes und Kommentare für TikToks.

### 2.1.2 Der schnelllebige Content bei TikTok

TikTok verspricht seinen Nutzern Unterhaltung – egal, ob Videos über Gaming, süße Haustiere, DIYs oder irgendwas dazwischen. Hier findet jeder seine und jede ihre Nische. Mittlerweile nutzen monatlich 800 Millionen Menschen die Plattform, die dort unterhalten und sich unterhalten lassen, denn die kurzen Clips ziehen jeden schnell in ihren Bann.

Schnell bedeutet in dem Fall, dass in kürzester Zeit unglaublich viel Content von den Nutzern konsumiert werden kann, da die Videos maximal 3 Minuten lang sind. Deswegen halten erfolgreiche Creators die Content-Produktion hoch und posten mehrere Videos täglich. Die US-amerikanische TikTokerin *Charli D'Amelio* lädt beispielsweise täglich durchschnittlich drei bis vier Videos, meist TikTok-Dances, hoch – und das mit Erfolg: Mit über 125 Millionen Followern gilt sie als eine der erfolgreichsten Creators der Plattform. TikTok selbst empfiehlt einen regelmäßigen Upload von drei bis fünf Videos pro Woche, um ein stetiges Wachstum zu garantieren.[7]

Durch den schnellen Content verbringen Nutzerinnen und Nutzer dort sehr viel Zeit. Die durchschnittliche Nutzungsdauer bei TikTok liegt bei knapp 1 Stunde.[8] Im Vergleich: Facebook hat eine durchschnittliche tägliche Nutzungsdauer von einer halben Stunde.

Ungewöhnlich ist dafür aber, dass die Videos bei TikTok auch noch nach mehreren Wochen neuen Nutzer angezeigt werden und somit vom Algorithmus als relevant eingestuft werden. Hier spricht man von einer langen Halbwertszeit des geposteten Contents. Im Vergleich dazu ist z. B. ein Post bei Facebook gerade mal 90 Minuten aktuell und ein Tweet verliert schon nach 4 Minuten an Relevanz.[9]

## 2.2 For You, Watch, Interact – die Customer Journey auf TikTok

Die *Customer Journey*, die Kundenreise, kennst du vielleicht auch unter dem Namen *Users oder Buyers Journey*. Dahinter steckt ganz einfach gesagt eine Marketingstrategie, die dir hilft, den Weg deiner Kunden bis zur Kaufentscheidung nach-

---

7  Quelle: *https://support.tiktok.com/de/using-tiktok/growing-your-audience/how-to-grow-your-audience*

8  Quelle: *www.businessofapps.com/data/tik-tok-statistics*

9  Quelle: *https://blog.hootsuite.com/de/3-dinge-ueber-pinterest*

zuvollziehen. Das startet schon beim ersten Berührungspunkt mit deinem Produkt. Dein Ziel sollte es sein, so viele Berührungspunkte wie möglich mit deinen potenziellen Kunden auf deren Kundenreise zu schaffen. Deswegen solltest du zuallererst versuchen, sie dort zu erreichen, wo sie sich am meisten aufhalten: Auf ihrer *For You Page*. Wenn du es dorthin schaffst, können deine potenziellen Kunden dein Video sehen und im Idealfall damit interagieren, denn TikTok ist die Plattform des Entdeckens. Mit dem For-You-Page-Algorithmus, der dir immer personalisierte Videos empfiehlt, kannst du fortlaufend neuen Video-Content, Creators, Unternehmen und deren Produkte entdecken. So kann auch deine Marke von Nutzern entdeckt werden, die bisher keine Berührungspunkte damit haben. Um das zu erreichen, solltest du versuchen, auf der For You Page deiner Zielgruppe zu landen. Wie du Inhalte am besten so optimierst, dass du von möglichst vielen Nutzern »entdeckt« wirst, zeige ich dir in Kapitel 8, »Die verschiedenen TikTok-Formate«.

Eine weitere Möglichkeit, Berührungspunkte zu schaffen, ist eine Empfehlung. Jede Social-Media-Plattform funktioniert wie Mundpropaganda – nur besser. Online hat jeder die Möglichkeit, zu Wort zu kommen und Empfehlungen zu Produkten auszusprechen. Und diese Empfehlungen von Freundinnen, Bekannten oder Influencern beeinflussen Kaufentscheidungen stark.[10] Besonders beliebt bei TikTok ist die Teilen-Funktion, über die man Videos nicht nur auf TikTok, sondern auch auf anderen Plattformen einfach teilen und somit weiterempfehlen kann.

TikTok glänzt zusätzlich mit seiner enormen Reichweite, von der auch deine Produkte profitieren können. Allerdings reichen Berührungspunkte nicht aus, um dich möglichst gut in die Customer Journey einzubringen. Die richtige Art der Platzierung spielt ebenso eine Rolle. Bei TikTok funktioniert das nicht ganz so einfach wie bei Facebook oder Instagram, denn Ads sollten hier nicht nach Werbung aussehen. Bei Facebook kannst du beispielsweise eine Grafik als Werbeanzeige ausspielen, auf der nur dein Produkt abgebildet ist und eine Kaufaufforderung in Form eines *CTAs*. Ein simples, aber erfolgreiches Beispiel für Facebook siehst du in Abbildung 2.9.

> **Was ist ein CTA?**
>
> CTA steht für *Call-to-Action* und beschreibt eine Handlungsaufforderung, die du deiner Zielgruppe immer mit auf den Weg geben solltest. Überleg dir, was du von den Nutzern möchtest, die deinen Content sehen, und mach das deutlich. Klassische CTAs bei TikTok sind z. B. folgende:
>
> - Mach das Plus weg für mehr! (Folge dem Kanal!)
> - Schreibt mal eure Meinung dazu in die Kommentare!
> - Füll das Herz, wenn dir das Video gefällt! (Like)

---

10 Quelle: *https://de.statista.com/statistik/daten/studie/708566/umfrage/einfluss-von-influencern-auf-kaufentscheidung-nach-alter-in-deutschland*

**Abbildung 2.9** Beispielgrafik mit CTA: Jetzt kaufen.

Bei TikTok funktioniert Content anders. Direkte Kaufaufforderungen oder auch einfache Pressemeldungen sind hier deplatziert. Halte dich bei deiner Content-Strategie an folgenden Slogan: »Make TikToks. Not Ads.«[11]

#### Was versteht man unter Content Marketing?

*Content Marketing* ist das Herzstück einer erfolgreichen Social-Media-Strategie. Es ist darauf ausgelegt, mehr als nur reine Informationen zu liefern und auf nicht werbliche Art Inhalte mit Mehrwert für deine potenziellen Kunden zu bieten.

Content Marketing steigert außerdem deine Sichtbarkeit und Auffindbarkeit aufgrund des Algorithmus bei den verschiedenen Plattformen. Das bedeutet, dass du ohne Content Marketing schwerer eine aktive Community aufbauen kannst, die auf deine Inhalte reagiert, deine Ideen teilt und selbst Content zu deinen Produkten erstellt.

Das ist dein Startsignal, jetzt mit Content Marketing zu starten, wenn du das nicht bereits getan hast. Content ist der wichtigste Teil deiner erfolgreichen TikTok-Strategie. Auf der Plattform kannst du mit authentischen Videos Vertrauen in deine Marke aufbauen. Doch bevor wir die Reise mit erfolgreichem Content Marketing zur *For You Page* antreten, schauen wir uns erst einmal an, weshalb du TikTok in deine Marketingstrategie einbinden solltest.

---

11 Quelle: TikTok

## 2.3 Warum TikTok die ideale Plattform für Unternehmen und Influencer ist

»Warum sollte ich TikTok nutzen?« Das ist wohl die häufigste Frage, die mir als Marketing Managerin von Kund*innen in den letzten Jahren gestellt worden ist. Das ist eine Frage, die auch ich mir immer wieder stelle, wenn eine neue Plattform gehypt wird, die für mich besonders aus Marketingperspektive interessant ist.

Ist das wirklich eine Plattform, die es wert ist, sich systematisch und genauestens einzuarbeiten? Oder ist sie nach kurzer Zeit sowieso nicht mehr relevant? Und kann sie sich gegen die großen Player wie Instagram, Facebook und YouTube behaupten? Was ist das Besondere an TikTok, und warum sollte eine Marke dort sichtbar sein? Das ist nicht so schnell zu beantworten, denn es sprechen direkt mehrere Gründe dafür:

- Vorreiter sein!

  Früh dabei zu sein bedeutet auch, früh die Plattform kennenzulernen. Aktuell entdecken immer mehr deutschsprachige Unternehmen die Plattform für sich – anders als beispielsweise bei Facebook oder Instagram, wo sie sich bereits etabliert haben. Schau doch mal, ob deine Konkurrenz schon da ist oder ob du noch zu den Early Adopters deiner Branche gehören kannst!

- Verjünge deine Marke!

  Mit TikTok kannst du eine junge Generation ansprechen, die auf anderen Plattformen kaum aktiv ist. Nutzer bei TikTok sind durchschnittlich wesentlich jünger und haben teilweise gar kein Instagram oder Facebook. Zeig auf deinem TikTok-Kanal, dass du ein cooler Arbeitgeber bist, der auch die jüngere Generation versteht, und finde so deine zukünftigen Azubis und Young Professionals!

- Nischen ganz groß!

  Der TikTok-Algorithmus erkennt, worum es in deinem Video geht, und spielt es dann an Nutzerinnen aus, die möglicherweise Interesse daran haben. So erfahren selbst Nischenthemen wie Bildung *#EduTok* oder Bücher *#BookTok* eine große Beliebtheit.

- Werde selbst zum Creator!

  TikTok hat nicht den hohen Perfektionsanspruch, den Instagram vorlebt. Deswegen brauchst du keine hochwertige Filmausrüstung für erfolgreiche TikToks. Ein Smartphone mit einer guten Kamera reicht meistens aus.

### 2.3.1 Stärke deine Marke

Ein Social-Media-Kanal allein reicht noch nicht aus, um deine Markenbekanntheit zu stärken. Hinter einem erfolgreichen Social-Media-Auftritt steckt viel Arbeit – das kann ein Vollzeitjob sein. Deswegen ist es wichtig, die einzelnen Plattformen zu verstehen. Zugegeben, das ist bei TikTok gar nicht so leicht. Trends und Hypes verändern sich beinahe täglich und auch die Plattform entwickelt sich weiter. Deswegen solltest du zuerst als aktiver Nutzer die Plattform kennenlernen, bevor du mit deiner Marke startest. Verstehst du die Plattform, wird dir schnell klar, dass TikTok super Möglichkeiten bietet, um deine Markenbekanntheit zu steigern.

Das Wichtigste ist die Art der Interaktion. Social Media ist keine Einbahnstraße, sondern deine Follower interagieren auch mit dir. Tritt also aktiv in den Dialog mit deinen Kunden und poste bei TikTok keine klassischen Pressemitteilungen, sondern Content, der auch zum Interagieren inspiriert. Eine beliebte Methode dafür sind die sogenannten *Challenges*, die oft bei Produkteinführungen genutzt werden, um *User-generated Content* hervorzurufen. So beschäftigen sich die Nutzer von Anfang an mit deiner Marke und deinem Produkt. Wie das geht, zeige ich dir in Kapitel 5, »Das Kanalkonzept«.

Durch TikTok ist es noch einfacher, deine Marke nahbar und authentisch darzustellen. Zum Beispiel ermöglichen dir Duette oder Stitches eine Interaktion auf Augenhöhe, wenn dein Video im selben Frame steht wie die Reaktion bzw. Interaktion der Nutzer. Unter Duetten und Stitches versteht man die bisher bei TikTok einzigartige Möglichkeit, mit Videos von anderen Creators zu interagieren. Du kannst damit beispielsweise Ausschnitte aus anderen Videos verwenden, während der andere Creator dabei automatisch verlinkt wird, sodass auch klar ist, von wem der Ausschnitt stammt. Was es mit Duetten und Stitches genau auf sich hat und wie du sie für deinen Content nutzen kannst, erfährst du ausführlich in Kapitel 8, »Die verschiedenen TikTok-Formate«. Setz also auf interaktive Elemente, kreative Ideen und authentischen Content, der zeigt, dass auch dir deine Marke Spaß macht! Wie du das am besten angehst, erkläre ich dir im Verlauf dieses Buches.

Du kannst deine Markenbekanntheit auch mit einer Paid-Media-Strategie steigern. Die zwei aktuell beliebtesten Möglichkeiten, stelle ich dir an dieser Stelle kurz vor. Ausführlichere Informationen zu den Werbemöglichkeiten findest du dann in Kapitel 13, »Werbung auf TikTok«.

### Branded Takeover Ads

*Branded Takeover Ads* sind Werbeanzeigen, die direkt beim Öffnen der App erscheinen. Damit kannst du die breite Masse erreichen und so effektiv deine Markenbekanntheit steigern. Ziel dieser Werbeform ist es, die direkte Aufmerksamkeit der TikTok-Nutzer einzufordern und so eine starke visuelle Wirkung der eigenen Marke zu erzeugen.

**Branded Hashtag Challenges**

Bei TikTok dreht sich alles um die neuesten Trends. Mit der *Branded Hashtag Challenge* kannst du deinen eigenen Trend kreieren, indem du Nutzerinnen aufforderst, unter deinem Hashtag mitzumachen. Die Challenge wird im Entdecken-Bereich promotet, kann zusätzlich durch Influencer-Kooperationen unterstützt werden und wird mit einem Marken-Hashtag gekennzeichnet. Ziel dieser Werbeform ist es, die eigene Markenpräsenz zu steigern, Interaktion hervorzurufen und organische Reichweite aufzubauen – und das mit der Hilfe von bezahlter Viralität. So entsteht User-generated Content, der zusammen mit den Nutzern Markenmomente schafft.

Eine erfolgreiche Branded Hashtag Challenge in Kombination mit Branded Takeover Ads setzte beispielsweise Aldi mit beiden Marken @aldinord und @aldisuedde auf TikTok um. Ausschlaggebend für die Aktion war die Vereinheitlichung der rund 100 Eigenmarken. Ziel der Kampagne war es, die Eigenmarken und deren günstige Preise zu vermarkten und dabei eine junge Zielgruppe für sich zu gewinnen – und das auf musikalischer Ebene.

Dafür ließ die Supermarktkette den Hip-Hop-Track »Ice Ice Baby« umschreiben zu »Preis, Preis, Baby«. Mit einem Video, in dem Aldi Nord und Aldi Süd zusammen tanzen, wurde die Kampagne gestartet. Das kann auch noch auf YouTube angesehen werden. Einen Ausschnitt zeigt Abbildung 2.10.

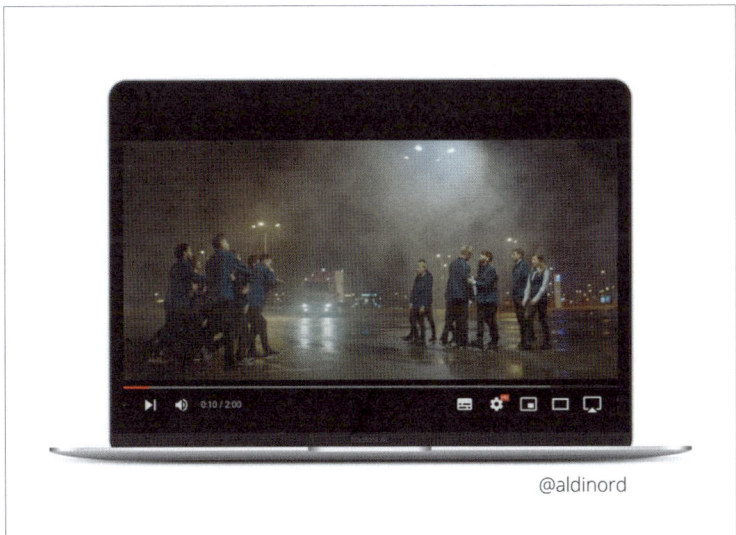

**Abbildung 2.10** YouTube-Video »ALDI Preis Preis Baby«
(Quelle: *www.youtube.com/watch?v=e9_yEWRnDgQ*)

Mit dem Hashtag *#FeaturingAldi* forderte Aldi Nord die Nutzer auf TikTok dann auf, den TikTok-Dance zum Sound nachzutanzen. Für noch mehr Viralität kooperierte

Aldi zusätzlich mit verschiedenen Creators der Plattform, unter anderem mit *@juliabeautx* und *@leoobalys*. Bei der Kampagne entstanden über 168.000 Videos mit einer Interaktionsrate von 12,92 % und über 200 Millionen Videoaufrufen.[12] Zum Vergleich: Laut *Hypeauditor* liegt eine organische Interaktionsrate durchschnittlich bei 4,5 %.[13] Bei Instagram wird die durchschnittliche Interaktionsrate auf 2 % geschätzt.[14]

### 2.3.2 Steigere deine Reichweite

TikTok ist eine richtige Reichweitenmaschine und gilt als Plattform mit dem meisten Entwicklungspotenzial. Im Gegensatz dazu gibt es beispielsweise Facebook- und Instagram-Kanäle, die trotz regelmäßigen Contents wie ausgestorben wirken, denn wenig Reichweite bedeutet auch wenig Interaktion. Dort kann Reichweite dann meist nur mit zusätzlichem Mediabudget gesteigert werden.

Die organische Reichweite bei TikTok ist durch den Algorithmus bedingt – ähnlich wie bei Pinterest, wo dir auch neue Inhalte basierend auf deinen Interessen vorgeschlagen werden. Die Anzahl der Follower beispielsweise hat weniger Gewicht, da der Algorithmus Inhalte anders ausspielt als z. B. bei Instagram. Wenn du jetzt herausfinden möchtest, wie der Algorithmus genau funktioniert, kannst du das direkt in Kapitel 7, »Optimiere deine Inhalte für den Algorithmus«, nachlesen.

Die Reichweite erleichtert den Start und den Kanalaufbau vor allem für kleinere Unternehmen mit wenig Budget, denn dein Content kann sofort viel Aufmerksamkeit generieren, und so kannst du einfacher potenzielle Kunden erreichen.

> **Fünf Tipps zur Reichweitensteigerung**
> 1. Nutze aktuelle Trends, das kann dein Video stark pushen. Dazu musst du die Plattform jedoch gut beobachten und den richtigen Zeitpunkt erwischen.
> 2. Überzeuge in den ersten 3 Sekunden! Viel länger reicht die Aufmerksamkeitsspanne bei dem schnelllebigen Content von TikTok nicht aus. Deswegen solltest du die Nutzer gleich in den ersten Sekunden deines Videos überzeugen.
> 3. Verwende Sounds! TikTok ist eine Sound-on-Plattform. Das bedeutet, dass Nutzer überwiegend den Ton beim Abspielen von TikToks angeschaltet haben. Alle TikToks sind mit Sounds hinterlegt – egal, ob das Musik oder ein Voiceover ist.
> 4. Verwende Texteinblendungen! Auch wenn du zu deinen Zuschauern sprichst, solltest du die Videos untertiteln oder zusätzliche Infos via Text einblenden. Deine Videos sind so nicht nur inklusiver, sondern Texteinblendungen funktionieren laut TikTok auch besser.
> 5. Brich die vierte Wand! Du kannst die Zuschauer mit ins Video holen, wenn du sie direkt ansiehst oder ansprichst.

---

12 Quelle: *www.tiktok.com/business/de/inspiration/aldi-nord-72*
13 Quelle: *https://hypeauditor.com/de/free-tools/tiktok-engagement-calculator*
14 Quelle: *https://hypeauditor.com/de/free-tools/instagram-engagement-calculator*

In Kapitel 10, »Dein Weg zum erfolgreichen Unternehmensprofil – Videos erstellen«, erkläre ich dir ausführlich, welche Arten von Reichweite es gibt und wie du sie bei TikTok am besten für dich einsetzen kannst.

> **Best Practice: Reichweite steigern mit trendenden Sounds**
>
> Eine gute Möglichkeit, schnell organische Reichweite bei TikTok aufzubauen, ist die Verwendung von trendenden Sounds. Damit steigerst du die Wahrscheinlichkeit, auf der For You Page von Nutzern aufzutauchen, die dich bisher noch nicht kennen. Wichtig ist dabei, keine anderen Creators zu kopieren, sondern deinen eigenen Weg zu finden, den Sound auf deinen Content anzuwenden. Mit dieser Strategie hat beispielsweise Autorin und Influencerin *@monakasten* im August 2021 mit nur wenigen Videos bereits eine starke Fanbase – für Buchbranchenverhältnisse – aufgebaut. Sie verwendet bisher ausschließlich trendende Sounds, wendet diese auf ihre Buchcharaktere oder ihre Arbeit als Autorin an und erzielt so mehrere 100.000 Aufrufe ihrer Videos. Bei einem ihrer erfolgreichsten Videos verwendete sie beispielsweise einen Ausschnitt aus dem Song *Shum* der ukrainischen Gruppe Go_A. Für diesen speziellen Ausschnitt ist ein Meme entstanden, das auch die Autorin aufgreift. Im ersten Moment stellt man eine unangenehme, nervige oder aussichtslose Situation kurz vor. Mit der Veränderung des Songs wird eine zweite Situation aufgezeigt, die entweder das Problem löst oder noch verschlimmert. Die Umsetzung kannst du dir in den Videoausschnitten von Abbildung 2.11 ansehen.

Situation 1    Situation 2

**Abbildung 2.11** Video von Autorin Mona Kasten (Quelle: *https://vm.tiktok.com/ZMLD6kCm4*)

### 2.3.3 TikTok-Ads – erreiche eine junge Zielgruppe mit kreativem Ad-Content

Anfang 2021 führte TikTok auch in Deutschland eine Selfservice-Werbeplattform ein. Dort haben Unternehmen und Creators nun die Möglichkeit, eigene Ads zu schalten. Aktuell ist das sogar möglich, auch wenn dein Unternehmen noch keinen TikTok-Kanal hat. So kannst du bereits jetzt herausfinden, ob deine Zielgruppe auf der Plattform ist und ob es sich lohnt, die Plattform in deine Marketingstrategie zu integrieren. In Kapitel 13, »Werbung auf TikTok«, erfährst du genau, wie Advertisement, kurz Ads, auf TikTok funktioniert.

Wenn du bereits Google Ads oder den Werbeanzeigenmanager von Meta kennst, wird *TikTok for Business*, so nennt sich die Werbeplattform, kein Problem für dich sein. Die Plattform ist relativ leicht verständlich, und viele Elemente wirst du bereits wiedererkennen.

Beim *Targeting*, also der Zielgruppenansprache, kannst du z. B. Alter, Geschlecht, Standort und Sprache auswählen. Bisher ist nur die Interessenauswahl beschränkter als bei anderen Plattformen. Das erkläre ich dir am besten am Beispiel eines Buches. Willst du bei Facebook ein Buch bewerben, kannst du hier als Interesse nicht nur das Genre auswählen, sondern auch ähnliche Autoren, Buchtitel und Verlage. Bei TikTok hingegen gibt es hier bisher nur die Auswahl »Buch«.

Wie jede Plattform, die mit Werbeanzeigen startet, steht TikTok auch noch am Anfang, und es hat sich gleich in den ersten Jahren schon sehr viel verändert. Aktuell ist die Konkurrenz um die Werbeplätze noch nicht so groß, und TikTok befindet sich im »Goldenen Zeitalter« bezüglich der Werbekosten, die sich durch niedrige Preise für Klicks und Views auszeichnen. Besonders gut funktionieren dabei Ads, die aussehen wie reguläre TikToks, denn diese fügen sich so in die Plattform ein und bieten zusätzliche Unterhaltung. Außerdem werden Ads, die zu werblich sind, von TikTok mit weniger Reichweite abgestraft, da die Plattform weniger werblich wirken möchte.

Wenn du in Zukunft eine junge Zielgruppe erreichen möchtest, gelingt das am besten über Video-Content – und TikTok ist genau die richtige Plattform dafür. Zudem besticht TikTok aktuell mit günstigen Ad-Preisen!

### 2.3.4 #HowTikTokBlewUpMyBusiness – die Erfolgsgeschichte von Evelyn

TikTok ist mehr als nur eine reine Unterhaltungsplattform mit witzigen Videoclips. Du kannst die Plattform, wie ich dir ja bereits ausführlich erzählt habe, auch sehr gut in deine Marketingstrategie einbinden. Veranschaulichen möchte ich dir das noch an einer wirklich inspirierenden Erfolgsgeschichte. Dafür habe ich Evelyn Unterfrauner interviewt, die mir dankenswerterweise von ihren Erfahrungen und Erfolgen mit der Plattform erzählt hat.

**Wer ist Evelyn Unterfrauner?**

Evelyn kommt ursprünglich aus Südtirol und arbeitete nach ihrem Studium als Marketing Managerin und PR-Beraterin. 2019 landete sie bei der *Penguin Random House Verlagsgruppe* und betreute dort unter anderem den TikTok-Kanal *@penguin_verlag*. Nebenbei baute sie als *@bookbroker* eines der meistgelesenen deutschen Buchblogs auf und startete mit Handlettering. Spätestens im Oktober 2021 begann ihre Erfolgsgeschichte auf TikTok: Mit dem Kanal *@zeitzumlettern* begeistert sie ihre Community regelmäßig mit tollen Handlettering-Tipps. Mittlerweile hat sie dort über 65.000 Follower*innen und hat auch den Schritt in die Selbstständigkeit gewagt. Mit ihrer Agentur *NONSTOP CREATING*[15] berät sie Kunden aus den verschiedensten Branchen zum Thema Social Media. Ihre inspirierende Erfolgsgeschichte hören wir uns an.

**Abbildung 2.12** Evelyn Unterfrauner (Foto: ©Julia Müller)

---

15 Mehr über Evelyn erfährst du hier: *www.nonstopcreating.com*

**Wie kam es dazu, dass du deinen eigenen Account bei TikTok gestartet hast?**

Ich habe bereits Anfang 2020 mein erstes TikTok hochgeladen. Das ist auch schon nicht mehr online, aber ich wollte bei den Early Adopters dabei sein. Bei Instagram habe ich das damals leider nicht geschafft, aber vielleicht erinnerst du dich an das Netzwerk Vero oder an Clubhouse. Als Social Media Managerin teste ich Plattformen anfangs aus, um das Potenzial einschätzen zu können. Bei TikTok ist das nicht so einfach. Hier muss man erst mal herausfinden, wie man ein Video aufnimmt, schneidet und Filter verwendet. Das geht alles in der TikTok-App. Mit dem ersten Video bin ich dann auf meinem Kanal @*bookbroker* gestartet. Dann kam die Pandemie und ich hatte noch mehr Zeit und Lust zum Ausprobieren. Das Experimentieren auf der Plattform hat sehr viel Spaß gemacht. Mit einer Freundin habe ich ein Tanzvideo aufgenommen. Das ging mit 250.000 Aufrufen über Nacht viral. Da wurde mir dann zum ersten Mal bewusst, dass die Viralität bei TikTok kein Mythos ist.

Im Herbst 2020 habe ich meinen Kanal @*zeitzumlettern* gestartet. Ich habe gemerkt, dass TikTok nicht nur Unterhaltung ist, sondern auch Infotainment. Von der Gynäkologin bis zum Anwalt – hier gibt es kleine Info-Snacks, die Jugendliche weiterbilden. Das ist die positive Seite von TikTok: Hier wird Aufklärung jugendgerecht aufbereitet, und es findet sich eine moderne Art des Unterrichts. Deswegen müssen wir auf TikTok den Content anders gestalten, um Jugendliche zu erreichen. Das bietet sich auch für Handlettering an. Ich habe gemerkt, dass ich dort in Deutschland zu den ersten gehören kann, denn die großen Namen von Instagram waren dort noch nicht vertreten. Mein fünftes Video ging dann viral und hatte über 900.000 Aufrufe, und ich hatte über Nacht 24.000 Follower dazu gewonnen.

**Was war denn das Erfolgsrezept des Videos?**

Der Unterschied zu dem Tanzvideo – bei dem übrigens kaum Follower dazukamen – war der Mehrwert meines Kanals, den ich herausgestellt habe. Das Video habe ich dafür in drei Schritten aufgebaut. Im ersten Schritt habe ich einen *Scrollstopper*[16] verwendet: »Halt, Stopp! Ich kann dir Brushlettering beibringen!« Darauf folgte ein Call-to-Action, in dem ich das Thema Handlettering auch gezielt zu »verbessere deine Handschrift« vereinfacht habe: »Fordere dich selbst heraus und verbessere deine Handschrift!« Jeder hat einen Bezug zu Handschriften und kann damit was anfangen. Im dritten Schritt stand dann die Challenge, zu duetten und seinen eigenen Vornamen zu schreiben: »Bevor wir starten, schnapp dir einen Brushpen und schreib deinen Namen hin. Filme das Ganze, damit du später dein

---

16 Darunter versteht man ein Element im Video, das den Nutzer dazu bringt, nicht weiter zu scrollen.

Video duetten und deinen Fortschritt feststellen kannst.« Dabei habe ich dann auch meinen Namen Evelyn geschrieben (siehe Abbildung 2.13). Darauf meldeten sich in den Kommentaren ganz viele Evelyns oder wurden auch markiert, der Name ist ja nicht so bekannt. Sie konnten sich mit dem Namen identifizieren.

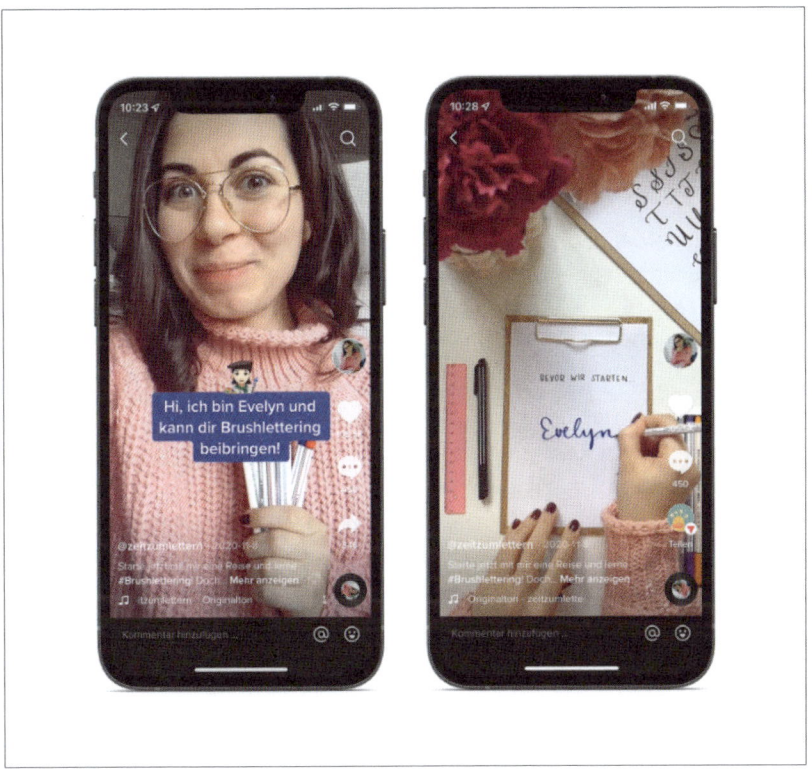

**Abbildung 2.13** Evelyns erstes virales Video bei @zeitzumlettern: *https://vm.tiktok.com/ZTRfhmQ4V*

**Wie ging es dann weiter?**

Ich habe also jeden Tag ein bis drei Videos hochgeladen, weil ich wusste, dass jetzt mein Moment gekommen ist. Die Videos habe ich schnell in meiner Mittagspause gedreht. In den Videos habe ich Handlettering noch mal von Grund auf erklärt und den neuen Followern dann Schritt für Schritt das Thema weiter beigebracht. Das waren dann Videos mit Postkarten, Verpackungsideen und einzelnen Buchstaben. Das Positive: Ich konnte für jeden Buchstaben ein Video drehen. Und dann habe ich auch schon Kooperationsanfragen von Stiftherstellern wie Stabilo und Pelikan bekommen.

**Du erstellst bei TikTok eigene Sounds und springst dabei nicht auf Trends oder Challenges auf. Trotzdem sind deine Videos virale Hits. Woher, glaubst du, kommt der Erfolg?**

Bei TikTok heißt es ja, dass man sich selbst zeigen muss. Das ist beim Thema Schreiben eher zweitrangig. Ich würde sagen, dass in 80 % meiner Videos nur meine Hände zu sehen sind. Als Personal Branding verwende ich den rosa Pulli, den ich in meinem ersten viralen Video getragen habe. Davon sieht man dann in den Schreibvideos beispielsweise die Ärmel. Meine Stimme ist hier aber ausschlaggebend. Ich habe einfach mal ein Voiceover getestet und das kam super an! Den Leuten gefällt meine Stimme. Weitere Erfolgsfaktoren sind dann die Scrollstopper und das Identifikationspotenzial, die ich verwende. Und ganz wichtig: Ausprobieren! Im ersten Monat habe ich ganz viel getestet und schnell gemerkt, dass TikTok guten Content belohnt und schlechten schnell bestraft.

**Hast du Tipps für Selbstständige und Unternehmen, die mit TikTok starten wollen?**

Ich würde am Anfang wahnsinnig viel ausprobieren und dem Markenimage dabei treu bleiben. Ich habe z. B. viel auf meinen privaten Kanälen getestet und manchmal auch wieder gelöscht. So habe ich viel gelernt. Zum Beispiel habe ich bei *@bookbroker* Videos im Südtiroler-Dialekt aufgenommen und Wörter erklärt. Dadurch habe ich gemerkt, dass der Algorithmus auch organisches Targeting betreibt und die Videos dann weiter an Südtiroler ausgespielt hat. Das kam zwar gut an, thematisch wollte ich mich aber nicht als Südtiroler Dialekt-Übersetzerin positionieren. Deswegen habe ich das nicht weiterverfolgt.

Als Brand-Kanal sollte man den strategischen Fokus nicht verlieren und seine Ziele verfolgen. Da hilft ein kleines Konzept: Was sind meine Themen? Wie möchte ich mich positionieren? Was macht der Wettbewerb? In dem Rahmen kann man sich dann ausprobieren. Manchmal sind es eher kleinere Sachen wie Stimme, Filmstile oder die Entwicklung eines *Signature Moves*, die gut funktionieren. Und ganz wichtig: Die Zeit für Early Adopter ist schon (fast) vorbei, deshalb sollte man jetzt schnell sein und nicht mehr warten. Man kann die Plattform auch einfach mal einen Monat testen und dann entscheiden, ob sich das lohnt. Beispielsweise kann man auch mit Influencern zusammenarbeiten und schauen, ob eine interessierte Audience vorhanden ist.

**Vielen lieben Dank für den spannenden Einblick! Wie geht es bei dir weiter?**

Mittlerweile habe ich mich selbstständig gemacht und die Agentur *@nonstop.creating* gegründet. Meine ersten Kunden sind unter anderem über TikTok auf mich aufmerksam geworden – da wird in diesem Jahr noch einiges passieren! *@onlinegermany* habe ich bei den Lettering Days 2021 in München kennengelernt, die Gründer des *@woow.club* bei meiner Ausbildung zur Farb- und Stilberaterin, und außerdem betreue ich den Kanal @penguin_verlag, den ich noch als Marketing Managerin bei der Penguin Random House Verlagsgruppe aufgebaut habe. Da bin ich ja das Gesicht des Kanals und knüpfe daran zukünftig auch an.

## 2.4 Ist TikTok für meine Branche interessant?

TikTok ist auf Erfolgskurs und befindet sich aktuell in seiner erfolgreichsten Phase. Den anderen Plattformen entgeht das natürlich nicht. Sie versuchen deswegen mit eigenen Videoformaten wie Shorts und Reels auf den Zug aufzuspringen und TikTok so auszubremsen. Durch diesen großen Erfolg ist TikTok auf der Agenda von Unternehmen sowie Marken gelandet, und auch du überlegst wahrscheinlich, wie du die Plattform am besten in deine Marketingstrategie einbinden kannst.

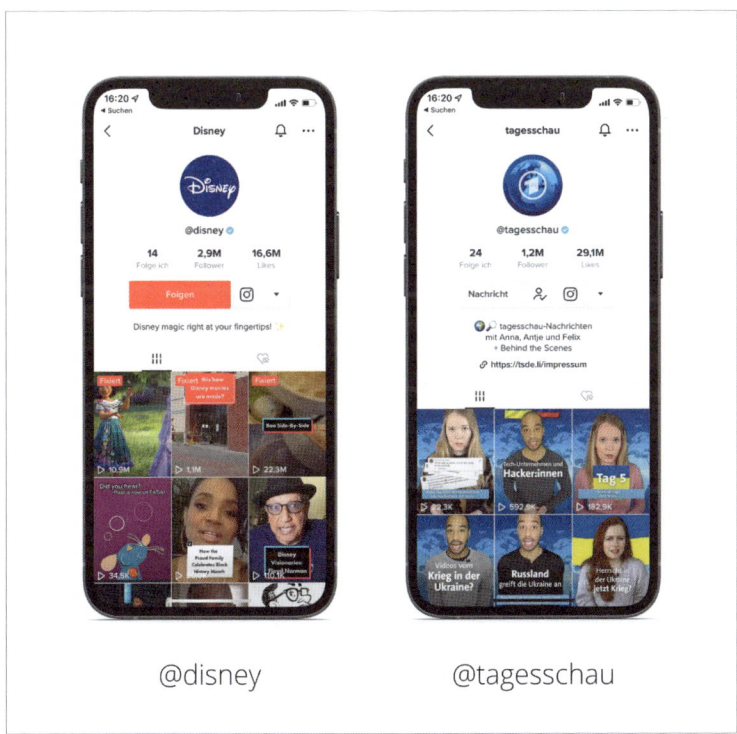

**Abbildung 2.14** Erfolgreiche TikTok-Kanäle von zwei Medienunternehmen

Am einfachsten geht das natürlich, wenn dein Unternehmen sowieso schon viel Video-Content produziert. Kein Wunder also, dass die ersten Unternehmen aus der Medienbranche bereits erfolgreiche TikTok-Kanäle etabliert haben. Neben großen Medienfirmen wie @disney hat aber z. B. auch die @tagesschau dort einen steilen

Erfolgskurs zu verzeichnen. In kurzen Videos, aufbereitet für eine junge Zielgruppe, präsentieren dort die Tagesschau-Sprecher die aktuellsten Nachrichten (siehe Abbildung 2.14).

Nicht nur Medienunternehmen haben die Plattform für sich entdeckt, sondern auch Dienstleister verfügen dort bereits über erfolgreiche Kanäle. Da ist zum einen der Augsburger Barbier @*aux_the_barber*, der schnelle Haarschneideclips dort einstellt. Zum anderen hat auch Zahnärztin @*doktor_anne* sich eine große Followerschaft aufgebaut, indem sie die TikTok-Nutzer beim Aufbau ihrer Zahnarztpraxis für Kinder mitgenommen hat (siehe Abbildung 2.15). Das Besondere: Die Gestaltung der einzelnen Behandlungsräume ist von Disney inspiriert.

**Abbildung 2.15** Erfolgreiche TikTok-Kanäle von zwei Dienstleistern

TikTok ist aber nicht nur auf Erfolgskurs, was Video-Content angeht, sondern ist auch dabei, die führende Inspirationsplattform für Onlineshopping zu werden. Laut einer britischen Studie aus dem März 2021 hat TikTok in Großbritannien bereits Pinterest und Instagram überholt.[17]

---

17 Quelle: *www.uswitch.com/broadband/online-shopping-habits*

Den kaufinspirierenden Einfluss zeigt auch das Hashtag *#TikTokMadeMeBuyit*, das sich auf der Plattform etabliert hat. Hier berichten Nutzer von Produkten, die sie gekauft haben, weil sie durch TikTok darauf aufmerksam geworden sind.

Auch in der Buchbranche beeinflusst *#BookTok* den Markt sichtbar. Im November 2021 ging beispielsweise das Video der BookTokerin @*saruuuuuugh* viral, in dem sie den Krimi »Cain's Jawbone« aus dem Jahr 1934 vorstellte. Das Besondere an dem Buch: Die Leser müssen die Seiten des Buches herausnehmen und in die richtige Reihenfolge bringen. Bisher sind nur drei Menschen bekannt, die das Rätsel des Buches lösen konnten. Das Video der BookTokerin hat mittlerweile über 5 Millionen Aufrufe – und weitere Videos zu dem Buch folgten, versehen mit *#TikTokMadeMeBuyIt* (siehe Abbildung 2.16). Das Buch war sogar kurzzeitig ausverkauft.

**Abbildung 2.16** Videoausschnitte zum Lösen des Rätsels um das Buch »Cain's Jawbone«

Anfang 2021 ist TikTok bereits den ersten Schritt in Richtung Kaufplattform gegangen, indem es eine Partnerschaft mit dem Onlineshopanbieter Shopify eingegangen ist. Dadurch ist es Kunden von Shopify möglich, Werbeanzeigen mit ihren Produkten direkt in Shopify zu erstellen und bei TikTok mit genauem Tracking auszuspielen. Geplant ist ein Ausbau dieser Partnerschaft, bei dem In-App-Käufe bei TikTok möglich werden sollen.

Ein weiteres wichtiges Thema, das bei TikTok eine Rolle spielt, ist *Employer Branding*. Die Plattform bietet die beste Möglichkeit, sich als zukünftiger Arbeitgeber zu positionieren und die passende Zielgruppe von Azubis und Studierenden anzusprechen. So kannst du ganz einfach einen Blick hinter die Kulissen bieten, die Arbeitsatmosphäre spiegeln und zeigen, was dein Unternehmen besonders attraktiv für Arbeitnehmer macht.

Ein gutes Beispiel dafür ist der TikTok-Kanal von *@ziehl_abegg*, ein Unternehmen für Luft-, Regel- und Antriebstechnik. Das klingt im ersten Moment nicht ganz so unterhaltsam. Sieht man sich die TikToks von *@ziehl_abegg* an, merkt man aber schnell, dass es dort nicht um das Produkt geht. Bei dem Kanal stehen klar die lockere Arbeitsatmosphäre, der coole Chef und die jungen Mitarbeitenden im Vordergrund, die die trendigen Videos drehen (siehe Abbildung 2.17).

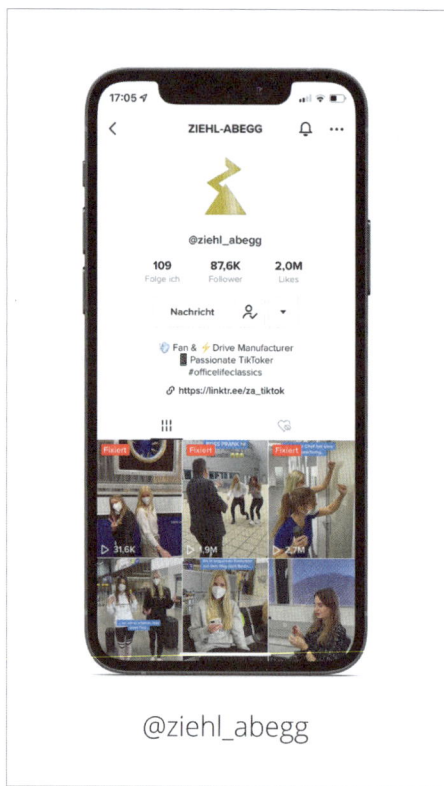

**Abbildung 2.17** TikTok-Kanal des Unternehmens Ziehl-Abegg

Wichtig ist, dass du dich auf die Plattform und die überwiegend sehr jungen Nutzer dort einlässt und ihnen einen Mehrwert mit deinem Content bieten kannst. Falls du noch unsicher bist, ob TikTok der richtige Kanal für dein Unternehmen ist, habe ich noch einen Tipp für dich: Oft gibt es auf Social-Media-Plattformen bereits User-generated Content zu Unternehmen, Produkten oder Marken, auch wenn sie dort noch gar nicht aktiv sind. Schau dir doch einfach mal via Hashtag-Suche an, ob du bereits spannende Videos zu deinem Unternehmen oder deinen Produkten findest.

> **Was versteht man unter User-generated Content?**
> User-generated Content wird auch mit UGC abgekürzt und beschribt Inhalte, die von Nutzerinnen und Nutzern zu einer Marke, einer Person oder einem Unternehmen erstellt wurden. Das können Videos, Challenges, Hashtags, Sounds oder auch Fotos sein.

## 2.5 Was du vor deinem Start über TikTok wissen solltest

Herzlichen Glückwunsch! Du hast wahrscheinlich schon die Entscheidung getroffen, dass TikTok bald ein Teil deiner Marketingstrategie werden soll. Dazu kann ich dir nur gratulieren, denn die Plattform macht wirklich Spaß. Bevor du jetzt aber super motiviert das erste Video filmst, solltest du als Erstes dein Ziel definieren. Also, was willst du mit deinem TikTok-Kanal genau erreichen? Mögliche Antworten auf diese Frage und mehr Inspirationen biete ich dir in Abschnitt 3.3, »Zieldefinition – was möchtest du auf TikTok erreichen?«.

Erinnerst du dich noch an den Snapchat-Hype im Jahr 2015? Plötzlich hatte jeder die App, wirklich verstanden haben sie aber nicht viele. TikTok wird schnell in die gleiche Schublade geschoben wie Snapchat. Zugegeben, nicht ganz zu Unrecht: Für Außenstehende ist die Plattform erst mal schwer zu verstehen. Starte deswegen zuerst mit einem privaten Account und werde selbst aktiver TikTok-Nutzer! So lernst du nicht nur die Funktionen und Besonderheiten von TikTok besser kennen, sondern auch die Nutzer*innen und die Funktionsweisen beliebter Inhalte. Erarbeite dir also erst ein Gefühl für die Plattform, bevor du Content dafür erstellst. Nur als aktiver Nutzer bei TikTok kannst du auch erfolgreiche Videos erstellen.

Hilfreich dafür ist auch eine Beobachtung von Unternehmen, die bereits dort aktiv sind. Einige Beispiele wie *@ziehl_abegg*, *@tagesschau* und *@disney* habe ich dir ja schon genannt. Im Verlauf des Buches wirst du auch noch weitere coole Unternehmens-Accounts kennenlernen. Vergiss dabei aber nicht, deine eigene Branche nicht aus dem Blick zu verlieren. Für dich ist am Ende am interessantesten, was die Konkurrenz macht.

> **Tipp für weitere Inspiration**
>
> TikTok selbst stellt Unternehmen auch Beispiele von Erfolgsgeschichten zur Verfügung. Folgende Links kann ich dir dafür nur empfehlen:
>
> - die erfolgreichsten Creators im Jahr 2021
>   https://newsroom.tiktok.com/en-us/company
> - aktuelle, erfolgreiche Ads bei TikTok
>   https://ads.tiktok.com/business/creativecenter/pc/en?rid=7vfgj1d1xoc
> - viraler Content von Marken auf TikTok
>   www.tiktokforbusinesseurope.com/de/inspiration

TikTok hat in den letzten beiden Jahren viel mediale Aufmerksamkeit bekommen, nicht nur, weil die Plattform die Downloadcharts gestürmt hat und Werbepartner bei der Fußball-Europameisterschaft 2020/21 war, sondern auch weil die Plattform häufig in der Kritik stand.

Das liegt unter anderem daran, dass Bytedance, die Firma hinter TikTok, ein chinesisches Unternehmen ist. In diesem Zusammenhang wurde der Plattform schon mehrmals Zensur zugunsten der chinesischen Regierung vorgeworfen. Außerdem ist nicht unbedingt klar, wie Daten dort verarbeitet werden. Besonders besorgt beim Thema Datenschutz zeigte sich der ehemalige US-Präsident Donald Trump, der dafür sorgte, dass die App in den USA kurzzeitig nicht mehr zum Download zur Verfügung stand. Auch mit dem Thema Jugendschutz muss sich TikTok auseinandersetzen. Wie bei allen Plattformen wird bei der Registrierung die Altersangabe nicht kontrolliert. Deswegen ist es umso wichtiger, die jüngsten Mitglieder der Plattform zu schützen. TikTok steht bei diesem Thema allerdings noch am Anfang und hat momentan mit Schleichwerbung und schlechter Moderation auf der Plattform zu kämpfen. Weitere Infos dazu findest du in Kapitel 16, »#GetItRight – TikTok aus rechtlicher Sicht«. Die schlechte Presse konnte den enormen Erfolg von TikTok bisher nicht aufhalten, und die Social-Media-Plattform ist weiterhin auf Erfolgskurs. Mit dem Test von längeren Videoformaten von bis zu 10 Minuten hat sie jetzt auch den Streaminganbietern wie Netflix und Co. den Konkurrenzkampf angesagt.

Kapitel 3

# Mit strategischer Planung zum erfolgreichen TikTok-Kanal

Nur wenn du die Bedürfnisse deiner Zielgruppe kennst, kannst du dein Kanalkonzept mit Inhalten für deinen erfolgreichen TikTok-Auftritt planen.

TikTok ist allen voran eine Unterhaltungsplattform. Deswegen solltest du dir vor dem Start deines Unternehmens-Accounts eine Strategie überlegen, wie du dein Produkt und den Unterhaltungsfaktor am besten in TikTok-Videos zusammenbringst. Dafür solltest du deine Zielgruppe genau kennen und deine Ziele festlegen. Du möchtest ja Personen erreichen, die im Idealfall auch mit deinem Content interagieren und deine Produkte kaufen. Erst wenn du dazu eine Strategie ausgearbeitet hast, kannst du die Umsetzung deines Kanals konkret angehen.

Sei dir bewusst, dass die strategische Planung und die Erstellung des Kanalkonzepts sehr aufwendig sind. Diese Zeit solltest du aber auf jeden Fall investieren. So findest du heraus, wie du mit welchen Mitteln deine Ziele erreichen kannst, und deine Erfolge können bemessen werden. Kläre vorab die folgenden Fragen der Checkliste.

**Checkliste für deine TikTok-Strategie**
- Welchen Stellenwert soll der Kanal in deiner Gesamtstrategie im Marketing einnehmen?
- Welche qualitativen Ansprüche hast du an deinen Kanal und wie lässt sich das mit dem Budget vereinbaren?
- Wie gehst du die Umsetzung konkret an?
- Hast du die Zeit, dich in die Plattform einzuarbeiten, oder benötigst du externe Hilfe?
- Hast du vielleicht schon TikTok-Experten in deinem Team?
- Welches Budget bist du bereit, für TikTok zu investieren?
- Welche anderen Ressourcen brauchst du?
- Gibt es Kooperationspartner, mit denen du zusammenarbeiten willst?

In diesem Kapitel zeige ich dir jetzt erst mal, welche Personengruppen auf TikTok aktiv sind und warum. Außerdem lernst du die wichtigsten Ziele kennen. Das erwartet dich genau:

> **Kapitelübersicht: Mit strategischer Planung zum erfolgreichen TikTok-Kanal**
> In diesem Kapitel lernst du Folgendes:
> - die Zielgruppe von TikTok kennen
> - warum sie TikTok nutzt
> - wie du deine eigene Zielgruppe definierst

## 3.1 Lerne die Zielgruppe von TikTok kennen

Das Klischee, TikTok sei nur für junge Leute, die gerne tanzen, stimmt mittlerweile nicht mehr. Seit 2020 hat die App so sehr an Beliebtheit gewonnen, dass dort Nutzer und Nutzerinnen jeden Alters zu finden sind und die Plattform bereits etwas nachgealtert ist.

Die Beliebtheit von TikTok zeigt sich nicht nur in den steigenden Nutzerzahlen, sondern lässt sich auch gut durch Google Trends abbilden. In Abbildung 3.1 ist zu erkennen, dass die TikTok-Nachfrage Anfang Februar 2020 langsam gestiegen ist und seit März 2020 bis heute hoch ist.

**Abbildung 3.1** In den Google Trends kannst du sehen, wie häufig nach dem Begriff TikTok gegoogelt wurde. (Quelle: *https://trends.google.de*)

Um deine Marke, dein Produkt oder dein Unternehmen auf der Plattform richtig zu platzieren, ist es wichtig, die eigene Zielgruppe zu definieren. Auch wenn du das beispielsweise schon für Instagram gemacht hast, ist es wichtig, die Zielgruppenanalyse plattformspezifisch anzugehen. Je nach Plattform agieren Nutzer anders. Erfahrungsgemäß musst du Nutzerinnen bei Facebook und Instagram mehr zur Interaktion auffordern, als beispielsweise bei TikTok.

> **Was ist eine Zielgruppe?**
>
> Unter einer Zielgruppe versteht man eine definierte Gruppe von Personen, die du als potenzielle Käufer identifizierst und die du gezielt mit deinen Werbemaßnahmen und deinem Content ansprechen willst. Die wichtigsten Merkmale sind hier Alter, Geschlecht, Interessen und Bildungsgrad. Die Zielgruppenanalyse gehört zu jeder erfolgreichen Marketingstrategie dazu. Für TikTok solltest du deswegen vorab folgende Fragen beantworten:
> - Wer nutzt TikTok und warum?
> - Wie sieht die demografische Verteilung aus?
> - Kannst du deine Zielgruppe überhaupt mit TikTok erreichen?
> - Kannst du eine neue Zielgruppe erschließen?
> - Wo erreichst du Nutzer auf TikTok am besten?
> - Wie sieht die Customer Journey bei TikTok aus?
> - Welche Themenbereiche sind auf TikTok relevant?
> - Welche Inhalte von dir passen zu TikTok?

### 3.1.1 Warum sind Menschen auf TikTok unterwegs?

Kannst du dir vorstellen, einen Tag ohne Social Media zu verbringen? Kein Durchklicken der Instagram Stories, keine schnelle WhatsApp-Nachricht und keine unterhaltsamen Videos mehr auf YouTube oder TikTok? Das klingt heutzutage tatsächlich richtig schwer. Bereits 2018 konnte sich jeder Dritte ein Leben ohne Social Media nicht mehr vorstellen.[1]

Durchschnittlich verbringen deutsche Nutzer 1 Stunde und 19 Minuten täglich auf Social Media, und einen großen Teil davon sind sie mittlerweile auf TikTok unterwegs – genauer gesagt durchschnittlich 52 Minuten täglich.[2]

Eine Studie aus dem März 2021 hat ergeben, dass TikTok-Nutzer weniger Zeit auf anderen Plattformen verbringen. Besonders das klassische Fernsehen und Dating-Apps rücken dabei in den Hintergrund, wie Abbildung 3.2 zeigt.

---

[1] Quelle: *https://de.statista.com/infografik/13057/umfrage-verzicht-auf-soziale-medien*
[2] Quelle: *https://blog.hubspot.de/marketing/social-media-in-deutschland*

Mittlerweile verbringen 35 % der TikTok-Nutzer weniger Zeit mit Fernsehen oder Streaminganbietern. Stattdessen sehen sie sich Videos auf TikTok an. 45 % der TikTok-Nutzer verbringt auch weniger Zeit mit Dating-Apps. Es richtet sich meist die volle Aufmerksamkeit auf die Videoplattform, denn – wie ich dir ja bereits erklärt habe – checkt man TikTok nicht nebenbei. Das bedeutet, dass TikTok nicht nur anderen Social-Media-Plattformen Konkurrenz macht, wie Facebook oder Instagram, sondern beispielsweise auch dem Fernsehen, Netflix und Tinder.

**Abbildung 3.2** Menschen schenken TikTok ihre ungeteilte Aufmerksamkeit. (Quelle: TikTok For Business, *www.tiktok.com/business/en-US/blog/time-well-spent*)

Bei der Verwendung der App sind die Nutzer auf der Suche nach Unterhaltung, denn TikTok bietet mit dem schnelllebigen Content sowohl Entertainment als auch Originalität und Spaß. Hier ist die Qualität der Videos eher Nebensache. Wichtiger sind eine schnelle Reaktion auf Trends und Authentizität. Das Besondere ist, dass sich der *For You Feed* unglaublich schnell den eigenen Interessen anpasst, wodurch Nutzer noch mehr Zeit auf der Plattform verbringen. Dabei steht das Entdecken von neuen Inhalten im Vordergrund, denn bei TikTok werden dir vor allem neue Videos von Creators vorgeschlagen, denen du meistens gar nicht folgst. Von neuen Rezepten bis hin zu coolen Outfits, DIYs – hier ist für jede und jeden was dabei. Und genau das macht auch den besonderen Reiz von TikTok aus. Ehe du es merkst, ist 1 Stunde wie im Flug vergangen. In Abbildung 3.3 kannst du auf einen Blick sehen, was die Nutzer bei TikTok machen: Sie lernen neue Trends oder Rezepte kennen, folgen Creators und schauen sich vor allem die schnellen Videos an.

**Abbildung 3.3** Warum Nutzer TikTok nutzen (Quelle: TikTok For Business, *www.tiktok.com/business/en-US/blog/time-well-spent*)

Besonders beliebt ist die App immer noch bei jüngeren Generationen. Wie die Verteilung hier genau aussieht, liest du im nächsten Abschnitt.

### 3.1.2 Wie sieht die demografische Verteilung auf TikTok aus?

Weltweit hat TikTok mittlerweile über 800 Millionen Nutzerinnen und Nutzer, davon stammen etwa 100 Millionen aus Europa und davon wiederum 10,5 Millionen aus Deutschland.[3] Abbildung 3.4 zeigt dabei die demografische Verteilung der Plattform. 2021 war dabei die Anzahl der Nutzer mit 43,25 % und der Nutzerinnen mit 56,75 % fast ausgeglichen. Besonders beliebt ist die Plattform bei jungen Personen zwischen 13 und 34 Jahren. Diese Altersspanne umfasst zwei Generationen: die sogenannten Millennials und die Gen Z. Was es damit auf sich hat, erkläre ich dir im Folgenden.

---

3 Quelle: *https://blog.hubspot.de/marketing/social-media-in-deutschland*

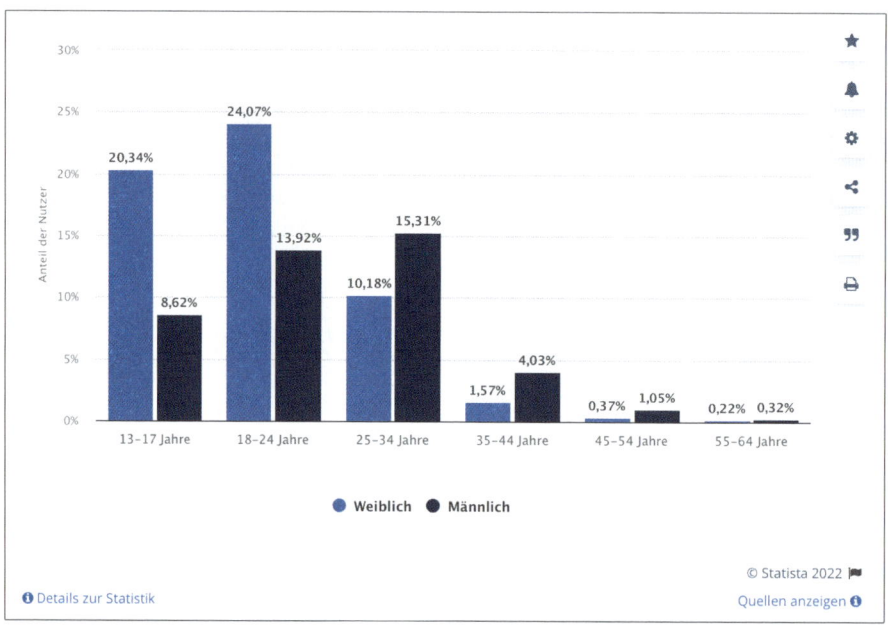

**Abbildung 3.4** Anteil der Nutzer von TikTok nach Altersgruppen und Geschlecht weltweit im Jahr 2021 (Quelle: Statista, *https://de.statista.com/statistik/daten/studie/1247328/umfrage/anteil-der-tiktok-nutzer-nach-altersgruppen-und-geschlecht-weltweit*)

**Millennials**

Der Begriff umfasst alle Personen, die um die Jahrtausendwende geboren sind – genauer gesagt zwischen 1980 und 2000. Sie werden auch als Generation Y oder Digital Natives bezeichnet und sind mit dem Internet sowie Social Media groß geworden. Deswegen ist es nicht verwunderlich, dass sie sich ein Leben ohne nicht mehr vorstellen können und am liebsten alles digital abwickeln – angefangen beim Wocheneinkauf über Dating bis hin zur Informationssuche.

Die Generation ist sich ihrer Verantwortung bewusst und so ist sie bereit, auch mal mehr auszugeben, um ein Produkt mit »gutem Gewissen« zu erwerben. Dabei ist ihre aktuelle Marktkraft nicht zu verachten: Millennials sind in den letzten Jahren in den Arbeitsmarkt eingestiegen, dabei zu heiraten und befinden sich in der Haushalts- und Kinderplanung.

Auch werden der Generation verschiedene Interessen und Eigenschaften zugeschrieben. Beispielsweise gelten Millennials als besonders technikaffin, sie legen viel Wert auf Service und ihnen ist eine Work-Life-Balance besonders wichtig.

**Generation Z**

Zu dieser Generation zählen alle, die ab dem Jahr 2000 geboren sind. Das bedeutet, die Personen sind heute 22 Jahre alt und jünger und somit die erste Generation, die komplett im digitalen Zeitalter groß geworden ist.

Ohne Social Media funktioniert hier nichts. Die Generation ist immer online, sodass digitale Welt und Realität verschmelzen. Besonders beliebt sind WhatsApp, Instagram, Snapchat und TikTok. Hier gilt auch: Je jünger die Nutzer, desto aktiver sind sie auf den verschiedenen Plattformen und brauchen deswegen Möglichkeiten zur Interaktion.

Sie lassen sich aber schwerer von Markenbotschaften beeinflussen, dafür hören sie gerne auf Empfehlungen von Influencern. Außerdem bewirkt hier User-generated Content mehr als »normale« Ads, die in Form von Werbebannern oder Ad-Sets bei Social Media meist mit Adblockern gesperrt werden. Die Generation setzt sich stark für den Klimaschutz ein und ihr ist Authentizität wichtig. Die Scheinwelt von Instagram haben sie durchschaut, und TikTok trendet so, weil gerade dort authentisch, mit Fehlern und nicht mit Glanz und Gloria kommuniziert wird.

Besonders interessant ist die Generation fürs Employer Branding, da Personen dieser Altersklasse zukünftige Auszubildende und Mitarbeitende sind. Gut zu wissen ist deswegen, dass der Generation Z das Bedürfnis nach Sicherheit zugeschrieben wird. Das bedeutet, dass ihr geregelte Arbeitszeiten, Urlaubstage und ein festes Gehalt wichtig ist.

### 3.1.3 #CringeAlarm – ist meine Zielgruppe überhaupt bei TikTok vertreten?

TikTok unterscheidet sich in so vielen Punkten von anderen Plattformen. Der wichtigste davon ist die Zielgruppe. Die Nutzer wollen bei TikTok nicht in die nächste Scheinwelt eintauchen, sondern wünschen sich Authentizität, Diversität und die Möglichkeit, sich selbst zu verwirklichen. TikTok selbst will dafür ein offenes und inklusives Umfeld bieten.[4] Dieser Werte solltest du dir bewusst sein und sie auch leben können, wenn du auf TikTok aktiv sein willst.

Bevor du startest, solltest du dich aber vergewissern, ob dein Unternehmen oder deine Produkte zu TikTok passen. Mach dir also im Vorfeld gründlich Gedanken, wen du dort erreichen willst und ob deine Zielgruppe wirklich auf TikTok unterwegs ist. Anderenfalls landest du schnell bei *#CringeTok*.

---

4 Quelle: Offizieller Guide zu Marketing auf TikTok von TikTok: *www.tiktokforbusinesseurope.com/ de/news/weve-launched-our-official-guide-to-marketing-on-tiktok-for-small-businesses*

> **Was bedeutet cringe?**
>
> Das Jugendwort des Jahres 2021 wurde stark von TikTok geprägt. Direkt übersetzt bedeutet es so viel wie »zusammenzucken« oder »erschaudern«. Man versteht darunter aber auch Fremdscham. Wenn ein Video für Nutzer besonders peinlich ist, dann wird es mit dem Wort cringe beschrieben.

Bei TikTok gibt es eine eigene Kategorie mit Content, der als cringe bezeichnet wird: *#CringeTok*. Dort finden sich vor allem Videos, die den Nutzern der Plattform nicht gefallen – und genau deswegen viral gehen. Hier entstehen dann ganze *#TryNotToCringe*-Challenges, bei denen Nutzer beim Schauen der Videos versuchen, nicht zu cringen – also sich (sichtbar) fremdzuschämen. Die Kommentare in diesem Bereich sind dann meist weniger freundlich, weshalb man es als Unternehmen vermeiden sollte, hier zu landen. Deswegen ist es umso wichtiger, die Zielgruppe, die Plattform und die verschiedenen Trends richtig zu verstehen.

Wenn deine Produkte nicht zu TikTok passen, muss dich das jetzt nicht unbedingt davon abhalten, trotzdem einen Kanal dort zu eröffnen. Gut gelöst hat das z. B. @*ziehl_abegg*. Die Produkte des deutschen Herstellers von Ventilatoren für Luft- und Klimatechnik passen nicht unbedingt zur Zielgruppe von TikTok, außer es gibt gerade die #CelineDionChallenge. Bei dem Trend Lip-syncen Nutzer zu dem Song *It's All Coming Back To Me Now* und performen dabei so dramatisch wie möglich. Im Fall von Ziehl Abegg in einem Abendkleid und mit einem riesigen Ventilator. Die Produkte des Herstellers stehen auf dem TikTok-Kanal aber sonst im Hintergrund und der Kanal zeigt die hippe Seite des Unternehmens und warum es ein super Arbeitgeber ist.

Das Gute ist: Bei TikTok kannst du eine ganz neue Zielgruppe erreichen, die du vielleicht so bisher aus deiner Unternehmenssicht nicht auf dem Schirm hattest. Du willst jetzt sicher herausfinden, ob dein Unternehmen auf TikTok gut aufgehoben ist und welche Zielgruppen dort erreicht werden können. Eine gute Hilfestellung bietet dafür z. B. ein Blick in die beliebtesten Content-Kategorien, die du in Abbildung 3.5 siehst.

Schau gleich mal nach, ob sich deine Inhalte einer der Content-Kategorien zuordnen lassen! Hast du beispielsweise einen kleinen Etsy-Store und verkaufst selbst geknüpfte Hundeleinen, findest du dich vielleicht in der Kategorie »Pets« wieder. Im nächsten Schritt kannst du das überprüfen. Check dazu doch einfach mal, ob deine Konkurrenz bei TikTok bereits aktiv ist und welche Zielgruppe sie dort abholen. Wenn du bereits einen erfolgreichen Instagram-Auftritt hast, kannst du auch mal nach Hashtags suchen, die dort für dich gut funktionieren. Da Hashtags auf den Plattformen ähnlich funktionieren, ist das ein guter Wert, um deine Nische ausfindig zu machen. Bei einzelnen Hashtags siehst du auch, wie häufig sie verwendet werden. Das gibt dir auch schon Aufschluss darüber, ob deine Zielgruppe hier vertreten ist. Wenn du noch unsicher bist, ob TikTok wirklich die richtige Plattform für dich ist, kannst du auch einfach mal eine Werbeanzeige schalten und schauen, wie deine Marke auf diesem Weg ankommt. Du brauchst zur Werbeschaltung bei TikTok nämlich keinen Kanal, sondern kannst Werbeanzeigen ganz einfach über TikTok Ads ausspielen. Wie das geht, erkläre ich dir in Kapitel 13, »Werbung auf TikTok«, noch ausführlicher.

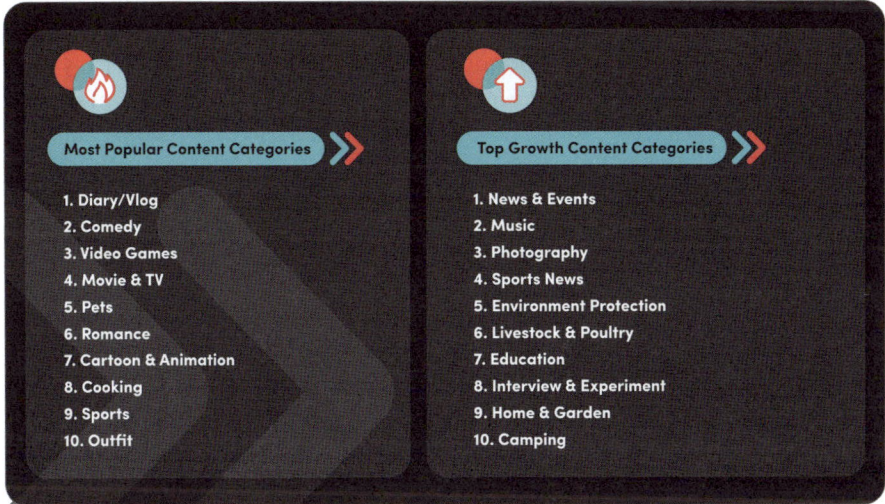

**Abbildung 3.5** Die erfolgreichsten Content-Kategorien bei TikTok weltweit (Quelle: TikTok-Trend Report 2021, *www.tiktok.com/business/de/blog/what-is-our-tiktok-trend-report-is-here-discover-whats-next*)

Mit TikTok kannst du ein deutlich jüngeres Publikum erreichen als beispielsweise mit Instagram. Erfahrungsgemäß lernst du deswegen oft noch eine ganz neue Zielgruppe kennen, die du auf anderen Plattformen vielleicht bisher noch nicht so direkt angesprochen hast. Das gelingt dir aber nur durch das aktive Nutzen der App. Deswegen mein Tipp: Teste dich einfach mal aus! Drehe kreative und authentische Videos, die deiner Marke treu bleiben, und schau einfach mal, wie sie bei der TikTok-Community ankommen.

### 3.1.4 Wo erreiche ich Nutzer*innen innerhalb von TikTok am besten?

Öffnest du die App, befindest du dich gleich in deinem personalisierten For You Feed. Dort werden dir neue Inhalte vorgeschlagen, und der Überraschungsfaktor, den die Videos mit sich bringen, sorgt dafür, dass Nutzer die App so oft nutzen. Das erkläre ich dir aber noch genauer in Kapitel 7, »Optimiere deine Inhalte für den Algorithmus«.

Am besten erreichst du deine potenzielle Zielgruppe also im For You Feed, und du solltest deswegen deine Videos so optimieren, dass sie dort ausgespielt werden. Laut TikTok verbringen Nutzer auch die meiste Zeit im For-You-Bereich.[5]

## 3.2 Leg deine Zielgruppe bei TikTok fest

In den vorherigen Abschnitten hast du herausgefunden, wen du auf TikTok erreichen kannst – und wen besser nicht. Bevor du jetzt aber schon startest, solltest du dir Gedanken darüber machen, wen du dort genau erreichen willst. So kannst du deinen Content gezielt an eine Personengruppe richten: deine Zielgruppe. Wenn du sie kennst, kannst du auch ihre Sprache sprechen, sie somit besser ansprechen und direkt auf ihre Wünsche, Bedürfnisse und Interessen eingehen.

Im ersten Schritt findest du so viel wie möglich über deine Zielgruppe heraus. Das nennt sich Zielgruppenanalyse. Hast du die wichtigsten Eckdaten abgeklärt, geht es daran, die Zielgruppe zu definieren. Eine Hilfestellung bietet hier die Erstellung einer Käufer-Persona. Starten wir aber mit den verschiedenen Möglichkeiten der Zielgruppenanalyse.

### 3.2.1 Möglichkeiten der Zielgruppenanalyse

Die Zielgruppenanalyse ist Teil der Marktforschung. Die Fakten und Zahlen, die du anfangs herausarbeitest, sollten nicht in Stein gemeißelt sein. Je mehr du dich auf einer Plattform mit deiner Zielgruppe beschäftigst, desto besser lernst du sie kennen. Deswegen solltest du deine Zielgruppendefinition regelmäßig auffrischen.

**Umfrage**

Mit einer Kundenumfrage können Daten unkompliziert gesammelt werden. Der Vorteil: Die Anonymität einer Umfrage senkt die Hemmschwelle der Teilnehmer. Achte dabei auf eine konkrete Fragestellung. Ungenaue Fragen führen auch zu ungenauen Antworten. Mit einer Umfrage kannst du einfache Eckdaten wie Alter, Geschlecht, Wohnort und Interessen herausfinden und so deinen idealen Kunden definieren. Auf die Umfrage kannst du ganz einfach über deine anderen Social-Media-Plattformen aufmerksam machen, oder du schickst einen Newsletter dazu an deine Kunden, wenn du hier bereits einen hast.

---

5 Quelle: *https://newsroom.tiktok.com/de-de/tiktok-der-fur-dich-feed-erklart*

> **Tooltipp: Umfragetools**
> Mittlerweile gibt es online viele kostenlose Umfragetools, die dir beim Erstellen und Auswerten weiterhelfen. Das sind z. B. *surveymonkey.com* oder *soscisurvey.de*.

Wenn du bereits einen TikTok-Kanal hast, kannst du auch kleine Videoclips mit dem Umfragetool erstellen (siehe Abbildung 3.6), um mehr über deine Community herauszufinden. Das Tool kennst du vielleicht schon aus den Instagram-Stories, und es funktioniert ebenso bei TikTok. Beachte dabei aber, dass die Antwortmöglichkeit hier auf zwei beschränkt ist und du pro Video nur eine Umfrage einfügen kannst.

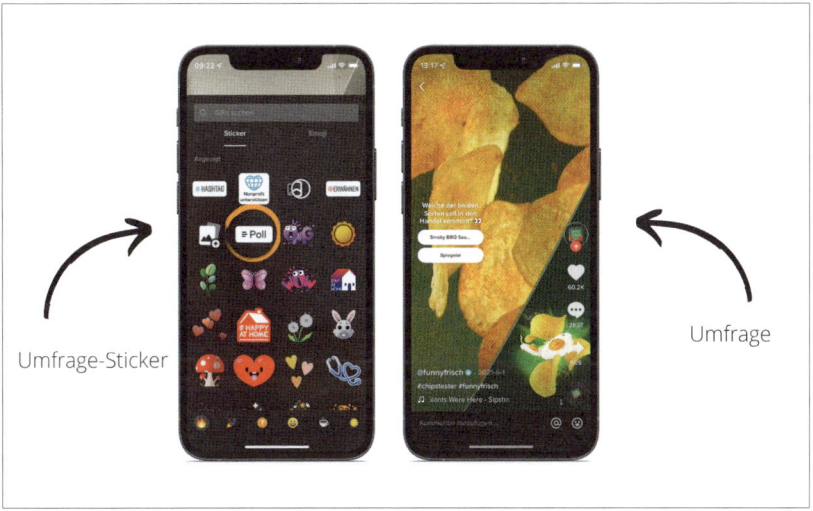

**Abbildung 3.6** Bei TikTok kannst du mit dem Umfrage-Sticker ganz einfach Umfragen einfügen.

## Interview

Ein persönliches Gespräch in Interviewform bedeutet mehr Aufwand und weniger repräsentative Ergebnisse als beispielsweise eine Onlineumfrage, bietet aber tiefere Einblicke und mehr Informationen. Das Interview kann beispielsweise auch via Telefon, Chat oder Videocall geführt werden. So kannst du deine Zielgruppe sehr genau kennenlernen. Befrage dazu am besten bestehende Kunden und auch sogenannte Wunschkunden und stelle Fragen zur TikTok-Nutzung, zu ihren Werten und Wünschen und auch zur Kaufbereitschaft. Hast du beispielsweise eine eigene Buchhandlung, kannst du deine Kund*innen doch einfach mal direkt auf die Plattform ansprechen. Hier bietet es sich dann natürlich an, mit jüngeren Kunden ins Gespräch zu kommen, denn diese nutzen die Plattform eher.

> **Checkliste: Diese Fragen solltest du unbedingt stellen**
>
> TikTok-Nutzung
> - Wie häufig und wie lange nutzt du TikTok?
> - Welchen Content konsumierst du dabei am meisten?
> - Warum würdest du einer Marke bei TikTok folgen?
> - Welchen Marken, Unternehmen und/oder Creators folgst du bei TikTok?
> - Machst du selbst aktiv bei Challenges und Trends mit? Oder kommentierst und likst du lieber?
>
> Wünsche und Werte
> - Welche Inhalte wünschst du dir von unserer Marke bei TikTok?
> - Welche Werte sind dir wichtig?
> - Mit welchen Themen beschäftigst du dich gerade?
> - Was möchtest du in deinem Leben verbessern?
>
> Kaufbereitschaft
> - Aus welchen Gründen kaufst du ein Produkt online?
> - Von was lässt du dich beim Onlinekauf inspirieren (Ads, Influencer etc.)?
> - Was beeinflusst deine Kaufentscheidung am meisten?

**Onlinerecherche**

Das ist der schnellste und wahrscheinlich kostengünstigste Weg, um an Daten zu kommen. Achte hier aber auf die Vertrauenswürdigkeit deiner Quellen. Gute Anlaufpunkte sind z. B. *statista.com* oder die Seite des Statistischen Bundesamtes.

> **Tooltipp: Analytic-Tools**
>
> Google Analytics kann Daten deiner Website-Besucher erfassen. So findest du einfach heraus, wer sich für dein Produkt interessiert. Klassische Daten sind hier beispielsweise Alter und Geschlecht.

Wenn du bereits auf anderen Plattformen aktiv bist, lohnt sich dort ein Blick in die Analytics. So kannst du herausfinden, wen du bereits mit deinem Produkt bei Social Media erreichst.

### 3.2.2 Deine Käufer-Persona – eine Schritt-für-Schritt-Anleitung

Die Erstellung einer Persona hilft dir dabei, nicht mehr zu raten, welchen Content deine Zielgruppe braucht, sondern damit weißt du genau, welche Bedürfnisse und Interessen erfüllt werden müssen.

Die sogenannten Personas sind ein Instrument der Content-Strategie. Der lateinische Begriff bedeutet übersetzt »Maske« und hat seine Ursprünge im Theater. Dort trugen Schauspieler früher Masken, die ihre Rolle schnell identifizieren lies – also der Gute, der Böse etc.

Personas sind immer noch teilweise fiktiv. Sie repräsentieren nicht unbedingt den Kunden, sondern zeigen dir, welche Personengruppe den größten Mehrwert aus deiner Marke erhält. Personas erstellst du anhand von Eckdaten und zeichnest damit ein klares Bild. So erhält deine Zielgruppe Struktur und Kontext. Je mehr du schon über deine Kunden weißt, desto besser. Das Erstellen einer Persona kannst du dir am einfachsten als Anlegen eines Facebook-Profils vorstellen. Für die Erstellung deiner Persona helfen dir folgende Schritte:

**Schritt 1: Namen**

Gib deiner Käufer-Persona zuerst einen Namen. Damit fällt es dir leichter, sie dir als echte Person vorzustellen. Am besten spezifizierst du den Namen noch je nach Branche oder Eigenschaften, um sie von anderen Personas zu unterscheiden. In der Buchbranche könnten das beispielsweise Krimileser Karl, Coverkäuferin Corinna oder Smutty Susi (Erotikromanleserin) sein.

**Schritt 2: Demografische Angaben**

Mit den demografischen Angaben definierst du die wichtigsten Eckdaten deiner Persona: Alter, Geschlecht, Herkunft, Wohnort. Hier solltest du so genau wie möglich sein. Eine Altersspanne hilft dir beispielsweise nicht weiter. Zwischen 16 und 21 Jahren liegen bereits viele Unterschiede. Die Jüngeren gehen hier gegebenenfalls noch zur Schule oder starten gerade ihre Ausbildung, die Älteren sind vielleicht schon mitten im Studium.

**Schritt 3: Persönlicher Hintergrund**

Definiere jetzt die konkrete Lebenssituation deiner Persona. Folgende Fragen helfen dir dabei: Wie und wo lebt sie? Mit wem lebt sie zusammen? Welche Sprache spricht sie? Wie sieht ein typischer Tagesablauf aus? Welche Schule hat die Persona besucht oder besucht sie? Wie sieht es mit Ausbildung und Beruf aus? Wie sehen das persönliche Umfeld und der Freundeskreis aus?

**Schritt 4: Onlineverhalten**

Finde heraus, wie deine Persona online tickt. So weißt du, wie du sie am besten wo ansprichst: Wo informiert sich deine Persona? Wie lässt sie sich zum Kauf inspirieren? Wie ist ihr Onlinekaufverhalten? Welche Plattformen verwendet sie? Wo ist sie wie stark aktiv? Wie interagiert sie am liebsten? Wie kommuniziert sie? Welche Endgeräte nutzt sie – also Smartphone, Laptop oder beispielsweise Tablet?

### Schritt 5: Tätigkeiten und Interessen

Mit den Tätigkeiten und Interessen lernst du deine Persona noch genauer kennen: Welche Hobbys hat deine Persona? Wie verbringt sie ihre Freizeit? Wo engagiert sie sich? Engagiert sie sich beispielsweise in Vereinen oder bei wohltätigen Zwecken? Welche Themenbereiche sind ihr besonders wichtig?

### Schritt 6: Motivation und Ziele

Überleg dir, was deine Persona motiviert. Was ist der Grund, warum sie morgens aufsteht? Hat sie Vorbilder, die sie motivieren? Was sind ihre Ziele? Was will sie langfristig erreichen? Was bereitet ihr Freude? Was ist ihr besonders wichtig?

### Schritt 7: Herausforderungen

Das Leben hat nicht nur positive Seiten. Auch deine Persona kann vor Herausforderungen stehen. Frag dich deswegen: Welche Herausforderungen muss deine Persona meistern? Welche Entscheidungen muss sie treffen? Was fehlt ihr, um ihr Ziel zu erreichen? Welche Ängste und Sorgen stressen sie? Gibt es Möglichkeiten, ihr diesen Stress zu nehmen? Wie fällt sie Entscheidungen?

Hast du dir alle Infos zu deiner Persona zusammengeschrieben, kannst du dir eine Visualisierung dazu erstellen, um ein besseres Gefühl für sie zu bekommen. Ein Beispiel dafür findest du in Abbildung 3.7.

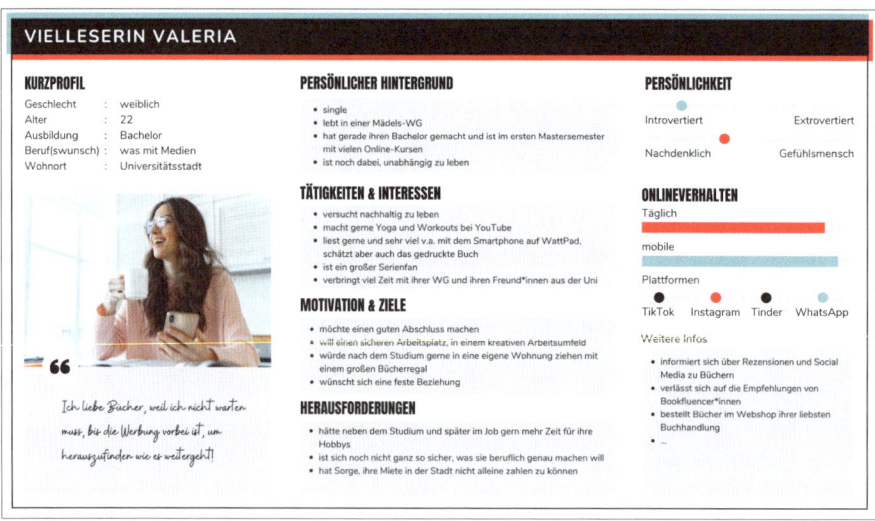

**Abbildung 3.7** Beispiel für eine visualisierte Persona

Für deine Zielgruppe kannst du durchaus mehrere Personas erstellen. Es sollten aber nicht mehr als drei sein, sonst kommst du dir selbst bei der Zielgruppenan-

## 3.3 Zieldefinition – was möchtest du auf TikTok erreichen?

sprache in die Quere. Sei dir dabei auch bewusst, dass du nicht jede Randgruppe bei der Persona-Erstellung mitdenken kannst. Konzentriere dich deswegen auf die wichtigsten Personas.

### 3.3 Zieldefinition – was möchtest du auf TikTok erreichen?

Was ist dein Ziel? Diese Frage solltest du dir einprägen und dir immer wieder stellen, wenn du Social-Media-Aktivitäten planst. Ziele sind wichtig, um Ergebnisse zu messen und am Ende herauszufinden, ob du mit deiner Maßnahme Erfolg hattest. Mit regelmäßigen, strukturierten und geplanten Inhalten und einem klaren Produktionsplan kannst du beispielsweise Follower langfristig an deinen Kanal binden.

Auch TikTok lässt sich strukturiert nutzen – auch wenn das auf den ersten Blick vielleicht nicht den Eindruck macht. Diese möglichen Ziele könntest du bei TikTok organisch verfolgen:

- Brand Awareness

    Vielleicht kennst du auch das Wort Branding. Übersetzt bedeutet das Markenbekanntheit. Bringe dich und deine Marke in das Bewusstsein der Nutzer durch deinen TikTok-Kanal. Das gelingt dir beispielsweise, wenn du dich mit spannenden, interessanten oder lustigen Inhalten ins Gespräch bringst. Als Beispiel kannst du dir hier den Kanal von @*deutschebahn* ansehen (siehe Abbildung 3.8).

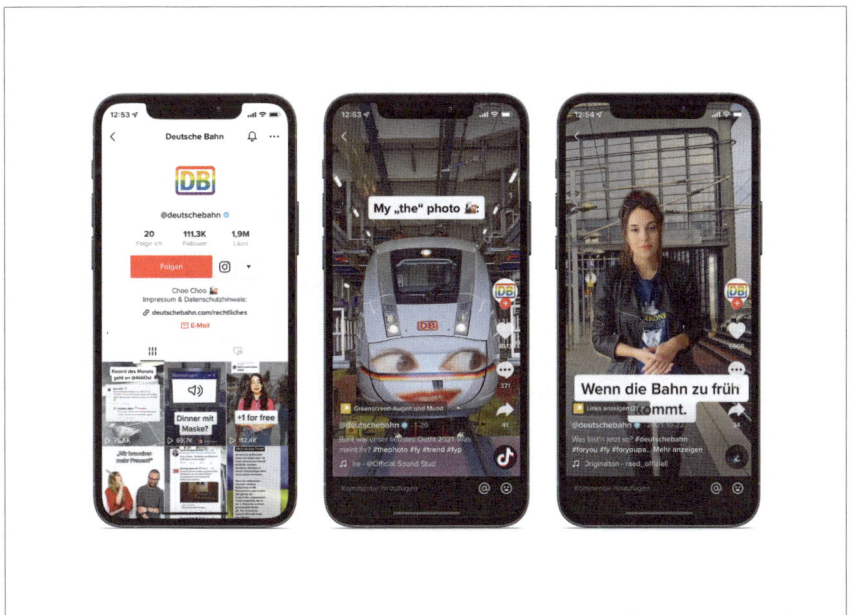

**Abbildung 3.8** Die Deutsche Bahn hat sich auf TikTok ein neues Image verpasst.

Das Unternehmen zeigt sich dort witzig, spricht fließend TikTok und baut mit viel Selbstironie eigene Vorurteile ab. Dadurch verpasst sich das Unternehmen ein cooles und hippes Image.

- Service und Support

    Über Social Media hast du einen direkten Kontakt zu deinen Kunden und kannst ihnen auch direkt Support anbieten. Die Hemmschwelle, eine kurze Nachricht (DM) zu schicken, ist oft niedriger, als gleich eine ganze E-Mail zu schreiben oder einen Anruf zu tätigen – vor allem, wenn es nur eine kleinere Frage ist. Der Support ist meist Teil des Community Managements und an Aufwand nicht zu unterschätzen. Du solltest auf jeden Fall auf direkte Nachrichten und Fragen in den Kommentaren eingehen. Wenn Fragen sehr häufig gestellt werden, kannst du beispielsweise auch ein eigenes Video dazu drehen. Mehr zum Thema Community Management lernst du auch noch in Kapitel 14, »Mit Followern kommunizieren – warum gutes Community Management den Unterschied macht«.

- Employer Branding

    Mit Employer Branding verfolgst du das Ziel, dich bzw. deine Firma als attraktiven Arbeitgeber darzustellen. Social Media wird immer wichtiger, um Mitarbeitende zu gewinnen. Bei TikTok findest du hier die perfekte Zielgruppe – zumindest, wenn man nur die Altersgruppe betrachtet. Mittlerweile checken Arbeitssuchende nicht nur diverse Rezensionsportale zu ihren potenziellen Arbeitgebern, sondern auch Social Media.

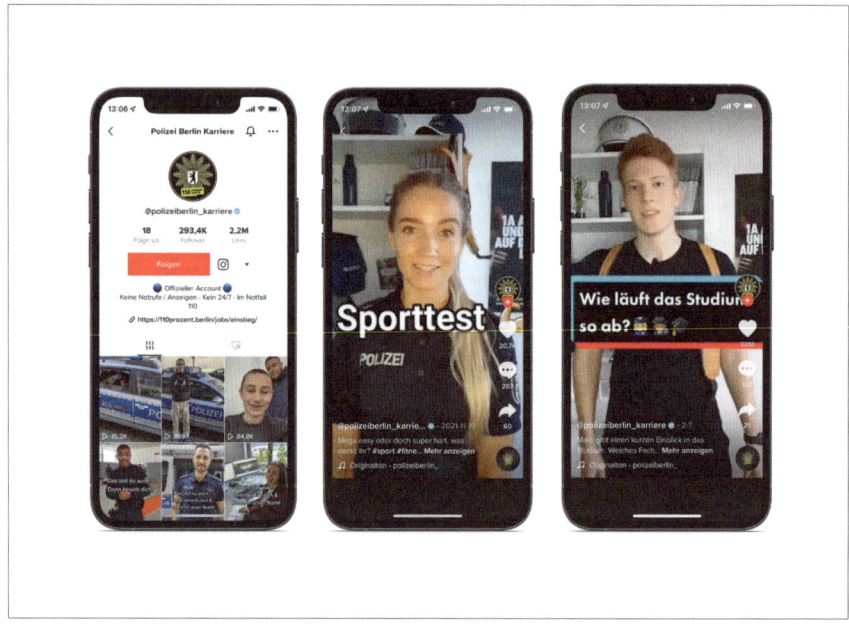

**Abbildung 3.9** Die Polizei Berlin erreicht junge, potenzielle Polizeianwärter und -anwärterinnen auf TikTok.

Das kann einen ersten Eindruck des Arbeitsumfeldes vermitteln. Wie eine Bewerbung, die Ausbildung und auch der spätere Beruf bei der Berliner Polizei aussieht, kannst du dir z. B. auf dem Kanal von @*polizeiberlin_karriere* ansehen (siehe Abbildung 3.9). Dort wird auch nicht nur der klassische Polizeiberuf vorgestellt, sondern auch verschiedene andere Stellen, die dort besetzt werden. In verschiedenen Videos werden auch Fragen aus der Community beantwortet, die sehr interessiert an dem Berufsbild ist.

- Engagement

Unter Engagement versteht man die Interaktion, die auf deinem Kanal stattfindet – also alle Nutzeraktivitäten, die mit deinem Content zu tun haben. Das können Likes, Kommentare oder Shares sein. Die Interaktion ist eine der wichtigsten Kennzahlen, um herauszufinden, ob dein Content auch gut performt. Bestes Beispiel hier sind Influencer, die meistens in sehr engem Austausch mit ihrer Community stehen. Du kannst das aber auch als Unternehmen oder Selbstständige umsetzen, wie beispielsweise Bestsellerautorin @*victoriaaveyard*. Sie setzt auf eine enge Kommunikation mit ihren Fans. Dafür reagiert sie via Stitch auf Videos, initiiert selbst Stitches, geht auf Kommentare ein oder fragt die Nutzer um Rat (siehe Abbildung 3.10). So hat sie nicht nur erfolgreich ihre Community aufgebaut, sondern auch die Interaktion auf ihrem Kanal gefördert.

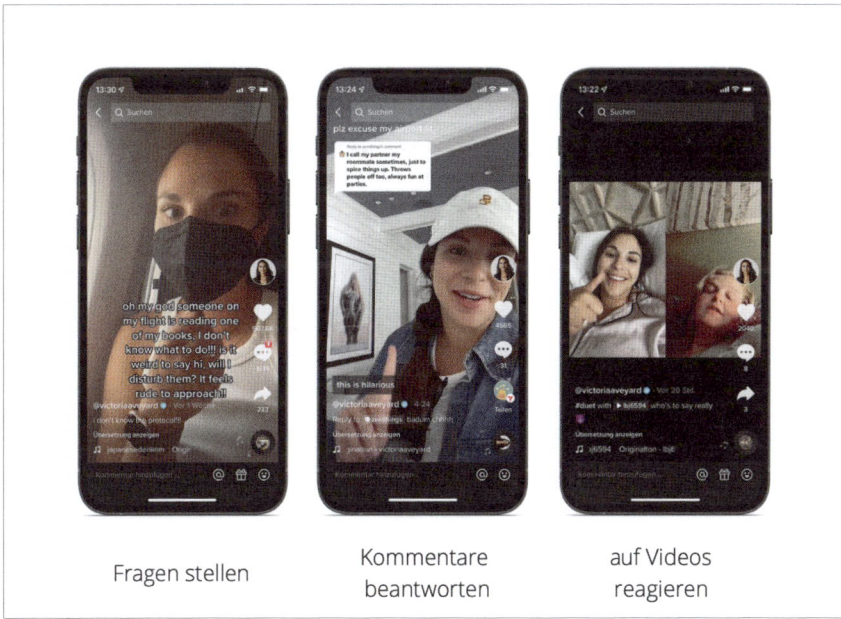

**Abbildung 3.10** Autorin Victoria Aveyard interagiert viel mit ihren Fans und erzeugt so Reaktionen ihrer Community.

- Reichweite

    Bei TikTok ist es aktuell noch möglich, einfach und schnell organische Reichweite aufzubauen. Deswegen solltest du dieses Ziel auf keinen Fall vernachlässigen. Jedes TikTok hat das Potenzial, viral zu gehen und Hunderte Menschen zu erreichen. Beachte aber: Ein einzelnes One-Hit-Wonder wird dir bei deinem Kanalaufbau langfristig nicht weiterhelfen. Setz dir also konkret ein Ziel, etwa die Reichweite um 15 % steigern. Die Videos von @*funnyfrisch* sind beispielsweise stark auf Reichweite ausgelegt, denn die Marke arbeitet dort intensiv mit Influencer*innen zusammen, bietet Gewinnspiele an und bewirbt die Videos zusätzlich. Das erklärt auch die hohen Aufrufzahlen (siehe Abbildung 3.11).

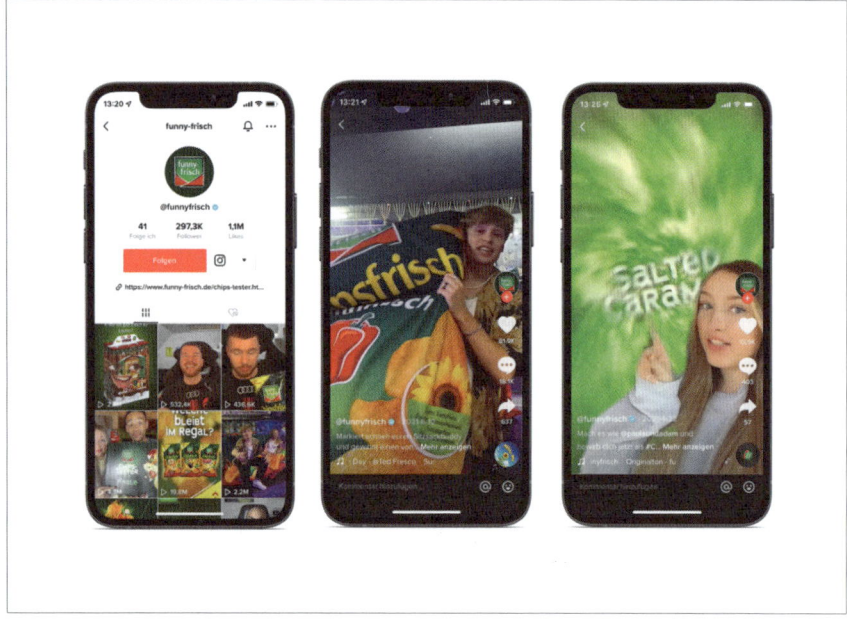

**Abbildung 3.11**  Funnyfrisch setzt bei TikTok auf Reichweite.

Wenn du überlegst, mehrere der oben stehenden Ziele zu erreichen, solltest du sie gewichten, um dir nicht mit verschiedenen Zielen selbst in die Quere zu kommen. Wichtig ist, deine Ziele richtig zu setzen und sie regelmäßig zu überprüfen!

### 3.3.1  Brand Loyalty – wieso ist es sinnvoll, sich eine Community um das eigene Produkt aufzubauen?

In unserem digitalen Zeitalter kann an jeder Ecke online eingekauft werden. Das Angebot dabei scheint unerschöpflich. Umso schwerer ist es für Unternehmen und Marken, die heiß umworbene Aufmerksamkeit auf sich zu ziehen.

Das Ziel bei Brand Loyalty ist es, Kunden langfristig zu binden. Das klappt, wenn du aus deiner Markenwelt eine spannende Erfahrung machst und die Bedürfnisse deiner Kunden erkennst und erfüllst. Wichtig ist, dass sie sich mit deiner Marke identifizieren können und du das Markenversprechen nicht brichst.

> **Was ist Brand Loyalty?**
> Übersetzt bedeutet der Begriff Markenloyalität. Wenn deine Kunden eine positive Assoziation mit deiner Marke verbinden und ihr vertrauen, sind sie deiner Marke eher treu. Das bedeutet auch, dass sie bereit sind, deine Produkte öfter zu kaufen und mehr Geld dafür auszugeben.

Mit einem TikTok-Kanal kannst du einen spannenden Einblick in deine Markenwelt geben. Der nächste Schritt dafür ist der Aufbau einer interaktiven Community, die an deiner Marke interessiert ist, auf deine Videos reagiert und selbst Content zu deiner Marke erstellt. Um das zu erreichen, hast du mit dem Festlegen deines Ziels schon den richtigen Weg für den Kanal bereitet. Nutzer sind interaktiver und abonnieren lieber, wenn sie wissen, um was es bei deinem Content geht. Und das Wichtigste: Stell sicher, dass die Kommunikation in beide Richtungen läuft – rede nicht nur mit deiner Community, sondern hör auch zu.

Einen tieferen Einblick in den Community-Aufbau bekommst du in Kapitel 14, »Mit Followern kommunizieren – warum gutes Community Management den Unterschied macht«. Ein Beispiel für eine besonders engagierte Community zeige ich dir aber bereits im nächsten Abschnitt.

### 3.3.2 Best Practice: Die #BookTok-Community als Zielgruppe

Wer hätte vor einigen Jahren noch gedacht, dass eine Social-Media-App Bücher, die schon mehrere Jahre alt sind, wieder zu neuem Erfolg katapultieren kann? Die Buch-Commuity bei TikTok, kurz *#BookTok* macht genau das möglich. So stand im Januar 2021 plötzlich wieder »Der Bro Code« auf Platz 1 der Sachbuch-Charts. Das Buch ist Teil der erfolgreichen TV-Serie »How I Met Your Mother«, die allerdings bereits 2014 abgedreht war. Für den erneuten Erfolg des Buches sorgte die Kooperation zwischen dem Buchverlag und dem TikToker *@der_brophet*, dessen Videos über 700.000 Klicks erreichten.[6]

Deswegen ist es nicht verwunderlich, dass das Interesse in meiner Branche an der Plattform mittlerweile sehr gestiegen ist und viele meiner Kund*innen wissen wollen: Was ist *#BookTok* überhaupt? Das erkläre ich dir jetzt!

---

[6] Quelle: *www.boersenblatt.net/news/bestseller/tiktok-katapultiert-bro-code-nach-10-jahren-auf-platz-1-161837*. Die Videos sind aktuell nicht mehr verfügbar.

Insgesamt ist die *#BookTok* eine sehr aufgeschlossene und liebenswerte Community, bei der natürlich Buchempfehlungen, Lesetipps und Fantheorien zu den eigenen Lieblingsbüchern im Vordergrund stehen. Das sind dann beispielsweise Videos mit Buchrezensionen, inspirierenden Buchzitaten und kreativer Content rund um die Charaktere und das Setting des Buches. Mittlerweile hat auch das Hashtag *#BookTok* über 52 Milliarden Aufrufe. Besonders beliebt ist dabei das Genre *#Romantasy* – also eine Mischung aus Fantasy und Liebesroman. Etabliert hat sich dabei sogenannte *#HotFaeRomance* von Autorinnen wie Sarah J. Maas, Holly Black oder Jennifer L. Armentrout. Doch warum sollte man jetzt als Verlag, Buchhandlung oder Autor *#BookTok* als neue Zielgruppe erschließen?

Die Buch-Community bei TikTok ist eine besonders kaufstarke Zielgruppe. Das zeigen nicht nur die vielen Erfolgsgeschichten von neuen und älteren Büchern, sondern auch die vielen *#Bookhauls* und die gut gefüllten Bücherregale der Community. Das führt dazu, dass nicht nur die Lieblingsbücher der Community ein Revival erfahren und beispielsweise Bücher wie »Am Ende sterben wir sowieso« von Adam Silvera zu Bestsellern werden. Vorangetrieben wird der Community-Gedanke durch TikTok mit den interaktiven Möglichkeiten wie Stitches oder Duetten. Außerdem bringt der Algorithmus Menschen mit gleichen Interessen zusammen – egal, wie nischig diese sind. Und genau das weckt das Interesse von Verlagen und Buchhandlungen, die plötzlich eine vergleichsweise junge Zielgruppe auf einer neuen Plattform ansprechen können. Das trifft nicht nur auf *#BookTok* zu, sondern das kannst du auf viele weitere Nischenthemen, die auf TikTok beliebt sind, anwenden.

Mittlerweile sind auch die ersten deutschen Verlage bei TikTok und weitere werden folgen. Wichtig ist hier, die Zielgruppe richtig anzusprechen, aktuelle Trends in der Community zu erkennen, Interessen herauszufinden und auch Lösungen für Alltagsprobleme der *#BookToker* anzubieten. Besonders gut setzt dabei das Buchhandelsunternehmen Barnes & Noble die Zielgruppenansprache über TikTok hinaus um. Denn das Ziel ist es ja nicht nur, coolen Content zu produzieren und mit der Community in Kontakt zu treten. Barnes & Nobles möchte Bücher verkaufen – online wie offline. In den Filialen gibt es deswegen meist direkt am Eingang einen Büchertisch, der mit *#BookTok* beschildert ist und die beliebtesten Bücher der Community aufgebahrt hat. Auf der Website gibt es dann direkt auf der Startseite einen eigenen Bereich: *www.barnesandnoble.com*. So kann die *#BookTok*-Community online oder in der Filiale direkt die neuesten Büchertrends shoppen.

Kapitel 4

# Dein Unternehmensprofil bei TikTok – erste Schritte

Dein Profil ist deine Visitenkarte bei TikTok. Dank ihr kehren die Nutzer auf dein Profil zurück und erinnern sich an dich, weil sie deinen Kanal abonniert haben.

Der erste Blick auf dein Profil ist der wichtigste. Nutzer sollten sofort erkennen, wie du deinen Kanal positioniert hast und welchen Content du bietest. Verstehen sie nicht, was du machst, sind die Nutzer gleich wieder weg. Bevor wir aber gemeinsam mit der richtigen Profileinrichtung beginnen, lade dir – wenn du es nicht schon getan hast – die TikTok-App herunter. Das geht ganz einfach im App Store oder auch im Google Play Store. Es gibt zwar eine Browserversion, aber um TikTok optimal zu nutzen, empfehle ich dir auf jeden Fall die App, da du hier mehr Funktionen hast und auch das Nutzungserlebnis durch den Fullscreen angenehmer ist.

Herzlichen Glückwunsch! Jetzt bist du den ersten Schritt in Richtung deines TikTok-Kanals bereits gegangen. Nimm dir jetzt die Zeit, die nachfolgenden Schritte genau durchzulesen, bevor du gleich mit der Einrichtung fortfährst. Ich leite dich ab hier Schritt für Schritt zu deinem eigenen Konto und erkläre dir außerdem auch verschiedene Möglichkeiten, wie du dein Profil aufziehen kannst. Leg dein Smartphone also erst mal beiseite. Und wenn du jetzt etwas verwirrt bist, weil ich die Wörter Kanal, Konto und Profil benutze, sei unbesorgt. Die Begriffe kannst du bei Social Media mittlerweile synonym verwenden.

> **Kapitelübersicht: Dein Unternehmensprofil bei TikTok**
> In diesem Kapitel lernst du Folgendes:
> - Welches Konto ist für dich das richtige?
> - Welche Vorteile bietet ein Unternehmenskonto?
> - Wie richtest du dein Business-Konto richtig ein?
> - Worauf solltest du dabei besonders achten?
> - Wieso ist deine Profilbeschreibung so wichtig?
> - Wie baust du sie zu deiner Visitenkarte aus?
> - Wie kannst du dein Profil verifizieren?

## 4.1 Privates Konto, Erstellerkonto oder Unternehmenskonto?

Bei TikTok kannst du zwischen drei verschiedenen Konten unterscheiden. Du kannst dir ein privates Profil anlegen. Das kannst du als Privatperson nutzen, um dich beispielsweise mit Freunden auszutauschen oder einfach Videos anzusehen, die dich selbst interessieren. So kannst du die Plattform aber auch erst mal kennenlernen. Das private Konto kannst du jederzeit in ein anderes umwandeln.

Für die strategische Nutzung der Plattform empfehle ich dir einen Pro-Account. Das kann ein Unternehmenskonto (Business-Konto) oder – wenn du eine Person des öffentlichen Lebens oder Content Creator bist – ein Erstellerkonto (Creator-Konto) sein. Im Gegensatz zu einem privaten Profil sind die beiden anderen direkt öffentliche Profile. Das bedeutet, jeder kann deine hochgeladenen Videos ansehen. Auf den ersten Blick unterscheiden sich die unterschiedlichen Profile jedoch kaum, wie du in Abbildung 4.1 erkennen kannst.

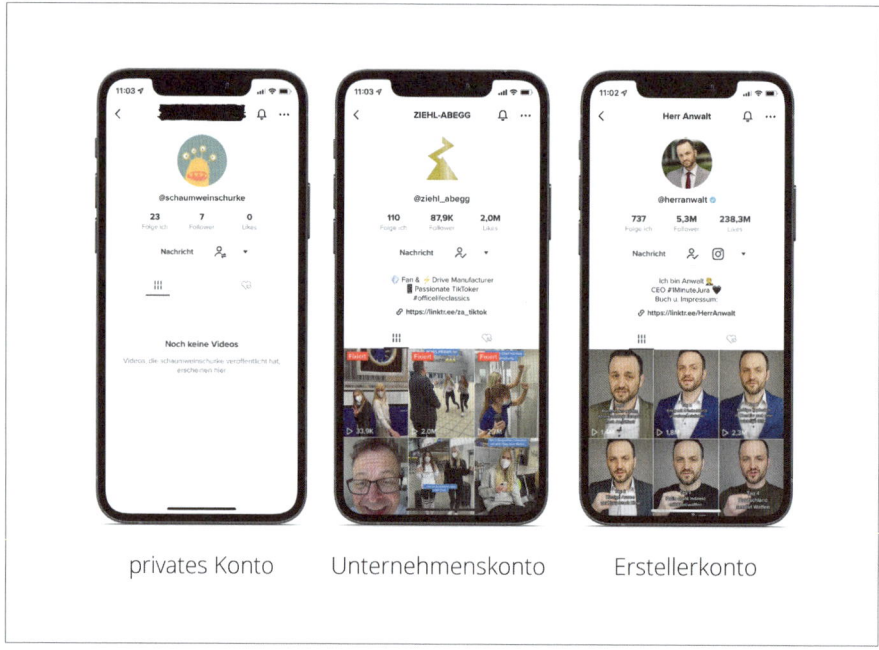

**Abbildung 4.1** Die verschiedenen Profiltypen auf einen Blick

Außerdem ermöglicht dir ein Pro-Account den Zugriff auf weitere, exklusive Inhalte und Ressourcen, die wichtig für deine strategische Nutzung sind. Die stelle ich dir jetzt erst mal kurz vor:

- TikTok Analytics

  Du kannst direkt in der App die Insights zu deinem Kanal einsehen. Das sind beispielsweise Daten zur Entwicklung deines Followerzuwachses, Profilaufrufe oder auch Website-Klicks über deine eingebundenen Links. Mit ihrer Hilfe kannst du deine Erfolge beobachten. In Kapitel 11 erkläre ich dir die TikTok Analytics noch mal ausführlich. Einen kurzen Einblick erhältst du bereits in Abbildung 4.2. Dort kannst du sehen, dass die Analytics in verschiedene Bereiche aufgeteilt sind und du beispielsweise deinen Followerzuwachs sowie deren Geschlecht auf einen Blick erkennen kannst.

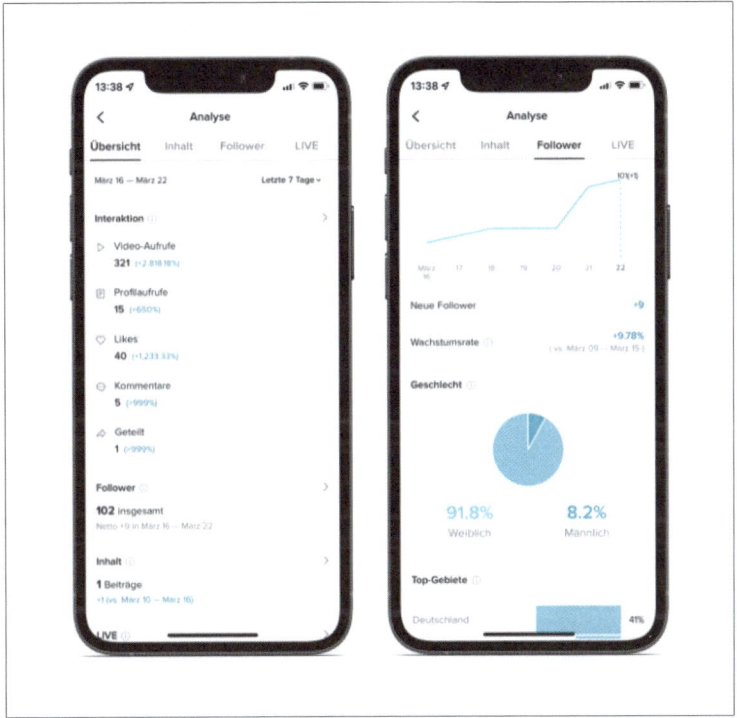

**Abbildung 4.2** Ein Blick in die TikTok Analytics

- Kreativzentrum für Unternehmen

  Das Kreativzentrum kannst du dir vorstellen wie eine kleine Website in der App. Dorthin gelangst du über das Sandwich-Menü auf deinem Profil. Hier stellt dir TikTok Content-Ideen zur Verfügung, die dich inspirieren und dir helfen, Trends und Themen zu entdecken. Das sind z. B. beliebte und trendende Videos von anderen Unternehmen. Außerdem gibt es hier auch weitere Leitfäden und Hilfe zur Content-Erstellung. Wie das beispielhaft aussieht, kannst du dir in Abbildung 4.3 ansehen.

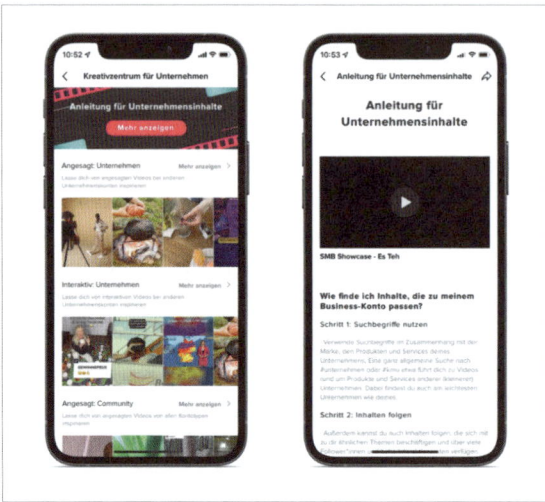

**Abbildung 4.3** Kreativzentrum für Unternehmen

- Commercial Music Library

  Das ist eine Musiksammlung mit über 500.000 Sounds, die du kommerziell verwenden kannst – also auch für deine Videos als Unternehmen (siehe Abbildung 4.4). Zugreifen kannst du darauf, wenn du ein Video erstellst. Dort kannst du dann bereits im ersten Schritt einen Sound aus der Werbebibliothek ergänzen. Wie du Sounds richtig verwendest, erklärt dir Thomas Schwenke in Kapitel 16, »#GetItRight – TikTok aus rechtlicher Sicht«.

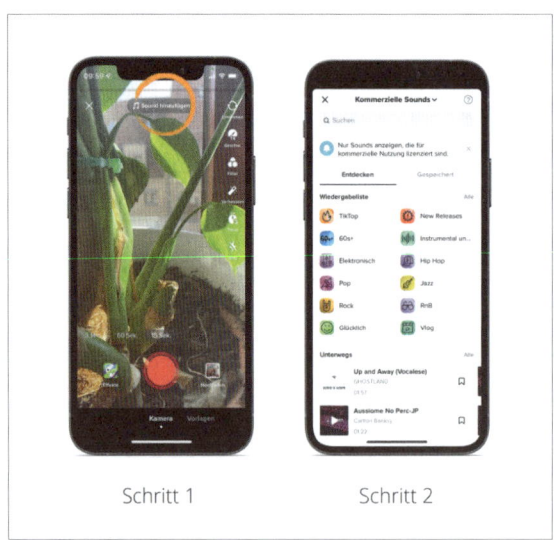

**Abbildung 4.4** Entdecke die Commercial Music Library.

- Web Business Suite

    Auf der Website *TikTok for Business* bietet die Plattform dir viele Zusatzinformationen, weitere Hilfestellungen, News und auch Best Practices von erfolgreichen Kampagnen. Schau dir das gerne direkt mal an unter *https://us.tiktok.com/business/de*. Dort findest du auch alle Tools, die TikTok bereitstellt. Das sind z. B. die Werbeplattform und der TikTok Creator Marketplace, bei dem du Kooperationen mit Influencern erarbeiten kannst. Außerdem bietet TikTok dir hier viele hilfreiche Erklärvideos zum Thema Werbeplatzierung, und du findest dort auch das Hilfecenter, falls du den Support kontaktieren möchtest.

## 4.2 Privates Konto in Unternehmenskonto oder Erstellerkonto umwandeln

Wenn du bereits ein privates Konto bei TikTok erstellt hast und du es gerne in ein Unternehmenskonto oder ein Erstellerkonto umwandeln möchtest, habe ich dir dafür eine Schritt-für-Schritt-Anleitung erstellt.

Klicke dafür zuerst auf das Sandwich-Menü oben rechts und gehe dann weiter über Einstellungen und Datenschutz zu Konto verwalten. Hier kannst du Zum Business-Konto wechseln (siehe Abbildung 4.5).

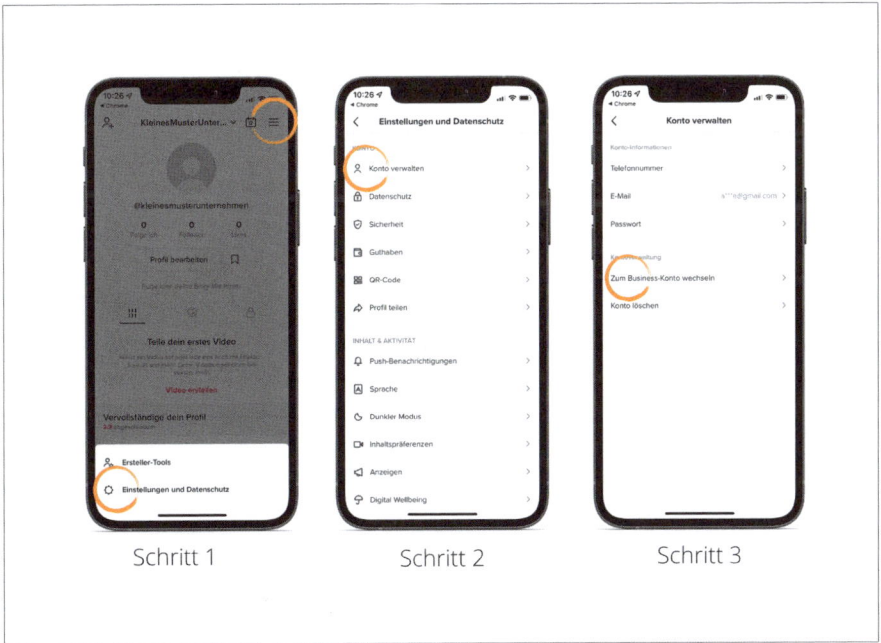

**Abbildung 4.5** Folge den ersten Schritten zu deinem Business-Konto!

Nun kannst du eine KATEGORIE auswählen, in die dein Unternehmen eingeordnet werden kann. Zur Auswahl stehen beispielsweise GAMES, DIENSTLEISTUNGEN oder BEAUTY (siehe Abbildung 4.6).

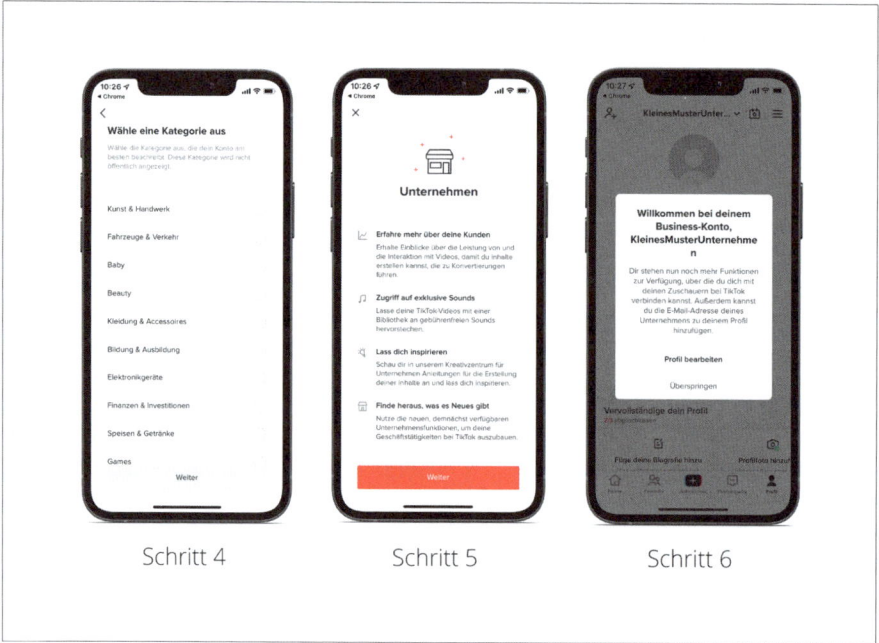

**Abbildung 4.6**  Folge den letzten Schritten zu deinem Business-Konto!

Hast du dich für eine Kategorie entschieden, klicke auf den WEITER-Button. Mit einem Klick auf den nächsten WEITER-Button bestätigst du die Umwandlung zum Unternehmensprofil und kannst nun dein Profil einrichten.

## 4.3   Richte dein Business-Konto richtig ein

Dein Kanal ist bei TikTok dein Aushängeschild und deine Visitenkarte. Deswegen sollte auf den ersten Blick erkennbar sein, welchen Mehrwert du mit deinem Content bietest und warum Nutzer dir folgen sollen. Wie ein vollständig ausgefülltes Unternehmenskonto aussieht, siehst du in Abbildung 4.7.

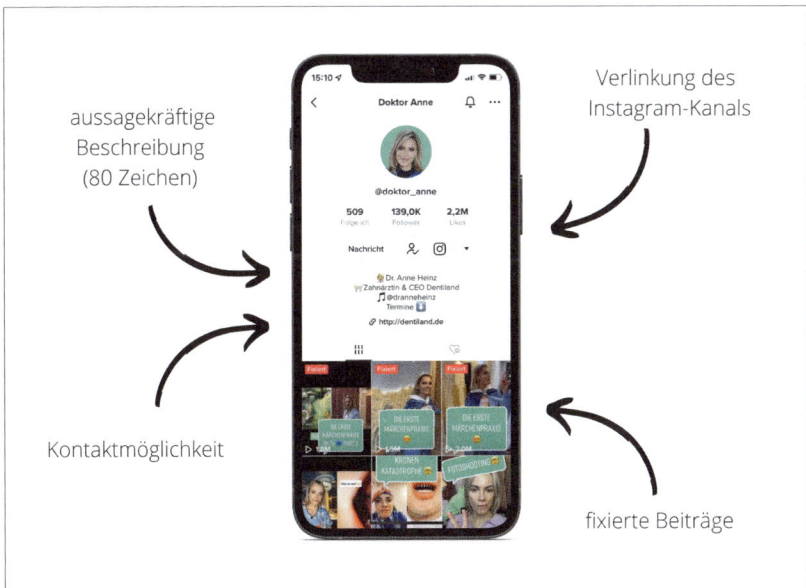

**Abbildung 4.7** Vollständiges Unternehmensprofil von @doktor_anne

## 4.3.1 Wähle den richtigen Benutzernamen

Wenn du dir die TikTok-App heruntergeladen hast und dein Profil anlegst, wirst du direkt nach deinem TikTok-Namen gefragt. Als Privatperson nimmst du hier vielleicht deinen Vornamen oder einen anderen Spitznamen, den du eventuell schon bei anderen Plattformen verwendest. Als Unternehmen willst du aber seriös wirken, weshalb dir hier ein Fantasiename nicht weiterhilft. Deswegen solltest du an dieser Stelle deinen Unternehmensnamen verwenden. Im Idealfall greifst du hier auf die Benennung zurück, die du bereits bei anderen Social-Media-Auftritten verwendest. So steigerst du deinen Wiedererkennungswert, und Nutzer, die dir bereits auf anderen Plattformen folgen, lassen eher ein Follow da.

> **Tipp: Was tun, wenn der Unternehmens- oder Markenname schon vergriffen ist?**
>
> Es kann durchaus vorkommen, dass dein Name schon vergeben ist. Oft passiert das beispielsweise bei Neugründungen oder Start-ups. In dem Fall kannst du eine neue Schreibweise ausprobieren, etwa mit einem Unterstrich, oder du fügst das Wort »official« hinzu. Beispielsweise verwendet der Keksteighersteller *@cookiebros_official* diese Methode. Falls dein Unternehmensname unrechtmäßig bereits verwendet wird, solltest du das Profil melden. Du kannst außerdem dem Support schreiben und deinen persönlichen TikTok-Ansprechpartner kontaktieren, falls dir über die Werbeplattform einer zugeteilt worden ist.

### 4.3.2 Profilbild

Hast du deinen TikTok-Kanal erfolgreich angelegt, wirst du direkt aufgefordert, dein Profil zu bearbeiten. Nun kannst du als Erstes dein Profilbild festlegen. Dazu klick einfach auf PROFIL BEARBEITEN oder weiter unten auf den BEARBEITEN-Button. Nun kannst du wählen, ob du direkt ein FOTO AUFNEHMEN oder eines aus deinen Aufnahmen HOCHLADEN möchtest (siehe Abbildung 4.8).

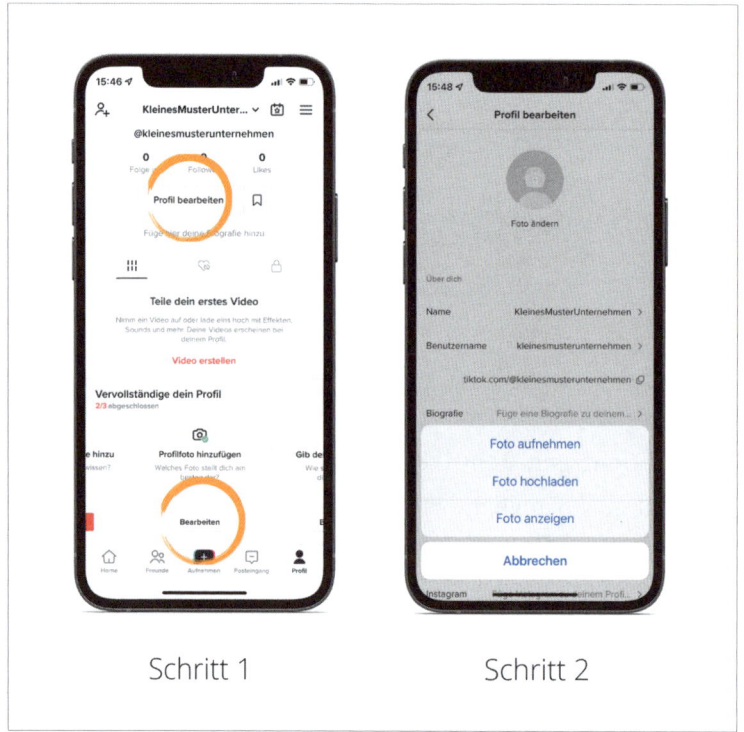

**Abbildung 4.8** Anleitung zum Hochladen deines Profilbildes

Wähle hier ein Bild, das einen Wiedererkennungswert schafft. Unternehmen oder Marken verwenden meist einfach ihr Logo. Das empfehle ich an dieser Stelle auch, da es die einzige Möglichkeit bei TikTok ist, dein Branding einzubauen. In den Videos solltest du dein Logo nicht zusätzlich einbauen, so wie du es beispielsweise von Instagram-Grafiken her kennst. Deine Videos sollten so wenig werblich wie möglich wirken. Bist du Creator oder Person des öffentlichen Lebens, würde ich dir für den Anfang empfehlen, dasselbe Bild, das du bei deinen anderen Social-Media-Kanälen verwendest, auch bei TikTok einzusetzen.

### 4.3.3 Verfasse eine aussagekräftige Kanalbeschreibung!

Neben deinem Namen und deinem Profilbild kannst du in deiner Kanalbeschreibung, der sogenannten Biografie, weitere Infos ergänzen, sodass den Nutzern gleich klar wird, welchen Content du hier bietest und was dein USP ist.

> **Was ist ein USP?**
> Unter *Unique Selling Point*, kurz USP, versteht man ein Alleinstellungsmerkmal, das dich von anderen Unternehmen, Marken oder Content Creators abhebt. Das können z. B. Merkmale wie Nachhaltigkeit, Exklusivität oder dein Service sein.

Die Kanalbeschreibung, kurz Bio (von Biografie), sollte außerdem suchmaschinenoptimiert (SEO) sein. Das bedeutet, dass beispielsweise deine Beschreibung eine Rolle dabei spielt, in welchen Suchergebnissen bei der TikTok-Suche dein Kanal vorgeschlagen wird. Dazu solltest du relevante Keywords einbauen. Zusätzlich ist dein Kanal über Suchmaschinen, wie beispielsweise Google, auffindbar. Mit einer guten Kanalbeschreibung erhöhst du so deine Sichtbarkeit.

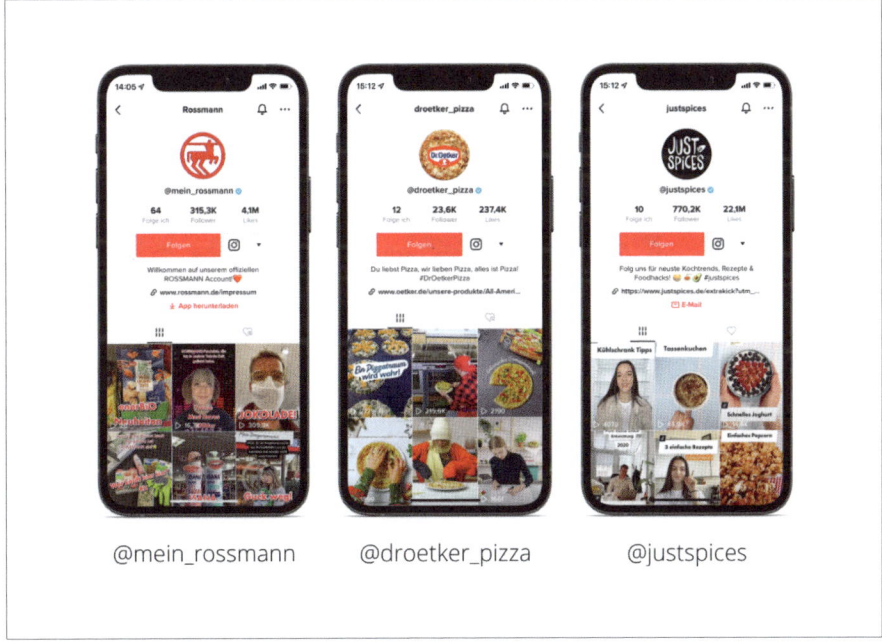

**Abbildung 4.9** Kanalbeschreibungen deutschsprachiger Unternehmen

In Abbildung 4.9 siehst du verschiedene Kanalbeschreibungen deutscher Unternehmen. Just Spices setzt hier stark auf die Suchmaschinenoptimierung. Das kannst du an den verschiedenen Schlagwörtern erkennen. Doch es gibt auch weitere Möglichkeiten, deine Beschreibung zu gestalten. Rossmann hat beispielsweise mit vielen Fake-Accounts zu kämpfen, weshalb hier in der Kanalbeschreibung noch mal hervorgehoben wird, dass das der richtige Unternehmens-Account ist. Dr. Oetker hat einen TikTok-Kanal der hauseigenen Pizzamarke gewidmet und das Branded Hashtag in die Kanalbeschreibung gepackt.

Beachte, dass du für deine Beschreibung nur 80 Zeichen zur Verfügung hast, und gestalte die Biografie so, dass sie übersichtlich und gut lesbar ist. Dafür kannst du einfach Absätze oder Trennstriche verwenden.

### 4.3.4 Kontaktmöglichkeiten und Links

Hinterlege in deinem Profil auch eine Möglichkeit, dich außerhalb von TikTok zu kontaktieren. Dafür kannst du beispielsweise eine Info in die Beschreibung packen oder deine E-Mail-Adresse in einem eigenen Feld hinterlegen, wenn du auf PROFIL BEARBEITEN gehst. Alternativ kannst du auch deine Website verlinken.

Aktuell kannst du bei TikTok nur einen Link in der Bio hinterlegen, der aber nicht klickbar ist. Allerdings testet die Plattform gerade die Möglichkeit, einem Profil klickbare Links hinzuzufügen. Vielleicht hast du die Funktion auch schon. Geh dazu einfach auf PROFIL BEARBEITEN. Dort könntest du bereits den Punkt WEBSITE finden.

Beachte bitte auch, dass in Deutschland eine Impressumpflicht besteht. Das bedeutet, dass du auch in deinem TikTok-Profil ein Impressum hinterlegen musst, wenn es sich bei deinem Profil um einen Pro-Account handelt. Das schränkt aktuell deine Möglichkeiten für eine ausführliche Profilbeschreibung ein. Mehr dazu erfährst du in Kapitel 16, »#GetItRight – TikTok aus rechtlicher Sicht«.

Neben dem Link in der Bio kannst du außerdem über PROFIL BEARBEITEN noch zusätzlich deinen Instagram-Account oder deinen YouTube-Kanal verlinken. Sichtbar wird das für den Nutzer dann durch das Logo der gewählten Plattform, wie du ja auch bereits in Abbildung 4.9 erkennen konntest.

---

**Checkliste: Was gehört in meine TikTok-Bio?**

- Wer betreibt den Kanal?
- Welche Videoinhalte hast du zu bieten?
- Welche Schlagwörter beschreiben dich und deinen Content und fördern beispielsweise die Auffindbarkeit in Suchmaschinen (in maximal 80 Zeichen)?
- Kontaktmöglichkeiten
- Verlinkung, beispielsweise zum eigenen Webshop
- Verlinkung zu Instagram-Profil und/oder YouTube-Kanal

**Best Practice: Linkliste anlegen**

Es ist ja – wenn überhaupt – nur möglich, *einen* klickbaren Link in deiner Beschreibung zu hinterlegen. Deswegen kannst du hier beispielsweise einfach eine Linkliste anlegen, um sowohl dein Impressum als auch weitere Websites zu verlinken. Dafür kannst du entweder einfach selbst eine Unterseite bei deiner Website erstellen, auf der alles verlinkt ist oder du nutzt sogenannte Linkbäume, wie *https://linktr.ee* oder *https://campsite.bio*.

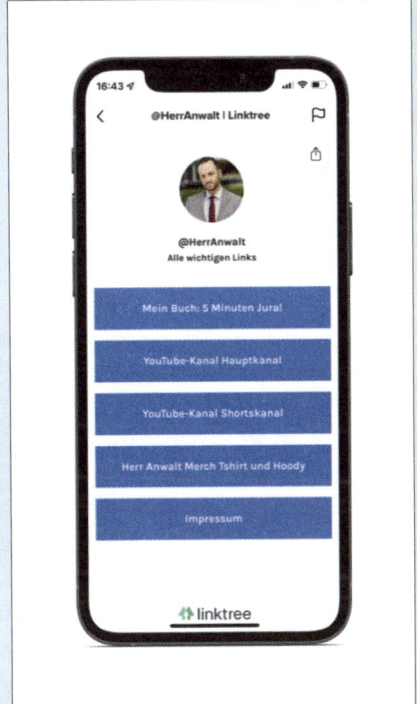

**Abbildung 4.10** Linktree von @herranwalt

## 4.4 So bekommst du den blauen Haken

Egal, ob bei Twitter, Instagram oder TikTok – der blaue Haken ist überall begehrt und für Influencer weltweit mittlerweile ein Statussymbol (siehe Abbildung 4.11). Allerdings steht er gar nicht für den erfolgreichen Aufbau einer starken Community oder besonders kreativen Content. Vielmehr kannst du mit dem blauen Haken dein Profil verifizieren. Das bedeutet, dass TikTok hier sicherstellt, dass du kein Spam-Anbieter oder kein Fake-Account bist. Das hilft Nutzern beispielsweise, um Betrugsmaschen wie falsche Gewinnspiele oder auch Fake-News zu erkennen.

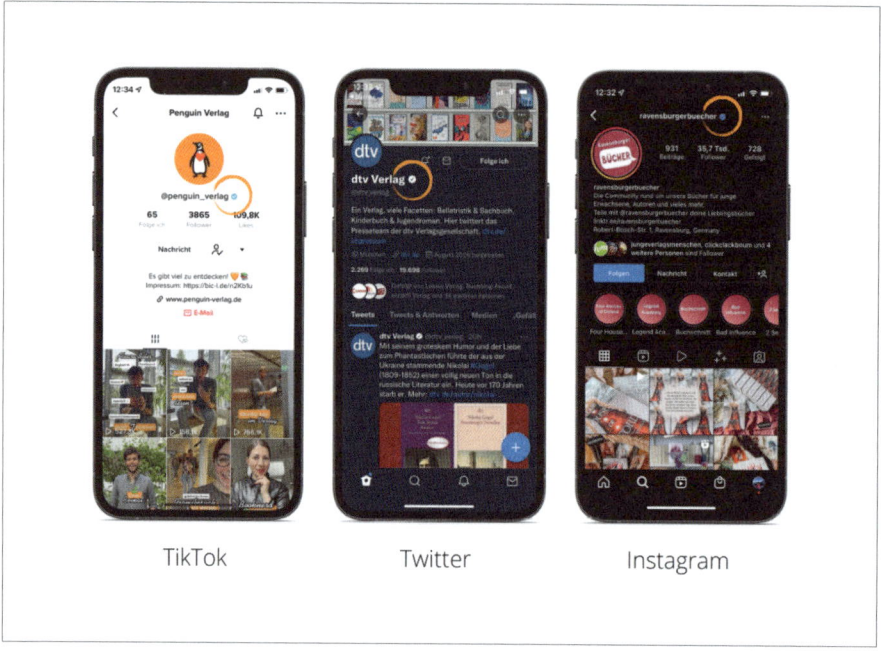

**Abbildung 4.11** Der blaue Haken auf den verschiedenen Plattformen

Allerdings ist es bisher noch gar nicht so einfach, bei TikTok an einen blauen Haken zu kommen, was ihn umso exklusiver macht. Bei Instagram kannst du ihn mit ein paar Klicks relativ einfach beantragen und musst dafür einfach ein paar vorgegebene Kriterien erfüllen, wie beispielsweise ein öffentliches Profil oder eine ausgefüllte Bio. Bei TikTok gibt es jedoch bisher weder einen offiziellen Weg, die Verifizierung zu beantragen, noch offizielle Voraussetzungen, die du dafür erfüllen musst. Folgende Kriterien können dir dabei helfen, einen blauen Haken zu erhalten:

- Du hast einen Pro-Account (Unternehmens- oder Ersteller-Konto).
- Du hältst dich an die Nutzungsbedingungen und Community-Richtlinien von TikTok.
- Du hast eine große Followerschaft oder einen hohen Bekanntheitsgrad.
- Du erstellst regelmäßig kreative Videos bei TikTok.
- Du hast bereits einen blauen Haken bei anderen Plattformen.

**Tipp: Kontaktiere den Support**
Wenn du einen blauen Haken bei TikTok erhalten möchtest und die oben genannten Voraussetzungen erfüllst, kannst du einfach mal beim Support danach fragen. Falls du über TikTok Ads einen direkten Ansprechpartner bei TikTok zugeteilt bekommen hast, kannst du auch hier deine Chancen erhöhen und einfach mal nachfragen.

Jetzt kannst du gerne mit der Erstellung deines Kanals beginnen! Wie du dein erstes Video hochlädst, erkläre ich dir erst in Kapitel 10, »Dein Weg zum erfolgreichen Unternehmensprofil – Videos erstellen«. Denn ich zeige dir erst mal, wie du dein Kanalkonzept planst, welche Videoformate TikTok bietet und wie du Video-Content erstellst.

## 4.5 So richtest du eine zweistufige Authentifizierung ein

Spam-Nachrichten kennst du ja von E-Mails und diversen Social-Media-Kanälen: Bei Instagram sucht eine einsame Schönheit nach deiner Aufmerksamkeit oder ein Anwalt möchte dich kontaktieren, weil angeblich ein reicher Onkel aus dem Ausland verstorben sei. Doch nicht immer sind solche Nachrichten als Spam oder Betrug zu erkennen. Wenn der Absender dann auch noch einer deiner Facebook-Freunde ist, kann es doch mal passieren, dass du auf den gesendeten Link klickst. Und dann ist es passiert: Du kannst dich plötzlich nicht mehr einloggen, auf deinem Social-Media-Kanal werden unangemessene Spam-Inhalte gepostet und weitere deiner Freunde kontaktiert. Stell dir jetzt mal vor, das passiert mit deinem Unternehmens-Account und du musst deinem Geschäftsführer plötzlich erklären, was dort im Namen seines Unternehmens gepostet wird. Aus eigener Erfahrung mit gehackten Accounts von Kunden kann ich dir sagen, dass da nicht nur ein paar schlaflose Nächte auf dich zukommen.

Deswegen ist es umso wichtiger, deinen Account zu schützen. Die beste Möglichkeit ist hier eine zweistufige Authentifizierung, die ich dir für jede Social-Media-Plattform ans Herz lege. Der Mehraufwand ist es definitiv wert!

> **Was ist die zweistufige Authentifizierung?**
> Das ist eine Sicherheitsfunktion, die dein Konto vor unbefugten Zugriffen, wie beispielsweise Hackern, schützt. Bei der Anmeldung wird dabei nicht nur dein Passwort abgefragt, sondern du musst zusätzlich einen Sicherheitscode eingeben, der per SMS, Anruf oder E-Mail an dich zugestellt wird.

Die Sicherheitsfunktion bei TikTok nennt sich 2-STUFEN-VERIFIZIERUNG und du findest sie in den EINSTELLUNGEN unter dem Punkt SICHERHEIT. Dort kannst du beispielsweise auch kontrollieren, welche Geräte Zugriff auf deinen Account haben. Für die zweistufige Authentifizierung musst du bei TikTok zwei Möglichkeiten wählen, wie du einen Sicherheitscode zugeschickt bekommst. Wie das aussieht, siehst du in Abbildung 4.12.

Kapitel 4 Dein Unternehmensprofil bei TikTok – erste Schritte

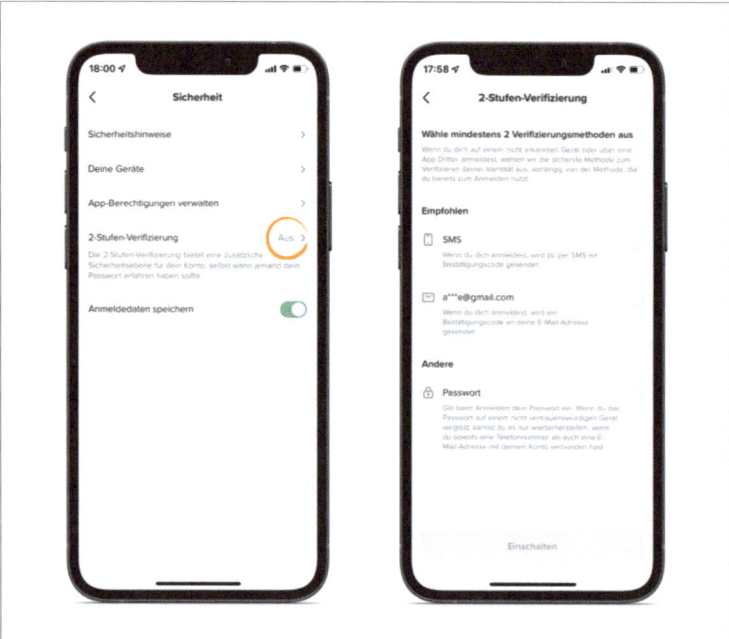

**Abbildung 4.12** Die 2-Stufen-Verifizierung bei TikTok

Kapitel 5
# Das Kanalkonzept

Ein einmaliger Videohit hilft dir bei einer langfristigen Kanalkonzeption nicht weiter. Setz lieber auf eine nachhaltige Marketingstrategie, die dir hilft, mit erfolgreichem Content eine aktive Community aufzubauen.

Bei deinem Kanal sollte auf den ersten Blick erkennbar sein, was der Mehrwert ist und welche Art von Content du erstellst. Dafür benötigst du eine strukturierte Planung. Leg deshalb wiederkehrende Formate und Rahmenbedingungen konkret fest. Das bietet gleich mehrere Vorteile: Zum einen hilft es dir bei der Umsetzung sowie bei der Erfüllung der vorher festgelegten Ziele. Zum anderen kannst du deine Qualitätsansprüche und regelmäßige Content-Produktion gewährleisten. Dann fällt dir beispielsweise nicht kurz vor Feierabend ein, dass du heute noch etwas posten – und noch hektisch ein Video drehen – musst. Außerdem erleichtert dir das die Zusammenarbeit im Team, da einzelne Arbeitsschritte und Vorgaben festgehalten sind. Zusätzlich kannst du mit einem Kanalkonzept das Branding deines Kanals definieren und einen Wiedererkennungswert schaffen.

> **Tipp: Kontinuierliche Weiterentwicklung**
>
> Das eigene Kanalkonzept sollte nicht in Stein gemeißelt sein. Social Media ist ständig im Wandel – allen voran TikTok mit schnell wechselnden Trends und einer unglaublichen Fülle an Content. Täglich werden dort durchschnittlich über 1 Milliarde Videos konsumiert.[1] Das Kanalkonzept hilft dir dabei, deinen Content zu strukturieren, zu verstehen, wann es sich lohnt, auf Trends aufzuspringen, einfachen Content zu produzieren und deine Ziele zu erreichen.

So kannst du TikTok auch erfolgreich in deine Social-Media-Strategie einplanen und festlegen, an welcher Stelle der *Customer Journey* du deine potenziellen Kunden abholen möchtest. Wenn Nutzer beispielsweise auf deinen Kanal stoßen und gleich erkennen, welchen Content du bietest, abonnieren sie häufiger. Bist du Inhaberin eines Restaurants und teilst auf TikTok deine neuesten Rezepte und Kreationen, folgen dir die Nutzer gerne, die selbst kochen und Inspiration für ihre nächste Mahlzeit suchen. Teilst du bei TikTok aber lieber lustige Tanzvideos und fängst die

---

1   Quelle: *https://techjury.net/blog/tiktok-statistics*

gute Stimmung deines Teams ein, positionierst du dich eher als cooler Arbeitgeber und weniger als Inspirationsquelle – so erreichst du eine ganz andere Zielgruppe. In diesem Kapitel zeige ich dir, wie du dich einheitlich präsentierst, worauf es bei einem Kanalkonzept besonders ankommt und was es auf jeden Fall beinhalten sollte.

> **Kapitelübersicht: Das Kanalkonzept**
>
> In diesem Kapitel lernst du Folgendes:
>
> - Wie findest du den passenden Content für deine Zielgruppe?
> - Wie vereinfachst du Arbeitsabläufe in der Content-Produktion?
> - Was sind Sounds, Trends und Challenges bei TikTok?
> - Wie verbesserst du mit Storytelling deine Content-Qualität?

## 5.1 #ItsAMatch – der passende Content für dein Unternehmen und deine Zielgruppe

Bevor du mit deinem Kanal bei TikTok startest, solltest du dich darüber informieren, was deine potenziellen Kunden von deiner Marke und deinem Unternehmen erwarten und welche Themen für die Plattform und die Zielgruppe interessant sein können.

Bei *#BookTok* ist es beispielsweise nicht unbedingt zielführend als Verlag Schreibtipps für spannende Bücher zu geben, wenn Leserinnen angesprochen werden sollen. Als Autorin hingegen ist es durchaus interessant, einen Einblick in den Schreiballtag zu geben.

Mach dir also im Vorfeld bereits Gedanken über die zielgruppengenaue Ansprache, also mögliche Themen und auch die Tonalität, mit der du sie vermitteln willst. Definiere vorab, worüber du sprechen willst, welche Geschichte du erzählen willst und vor allem, welche Themen Spaß machen. Fragen deine Kunden beispielsweise häufig, wie Produkte funktionieren? Perfekt! Dann kannst du Erklärvideos in deinen Content-Plan einbauen.

Zuallererst solltest du dir eine Content-Strategie erarbeiten. Überleg dir, wie du deine Ziele darin am besten vereinbaren kannst. Dabei hilft es, den Algorithmus zu kennen, den ich dir in Kapitel 7, »Optimiere deine Inhalte für den Algorithmus«, genauer vorstelle und folgende Punkte zu beachten:

- Poste plattformorientiert!

    Inhalte, die bisher gut auf Instagram funktionieren, müssen nicht zwangsläufig auch auf TikTok performen. Trotz ähnlichem Format unterscheiden sich die Plattformen durch Zielgruppe und Content. Instagram gilt beispielsweise als Plattform der Ästhetik, bei TikTok ist der Anspruch an ein qualitativ hochwertiges Video nicht ganz so ausgeprägt.

    Beachte die Unterschiede bei der Ansprache, den Interessen und der Nutzererwartung, und nutze vor allem die Tools, die dir TikTok zur Verfügung stellt. Die Möglichkeiten, auf User-generated Content zu reagieren, funktionieren anders als bei anderen Plattformen, denn bei TikTok kannst du mit einem Video auf Kommentare antworten – wenn die Antwort nicht so einfach ist – und direkt auf Feedback eingehen. Außerdem kannst du Videos reposten oder sie via *Duett* oder *Stitch* um eigenen Content erweitern. Was es damit auf sich hat und wie das funktioniert, zeige ich dir in Kapitel 8, »Die verschiedenen TikTok-Formate«.

- Poste zielorientiert!

    Nicht all deine Videos müssen auf dein Gesamtziel einzahlen, das du ja bereits in Kapitel 3, »Mit strategischer Planung zum erfolgreichen TikTok-Kanal«, festgelegt hast. Definiere für jedes Video ein eigenes Ziel. Willst du viele Kommentare, Likes, Abos oder andere bestimmte Handlungen erreichen? Dann richte dein Video sowohl inhaltlich als auch gestalterisch darauf aus und versehe es mit dem entsprechenden Call-to-Action. Konzentriere dich dabei auf ein Ziel, um die Nutzer nicht zu verwirren. Wenn du beispielsweise viele Kommentare generieren möchtest, stell im Video eine Frage. Denn wer nicht fragt, bekommt auch keine Antwort.

- Poste zielgruppenorientiert!

    Mit deinem Video solltest du deine Zielgruppe ansprechen und ihr einen Mehrwert bieten. Überleg also vorher: Was interessiert deine Zielgruppe, was unterhält sie und warum? Deine Zielgruppe hast du ja bereits in Kapitel 3 definiert, und du weißt jetzt, was sie interessiert und wie du sie am besten erreichst.

### 5.1.1 Der Redaktionsplan

Eine Arbeitserleichterung für die Zusammenarbeit im Team und für Social Media ist ein Redaktionsplan. Durch ihn ist es möglich, schon vorab Content zu planen, zu erstellen und zu terminieren. Dadurch ist eine Regelmäßigkeit gewährleistet und du sparst dir durch Vorlagen sowie Kategorien das komplette Neudenken.

Redaktionsplan bedeutet aber nicht, dass es keine spontanen Posts gibt. Auf aktuelle Geschehnisse und User-generated Content sollte trotzdem reagiert werden. Einen beispielhaften Redaktionsplan findest du in Abbildung 5.1.

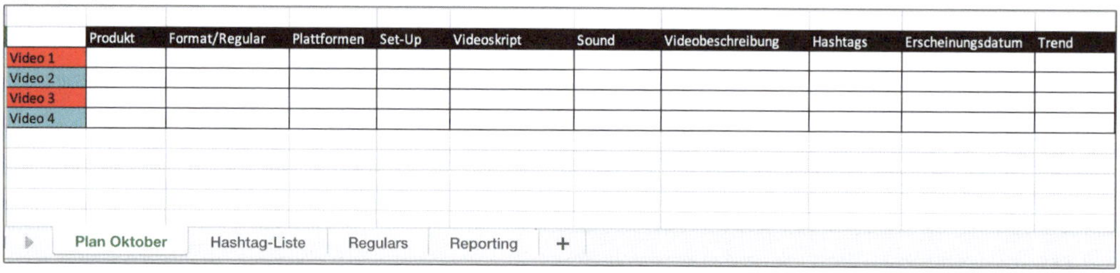

| | Produkt | Format/Regular | Plattformen | Set-Up | Videoskript | Sound | Videobeschreibung | Hashtags | Erscheinungsdatum | Trend |
|---|---|---|---|---|---|---|---|---|---|---|
| Video 1 | | | | | | | | | | |
| Video 2 | | | | | | | | | | |
| Video 3 | | | | | | | | | | |
| Video 4 | | | | | | | | | | |

Plan Oktober | Hashtag-Liste | Regulars | Reporting | +

**Abbildung 5.1** Beispiel für einen Redaktionsplan bei Excel

---

**Checkliste: Was sollte ein Redaktionsplan enthalten?**

- Plattform/Kanal
- Datum/Deadlines
- besondere Ereignisse/Feiertage/wichtige Daten/Erscheinungstermine
- definierte Themen wie in Abschnitt 5.1.2
- Ersteller/Verantwortliche
- Bearbeitungsstatus
- Hashtags
- Text in der Videobeschreibung
- Videokonzept

---

### 5.1.2 Content aus der Schublade – erstelle deinen Themenbaukasten

Mithilfe eines Redaktionsplans musst du nicht immer vor einem leeren Blatt starten, um deinen Content zu planen. Er hilft dir bei der Strukturierung sowie bei der Arbeit im Team. So weiß jedes Teammitglied mit einem Blick auf den Redaktionsplan, welches Posting wann geplant ist und wofür gegebenenfalls noch Inhalte produziert werden müssen.

---

**Best Practice: Die besten Tools für einen Redaktionsplan**

Wie du in Abbildung 5.1 erkennen kannst, nutze ich selbst am häufigsten eine einfache Excel-Tabelle zur Erstellung eines Redaktionsplans, denn das Programm ist einfach zu verwenden und ein Plan ist darin schnell erstellt. Wenn ich mit externen Kund*innen zusammen an einem Plan arbeite, verwende ich dafür meist Google-Tabellen. So können wir zeitgleich Änderungen vornehmen. Je nachdem, wie du arbeitest und welche Tools du vielleicht schon nutzt, kann ich dir darüber hinaus folgende empfehlen:

- Trello oder Asana sind Projektmanagementtools, die sich auch besonders für die Arbeit im Team eignen. Sie sind über sogenannte Boards organisiert. Die Basisversionen sind hier kostenlos.

> Notion ist eine Notizsoftware, die auch im Projektmanagement verwendet werden kann. Sie ist sehr intuitiv bei der Nutzung, und auch hier gibt es eine kostenlose Basisversion.

Ein weiteres Problem, dem sich Content Creators regelmäßig stellen, ist die Ideenfindung. Als Gedankenstütze hilft dir dabei ein Themenbaukasten. Den kannst du dir eigentlich wie einen großen Schrank mit verschiedenen Content-Schubladen vorstellen. Öffnest du eine Schublade, findest du darin schon ein wegweisendes Format, an dem du dich orientieren kannst.

> **Was ist ein Format?**
> Bei unserem Themenbaukasten sprechen wir von inhaltlichen Formaten. Den Begriff kennst du vielleicht aus dem klassischen Fernsehen. Dort versteht man unter Formaten regelmäßige Sendungen, deren Rahmenbedingungen klar abgesteckt sind. Populäre Beispiele dafür sind beispielsweise eine Samstagabendshow wie »Wetten, dass …?«, eine Quizshow wie »Wer wird Millionär?« oder eine Nachrichtensendung wie die »Tagesschau«. Im Unterschied zum Fernsehen versteht man im Content Marketing unter Format auch die verschiedenen Aufbereitungsformen von Inhalten, etwa Video, Infografik, Foto etc.

Der Themenbaukasten mit den verschieden definierten Formaten – auch Regulars oder Postingkategorien genannt – hilft dir sowohl bei der Ideenfindung als auch bei der Zielerreichung.

Deswegen solltest du vorher deine Schubladen mit den verschiedenen Postingkategorien definieren. Ein gutes Beispiel für ein regelmäßiges Format bei TikTok ist z. B. *#1MinuteJura* von *@herranwalt*, in dem der Rechtsanwalt Tim Hendrik Walter in 1 Minute eine rechtliche Sachlage erklärt. Ein anderes Beispiel sind die *#BookNooks* von *@pastellpages*. Hierin stellt die BookTokerin Saskia jeweils einen Buchtitel oder eine Buchreihe vor (siehe Abbildung 5.2).

Außerdem solltest du hinterfragen, warum Formate gut bzw. schlecht performen. Manchmal funktionieren Formate, die du vorher als erfolgreich einstufst, weniger gut als Formate, von denen du dir nicht so viel versprochen hast. Außerdem solltest du auch das Feedback deiner Fans und Kunden zu den einzelnen Formaten sammeln und auswerten. So siehst du dann auch, ob die Ziele erreicht werden, die du vorher für das Format festgelegt hast. Außerdem erkennst du, ob das Format auf das Gesamtziel deines Kanals einzahlt. Messbar ist das an KPIs (Key Performance Indicators), wie z. B. Reichweite, Interaktionsrate oder an der Wiedergabedauer. Die wichtigsten Kennzahlen erkläre ich dir in Kapitel 11, »TikTok Analytics«.

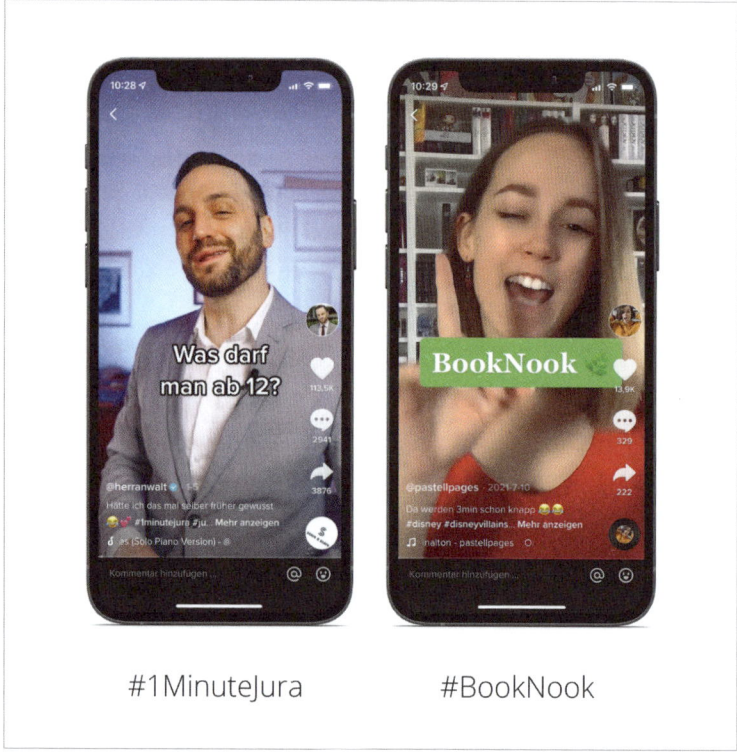

**Abbildung 5.2** Formate bei TikTok von @herranwalt und @pastellpages

> **Tipp: User-generated Content (UGC) einbinden**
> TikTok bietet viele Tools zur Interaktion mit deinen Fans. UGC kann eine gute Ergänzung deines eigenen Contents sein. Zeige Wertschätzung gegenüber deinen Fans und stärke den Community-Gedanken, indem du sie auch in deine regelmäßigen Formate einbindest. Egal, ob Kommentare, Duette oder Stitches – ruf deine Fans bewusst dazu auf, sich einzubringen.

Die Plattform verändert sich laufend. Deswegen solltest du auch aktiv nach neuen Ideen suchen, neue Formate und Themen definieren und ausprobieren. Hier hilft nur *Learning by Doing*. Manchmal reicht schon eine kleine Veränderung, um ein Format erfolgreicher zu machen.

Für die Zuschauerbindung sind regelmäßige Veröffentlichungszeiten wichtig. Mit einem festen Format und einer festen Uhrzeit gibst du deinen potenziellen Kunden einen Grund, deinen Kanal zu abonnieren und regelmäßig zurückzukehren. Wähle deswegen den Zeitpunkt nicht willkürlich. Wirf einen Blick in deine Statistiken: Wann sind deine Abonnenten auf TikTok aktiv und wann interagieren sie am häufigsten mit deinem Content? Hast du dazu noch keine Informationen, richte dich nach deiner Zielgruppe. Willst du beispielsweise Schüler erreichen, orientiere dich an den Unterrichtszeiten. Du kannst dich aber auch an anderen Kanälen orientieren, die ähnlichen Content posten und die vielleicht schon feste Zeitpunkte für sich etabliert haben. Halte die Zeitpunkte dann am besten direkt in deinem Redaktionsplan fest.

Hier stellst du dir sicher die Frage, wie oft du Videos auf deinen Kanälen veröffentlichen solltest. Orientierst du dich hier an den erfolgreichsten Content-Erstellern der Plattform, wie @*charlidamelio*, müsstest du am Tag zwei bis drei TikToks hochladen (siehe Abbildung 5.3).

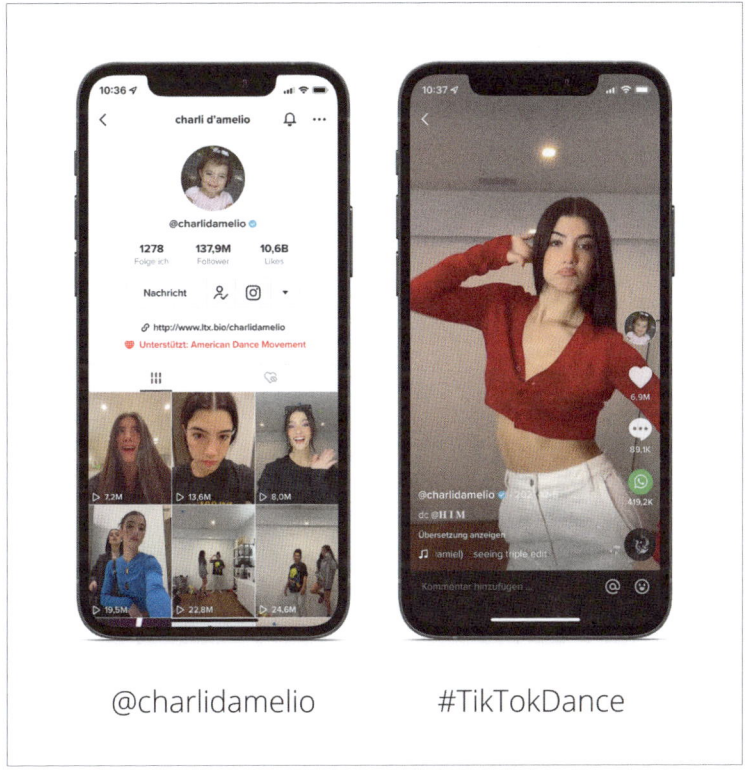

**Abbildung 5.3** Die US-amerikanische TikTokerin begeistert vor allem mit #TikTokDances und hat die meisten Follower auf der Plattform.

Tägliche Veröffentlichungen sind für dich sicherlich schwierig, wenn dein Unternehmen nicht sowieso regelmäßig Content erstellt, wie z. B. @*tagesschau*. Hier gilt auch: Qualität vor Quantität! Es hilft deinem Kanal nicht weiter, wenn du täglich schlecht produzierte Videos veröffentlichst. Wöchentliche Formate können hier sinnvoller sein. Das Gute ist, dass der Algorithmus Inaktivität nicht so bestraft wie bei Instagram. Wie der Algorithmus bei TikTok genau funktioniert, erfährst du in Kapitel 7, »Optimiere deine Inhalte für den Algorithmus«.

Was du auf jeden Fall bei der Erstellung von TikTok-Videos beachten solltest:

- Zeig Gesicht! Videos funktionieren besser, wenn mindestens eine Person zu sehen ist, die die Nutzer auch durch weitere Videos begleitet. So wirkt dein Content authentischer und nahbarer.
- Wähle die richtige Videolänge! TikToks sollten mindestens 5 Sekunden lang sein. Empfohlen werden Videos zwischen 15 und 20 Sekunden.[2]
- Sound on! Bei TikTok funktioniert fast nichts mehr ohne Sounds. Wähle deswegen passende Musik oder ein Voiceover für deine Videos.
- Füge Untertitel hinzu! Auch wenn du ein Voiceover in dein Video einbindest, kannst du trotzdem das Gesprochene als Text einblenden. So gestaltest du dein Video inklusiver für Menschen mit Hörbehinderungen und steigerst ebenfalls die Wiedergabedauer. Außerdem ist es für Nutzer praktisch, die ihren Ton lieber ausschalten, weil sie gerade in der U-Bahn oder einem Zoom-Meeting sind. Die automatische Untertitelfunktion ist auch in Deutschland seit März 2022 verfügbar. Wie du sie verwendest, zeige ich dir in Kapitel 10, »Dein Weg zum erfolgreichen Unternehmensprofil – Videos erstellen«.
- Halte die Watchtime hoch! Videos, die so lange wie möglich angesehen werden, performen besser. Starte deswegen spannend. Besonders gut funktionieren hier sogenannte Loops, bei denen Anfang und Ende flüssig ineinander übergehen. Ganz besonders aufwendig gedrehte Loops findest du z. B. auf dem Kanal von *@happykelli*.
- Verwende Effekte! Egal, ob AR-Filter, Sticker oder GIFs: Statte deine Videos zusätzlich mit Effekten aus. So werden sie optisch besser wahrgenommen. Hier gilt aber: Nicht übertreiben!

---

**Checkliste für dein eigenes Format**

Formale Punkte

- Auf welcher Plattform wird das Format platziert? Willst du es eventuell nicht nur auf TikTok teilen?
- Was ist das Ziel des Formats (z. B. Reichweite, Kommentare, Shares)?
- Wie sieht das Branding aus? Schaffe einen Wiedererkennungswert!
- Wie lange dauert das Video?
- Welche Elemente enthält das Format (z. B. Videos, Grafiken, Fotos, Musik)?

---

2   Quelle: TikTok

- Gibt es besondere Schnitttechniken (z. B. Zeitraffer, Jump Cuts[3])?
- Kannst du Besonderheiten von TikTok für das Format nutzen (z. B. Kommentare beantworten, Stitches oder Duette)?

Inhaltliche Punkte
- Wie heißt das Format?
- Was ist der Inhalt des Formats?
- Gibt es einen bestimmten Ablauf (z. B. Kickstart, Teaser, Plot Twist)?
- Was ist das Setting (z. B. Hintergrund, Beleuchtung)?
- Welche Personen treten auf, und wie sind sie wo im Video platziert?
- Wie werden die Zuschauer eingebunden?
- Gibt es eigene Sprecher, oder wird mit einem Voiceover gearbeitet?
- Welchen Sound verwendest du für das Video (z. B. Trends, Musikstil)?
- Gibt es ein eigenes Hashtag?

### 5.1.3 Sounds, Trends und Challenges bei TikTok

Erfolg kommt nicht von ungefähr. Deiner Marketingstrategie und deinem Kanal hilft ein One-Hit-Wonder wenig. Besser sind stetig steigende Videoaufrufe und vor allem eine aktive Community.

Die Plattform wird geprägt von Sounds, Challenges und Trends, die auch deine Reichweite langfristig steigern können. Das schauen wir uns jetzt genauer an.

**Sounds**

Ein Sound ist – wie das Wort schon sagt – der Ton, der dem Video hinzugefügt werden kann. Vielleicht kennst du das von Instagram Stories. Dort kann über einen Sticker ein Song oder eine Audiospur hinzugefügt werden.

Bei TikTok funktioniert das im ersten Schritt fast genauso. Dort gibt es keinen Sticker, aber dafür die Möglichkeit, beim Videoupload einen Song hinzuzufügen. Dafür hat TikTok eine eigene Musikbibliothek, die Commercial Music Library, aus der du auch aktuelle Charthits wählen kannst. Hier kannst du die passende Musik aus über 150.000 Songs für deine Videos finden. Sie stehen kostenfrei für kommerzielle Zwecke zur Verfügung. So entstehen dann z. B. die beliebten TikTok-Dances, mit denen auch die deutschen Influencerinnen Lisa und Lena bereits bei *musical.ly* erfolgreich wurden (siehe Abbildung 5.4).

---

[3] Jump Cuts sind absichtlich gesetzte Szenenwechsel oder Übergänge, die wie ein Bildsprung wirken. Dadurch wirkt das Video am Ende schneller und dynamischer.

**Abbildung 5.4** #TikTokDances der TikTokerinnen Lisa und Lena

TikTok ist im Gegensatz zu Instagram soundgetrieben. Alle Videos bei TikTok sind mit Sound hinterlegt. Auch Ads sollten immer mit Sound ausgespielt werden. Das steigert den Erfolg von Werbeanzeigen deutlich.

Bei TikTok umfasst der Begriff Sound aber nicht nur Songs, sondern jegliche Einspielung von Geräuschen. Das können also auch eigene eingesprochene Voiceovers, Dialoge aus Filmen und Serien oder Einspieler aus YouTube-Videos sein.

Auch für den Fall, dass du keine eigene passende Stimme für dein Video zur Verfügung hast, ist gesorgt. Du kannst beim Erstellen deines Videos einfach Text einfügen und den bei TikTok vorlesen lassen. Das ist die sogenannte Text-to-Speech-Funktion, die seit März 2022 auch in Deutschland zur Verfügung steht. Im Deutschen gibt es bisher nur eine Standardstimme, wohingegen du in anderen Ländern bereits aus vier verschiedenen Stimmen wählen kannst.

Ein besonderes Voice-Special erwartete Fans am Disney-Day im November 2021. Disney kooperierte mit TikTok und stellte für kurze Zeit weitere Stimmen von beliebten Charakteren aus ihrem Geschichtenuniversum zur Verfügung. So konnten sich Fans Texte unter anderem von Chewbacca, Rocket Raccon oder Stitch vorlesen lassen (siehe Abbildung 5.5).

**Abbildung 5.5** Ankündigungsvideo der Text-to-Speech-Funktion von @disneyplus via Twitter

Außerdem gibt es seit Anfang 2022 ein ganz neues Feature, bei dem deine eigene Stimme verzerrt wird: die TONEFFEKTE. Dabei kannst du verschiedene Effekte wählen, wie beispielsweise BARITON. Dann klingt deine Stimme besonders tief. Den Toneffekt kannst du beim Erstellen deines Videos und bei der Erstellung von Voiceovers im integrierten Videoeditor mit den verschiedenen Effekten einstellen (siehe Abbildung 5.6).

**Abbildung 5.6** So wählst du Toneffekte aus.

> **Tipp: Analysiere die Statistiken zu den Sounds!**
>
> Wenn du Sounds aus der Music Library von TikTok verwendest, solltest du dir die Zahlen dazu ansehen. Besonders relevant ist hier die Anzahl der Soundnutzung. Das siehst du mit einem Klick auf den Sound (siehe Abbildung 5.7). Dort kannst du auch herausfinden, ob in letzter Zeit neue Videos dazukamen. Daran kannst du erkennen, ob ein Sound noch trendet oder ob der Trend schon wieder vorbei ist.

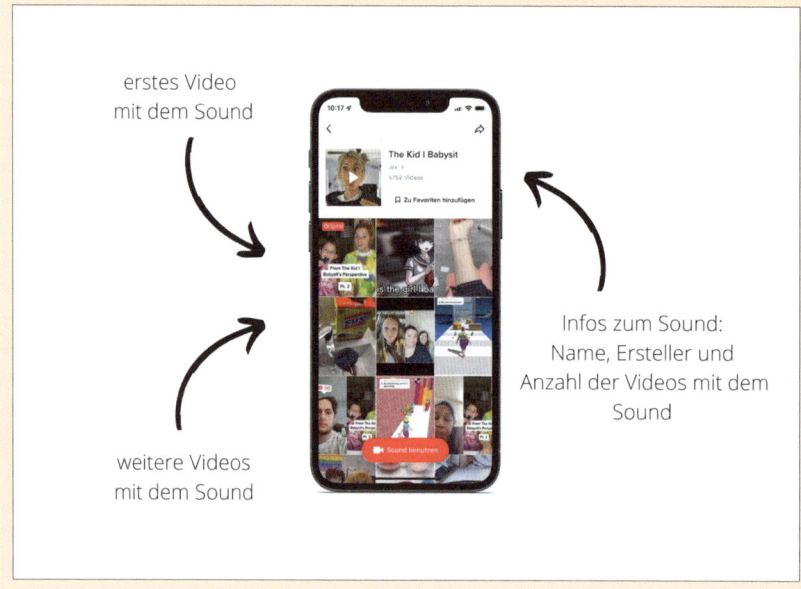

**Abbildung 5.7** Mit einem Klick auf den Sound kannst du mehr darüber herausfinden.

### Challenges

Challenges kennst du sicher schon von anderen Plattformen. Aktionen wie die *#icebucketchallenge*, die bereits im Jahr 2014 auf die Krankheit ALS aufmerksam machte, fand schon weit vor TikTok-Zeiten statt.

Bei TikTok-Nutzern sind Challenges besonders beliebt. Scrollst du durch deinen Feed, kommst du gar nicht mehr an ihnen vorbei. Zum Beispiel gab es die *#FridgeChallenge*, bei der Nutzer das Smartphone im Kühlschrank platzierten. Dann öffneten sie den Kühlschrank und »zauberten« einen Gegenstand hervor, der so gar nicht an diesen Ort passt – je unhandlicher, desto erfolgreicher (siehe Abbildung 5.8).

Trendende Challenges sind bei Social Media eine der besten Möglichkeiten, eine Community aufzubauen. Gemeinsam erreicht man das Ziel der Challenge und baut so eine Beziehung zu seiner Community auf. Bei der Gelegenheit entsteht außerdem sehr viel kreativer User-generated Content.

**Abbildung 5.8** Teilnehmer*innen der #Fridgechallenge holen ungewöhnliche Sachen aus ihrem Kühlschrank.

TikTok hat das Potenzial schnell erkannt und promotet die verschiedensten Challenges oft auch in Kooperation mit Marken, die für eine Platzierung ihrer Challenge im Entdecken-Bereich bezahlen können. Meist sind Challenges mit einem bestimmten Hashtag versehen, weshalb sie auch als Hashtag-Challenges bezeichnet werden. So können Unternehmen sichergehen, dass ihre Challenge auch genug Aufmerksamkeit bekommt. Wie das geht, zeige ich dir in Kapitel 8, »Die verschiedenen TikTok-Formate«. Denn der Start einer Challenge, bei der am Ende niemand oder kaum jemand mitmacht, kann schnell ernüchternd sein. Eine weitere Alternative für mehr Reichweite für eine Challenge ist die Kooperation mit Influencern, die sie initiieren und gegebenenfalls sogar noch mal erklären.

Eine bezahlte Challenge bei TikTok war z. B. die Oreo-Kampagne. Bei der klebten sich die Nutzer einen Oreo-Keks auf die Stirn und versuchten, ihn von dort ohne Hilfe der Hände in den Mund zu bekommen. Die Challenge trendete weit über TikTok hinaus und war auch auf anderen Plattformen beliebt. Die Teilnehmer*innen gingen dafür extra in den Supermarkt, um sich Oreos zu kaufen, und kreierten Unmengen an User-generated Content. Das Spannende daran ist, dass es bei der Challenge nicht um den Geschmack von Oreos ging, sondern darum, etwas Cooles damit zu machen.

**Trends**

TikTok gilt als Plattform, auf der aktuelle und plattformübergreifende Trends entstehen und auf der man sich am besten dazu inspirieren lassen kann. Mit mittlerweile fast 1 Milliarde Nutzern weltweit ist TikTok selbst im Trend und setzt dabei mit Witz auf die unverfälschte Realität – im Gegensatz zu Instagram. Mit TikTok werden Songs zu weltweiten Hits, und es werden einschneidende Trends in Bereichen wie Mode und Lifestyle gesetzt. Von Trends bei TikTok spricht man oft im Zusammenhang mit Sounds und Challenges, weil diese einfach als Trend zu identifizieren sind. Trends können aber auch spezielle Videoeffekte, Produkttests oder ein Kochvideo sein.

Voraussetzung dafür, dass dein Video trendet, ist es, auf der *For You Page* zu landen. Auch kann man einen bestehenden Trend gut als Trittbrett für mehr Reichweite verwenden. Beliebte Sounds, Handlungen oder Challenges steigern die organische Reichweite und helfen dabei, den eigenen Kanal stetig zu verbessern.

### 5.1.4 Erkenne Trends

Ein einfaches Mittel, um aktuelle Trends zu erkennen, ist ein Blick auf die Entdecken-Seite bei TikTok. Dort siehst du auf einen Blick, welche Hashtags, Challenges und Sounds aktuell am meisten verwendet werden und somit angesagt sind.

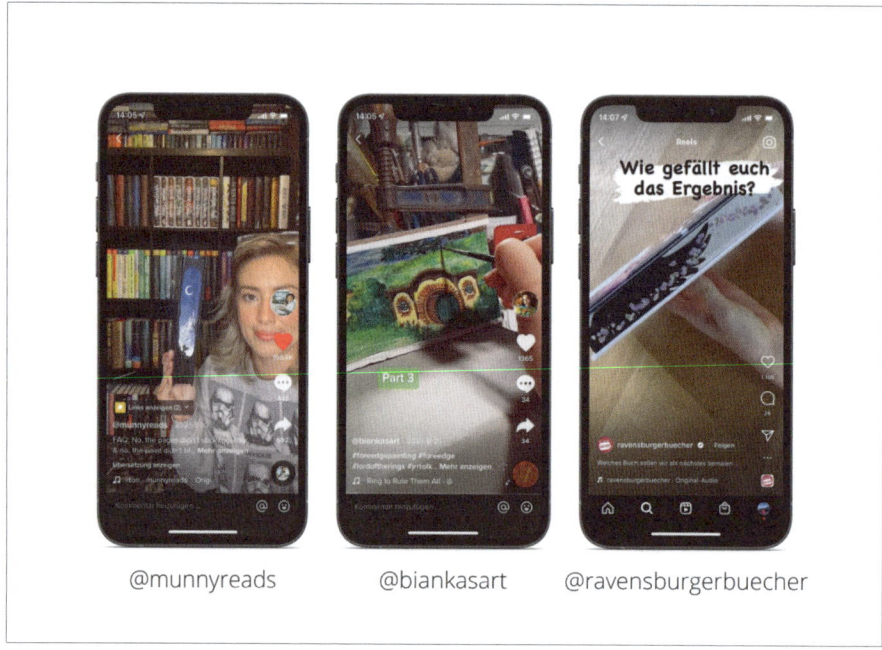

**Abbildung 5.9** Der Trend des bemalten Buchschnitts wurde zuerst von Influencerinnen verbreitet und vom Verlag adaptiert.

Doch nicht jeder Trend passt zu jedem Unternehmen oder zu jeder Marketingstrategie. Entscheide deswegen immer individuell, welcher Trend zu dir passt. Springe auch nicht blind auf jeden Trend auf! Nicht jeder Trend ist unbedingt sinnvoll und mancher kann sogar gefährlich sein. Mitte 2021 gab es beispielsweise die *#TidePodsChallenge*, bei der Nutzer Waschmittel gegessen haben. Für einige führte hier der Weg direkt ins Krankenhaus.

Trends lernst du aber auch einfach durch das aktive Nutzen von TikTok kennen. *#BookTok* ist beispielsweise eine kleine Bubble, deren Trends es nicht auf die Entdecken-Seite schaffen. Um hier Trends zu erkennen, musst du dir die Videos von aktiven Leserinnen, Mitbewerbern und Creators ansehen. Erfolgreich umgesetzt hat das beispielsweise der Ravensburger Verlag, der den Trend der selbst bemalten Buchschnitte umgesetzt hat (siehe Abbildung 5.9).

### 5.1.5 Finde passende Sounds

Das A und O bei TikTok ist der passende Sound für dein Video, denn er kann einen großen Einfluss auf deine Reichweite haben. In den Musikcharts findest du die aktuell am häufigsten verwendeten Songs.

Bevor du einen Sound verwendest, solltest du auch hier prüfen, was der Ursprung dahinter ist. Klicke dazu einfach bei einem Video, das den Sound bereits verwendet, auf den Soundbutton (siehe Abbildung 5.10).

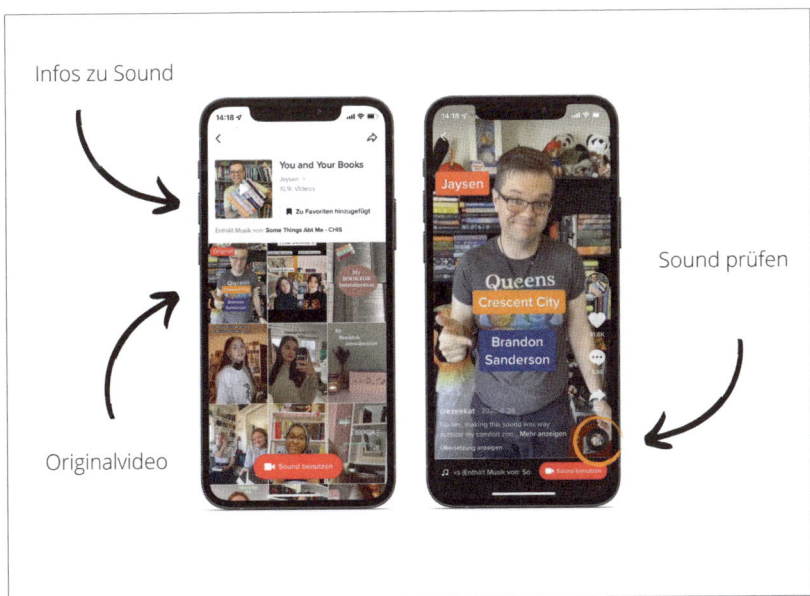

**Abbildung 5.10** So prüfst du die Herkunft eines Sounds!

Mit einem Klick kannst du so herausfinden, wer der Urheber des Sounds ist, wie viele Nutzer ihn bereits verwendet haben und vor allem in welchem Kontext er verwendet wird. In dem oberen Beispiel siehst du einen beliebten #*BookTok*-Sound, der von dem US-amerikanischen Influencer @*ezeekat* erstellt wurde. Er wird von anderen Nutzer*innen verwendet, um sich der #*BookTok*-Community vorzustellen.

Wenn du auf einen trendenden Sound aufspringst, solltest du verstehen, was der Sound bedeutet und in welchem Zusammenhang er verwendet wird. Wird ein Sound falsch benutzt, kann das schnell bei #*CringeTok* landen – dem Bereich von TikTok, den du mit deiner Marke nur freiwillig betreten willst. Bei der Verwendung von Sounds zu kommerziellen Zwecken musst du ebenfalls einige Maßnahmen ergreifen. In Kapitel 16, »#GetItRight – TikTok aus rechtlicher Sicht«, findest du heraus, welche Sounds du nutzen darfst.

> **Tipp: Spannende Sounds, Trends und Videoideen abspeichern**
> Wenn du durch deinen Feed bei TikTok scrollst und ein Video nach dem anderen konsumierst, entdeckst du sicherlich auch Videos, von denen du dich für eigene Videoideen inspirieren lässt. Mit einem Like kannst du die ganz einfach abspeichern und später auf deinem Profil wieder ansehen. Und keine Sorge: Deine Liste mit den gelikten Videos siehst nur du.

### 5.1.6 Benchmark aka Wettbewerbsanalyse

Nach der Themendefinition solltest du ein Gefühl dafür bekommen, was deine Konkurrenz auf TikTok macht und wie deine Nische dort schon besetzt ist. Dazu kannst du eine Benchmark erstellen. Das ist eine Analysestrategie anderer konkurrenzfähiger Kanäle – kurz gesagt eine kontinuierliche Wettbewerbsanalyse. Wiederhole die Analyse regelmäßig, um wettbewerbsfähig zu bleiben und dich von neuem Content inspirieren zu lassen.

Am besten findest du deine Mitbewerber über die Suchfunktion. Gib dort die Namen und/oder relevante Hashtags ein. Blick dabei über den Tellerrand! Als Sportmarke beispielsweise kannst du dir auch die Kanäle von Sportgeschäften, Sportvereinen und Fitness-Influencern anschauen.

Schau dir deine Mitbewerber erst nach der Erstellung deines Themenbaukastens an. So kannst du sichergehen, dass du wirklich auf deine eigenen Stärken setzt und nicht Content anderer kopierst. Die Wettbewerbsanalyse solltest du als Ergänzung sehen.

**Checkliste für deine Wettbewerbsanalyse**
- Welche Mitbewerber kannst du identifizieren?
- Welche Kanäle sind noch interessant für deine Nische?
- Welche relevanten ausländischen Kanäle gibt es?
- Welchen Content produzieren sie (Formate, Produktplatzierung)?
- Wie sieht die Profilbeschreibung aus?
- Welche Hashtags verwenden sie?
- Wie sind die einzelnen Videos gestaltet (Branding, Setting etc.)?
- Wie sehen die Thumbnails aus?
- Welche USPs (Unique Selling Points) kannst du identifizieren?
- Gibt es Erfolgsstories aus deiner Nische?
  (Tipp: *www.tiktok.com/business/de/inspiration*)

### 5.1.7 Plane Videokonzepte

Wenn du bereit für die Umsetzung bist, solltest du dir schon konkret überlegen, wie dein Video aufgebaut sein soll. Dabei hilft dir der von dir erstellte Redaktionsplan. Präzise Vorbereitungen und Projektmanagement zahlen sich aus. Einfach drauflosfilmen ist nicht zielführend.

Bereite dich deswegen auch gut auf die Drehs vor und plane alles so, dass der Dreh am Ende so reibungslos wie möglich läuft. Die Vorbereitung ist sehr zeitintensiv, spart dir aber später Ärger durch Korrekturmaßnahmen.

Wenn du beispielsweise Kollegen in deine Videos einbinden willst, solltest du vorab klar definieren, welche Rolle, Texte und Handlungen im Video die Kollegen übernehmen sollen – und das auch einmal kurz durchsprechen. So ersparst du allen Beteiligten Zeit.

Auch Bewegungsabläufe sollten vorab getestet werden. Am zeitintensivsten sind hier natürlich TikTok-Tänze, die wirklich gut geübt werden sollten. Wenn du eine Kamerafahrt einplanst, kannst du die vorab auch einmal proben, um ruckartige Wackler zu vermeiden.

Vergiss auch die technische Seite nicht. Mach mit deinem Smartphone zuerst kleine Probeaufnahmen und teste beispielsweise Soundaufnahmen und die richtige Ausleuchtung des Settings.

> **Tipp: Doppelt hält besser!**
> Erstelle von allem immer mindestens zwei Aufnahmen, und vergiss nicht, diese auch abzuspeichern. So hast du beim Videoschnitt eine Auswahl an unterschiedlichem Material und kannst einen Neudreh vermeiden. Außerdem solltest du sicherstellen, dass deine Aufnahmegeräte, wie beispielsweise dein Smartphone, über genügend Speicherplatz verfügen. Hier kannst du ganz einfach auf Cloud-Speicher wie die iCloud oder Dropbox zurückgreifen.

Arbeitest du mit einem Redaktionsplan, kannst du gleich auch mehrere Videos hintereinander drehen. Das ist eine enorme Zeitersparnis. So musst du nicht mehrmals dein Equipment auf- und abbauen. Erfahrungsgemäß ist das Aufräumen im Nachhinein oft zeitaufwendiger als das vorherige Aufbauen des Filmsets.

Content bei TikTok vorzuproduzieren hat aber auch seine Hürden. Wenn du Videos direkt in der App erstellst und dann auf dem Smartphone abspeicherst, wird automatisch ein Wasserzeichen mit dem TikTok-Logo und dem Erstellernamen über das Video gelegt.

So kannst du das Video ohne Wasserzeichen nicht bei TikTok erneut hochladen oder auf anderen Plattformen einplanen. Produzierst du das Video ausschließlich für TikTok, kannst du es aber als Entwurf in der App speichern und zu einem späteren Zeitpunkt veröffentlichen.

Als Agentur sendest du das Video vorab zur Abnahme meist noch an die Kunden. In dem Fall kann das Wasserzeichen aber hinderlich sein. Arbeite hier also lieber mit einer anderen Videoproduktions-App. Welche Möglichkeiten es hier gibt, erkläre ich dir in Kapitel 15, »Bonus: Hilfreiche Tipps und Tricks«.

> **Tipp: Keine Wasserzeichen auf anderen Plattformen**
> Wirfst du einen Blick in Instagram Reels, fallen dir vielleicht die Videos auf, die mit dem TikTok-Wasserzeichen versehen sind. Hier wird Content einfach wiederverwendet – wogegen im ersten Moment nichts spricht. Instagram straft solche Videos allerdings gezielt ab, indem es die Reichweite verringert.

## 5.2 #TellYourStory – heb deine Marke erfolgreich hervor

> *How odd it is, I thought, that a story can sneak up on us on a beautiful autumn day, make us laugh or cry, make us amorous or angry, make our skin shrink around our flesh, alter the way we imagine ourselves and our worlds.*[4]

---

[4] Quelle: Gottschall, Jonathan: The Storytelling Animal. How stories make us human. Boston: Mariner Books 2013, S. XV.

Mit diesen Worten fasst Autor und Storytelling-Experte Jonathan Gottschall den Überraschungseffekt von Geschichten zusammen. Er selbst wurde bei einer Autofahrt von einer solchen überrumpelt, die er zu diesem Zeitpunkt und an diesem Ort nicht erwartet hat: Dem Song »Stealing Cinderella« des amerikanischen Countrysängers Chuck Wicks aus dem Jahr 2007, der an diesem Tag im Radio lief. Ehe das Lied zu Ende war, rührte es ihn so sehr zu Tränen, dass er seine Fahrt unterbrechen musste. In dem Song geht es um einen jungen Mann, der sich Kinderbilder seiner Freundin ansieht, während er auf ihren Vater wartet, um um ihre Hand anzuhalten. Dabei realisiert er, dass er dabei ist, ihrem Vater seine kleine Prinzessin zu stehlen. In Gottschall löste die Erkenntnis, dass er als Vater nicht immer der wichtigste Mann im Leben seiner Tochter sein würde, Wehmut aus. Von dieser Geschichte, die sich als Songtext hinter der Melodie verbirgt, wurde er zu seinem Fachbuch »The Storytelling Animal« inspiriert.

Geschichten können emotional berühren und jedem überall begegnen, auch dort, wo man sie eigentlich gar nicht erwartet. Sie treten als Erzählungen von Alltagssituationen oder Krankheitsleiden auf, finden sich aber auch klassisch in Mythen, Romanen, Filmen, Serien oder Comics wieder. Menschen erzählen in den verschiedensten Formen und Kontexten.

Geschichten gibt es seit jeher und sie sind überall zu finden, denn es existiert keine Kultur, in der nicht erzählt wurde und wird. Das liegt vor allem daran, dass Menschen Geschichten lieben: Sie lieben es, Geschichten über andere Menschen zu konsumieren, aber sie lieben es auch, Geschichten über andere zu erzählen.

Dieses Grundbedürfnis des Geschichtenerzählens wird auch gerne im Marketing genutzt – egal, ob in einem Werbespot, einer Instagram Story oder einem TikTok.

### Was ist Storytelling?

Auf der ganzen Welt erzählen sich Menschen seit jeher Geschichten, angefangen bei Mythen und Märchen über Dramen und Bilderfolgen bis hin zu Fernsehfilmen und Computerspielen. Damals wie heute hat Storytelling die Funktion eines Knowledge-Sharing-Systems, wobei Geschehenes und Erlebtes festgehalten und wiedergegeben werden. Deswegen dient das Storytelling der Vermittlung von Wissen und als Erklärung für Fragen, die anders nicht beantwortet werden können, wie in Form von Schöpfungsmythen, die die Begründung von Anfang und Ende der Welt liefern. Mythen ordnen das Chaos im Leben und dienen dazu, Dinge wie Leid und Tod zu erklären. Für viele unausweichliche Lebenssituationen oder Begebenheiten liefern Geschichten Antworten, wie sie etwa in der griechischen Mythologie zu finden sind. Als Geschichte verpackt, können sich die Menschen diese Dinge seit jeher einfacher merken und sie hören konzentrierter zu.

In der Unternehmenskommunikation wird Storytelling als Marketinginstrument verwendet. Der Begriff wird verwendet, wenn Geschichten zum Einsatz kommen, um sowohl intern als auch extern das Unternehmen, die Marke oder ein Produkt sichtbarer zu machen und erfolgreich am Markt zu positionieren.

Storytelling ist ein Marketingbegriff und in seiner Doppeldeutigkeit schnell falsch zu verstehen. Hier geht es nicht darum, die neue J. K. Rowling oder der neue George R. R. Martin zu werden. Die Geschichten, die sie im Marketing einsetzen, dienen vor allem dazu, komplexe Zusammenhänge begreifbarer zu machen und die eigenen Produkte mit relevanten Inhalten zu vermarkten.

### 5.2.1   Warum Storytelling?

Erzählen ist ein Bedürfnis, das in jedem Menschen verwurzelt ist. So hat es niemals ein Volk ohne Geschichtenerzähler gegeben. Aber warum erzählen wir so gerne Geschichten, und was bringt mir Storytelling im Marketing?

Das Phänomen ist auch ganz einfach erklärbar: Geschichten wecken unsere Aufmerksamkeit stärker, und es ist belegt, dass sie uns besser im Gedächtnis bleiben. Am überzeugendsten wirkt eine Geschichte, wenn die Helden darin empathisch sind und wir uns mit ihnen identifizieren können.

**Warum Storytelling?**
- Erzeugt Emotionen.
- Wirkt überzeugend.
- Bleibt im Gedächtnis haften.
- Bietet Unterhaltung.
- Ist konzentrierter verfolgbar.
- Weckt Empathie mit den Helden.
- Sticht aus der Masse heraus.
- Steigert den Verkauf.
- Gibt deiner Marke/deinem Unternehmen ein Gesicht.
- Unterscheidet dich von der Konkurrenz.

Empathie ist besonders im Marketing spannend, denn dort wollen Unternehmen intern wie extern von sich, ihrer Marke und vor allem von ihrem Produkt überzeugen. Durch Geschichten erwachen Marken, Produkte und Dienstleistungen zum Leben. Sie vermitteln hierbei nicht nur reines Wissen, sondern sprechen unsere Emotionen an, mit denen wir uns besser identifizieren können.

Öffnen wir eine Social-Media-App auf unserem Smartphone, suchen wir meist nach Unterhaltung, Inspiration oder Ablenkung. Und hier sollte auch das Marketing ansetzen, um seine Kunden am besten von seinem Produkt zu überzeugen.

Dein Unternehmen ist für Außenstehende erst mal schwer greifbar. Deswegen solltest du deiner Zielgruppe ein Gefühl vermitteln, wie dein Unternehmen tickt, welche Werte es vertritt und welche Produkte oder Dienstleistungen es bietet. Am greifbarsten vermittelst du diesen Vibe über eine Geschichte. Im einfachsten Sinne kannst du so beispielsweise deine Entstehungs- oder Gründungsgeschichte erzählen. In Abbildung 5.11 siehst du zwei klassische Umsetzungen.

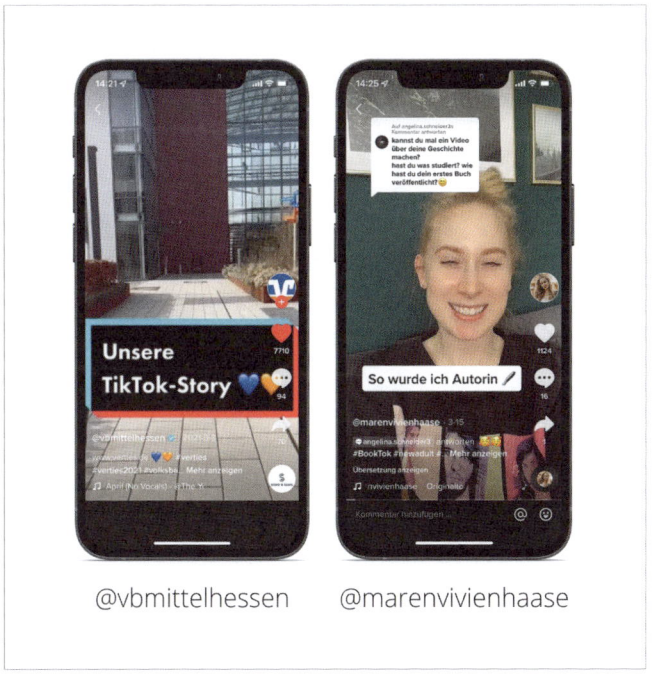

**Abbildung 5.11** Beispiele für klassisches Storytelling (Quellen: *https://vm.tiktok.com/ ZMLudMw6f* und *https://vm.tiktok.com/ZMLudhHj5*)

Im ersten Beispiel teilen die beiden Mitarbeiterinnen der @*vbmittelhessen* die Story, wie es dazu kam, dass sie den Kanal betreuen. Im zweiten Beispiel erzählt Influencerin @*marenvivienhaase* in einem Video, wie sie zur Autorin wurde.

Bevor wir hier aber mit deiner Geschichte loslegen, schauen wir uns erst noch die verschiedenen Formen des Storytellings an.

### 5.2.2 Welche Formen von Storytelling gibt es?

Die Möglichkeiten, Geschichten zu erzählen, sind schier unendlich: Märchen, Romane oder kurze Videos. Auch als Unternehmen kann man seinen Gründungsmythos, Kundenbeispiele, Recruitingmaßnahmen oder Insights in Form von authentischen Geschichten präsentieren.

Unterschieden wird bei den verschiedenen Formen von Storytelling vor allem nach dem Trägermedium. Dabei spielt es keine Rolle, welches Trägermedium eingesetzt wird, sondern wie viele und wie Content dabei umgesetzt wird.

**Traditionelles Storytelling**

Autoren entwickeln eine Handlung und die endgültige Geschichte für ein Trägermedium. Beispielsweise schreibt eine Autorin ein Buch. Die Geschichte ist in dem Medium verankert und wird nicht abgewandelt. Bei Social Media bedeutet das, dass du beispielsweise eine Geschichte in einem YouTube-Video erzählst. Das teilst du dann auf Facebook oder auch bei Instagram, änderst aber nichts am Inhalt.

**Crossmediales Storytelling**

Die Geschichte wird hier in ein oder mehrere Formate übertragen und speziell dafür angepasst. Ein Roman wird z. B. verfilmt. Oder du teilst die Geschichte aus deinem Video in kürzerer und angepasster Form in deiner Instagram Story. So kannst du beispielsweise mit einer Geschichte verschiedene Zielgruppen erreichen. Wichtig ist dabei, dass die Geschichte trotzdem in sich abgeschlossen ist.

**Transmediales Storytelling**

Im Gegensatz dazu wird die Geschichte beim transmedialen Storytelling aufgebrochen und weiterentwickelt, wodurch ein ganzes »Storyuniversum« entsteht, dessen Grundlage eine Geschichte bilden kann. Das anschaulichste Beispiel dafür sind die Marvel- oder DC-Universen, deren Geschichten und Figuren in den verschiedensten Comics bereits aufeinandertreffen. Ihre Geschichten werden für andere Medien, wie z. B. die Filme, neu aufbereitet und verändert. So kannst du deine Story über mehrere Plattformen wie YouTube, Instagram und TikTok hinweg erzählen, aber nur zusammen ergeben sie ein Gesamtkonzept.

### 5.2.3 Wie erzähle ich meine Geschichte?

Heutzutage kann jeder – auch du und ich – ganz einfach online seine Geschichte erzählen. Jeder kann bei Social Media zum Storyteller werden. Das führt zu einer ganzen Flut an Geschichten, die wir allein zeitlich gar nicht alle betrachten können.

Deswegen ist es vor allem für Unternehmen wichtig, mit ihren Geschichten hervorzustechen und sich so z. B. von der Konkurrenz abzuheben. Damit dir das mit deinem Unternehmen, deiner Marke und vor allem mit deiner Geschichte gelingt, müssen wir einen Blick in die Erzähltheorie werfen.

Wusstest du, dass viele Geschichten demselben Erzählmuster folgen? Egal, ob »Star Wars«, »Herr der Ringe« oder auch »Harry Potter«? Das Erzählmuster wird Heldenreise genannt und funktioniert immer gleich. Damit kann jeder eine spannende Handlung entwickeln und sie auf die verschiedensten Medien übertragen, wie romantische Lieder, Abenteuerfilme oder auch TikToks.

Um das grundlegende Muster zu verstehen und Geschichten bei Social Media erzählen zu können, begeben wir uns jetzt auf einen kurzen Exkurs in die Erzähltheorie. Die Basis dieser Erzähltheorie bildet die Forschung des Literaturwissenschaftlers und Mythenforschers Joseph Campbells, der Tausende Geschichten, Märchen und Mythen analysiert hat. Drehbuchautor Christopher Vogler hat die Heldenreise weiterentwickelt. Sie ist ein Erzählmuster, das wir im Marketing einfach adaptieren können.[5]

**Abbildung 5.12** Die verschiedenen Schritte der Heldenreise im Überblick

Campbells Heldenreise lässt sich, wie in Abbildung 5.12 dargestellt, in die Drei-Akt-Struktur einbauen. Der erste Akt führt in die Geschichte ein, indem er den Protagonisten vorstellt und ihn oder sie vor ein Problem stellt. Im zweiten Akt wird der Charakter in seiner Entwicklung gezeigt und es wird Spannung erzeugt. Die Handlung wird bis zum Wendepunkt entwickelt. Der letzte Akt präsentiert das Finale. Gehen wir die einzelnen Schritte gemeinsam durch.

**Die Reise des Helden**

Zuerst wird uns der sogenannte Held oder die Heldin, also die Hauptperson der Geschichte, in ihrer *gewohnten Welt* vorgestellt – mit all ihren mehr oder weniger sympathischen Macken. Die gewohnte Welt kann eine frei erfundene Welt wie das Auenland in »Herr der Ringe« sein. Sie kann aber auch eine Welt sein, die uns in

---

[5] Quellen: Campbell, Jospeh: Der Heros in tausend Gestalten. Frankfurt a.M.: Fischer 1953; Vogler Christopher: Die Odyssee des Drehbuschreibers. Über die mythologischen Grundmuster des amerikanischen Erfolgskinos. 6. Aufl. Frankfurt a.M.: Zweitausendeins 2010.

unserem eigenen Alltag nur allzu bekannt ist, wie beispielsweise New York in »Sex and the City«.

Im nächsten Schritt, dem *Ruf des Abenteuers* wird der Held mit einem Problem konfrontiert, dass er nur lösen kann, wenn er sich auf eine Abenteuerreise einlässt. Er kann nicht mehr in seinem bequemen Alltag, der gewohnten Welt, bleiben, sondern muss handeln. Wichtig an dieser Stelle: Ohne Konflikt gibt es keine Handlung.

Doch die Angst vor Veränderungen kennen wir alle. Auch unser Held, der vielleicht gar keine Lust hat, etwas anders zu machen. Das Gute daran: Das ist ganz normal und nennt sich in der Heldenreise die Stufe der *Weigerung*. Der Held braucht einen zusätzlichen Stups, um sich der neuen Herausforderung zu stellen.

Der Stups in einer Geschichte ist meist eine ausschlaggebende Wendung, die beispielsweise durch einen *Mentor* ausgelöst wird. Der Held hat zu dieser Person eine besondere Bindung, wie Eltern und Kind oder Lehrer und Schüler. Die Aufgabe des Mentors ist es, den Helden auf das bevorstehende Abenteuer vorzubereiten. Die Reise muss der Held aber ganz allein meistern.

Wenn der Held oder die Heldin nun die eigenen Zweifel über den Haufen geworfen hat und endlich bereit ist, beginnt die nächste Stufe: Das *Überschreiten der ersten Schwelle*. Die Heldin wechselt also aus ihrer gewohnten Welt in das Unbekannte. Die Geschichte geht jetzt erst richtig los. Dabei werden vor allem die Unterschiede zwischen den beiden Welten dargestellt. Das kann auch – ganz einfach gedacht – eine neue Liebe oder Arbeitsstelle sein und muss nicht unbedingt Gleis 9 ¾ sein. Allerdings gibt es jetzt kein Zurück mehr.

Nun kommt die erste *Bewährungsprobe*, bei der die Heldin neue *Verbündete* findet, sich aber auch *Feinde* macht. Dabei lernt sie auch gleich die Regeln der neuen Welt zu verstehen. Diese Stufe bildet die längste in der Heldenreise.

Im nächsten Stadium, dem *Vordringen zur tiefsten Höhle*, kommt der Held dem gefährlichsten Ort sehr nahe, an dem sich sein Ziel befindet. Die tiefste Höhle ist meistens das Hauptquartier des Bösewichts. Wenn der Held die betritt, überschreitet er die zweite wichtige Schwelle.

Jetzt folgt eine epische Schlacht oder eine Konfrontation, die *entscheidende Prüfung*. Der Held muss vor allem seine eigene Furcht besiegen und kann so sein Schicksal erfüllen. Du weißt beim Lesen, Schauen oder Hören noch nicht, ob der Held auch wirklich als Sieger daraus hervorgeht.

Wenn er das aber schafft, bekommt er eine *Belohnung*. Die ist meistens der Grund, warum der Held überhaupt losgezogen ist. Das kann beispielsweise ein Heilmittel sein oder auch ganz romantisch die Bestätigung einer Liebe. Es kann sich allerdings herausstellen, dass die Belohnung nicht das ist, was der Held erwartet hat, und er ist deswegen verärgert, traurig oder enttäuscht.

Jetzt beginnt der letzte Teil der Drei-Akt-Struktur, und die Heldin macht sich auf den *Rückweg* in ihre gewohnte Welt – oder auch in ein neu gewähltes Zuhause. Sie stellt sich außerdem den Konsequenzen, die aus dem vorherigen Akt entstanden sind. Die Heldin wird meistens auf dem Rückweg gestört und muss eine letzte Prüfung bestehen, ehe sie wirklich zurückkann.

Diese Rückkehr ist wie eine *Auferstehung*, in der die Heldin zeigen muss, was sie auf ihrer Reise und aus der entscheidenden Prüfung gelernt hat.

Danach erst kann sie die *Rückkehr mit dem Elixier* antreten. Die Heldin kehrt in die gewohnte Welt zurück und bringt das Elixier mit, das der Grund für die Abenteuerreise war. Dieses muss kein Zaubertrank oder Ähnliches sein, sondern kann auch aus Wissen oder wichtigen Gegenständen bestehen.

**Geschichten bei Social Media erzählen**

Die Herausforderung bei TikTok besteht jetzt darin, die Erzähltheorie in die schnellen Content-Formate der Plattform zu übersetzen. Der traditionelle Erzählaufbau wird dem Format und den Ansprüchen bei TikTok nicht gerecht. Hier gilt das Motto: Mut zur Lücke!

Unsere Aufmerksamkeitsspanne ist kurz. Die Faustregel für Social Videos dazu lautet: Nutzer müssen in den ersten 3 Sekunden des Videos überzeugt werden, das Video weiteranzusehen. Schafft das ein Video nicht, wird weitergescrollt, und das Video performt nicht gut. Es ist wichtig, dass Nutzer dein Video so lange wie möglich schauen, denn eine ausschlaggebende Zahl bei TikTok ist die durchschnittliche Wiedergabezeit, auch *Watchtime* genannt. Ist die vor allem am Anfang hoch, erkennt der Algorithmus, dass das Video gut ist, und zeigt es mehr Nutzern.

Helden sind heutzutage bunt und divers, und das sollte sich auch in deiner Marketingstrategie widerspiegeln, denn so kannst du auch deinen Einsatz für Chancengleichheit zeigen und dich als Marke zu dem Thema Diversität und Geschlechtergleichheit positionieren. Beschäftige dich deswegen auch mit dem Thema *Gendern*, denn besonders bei TikTok triffst du auf eine junge Zielgruppe, die sich für Diversität ausspricht.

Das Konzept der Heldenreise kann auch nicht als festgefahrenes Konstrukt verwendet werden, sondern jede Station sollte als einzelner Baustein gesehen werden, der auch versetzt werden kann. Erzähl also Social Stories, die zur Plattform und der Zielgruppe passen.

Social Stories brauchen zwar einen roten Faden, müssen aber nicht von Anfang bis Ende komplett ausgearbeitet werden. Setz stattdessen auf das soziale Element in Social Media und die interaktiven Möglichkeiten, die ein klassischer Film oder

Roman nicht hat. So kannst du auch andere Nutzer einbinden und zum Teil der Geschichte machen.

Stell dir deswegen die Frage: Mit welchem Baustein kann ich mein Unternehmen, meine Marke oder mein Produkt verbinden und am besten in Szene setzen? Und das Wichtigste: »Don't make Ads. Make TikToks!«[6]

> **Tipps für gute Social Stories**
> - Die ersten 3 Sekunden sind entscheidend!
> - Halt dich extrem kurz – für eine ganze Heldenreise ist kein Platz!
> - Verwende interaktive Möglichkeiten wie AR-Filter, Duette, Sticker und Texte, mit denen auch die Personen im Video interagieren können!
> - Lass deine Zielgruppe Teil der Story werden!
> - Erzähl keine lineare Geschichte, sondern löse einzelne Bausteine aus der Heldenreise heraus!
> - Baue Liveformate ein!
> - Biete einen Mehrwert für deine Zielgruppe mit Unterhaltungswert!
> - Binde Reichweiteninstrumente wie Hashtags in dein Storykonzept ein!
> - Bereite deine Stories multimedial auf!
> - Setz auf Emotionen und Mitgefühl, um zu begeistern!
> - Formuliere deine Botschaft kurz und knackig!
> - Setz auf Shareability!

Tauch in die Plattform ein, probiere neue Sache aus, spiele mit Effekten und interaktiven Elementen und finde so deinen eigenen Erzählstil.

### 5.2.4 Best Practice: Beliebte Storytelling-Elemente auf TikTok

Auf TikTok gibt es viele Creators, die Social Stories erfolgreich umsetzen. Einige Beispiele stelle ich dir im Folgenden vor.

**#ElevatorBoys – Nutzer werden zu Helden**

Diese Art der Videogestaltung prägten allen voran die sogenannten *#ElevatorBoys*. Das sind fünf deutsche junge Männer, die über TikTok bekannt geworden sind und mittlerweile zusammen den Kanal *@elevatormansion* betreiben.

Ihr Videoformat, das sie in Aufzügen drehen, machte sie international erfolgreich. Das Konzept dahinter ist simpel: Die Fahrstuhltür öffnet sich, im Aufzug steht mindestens einer der fünf TikTok-Stars und sein Blick richtet sich in die Kamera, die die

---

[6] Quelle: TikTok

Augen der Zuschauer imitiert (siehe Abbildung 5.13). So werden diese mit in das Video eingebunden und erleben beispielsweise einen Moment wie in einer romantischen Liebeskomödie, in der sich Protagonistin und Love-Interest zum ersten Mal begegnen.[7]

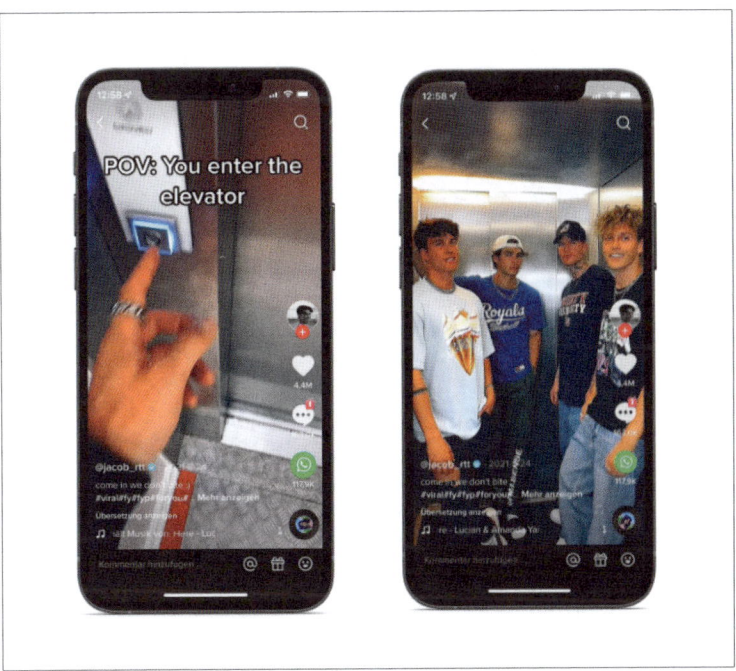

**Abbildung 5.13** Die Elevatorboys (Quelle: https://vm.tiktok.com/ZMLCn78ab)

#### #Realtalk – mit einem Konflikt neugierig machen

Bleiben wir im Universum der Geschichten, bei Büchern genauer gesagt. *#BookTok* ist eine Nische bei TikTok, die hunderttausende Nutzer erreicht.

Ein beliebtes Format sind hier sogenannte *#Realtalk*-Videos, in denen Nutzer anderen von einem Problem erzählen, vor dem sie wie in der Heldenreise beim *Ruf des Abenteuers* stehen. Oft ist gleich klar, dass es sich dabei nicht wirklich um ihr eigenes Problem handelt, sondern um das des Helden aus dem Buch, das sie auf diese Weise vorstellen. Das kannst du dir gerne mal in dem Video von *@withlovedac* ansehen (siehe Abbildung 5.14). Das Video startet sie sehr aufgeregt, denn der beste Freund ihres Bruders ist in ihrer Wohnung. Sie hat in den letzten Wochen so getan, als würde sie den besten Freund ihres Bruders daten. Das sollte eigentlich beider Lebenssituationen einfacher machen. Sie will von ihrer Familie ernst genom-

---

[7] Quelle: *www.youtube.com/watch?v=X4ZKVsR4Heg*

men werden und er will sein Playboy-Image loswerden, um einen Profi-Sportvertrag zu bekommen. Das Problem: Sie hat Gefühle für ihn entwickelt. Die Auflösung, dass es sich dabei um ein Buch handelt, folgt erst in den Kommentaren.

**Abbildung 5.14** Der Konflikt des Buches »Fix her up« wird als reales Geschehen von @withlovedac dargestellt. (Quelle: *https://vm.tiktok.com/ZML7Y7HGe*)

So werden die Nutzer auf authentische Art und Weise mit in die Story des Buches gezogen und können sich im Idealfall direkt mit der Heldin identifizieren. Bei so einem aufregenden Einstieg möchte man dann natürlich gleich wissen, wie es weitergeht, und holt sich das Buch.

### #IDoItMyself – die Auflösung wird zuerst gezeigt

Bei diesen Videoformaten wird die Geschichte von hinten aufgerollt, denn es wird zuerst das Ende – also die Auflösung – gezeigt. Das sind dann meistens Anleitungen zum Kochen, Basteln oder Bauen. Dieses Videoformat verwendet beispielsweise auch das Onlineeinrichtungshaus *@westwing* und gibt etwa Basteltipps zu Weihnachten. In Abbildung 5.15 siehst du, dass hier zuerst der fertige Stern gezeigt wird und erst danach die Bastelanleitung folgt.

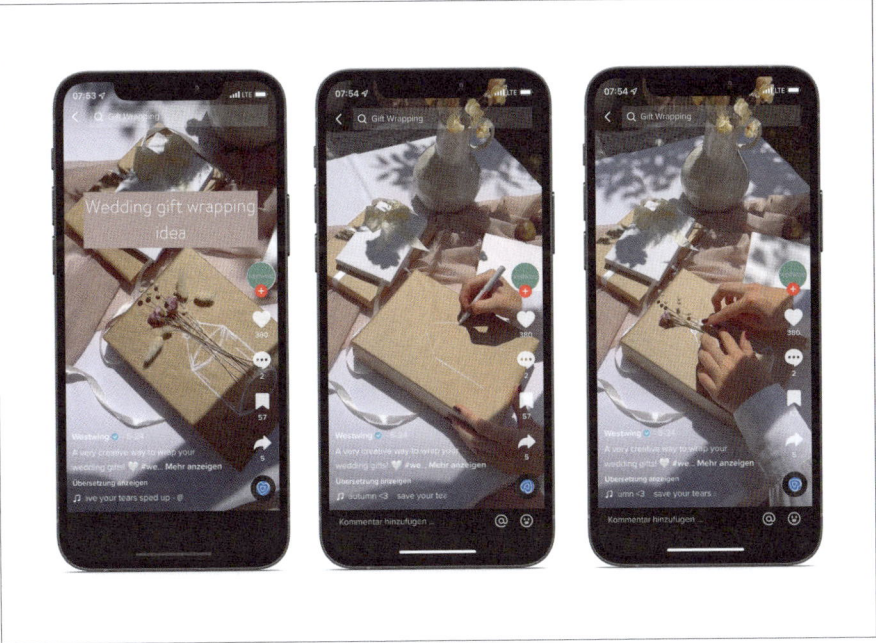

**Abbildung 5.15** Das Unternehmen @westwing zeigt zuerst das fertige Ergebnis. (Quelle: https://vm.tiktok.com/ZTRPedMVj)

## 5.3 #BrandIt – finde dein Markenzeichen

Im ersten Schritt solltest du über das Branding deines Profils nachdenken. Wenn dein Video möglichen Kunden angezeigt wird, ist es wichtig, dass sie gleich erkennen, um welche Marke es sich handelt. Für den ersten Berührungspunkt sind deswegen dein Name und dein Profilbild das Wichtigste. Stell hier also idealerweise dein Logo und deinen Markennamen ein. Für mehr Seriosität kannst du auch eine Verifizierung beantragen. Das ist – wie bei vielen anderen Plattformen – ein blauer Haken. Wie du dein Profil verifizierst, habe ich dir ja schon in Kapitel 4, »Dein Unternehmensprofil bei TikTok – erste Schritte«, erklärt. Hast du bereits einen Instagram-Kanal oder eine Facebook-Seite, verwende am besten dasselbe Logo als Unternehmen oder ein Porträt als Personal Brand sowie denselben Namen. So schaffst du einen Wiedererkennungswert.

Branding funktioniert bei TikTok nicht so, wie bei anderen Plattformen. Hier verwendest du beispielsweise nicht deine besonderen Schriftarten für deine Zitatgrafiken wie bei Instagram, platzierst auch nicht dein Logo zusätzlich in der Grafik wie bei Pinterest und spielst kein Intro ein wie bei YouTube. Deine Videos performen ja am besten, wenn sie sich in die Plattform einfügen und nicht zu werblich wirken. Verzichte deswegen unbedingt darauf, dein Logo zusätzlich in dem Video unterzubringen. Bei TikTok schaffst du den Wiedererkennungswert über die Bildsprache, das Setting und wiederkehrende Elemente. Welche das sind und wie du das am besten umsetzt, zeige ich dir im Folgenden:

- Hintergrund

    Verwende für ein definiertes Format beispielsweise immer denselben Hintergrund bzw. dasselbe Setting. So schaffst du direkt einen auffälligen Wiedererkennungswert. Bei den #*Elevatorboys* ist das unter anderem der Aufzug, bei @*lisaandlena* die Treppe in ihrem Elternhaus und bei #*BookTokern* meist ihr Bücherregal (siehe Abbildung 5.16).

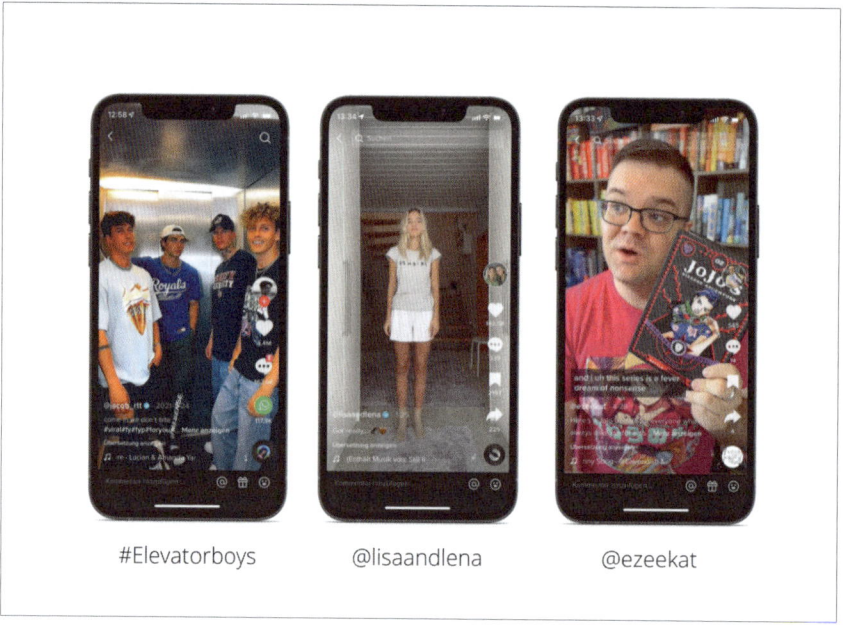

**Abbildung 5.16** Auch ein Hintergrund kann einen Wiedererkennungswert schaffen.

- Wiederkehrende Person(en)

    Auch Personen können das Gesicht eines Kanals sein, mit dem man die Marke verbindet. So schaffst du eine persönliche und authentische Ebene, um richtig auf TikTok zu kommunizieren, denn laut TikTok performen Videos, in denen Personen zu sehen sind, deutlich besser als solche ohne.

Bist du beispielsweise Markengründer, setz dich selbst vor die Kamera und erzähl deine Markenstory. Achte dabei darauf, dass die Videos authentisch sind. Sei einfach du selbst und hab Spaß dabei. Bist du Teil eines Marketingteams einer großen Firma, solltest du dir Gedanken machen, wer das Gesicht deines Kanals sein soll. Überleg also, ein bis zwei Personen für den Kanal einzustellen. Alternativ kannst du dich auch mal bei deinen Kollegen umhören, ob vielleicht bereits ein leidenschaftlicher TikTok-Creator unter ihnen ist. Beim Verlag @penguin_verlag ist Evelyn, die du bereits aus dem Interview in Kapitel 2, »#GetToKnowMeBetter – wie funktioniert TikTok?«, kennst, das Gesicht des Kanals. Auch die wiederkehrenden Personen von @washingtonpost legen einen authentischen Auftritt hin (siehe Abbildung 5.17).

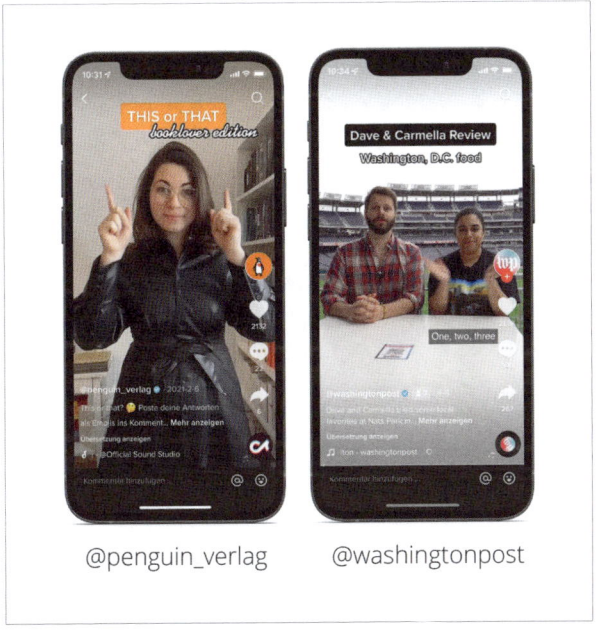

**Abbildung 5.17** Die Gesichter von TikTok-Kanälen

- Stimme

  Eine akustische Markenführung kann einen Wiedererkennungswert schaffen. Das funktioniert bei TikTok am besten über Sprache. Ein charakterstarker Sprecher kann eine Marke gut kennzeichnen – oder eine markante An- und Abmoderation, wie sie beispielsweise @flovombauherrenforum verwendet (siehe Abschnitt 5.4, »Praxisbeispiel: Hey Leute, Hausbautipp – das Branding von @flovombauherrenforum«). Auch @alinakhani setzt als Creator am Ende ihrer

Videos immer auf denselben Spruch und verabschiedet sich mit: »Okay, ciao!« Der Creator @*raed_offiziell* geht noch einen Schritt weiter. Er hat den fiktiven Charakter Ladi geschaffen, den er selbst spielt. Von seinem eigenen Ich unterscheidet er sich nur in der Stimme. Ladi spricht immer etwas weinerlich und ist bekannt für seine absichtlichen Versprecher und Wortverdreher. Einer seiner viralsten Hits ist beispielsweise ein Video, in dem er via Stitch das Wiesel einer anderen Nutzerin als »Hamstermelousine« bezeichnet und sich schnell zu »Hamsterlimousine« verbessert (siehe Abbildung 5.18).

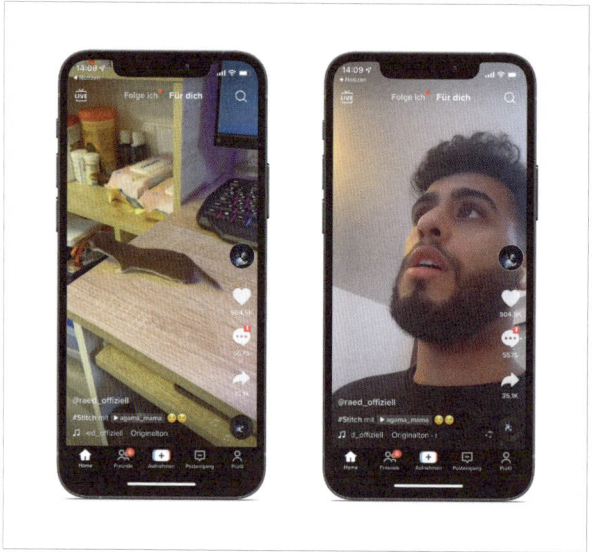

**Abbildung 5.18** TikToker @raed_offiziell verwendet verschiedene Stimmen, um verschiedene Charaktere darzustellen. (Quelle: *https://vm.tiktok.com/ZTRfh51BQ*)

- Körpersprache

    Wiedererkennungswerte können auch einfache Gesten sein. Einer der erfolgreichsten TikTok-Stars weltweit ist @*khaby.lame*. Bekannt wurde er dadurch, dass er auf Videos von anderen Nutzern reagierte. Das sind meistens »Lifehacks«, die aber oft nicht hilfreich sind. Er zeigt dann in einer für ihn typischen Geste auf die eigentliche »Lösung« des Problems. Wie das beispielsweise aussieht, kannst du dir auch in Abbildung 5.19 ansehen. Dort bauen zwei junge Männer ein Keks-Domino, um einen Keks in Milch zu tunken. Die einfachere Lösung wird dann via Stitch von @*khaby.lame* und @*edsheeran* gezeigt, der einen Gastauftritt in dem Video hat. Zusammen zeigen sie dann in der typischen Geste auf die Tasse Milch.

|   Originalvideo   |   einfachere Lösung   |   typische Geste   |

**Abbildung 5.19** Die typische Geste von @khaby.lame ist zum Meme geworden. (Quelle: *https://vm.tiktok.com/ZMLuddHVq*)

- Videoschrift

  Du kannst deine Videos natürlich mit einem Videoeditor wie Canva oder Premiere Rush bearbeiten und so deine CI-Schrift verwenden. Besser ins Bild von TikTok fügt sich aber eine der TikTok-Schriften ein, die du direkt bei TikTok einfügen kannst. So sehen deine Videos auch nicht gleich nach Werbung aus und werden nicht direkt weggeswipt. Um trotzdem einheitliche Videos zu gestalten, kannst du dafür immer dieselbe Schriftart verwenden und sie beispielsweise mit derselben Farbe hinterlegen.

  Aber warum überhaupt Text in Videos einfügen, wenn der Sound doch die wichtigere Rolle spielt? Ganz einfach: Weil damit deine Videos noch besser performen. Willst du dein Voiceover nicht noch mal eintippen, kannst du auch die automatische Untertitelfunktion nutzen, wodurch deine Videos auch gleich inklusiver werden für Hörgeschädigte. Du kannst aber auch mit Text zusätzliche Infos bieten. Und noch ein Best-Practice-Tipp: Du kannst aktiv viel Text in einem Video verwenden. Dann schauen sich Nutzer das Video wiederholt an, um nichts zu überlesen. Dadurch geht die *View Through Rate* deines Videos nach oben und der Algorithmus spielt es an mehr Nutzer aus.

- Hashtag

    TikTok ist eine Plattform, die stark Hashtag-getrieben ist. Das bedeutet, dass Hashtags eine große Rolle für den Algorithmus, das Nutzerverhalten und auch die Suchfunktion spielen. Deswegen solltest du ein Markenhashtag etablieren, das für dein Produkt und dein Unternehmen steht und über das sich Nutzer weiter austauschen können. Wie das genau geht, erkläre ich dir in Kapitel 7, »Optimiere deine Inhalte für den Algorithmus«.

## 5.4 Praxisbeispiel: Hey Leute, Hausbautipp – das Branding von @flovombauherrenforum

Florian Schoen ist bei Fertighausexperte.com GmbH der Experte für Hersteller- und Vertragsvergleiche. Auf Social Media ist er besser bekannt als »Flo vom Bauherrenforum« und gibt nicht nur in seiner Facebook-Gruppe, sondern auch bei Instagram, TikTok und in seinem Podcast viele praktische Tipps rund ums Thema Hausbau. Seine Videos sind auf TikTok so erfolgreich, dass er dort über 100.000 Follower hat. Prägnant ist sein eingängiger Videostart »Hey Leute, Hausbautipp!« und das Ende »Okay, bis nächstes Mal« – was mittlerweile zum Meme in seiner Community geworden ist. Ich freue mich, dass er uns in einem Interview mehr über seinen Kanal erzählt.

**Wie kam es dazu, dass du TikTok in deine Marketingstrategie eingebunden hast?**

Wir sind sehr breit aufgestellt auf Social Media mit Podcast, Facebook, YouTube etc. Ich informiere mich immer, wo man die beste Reichweite mit den eigenen Inhalten bekommt – und das ist aktuell TikTok. Mit den Videos dort starteten wir aber erst, als Instagram die Reels brachte. Das Coole daran ist: Ich kann ein Video machen, das auf beiden Plattformen posten und die Reichweite überall nutzen. Am Anfang war das zwar echt schwierig, weil TikTok einen sehr eigenen Stil hat. Das hat aber dann sehr gut funktioniert, weil ich einfach das, was ich sagen will, den Vorgaben der Plattform angepasst habe, wie z. B. die schnellen Formate. Wenn ich TikTok in einem Wort beschreiben müsste, wäre das schnell: Du scrollst schnell durch den Feed, musst in kürzester Zeit deine Botschaft rüberbringen. Als ich angefangen habe, konnte man nur 15-sekündige Videos hochladen, mittlerweile hat man ja etwas mehr Zeit. Alle Videos, die bei mir durch die Decke gegangen sind, waren nie länger als 20 Sekunden – und genau das ist wichtig für die Plattform. Hier haben uns die Analytics weitergeholfen, um unsere Videoergebnisse auszuwerten und dahingehend zu optimieren.

**Welche Unterschiede stellst du zwischen den Plattformen fest?**

Auf TikTok z. B. bekommst du eine viel größere Reichweite. Ich hatte schon Videos mit 1,5 Millionen Views. Diese enorme Reichweite bekomme ich auf Instagram bisher nicht, obwohl ich genau dasselbe Video hochgeladen habe. Ich finde es wirklich spannend, dass eine Plattform so viel Reichweite produzieren kann, und das ganz ohne Werbeanzeige. Auf Facebook erreicht man das z. B. ohne *Paid Media* überhaupt nicht mehr.

Ich sehe auch Unterschiede bei den verschiedenen Zielgruppen der Plattformen – das vor allem über die Kommentare. Bei Instagram merke ich: Es sind sehr viele Personen, die sich wirklich auch mit dem Thema auseinandersetzen und zumindest gedanklich mit der Idee des Hausbaus spielen. Hier erhalte ich ganz andere Kommentare und Fragen als auf TikTok. Dort kommentieren die Nutzer zwar gerne meine Videos, aber hier merke ich, dass sie deutlich jünger sind. Gebe ich z. B. den Tipp, dass der Kniestock mindestens 1,80 m sein soll, erhalte ich Kommentare wie:»In meinem Kinderzimmer ist der Kniestock nur 40 cm.« Die Nutzer auf TikTok werden aber älter, das fällt mir vor allem an den DMs auf Instagram auf. Auf TikTok kann man keine direkten Nachrichten austauschen, wenn man sich nicht gegenseitig folgt. Deswegen wechseln die Leute die Plattform und schreiben mir auf Instagram, dass sie über TikTok auf mich aufmerksam geworden sind. Die sind dann tatsächlich auch sehr im Hausbauthema drin und auch schon älter. Dadurch dass die Direktnachrichten auf TikTok wegfallen, fühlt sich die Plattform für mich auch etwas anonymer an.

**Du hast ja bereits erfolgreiche Formate etabliert, wie beispielsweise »Überbewertet – Unterbewertet«. Bist du hier strategisch vorgegangen?**

Meine Formatideen sind grundsätzlich keine Neuerfindungen. Das Coole ist ja, wenn man sich auf Plattformen wie TikTok, Instagram und YouTube umsieht, gibt es dort schon viele erfolgreiche Formate. Hier habe ich geschaut, was zu meiner Branche passt und erfolgreiche Formate meinen Inhalten angepasst. Das Format »Überbewertet – Unterbewertet« ist ja nichts Neues. Hier habe ich gesehen, dass das auf anderen Plattformen gut funktioniert, und fand es für mich spannend. Ich kann meine Meinung zu verschiedenen Punkten abgeben – und dazu hat auch jeder wieder eine Meinung. Es ist also ein sehr virales Format, weil hier viel kommentiert wird. Das wird dann wiederum von TikTok mit Reichweite belohnt.

**Du startest deine Videos immer mit: »Hey Leute, Hausbautipp!«, und endest mit »Okay, bis nächstes Mal.« So schaffst du ja einen starken Wiedererkennungswert und hast damit ein richtiges Meme in deiner Community geschaffen. Wie bist du dazu gekommen?**

Das war tatsächlich etwas, was ich einfach nur ausprobiert habe. Ich brauchte einen Einstieg und dachte, es wäre cool, wenn es immer derselbe Einstieg und dasselbe Ende wäre. Ich finde, das kann relativ schnell komisch wirken, wenn man das künstlich produziert. Ich wollte etwas, das sich normal anfühlt, aber etwas, was nicht jeder sagt, wie beispielsweise »Tschüss«. Beibehalten habe ich es dann aber eigentlich nur, weil die Community das aufgenommen hat. Zum Beispiel in Privatnachrichten schreiben mir Leute mit der Abschiedsformel »Okay, bis nächstes Mal«. Wie sehr sich das etabliert hat, habe ich aber erst gemerkt, als ich es dann mal weggelassen habe. Bei TikTok gab es ja anfangs nur 15-sekündige Videos. Manchmal habe ich es also nicht geschafft, meine Botschaft in der kurzen Zeit unterzubringen oder ich musste so schnell reden, dass das Ende einfach keinen Platz mehr gefunden hat. Dann haben wirklich einige kommentiert und gefragt, warum ich es weggelassen habe. So habe ich gemerkt, dass die Leute es auch spannend und lustig finden.

**Welche weitere Branding-Methoden verwendest du sonst noch in deinen Videos?**

Ich verwende immer dieselbe Überschrift mit dem Formatnamen, wie beispielsweise Hausbautipps. Dann folgt ein Stichwort, um was es geht im Video, und dann noch die Nummer des Videos. Hier sehe ich, dass vor allem die Nummer etwas bringt. Mittlerweile bin ich bei Hausbautipp 240. Das heißt ja, dass die Zuschauer dann wissen, dass es auf meinem Profil noch 239 weitere Tipps gibt. So kommen mehr Personen auf mein Profil, die dann sogar zu Followern werden.

**Du springst bei TikTok nicht auf Trends auf. Was glaubst du: Was macht deine Videos dann so erfolgreich?**

Ich bin schon in einer sehr speziellen Branche und meine Videos sollen gar nicht alle TikTok-Nutzer ansprechen. Wenn ich später 10 Millionen Aufrufe habe, aber das nur Nutzer sehen, die gar nicht meine Zielgruppe sind, bringt mir das wenig für mein Unternehmen. Deswegen ist das Thema Trends und Sounds nicht so stark bei uns. Ich probiere immer, einen praktischen Tipp in meinen Videos mitzugeben, um wirklich einen Mehrwert zu bieten und über verschiedene Meinungen in den Kommentaren auch ins Gespräch zu kommen.

**Hast du Tipps für Unternehmen/Dienstleister, die sich noch nicht an die Plattform trauen?**

1. Fang jetzt an! Ich glaube, TikTok hat noch etwa 18 Monate, in denen du organisch noch richtig Reichweite bekommst. Dann wird es eher wie bei Instagram und Facebook werden.

2. Poste jeden Tag – noch besser sogar drei- bis viermal am Tag! Das schaffe ich selbst leider zeitlich nicht, weil ich kein Content-Produktionsteam habe. Ich würde aber so oft posten, wie es geht.

3. Gestalte deinen Content so spannend, dass er interessant ist! Das muss wirklich kein TikTok-Dance sein, um dich der Plattform anzupassen. Das kann schnell komisch und gezwungen wirken. Setz lieber auf das, was du hast und kannst. Dazu überleg dir erst, welche Botschaft du rüberbringen möchtest, und dann, wie du sie verpackst.

Kapitel 6
# Influencer bei TikTok

Influencer Marketing ist aus einer erfolgreichen Marketingstrategie nicht mehr wegzudenken, denn Influencer sind die besten Content Creators ihrer Plattformen.

Mittlerweile ist das Wort Influencer stark negativ belegt, denn schlechte Produktplatzierungen und Vorurteile machten die Runde. Beispielsweise gelten Influencer als überbezahlt, obwohl sie angeblich nur zwei bis drei lustige Videos oder einen Post bei Social Media veröffentlichen. Das stimmt so nicht, denn die Betreuung eines Social-Media-Kanals ist durchaus ein Fulltime-Job. Und der Aufbau von Reichweite kostet viel Zeit und Geduld. Aus Marketingsicht werden Influencer oft als Reichweiteninstrumente gesehen. Auch davon solltest du Abstand nehmen, denn sie sind Personen mit einer Botschaft, die mit sehr viel Arbeit und Engagement ihre große Followerschaft aufgebaut haben. TikTok selbst geht mit gutem Beispiel voran und spricht statt von Influencern von Creators, um die Kreativität und den Aufwand hinter den Videos wertzuschätzen und auch den werblichen Aspekt in den Hintergrund zu stellen.

> **Was sind Influencer?**
> Unter dem Begriff Influencer versteht man Personen, die sich eine große Community in Social Media aufgebaut haben – das können viele Abonnenten bei YouTube oder TikTok sein, Fans bei Facebook oder Follower bei Twitter. Sie genießen ein hohes Ansehen in ihrer Community und können deswegen einen starken Einfluss auf sie ausüben – vorausgesetzt sie bleiben authentisch. Bekannte deutsche Influencer sind beispielsweise die Instagramerin Pamela Reif oder der YouTuber Rezo.

Bei TikTok ist das A und O, dass Werbung nicht danach aussieht. Die Nutzerinnen und Nutzer schätzen kreative Ads, die wie normaler Content aussehen. Hinzu kommt, dass die Gen Z sich bei Kaufentscheidungen am meisten von Influencern beeinflussen lässt. Standard-Ads erzielen hier keine Wirkung. Deswegen sind die Creators der Plattform die beste Möglichkeit, um an kreativen Content zu kommen.

Mittlerweile gibt es nützliche Tools, die uns Marketing Manager*innen die Zusammenarbeit mit Influencern bei TikTok erleichtern – und du kennst sie wahrscheinlich schon von Instagram. Creators können jetzt einen Link in der Profilbeschreibung, der sogenannten Bio, hinterlegen, Marken und andere Partner im Video markieren und die Videos der Creators können auch beworben werden. Das bedeutet für Marketing Manager: Wir können mit Influencer Marketing bei TikTok voll durchstarten!

> **Was ist Influencer Marketing?**
> Unter dem Begriff versteht man gezielte Marketingmaßnahmen, die zu einer Zusammenarbeit mit Influencern führen. Darunter fallen unter anderem die vorherige Planung, die Ausarbeitung und das Monitoring der Kampagne. Durch die Empfehlung und den kreativen Content, der von Influencern rund um die Marke oder das Produkt erstellt wird, werden für die Zielgruppe positive Kaufanreize gesetzt.

Wie du auf TikTok erfolgreich mit Creators zusammenarbeitest, zeige ich dir in diesem Kapitel.

> **Kapitelübersicht: Influencer bei TikTok**
> In diesem Kapitel lernst du Folgendes:
> - Wie bindet TikTok Creators an sich?
> - Was ist der *TikTok Creator Marketplace*?
> - Wie findest du die passenden Creators?
> - Wie bist du mit Influencer Marketing bei TikTok erfolgreich?

Bevor wir mit dem Kapitel starten, möchte ich dir Content Creatorin @*linda.schipp.books* vorstellen, mit der ich sehr gerne zusammenarbeite. Für dieses Kapitel hat sie hilfreiche Tipps beigesteuert, die dir die Perspektive von Influencer*innen noch mal näherbringen, und dabei ihren Weg zur erfolgreichen Content Creatorin aufgezeigt.

> **Wer ist Linda Schipp?**
> Linda ist leidenschaftliche #*BookTokerin*, gibt aber auch als Autorin von Kinder- und Jugendbüchern Schreibtipps bei TikTok. Zuvor arbeitete sie selbst als Communications Director in Münster, Düsseldorf und Hamburg. 2021 hat sie den Schritt gewagt und sich selbstständig gemacht und nimmt heute viele Rollen ein: Autorin, Texterin, Redakteurin, Kommunikationsberaterin und Content Creator. Doch jetzt lasse ich Linda selbst zu Wort kommen. Sie erzählt dir kurz, wie es dazu kam, dass sie einen TikTok-Kanal gestartet hat:
> 
> »Ich habe zu der Zeit, das war Anfang 2020, noch als Kommunikationsberaterin in einer Agentur gearbeitet – da habe ich Influencer-Kampagnen betreut, aber auch einfach Content erstellt. Als TikTok angefangen hat, war das sehr spannend, weil ich schon gemerkt habe: Das Netzwerk könnte als Nächstes durch die Decke gehen. Es war ja vorher bekannt als *musical.ly* und hat dann eine inhaltliche Wende gemacht: Es fanden sich nicht mehr nur Lip-Sync-Videos, sondern weitere interessante Themen dort. Das war

ein sehr spannender Moment, weil man selten die Chance hat, ganz von Anfang an bei einer Plattform dabei zu sein. Und da dachte ich: Das ist eine coole Chance! Zu dem Zeitpunkt gab es noch wenige reichweitenstarke Accounts, die bei #BookTok dabei waren. Ich dachte, es wäre cool, die #Bookstagram-Bubble auf TikTok zu übertragen und dort stärker zu bespielen. Ich habe dann angefangen, Videos zu drehen, bei denen ich die zwei Bereiche Autorin und Leserin vereint habe.«

## 6.1 Wie TikTok Creators an sich bindet

Wie wichtig Influencer mittlerweile sind, zeigt der starke Konkurrenzkampf der Social-Media-Plattformen um verschiedene reichweitenstarke Creators. Jede Plattform will die größten exklusiv an sich binden, denn damit gewinnen sie nicht nur einflussreiche Content Creators, sondern die gesamte Community.

Den bisher spektakulärsten Plattformwechsel legte Ende 2021 der amerikanische Twitch-Streamer *Ludwig* mit seiner Gaming-Community aus 3,1 Millionen Abonnenten hin, als er sich exklusiv bei YouTube verpflichtete (siehe Abbildung 6.1). Die Veränderung kündigte er in einem Video an, bei dem er suggerierte, dass er bei YouTube besser Hintergrundmusik einbinden kann. Bei seinem ersten Livestream dort wurde er aber genau aus diesem Grund gesperrt: Er verletzte Urheberrechte bei einem Song.

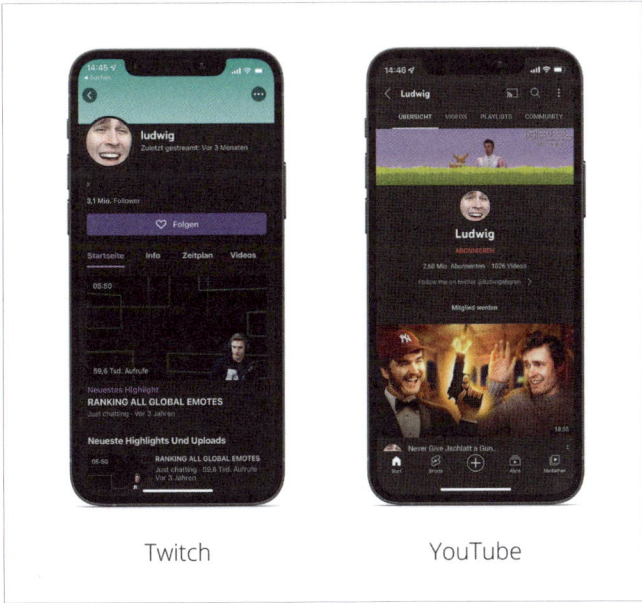

**Abbildung 6.1** Gegenüberstellung der Kanäle des Influencers Ludwig

Angeblich soll Ludwig für den Wechsel 4,5 Millionen Euro erhalten haben.[1] An dieser Summe sieht man deutlich, wie wichtig den Plattformen die Creators sind. Auch TikTok will Creators an sich binden und hat deswegen gleich mehrere Wege eingeführt, die es ermöglichen, über die Plattform Geld zu verdienen. Wenn Creators mit ihrem Content direkt über die Social-Media-Plattform Geld verdienen, nennt sich das *Monetarisierung*. Betreust du ein TikTok-Konto, das zu einem Unternehmen oder eine Marke gehört, kannst du deine Inhalte nicht monetarisieren. Für Influencer bietet TikTok jedoch mehrere Monetarisierungsmöglichkeiten.

Bevor du als Creator eines der Monetarisierungstools nutzen kannst, ist eine Bewerbung bei *Creator Next* notwendig. Das geht in den Creator-Einstellungen, dem sogenannten *Ersteller-Portal*, direkt in der App.

**Creator Next: Folgende Voraussetzungen musst du erfüllen, um zugelassen zu werden**

- Du hast ein Creator-Konto.
- Du bist mindestens 18 Jahre alt.
- Du hast mindestens 1.000 Follower.
- Du hast in den letzten 30 Tagen mindestens drei TikToks veröffentlicht.
- Du hältst dich an die Nutzungsbedingungen.[2]
- Du hältst dich mit deinem Content und deinem Konto an die Community-Richtlinien.[3] Das ist ein Verhaltenskodex von TikTok, an den du dich unbedingt halten solltest. Hier stehen vor allem Normen wie Sicherheit, Vielfalt, Inklusion und Authentizität im Vordergrund.

Erfüllst du alle Voraussetzungen, kannst du dich direkt dafür im Ersteller-Portal bewerben. Ist deine Bewerbung erfolgreich, stehen dir nun verschiedene Tools zur Verfügung:

- Kreativitätsfond

    Seit 2020 gibt es den Kreativitätsfond bei TikTok, der Creators finanziell unterstützen soll. Laut TikTok ist der EU-Kreativitätsfond mit 70 Millionen US-Dollar gestartet.[4] Mit dem Fond soll die Content-Erstellung von Creators vergütet werden. Wie viel pro Video ausgeschüttet wird, ist nicht vordefiniert und abhängig von einigen Kriterien, wie beispielsweise der Interaktionsrate, den Videoaufru-

---

1 Quelle: Lästerschwestern-Podcast Folge 183.
2 Die Nutzungsbedingungen von TikTok findest du hier: *www.tiktok.com/legal/terms-of-service?lang=de*
3 Die Community-Richtlinien findest du hier: *www.tiktok.com/community-guidelines?lang=de*
4 Quelle: *https://support.tiktok.com/de/business-and-creator/tiktok-creator-fund/what-is-the-tiktok-creator-fund*

fen sowie auch der Anzahl der zuteilungsfähigen Creators. Laut TikTok »sind die Ausschüttungsbeträge ebenso dynamisch wie die Videoaufrufe«.[5] Um für den Kreativitätsfond zugelassen zu werden, benötigt man zusätzlich mindestens 10.000 Follower und 10.000 Videoaufrufe in den letzten 30 Tagen. Die Bewerbung erfolgt dann im Creator-Next-Bereich der TikTok-App.

- Videogeschenke

  Beim Durchscrollen deines Feeds wird dir vielleicht schon das kleine Geschenksymbol bei den Kommentaren aufgefallen sein. Das ist das Tool Videogeschenke (siehe Abbildung 6.2).

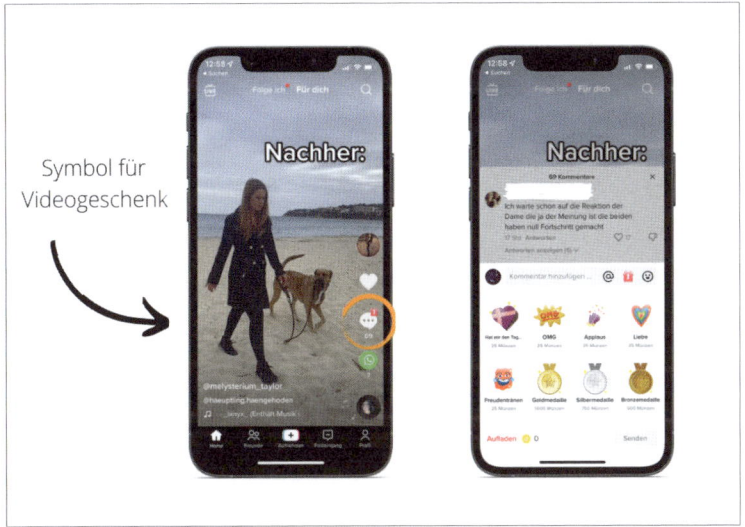

**Abbildung 6.2** Beispiel für ein Videogeschenk in einem Vorher-Nachher-Video von Hundetrainerin @melysterium_taylor

Nutzer können hier ihren Creators »Geschenke« senden, die sich Diamanten nennen. Diese Diamanten können später von Creators bei TikTok in Geld umgewandelt werden. Die Bezahlung bei TikTok erinnert stark an das Monetarisierungssystem von Twitch und funktioniert wie folgt:

Du kaufst sogenannte *Coins* – das ist die TikTok-Währung. Mit den Coins kannst du innerhalb von TikTok wiederum Geschenke kaufen und diese an Creators geben. Die erhaltenen Geschenke werden wiederum in Diamanten umgewandelt und können dann als Euro ausgezahlt werden. Wie viel Coins wert sind, siehst du in Abbildung 6.3.

---

5 Quelle: *https://newsroom.tiktok.com/de-de/die-wichtigsten-fragen-und-antworten-rund-um-den-neuen-tiktok-kreativitats-fonds*

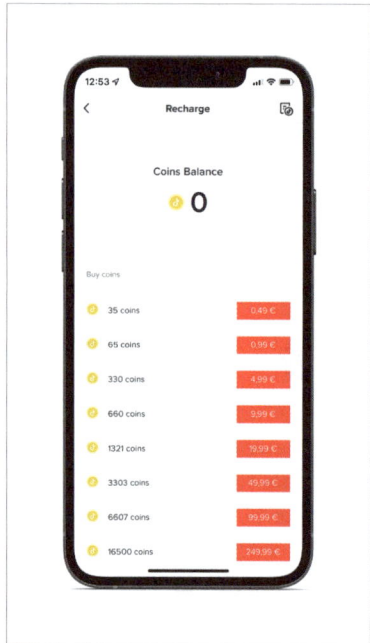

**Abbildung 6.3** Die TikTok-Währung Coins

Damit Nutzer Videogeschenke verteilen können, müssen die Creators die Videogeschenkfunktion für das entsprechende Video freischalten. Das geht wiederum erst ab 10.000 Followern und Videoaufrufen in den letzten 30 Tagen. Videoarten wie Stitches, Duette und gesponserte Videos können nicht mit dem Tool für Videogeschenke versehen werden. Ist das Videogeschenktool bei einem Video aktiv, können Nutzer ein Geschenk senden, wenn sie ihr Guthaben bei TikTok aufgeladen haben und volljährig sind.

### 6.1.1 Livegeschenke und Trinkgeld

Ähnlich wie Videogeschenke funktionieren Livegeschenke. Diese kannst du in einem Livestream spenden (siehe Abbildung 6.4). Livegeschenke können Creators schon ab 1.000 Follower und ab 1.000 Videoaufrufen in den letzten 30 Tagen erhalten.

Über die Funktion *Trinkgeld* können Nutzer auch direkt Geld an Creators schicken. Das funktioniert über den Zahlungsdienstleister Stripe. TikTok bekommt bei einem Trinkgeld keinen Anteil, sondern die Auszahlung geht direkt an den Creator. Es fallen dabei nur Bearbeitungsgebühren für Stripe an.

6.1  Wie TikTok Creators an sich bindet

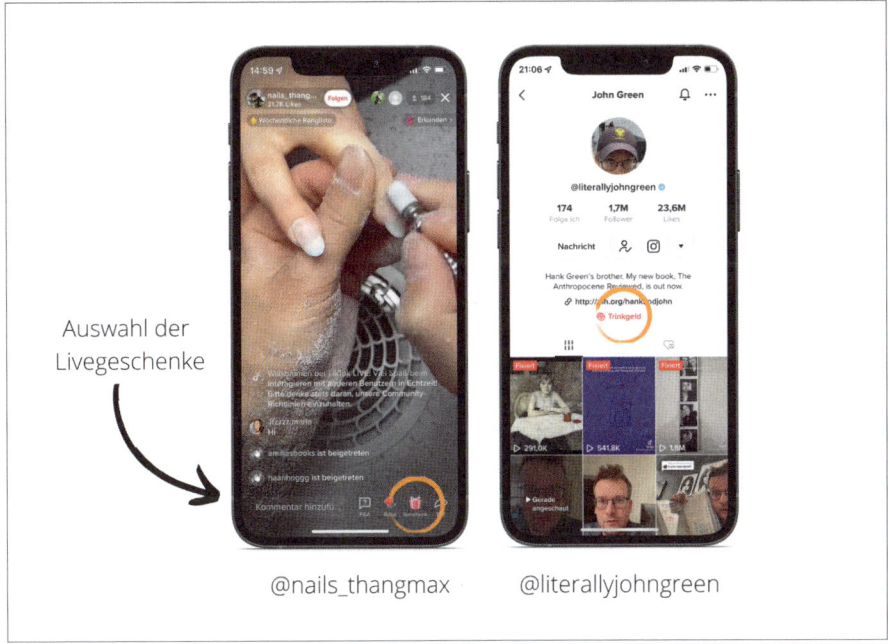

**Abbildung 6.4**  Livegeschenke im Livestream und Trinkgeldfunktion im Profil

Voraussetzung, um Trinkgeld zu erhalten, sind 100.000 Follower. Dann können Nutzer direkt auf das Profil der Creators gehen und dort mit dem Button TRINKGELD die Geldspende ausführen (siehe Abbildung 6.4).

### 6.1.2  TikTok Creator Marketplace

Der TikTok Creator Marketplace, kurz TCM, ist für eine Social-Media-Plattform einzigartig. Dort kannst du direkt über TikTok passende Content Creators finden, mit ihnen in Kontakt treten und die Zusammenarbeit dort managen.

Man braucht also kein externes Tool zur Suche, im TCM werden direkt passende Creators empfohlen, die sich dort zuvor beworben haben. Laut TikTok gibt es dort aktuell mehr als 100.000 zertifizierte Creators.[6] Um dich dort bewerben zu können, musst du folgende Voraussetzungen erfüllen:

- Du hast mehr als 100.000 Follower.
- Du hast mindestens fünf Videos in den letzten 30 Tagen veröffentlicht.
- Du hast mindestens 100.000 Likes in den letzten 30 Tagen erhalten.
- Du bist mindestens 18 Jahre alt.

---

6  Quelle: TikTok Download Creators Event vom 27. April 2022

> **Lindas Tipp zur Bewerbung beim TCM**
>
> »Du kannst zwar erst ab einer bestimmten Zahl an Followern dort teilnehmen, die ich beispielsweise gar nicht habe. Ich wurde aber tatsächlich irgendwann von TikTok hinzugefügt, wahrscheinlich weil ich mich zuvor per E-Mail dort einfach mal vorgestellt habe. Ich habe nämlich von TikTok die Info erhalten, dass auch ›kleinere‹ Influencer dort aufgenommen werden, wenn der Content einem gewissen Qualitätsgrad entspricht – also die Person versteht, wie man am besten mit Marken zusammenarbeitet.«

In Abbildung 6.5 kannst du einen ersten Eindruck vom Marketplace gewinnen. So sieht er aus, wenn du dort auf CREATOR SUCHEN gehst. Die passenden Creators kannst du dort mittels folgender Kriterien noch genauer für dich filtern:

- Standort (Deutschland, USA, Frankreich etc.)
- Themen (Tiere, Kunst, DIY, Gaming etc.)
- Reichweite, durchschnittliche Views, Interaktionsrate, Markenerfahrung
- Geschlecht, Alter und Endgerät der Zielgruppe

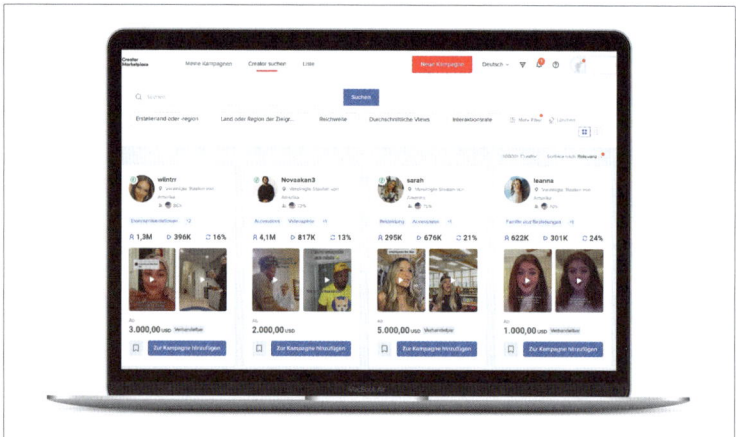

**Abbildung 6.5** Der Creator Marketplace von TikTok

Im zweiten Schritt kannst du dir die Profile der einzelnen Creators genauer anschauen. Die Profile beim TCM entsprechen nicht dem TikTok-Kanal, sondern du kannst hier einen ersten Eindruck von den Creators gewinnen (siehe Abbildung 6.6).

Außerdem siehst du die wichtigsten *KPIs* (Key Performance Indicators), wie Interaktionen, Reichweite und auch wie viele aktive Follower ein Creator hat. Die wichtigsten KPIs erkläre ich dir in Kapitel 11, »TikTok Analytics«, noch genauer. Der Vorteil von KPIs ist, dass du an Ihnen erkennst, wer Reichweite und Bot-Follower kauft. Du erkennst also authentische Creators.

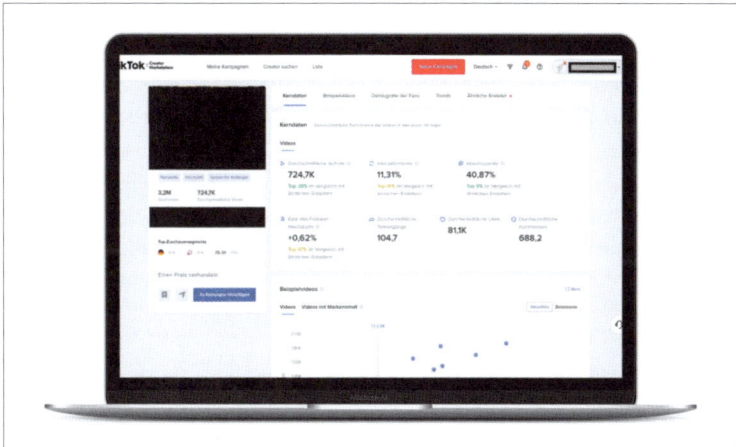

**Abbildung 6.6** Der Creator Marketplace zeigt detaillierte Infos über das Profil der registrierten Influencer.

Das Ziel der Plattform ist es, Marken mit Creators zusammenzubringen. Als Unternehmen kann man dort seine ganze Kampagne managen – von der Kontaktaufnahme bis zur Auswertung. Falls du für eine Marketingagentur arbeitest, so wie ich, kannst du dich beim TCM nicht einfach anmelden, sondern musst ein kurzes Bewerbungsformular ausfüllen.

> **Wie wird man eigentlich Influencerin, Linda?**
>
> In meinem Gespräch mit Linda habe ich sie auch zu ihrem Leben als Influencerin befragt und wie sie dort hingekommen ist, wo sie heute steht. Das will ich dir nicht vorenthalten:
>
> **Wie bist du eigentlich Influencerin geworden?**
>
> »Influencerin ist ja ein großer Begriff, und ich weiß auch nicht, ob ich mich so sehe. Ich bezeichne mich als Content Creator, weil das wertfreier ist. Jeder kann Content Creator sein, du musst dafür nur Content produzieren. Influencerin impliziert ja direkt, dass man andere Menschen beeinflusst, also große Reichweite hat und einen Impact mitbringt und so einen nachhaltigen Unterschied macht.
>
> Das möchte ich für mich gar nicht beanspruchen. Das passiert vielleicht automatisch, aber so nehme ich mich tatsächlich gar nicht wahr. Zu Beginn war es mein Ziel, Reichweite und Sichtbarkeit aufzubauen, weil es als Autorin unerlässlich ist, dass man sich selbst vermarkten kann. Ich liebe Bücher und lese gerne. Darüber zu reden macht mir einfach Spaß. Einer der Gründe, warum ich aber mit TikTok angefangen habe, war, weil ich selbst Bücher schreibe und als Autorin eine Chance für mich gesehen habe. Zu dem Zeitpunkt hatte ich aber keine Neuerscheinung und auch gar nicht den Willen, meine Bücher zu bewerben. Ich dachte, damit Menschen kommen und mir zuhören, kann ich nicht meine eigenen Produkte in die Kamera halten. Ich habe dann zwar meine Autorentätigkeit zum Thema gemacht, aber nicht versucht, meine Bücher zu vermarkten. Zu-

erst habe ich überlegt, ob ich die Sache strategisch angehen soll, wie man das in der klassischen PR-Beratung auch macht. Dann habe ich mich aber dafür entschieden, davon wegzugehen. Ich finde, die beste Nische ist man selbst. Wenn man das macht, was man selbst gut findet und was einem selbst gefällt, dann ist das eine verdammt gute Strategie.

Insbesondere, weil man dann so authentisch wie möglich ist und weil man vor Ideen nur so sprudelt. Man darf seinen eigenen Weg gehen und sollte sich nicht von größeren Einflussfaktoren einschränken lassen, die man vielleicht in seine Strategie eingebaut hat, die aber gar nicht zu einem passen. Denn ich bin dort eine Personal Brand und kein Unternehmen. Ich muss und will hinter allem stehen, was ich tue. Deswegen halte ich es für das Beste, mir keine Grenzen in verschiedene Richtungen zu setzen.

Es kann bei Social Media oft lähmen, wenn man zu starre Konzepte baut. Mein Konzept ist: Ich bin ich selbst und entweder funktioniert es und die Leute finden es cool – oder eben nicht, dann ist das auch in Ordnung. Wenn ich das so beobachte, dann machen das die erfolgreichen Influencer auch so: Sie machen einfach das, was sie selbst cool finden.«

**Wann hast du dann erkannt: Oh, ich bin jetzt Influencerin bzw. Content Creator?**

»Das ging am Anfang ziemlich rasant. Im Januar bis März 2020 war das Angebot an Buch-Content ja noch nicht so groß. Da war es wirklich noch innovativ, dass jemand sein Bücherregal gezeigt und Schreibtipps gegeben hat. Am Anfang hatte ich gleich einen großen Erfolgssprung und innerhalb von wenigen Monaten habe ich die 15.000er Marke geknackt. Das ging einfach wahnsinnig schnell und hatte auch damit zu tun, dass ich so früh dabei war. Heute würde das nicht mehr so leicht mit dem Content funktionieren, den ich damals produziert habe. TikTok hat sich mittlerweile rasant weiterentwickelt und heute ist alles noch größer, noch bombastischer.

Ich habe dann relativ schnell die ersten Verlagsanfragen bekommen und die ersten bezahlten Kooperationen umgesetzt. Das zeigte mir noch mal, was für ein relevanter Kanal TikTok für mich ist. Ich habe eine Selbstvermarktungsmöglichkeit und kann das zusätzlich als Teil meiner Selbstständigkeit nutzen. Ich habe feste Kapazitäten, die ich in der Woche nur für TikTok nutze, um Content zu kreieren. Dann nehme ich mir noch Zeit, mich in der Community zu vernetzen, also mich mit anderen Menschen auszutauschen, sei es, weil sie einfach nett sind und der Austausch einfach wahnsinnig viel Spaß macht, aber auch, weil es wichtig ist sich zu vernetzen.«

## 6.2 Influencer Marketing

Influencer gelten als authentisch, kommunikativ und nah an ihrer Zielgruppe. Über einen bestimmten Zeitraum haben sie sich das Vertrauen ihrer Community verdient und haben einen enormen Einfluss. Influencer Marketing hat sich mittlerweile vom reinen Empfehlungsmarketing zu einer eigenen Disziplin im Marketing entwickelt, denn die Influencer kreieren hochwertigen Content, der professionellen Fotoshootings oder Videodrehs Konkurrenz macht. So lassen sich unter anderem die hohen Honorare dafür erklären.

Um eine junge Zielgruppe, wie beispielsweise die Gen Z, zu erreichen, führt fast kein Weg mehr an Influencer Marketing vorbei. Bevor du jedoch damit loslegst, solltest du auch hier wieder ein Ziel definieren. Frag dich, was du erreichen möchtest: Reichweite, User-generated Content oder sogar eine langfristige Kooperation? Erst im nächsten Schritt kannst du dich auf die Suche nach passenden Influencern machen.

### 6.2.1 Die passenden Influencer finden

Wenn du mit Influencern und Influencerinnen zusammenarbeiten willst, solltest du sichergehen, dass sie auch zu deiner Marke passen. Investiere deswegen wirklich genügend Zeit in die Auswahl. Vermitteln sie Werte, die zu deiner Marke passen? Gibt es vielleicht schon einen Content Fit? Also eignet sich beispielsweise dein Produkt für ein Videoformat der Influencerin besonders gut? Gibt es vielleicht schon einen Bezug zur Marke oder kann er einfach hergestellt werden? Würden die Influencer die Marke auch so nutzen?

Wie eine Marke und ein Influencer perfekt zusammenfinden, zeigt die Kooperation zwischen Fanta und Julien Bam. Der Influencer zählte zwischen 2016 und 2019 zu den erfolgreichsten YouTubern Deutschlands und war bereits vor der Zusammenarbeit mit Fanta ein bekennender Fan der Marke. In vielen seiner Videos waren im Hintergrund diverse Fantas zu sehen und so wurde er offizieller Fanta-Influencer im Jahr 2016. 2017 wurde die Kampagne »Snap sie dir!«, die die Einführung des Fanta-Snapchat-Kanals initiierte, sogar mit dem Webvideopreis ausgezeichnet (siehe Abbildung 6.7).

**Abbildung 6.7** Julien Bam als offizieller Fanta-Botschafter 2017 (Quelle: *www.youtube.com/watch?v=l-UhZ7rmhDg*)

Bevor du dich auf die Suche machst, solltest du festlegen, mit welcher Größe von Influencer du zusammenarbeiten möchtest. Du verstehst jetzt nur Bahnhof? Keine Sorge, ich erkläre es dir. Die Kategorisierung ist eigentlich ganz einfach, es wird nämlich nach Reichweite unterteilt:

**Makro-Influencer**

Die reichweitenstarken Content Creators mit einer Community ab 100.000 Followern fallen in diese Kategorie, und sie sind ideal, um wirklich viel Aufmerksamkeit zu generieren. Die Arbeit, die in dem Community-Aufbau und der regelmäßigen Content-Erstellung steckt, kostet jedoch seinen Preis. Meist erreichst du die Influencer nur über eigene Managements oder Agenturen und musst mit Honoraren im fünfstelligen Bereich rechnen. In der deutschsprachigen Buchbranche gibt es beispielsweise gar keine Influencer, die eine so enorme Reichweite haben, weswegen hier auf Mikro-Influencer gesetzt wird.

**Mikro-Influencer**

Sie sind eine super Alternative und haben sich mit einer starken Community zwischen 5.000 und 100.000 Followern bereits einen Namen gemacht, bieten Authentizität und können noch ganz individuell auf ihre Follower eingehen. Oft sind sie auf ein Themengebiet spezialisiert und bringen deswegen eine Community mit, die sich ebenso für das Thema interessiert.

**Nano-Influencer**

Das sind Content Creators mit viel Potenzial. Sie sind gerade dabei, sich ihre Community aufzubauen und haben zwischen 500 und 5.000 Followern. Ihr Einfluss reicht also bereits über ihren Bekanntenkreis hinaus und sie stehen noch in einem sehr intensiven Austausch mit ihren Followern. Das zeigt sich beispielsweise an einer starken Interaktionsrate. Je mehr Follower ein Kanal hat, desto niedriger wird auch die Interaktionsrate. Hier eignen sich besonders Aktionen rund um User-generated Content, bei denen du mit mehreren Nano-Influencern zusammenarbeitest.

> **Wichtig!**
> Auch wenn Nano-Influencer keine enorme Reichweite haben, sollten sie für Content-Erstellung und Aufwand immer angemessen entschädigt werden. In der Buchbranche sind das dann beispielsweise weitere Bücher oder exklusive Bloggerpakete, in denen neben dem zu promotenden Buch noch weitere Goodies bzw. Merchandisingartikel zum Buch enthalten sind.

Bei TikTok kannst du deine Suche einfach über den Creator Marketplace starten. Bedient deine Marke allerdings eher eine Nische, wirst du dort vielleicht gar nicht fündig. Du kannst dann selbst auf TikTok recherchieren. Such beispielsweise nach relevanten Hashtags, Standorten oder beliebten Videos, die in deiner Nische wichtig sind.

Lass mich dir das an einem Beispiel erklären: Für meine Kunden suche ich regelmäßige nach neuen Influencern aus der deutschsprachigen Buchbranche. Nur, wo fange ich in den Weiten von TikTok damit an? Ich starte erst mal mit einem etwas allgemeineren Hashtag. Das wäre in meinem Beispiel #BookTokGermany, denn ich will deutschsprachige #BookToker für das Projekt gewinnen. Und dann scrolle ich durch die ersten Beiträge und erarbeite mir so einen Überblick. Sei dir dabei bewusst, dass diese Art der Suche sehr zeitaufwendig ist und du auch auf viele Profile stößt, die nicht direkt passen. Damit deine Suche etwas passgenauer ist, kannst du beispielsweise auch Hashtags verwenden, die besser zu deiner Marke oder deinem Produkt passen. In meinem Fall würde ich im nächsten Schritt mal Hashtags aus dem Genre des Buchprojekts meines Kunden suchen. Das sind dann beispielsweise Hashtags wie #Jugendbuch, #Krimi oder #Liebesroman. Die Genres kann man dann – je nach Projekt – weiter eingrenzen mit Hashtags zu ähnlichen Buchtiteln oder speziellen Hashtags, die die Handlung beschreiben. Wenn sich die Protagonisten, etwa die Hauptcharaktere eines Liebesromans, beispielsweise nicht auf Anhieb verstehen, bedeutet das #FromEnemiesToLovers. Handelt es sich bei dem Buch um ein Fantasybuch mit einer Liebesgeschichte, würde ich nach #Romantasy suchen. Probiere es doch selbst für deine Zielgruppe aus! Wie du vielleicht merkst, erleichtert es die Suche enorm, wenn du die Zielgruppe, die Community und deren Hashtags bereits kennst.

Aus diesem Grund solltest du dir die Suche nicht unbedingt erleichtern, indem du auf Influencer zurückgreifst, mit denen du beispielsweise schon auf Instagram zusammengearbeitet hast und die jetzt auch einen TikTok-Kanal haben. Nicht alle Influencer sind für jede Plattform geeignet und haben überall den gleichen Erfolg. Meist sind sie auf ein Netzwerk spezialisiert, und TikTok hat eine neue Generation von kreativen Creators zum Erfolg geführt. Ein weiterer Vorteil: Mit neuen Influencern kannst du auch eine neue Zielgruppe erreichen.

Eine einfachere Möglichkeit, passende Influencerinnen oder Influencer zu finden, sind automatisierte Vermittlungsplattformen wie *ReachHero*, *WeLoveToShare* oder *Reachbird*. Die meisten der Plattformen unterstützen dich nicht nur bei der Suche, sondern, wie auch der TCM, bei der Zusammenarbeit. Auch hier ist das Spektrum der verfügbaren Influencer begrenzt, und manchmal sind für Nischenprodukte nicht die passenden *Brand Fits* dabei. Hast du Influencer gefunden, solltest du auf jeden Fall noch mal checken, ob sie auch zu deiner Marke passen. Alternativ kannst du auch eine Marketing- oder Influencer-Agentur beauftragen, die sich im Idealfall auf deine Nische spezialisiert hat. In der Agentur, in der ich arbeite, haben wir beispielsweise für die Buchbranche ein eigenes #*bookfluencer*-Portal gegründet, dass sich auf die Influencer aus der Nische konzentriert. Der Hintergrund dazu ist einfach erklärt: Große Portale mit Influencern listen oft keine Influencer, die Bücher vorstellen, denn die bedienen eine kleinere Nische und ihre Reichweite ist meist nicht relevant genug für die entsprechenden Plattformen.

> **Checkliste: Kriterien für passende Influencer**
> - Passt die Zielgruppe der Influencer zu meiner?
> - Welche Werte vermitteln die Influencer? Passen sie zu meinen Markenwerten?
> - Was ist die inhaltliche Ausrichtung des Accounts? Passt der Content auch zu meinem Produkt?
> - Wie sieht der Werbeanteil aus? Wenn der Werbeanteil zu hoch ist, kann es auch passieren, dass Influencer nicht mehr authentisch wirken.
> - Haben die Influencer bereits Erfahrung mit Webeplatzierungen und arbeiten sie hier professionell?
> - Wie sehen Bildsprache und Bildqualität aus?
> - Wie aktiv sind die Influencer?
> - Wann haben sie zuletzt etwas gepostet? Befinden sie sich eventuell gerade im Urlaub oder in einer Social-Media-Pause? Das kann dazu führen, dass du eventuell keine Antwort oder sogar eine Absage erhältst.
> - Wie schätzt du die Reichweite in der relevanten Zielgruppe ein?
> - Wie ist die Interaktion in der relevanten Zielgruppe?
> - Wie sehen die wichtigsten Key Perfomance Indicators (KPIs) aus?

Außerdem solltest du die Follower einem Fake-Check unterziehen. Das bedeutet, dass du prüfst, ob dem Influencer wirklich reale Personen folgen und dieser keine falschen Bot-Follower gekauft hat. Ein ungewöhnlicher Followerzuwachs, eine inkonstante Interaktionsrate oder viele Bot-Kommentare sind dafür ausschlaggebend. Es gibt auch Tools, wie beispielsweise HypeAuditor (*https://hypeauditor.com*), mit deren Hilfe du das prüfen kannst. Bevor eine Zusammenarbeit zustande kommt, solltest du dir von der jeweilige Person auch Screenshots von den wichtigsten KPIs wie Reichweite, Aufrufrate, Interaktionsrate und View-Through-Rate schicken lassen.

> **Fünf Tipps von Linda für eine erfolgreiche Zusammenarbeit zwischen Influencer*innen und Unternehmen**
> 1. Mach dir deine Ziele klar, bevor du die Zusammenarbeit startest!
>    Das ist wichtig für deine Strategie: Du möchtest einen Impact erzielen und nicht nur TikToks machen, um die Plattform auch zu bespielen. Überleg also vorher, was du erreichen möchtest. Denk dann auch daran, dieses Ziel an die Influencer zu kommunizieren. Nur so könnt ihr auf denselben Erfolg gemeinsam hinarbeiten. Das sollten

dann konkrete, ruhig auch quantitative, Ziele sein, wie z. B.: »Wir haben eine Gesamtreichweite mit allen Influencern von 100.000 geplant, deswegen sollte jedes deiner TikToks mindestens 5.000 Views erzielen.«

2. Lass den Influencern Freiheiten!

   Influencer wissen am besten, was auf ihren Kanälen funktioniert. Sie wissen am besten, welchen Ton sie für das Produkt anschlagen müssen und wie sie es am authentischsten einbinden.

3. Hab den Mut, das Produkt nicht permanent in die Kamera halten zu lassen!

   Das Markenlogo muss auch nicht direkt zu sehen sein. Man wünscht sich das zwar, aber es ist bei TikTok oftmals nicht zuträglich, die Werblichkeit eines Videos in den Fokus zu rücken. Dadurch performt es schlechter und meiner Meinung nach bleibt auch der Markenname nicht unbedingt besser im Gedächtnis, wenn er besonders präsent platziert ist. Es erzielt einen viel besseren Impact, wenn das authentischer passiert.

4. Wenn du nach Influencern recherchierst und passende Matches sucht, sprich mit den Influencern selbst!

   Hast du bereits wen gefunden, kannst du die Person einfach fragen, wer noch passen könnte. Influencer sind selbst gut vernetzt und können hier wertvolle Tipps geben. Es ergibt auch immer Sinn, mit vernetzten Influencern zusammenzuarbeiten. Zum einen können sie sich besser untereinander abstimmen und sich in Videos aufeinander beziehen. Zum anderen überschneiden sich meistens die Communitys. So kannst du deine Reichweite nicht nur in die Breite streuen, sondern mehrere Touch-Points in der Community erzeugen.

5. Thema Vergütung: Mach dir klar, dass das ein anderer Kanal als Instagram ist!

   Die gesamte Kooperationswelt hat sich hier verändert. Wenn du in Kooperation mit einem TikToker arbeitest, kaufst du eine Leistung ein. Das ist kein Gefallen, den du einforderst, weil hinter der Produktion sehr viel Arbeit steckt. Deswegen solltest du von Anfang an einplanen, dass diese Person angemessen vergütet wird. Es reicht in den meisten Fällen nicht aus, ein Produkt zur Verfügung zu stellen.

### 6.2.2 Möglichkeiten der Zusammenarbeit

Du hast passende Influencer gefunden und möchtest eine Zusammenarbeit starten. Dabei sollte dir bewusst sein, dass jede Kooperation einzigartig gestaltet und individuell auf die Influencer abgestimmt sein sollte. Deswegen gibt es hier keine allgemeingültigen *Dos und Don'ts*. Die beliebtesten Kooperationsarten für TikTok stelle ich dir im Folgenden vor.

**Produktplatzierung**

Das ist die häufigste und beliebteste Art der Influencer-Kooperation, obwohl sie mittlerweile einen eher schlechten Ruf hat. Das liegt daran, dass Produkte oft falsch platziert werden. Sie erinnern an einen Teleshopping-Kanal, Influencer passen nicht zur Marke oder sie wissen eigentlich nichts mit dem Produkt anzufangen. Im Idealfall wirkt das Placement aber authentisch. Lass deswegen die Influencer bei der Umsetzung der Produktplatzierung mitreden, denn die kennen ihre Zielgruppe und auch die Plattform am besten. Bei TikTok ist eine Produktplatzierung idealerweise auch in ein kreatives Video eingebaut, das nicht wie Werbung wirkt.

Der deutschen TikTokerin Marie, die als @missgeorgiacavallo bekannt ist, gelingt das beispielsweise bei ihrer Kooperation mit @airup sehr gut, denn das Werbevideo wirkt wie eines ihrer Videos. Sie ist unter anderem bekannt für ihr Format »In meinem Kopf«, in dem sie witzige Dialoge führt. Das Besondere: Sie verkleidet sich dabei als wiederkehrende Charaktere und belebt so den inneren Monolog auf humorvolle Art. Beispielsweise diskutieren dabei ihre Angstzustände mit ihrem Verstand, was sie der Person antworten sollen, in die Marie verliebt ist. Ein weiterer, wiederkehrender Charakter ist auch Thomas, der für den inneren Mann steht. In dem Video mit @airup erklärt Thomas die Vorteile des Produkts der Community, weil Marie zu unsicher ist (siehe Abbildung 6.8).

Marie will Werbung machen.    Ihre Community findet das nicht gut.    Thomas übernimmt die Werbung.

**Abbildung 6.8** Produktplatzierung von @airup bei @missgeorgiacavallo (Quelle: *https://vm.tiktok.com/ZMLyF9fd3*)

### Takeovers

Bei einem Takeover übernimmt ein Influencer deinen Account für einen bestimmten Zeitraum und erstellt dafür Content oder geht sogar live. Die Inhalte sollten davor so gut wie möglich abgesprochen sein und du solltest dem Influencer auch genügend Vertrauen entgegenbringen. Du gibst ja deinen Account aus den Händen und nicht der Influencer seinen Account. In der Buchbranche ist das beispielsweise sehr beliebt. Hier übernehmen mal Influencer, mal aber auch Autorinnen einen Verlags-Account und bespielen ihn kurzzeitig mit Content. Erfolgreich umgesetzt hat das beispielsweise der Loewe Verlag, auf *#BookTok* *@loewe.booktok* genannt. Der Verlag hat der BookTokerin *@pastellpages* den Kanal für sieben Tage überlassen und sie hat reichweitenstarke Videos produziert, in denen sie beispielsweise durch eine Challenge die Buch-Community eingebunden hat (siehe Abbildung 6.9).

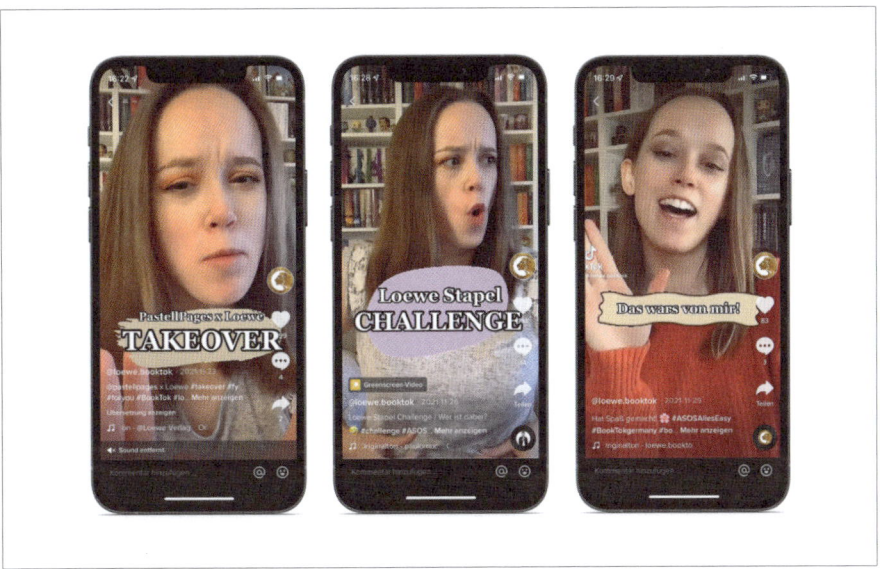

**Abbildung 6.9** Die BookTokerin @pastellpages übernimmt den TikTok-Kanal des Loewe Verlags.

### Markenbotschafter

Wenn du Influencer als Markenbotschafter gewinnen willst, musst du dich auf eine langfristige Kooperation einstellen, denn hier bewerben sie in regelmäßigen Abständen deine Produkte. So werden sie auch zum »Gesicht« deiner Marke. Diesen Schritt solltest du also erst gehen, wenn du vorher bereits erfolgreich mit den Influencern zusammengearbeitet hast.

Beispielsweise setzt der Carlsen Verlag, der vor allem durch das Herausbringen der Harry-Potter-Bücher bekannt ist, schon seit Jahren auf sogenannte Buchbotschafter auf Social Media. Dabei werden jedes Jahr neue Influencer*innen ausgewählt, die im Monatsrhythmus die neuesten Bücher des Verlags vorstellen. 2022 wählten sie auch eine bekannte *#BookTokerin* (siehe Abbildung 6.10) aus. Der Verlag selbst hat bisher noch keinen eigenen TikTok-Kanal und zeigt so trotzdem seine Präsenz auf der Plattform.

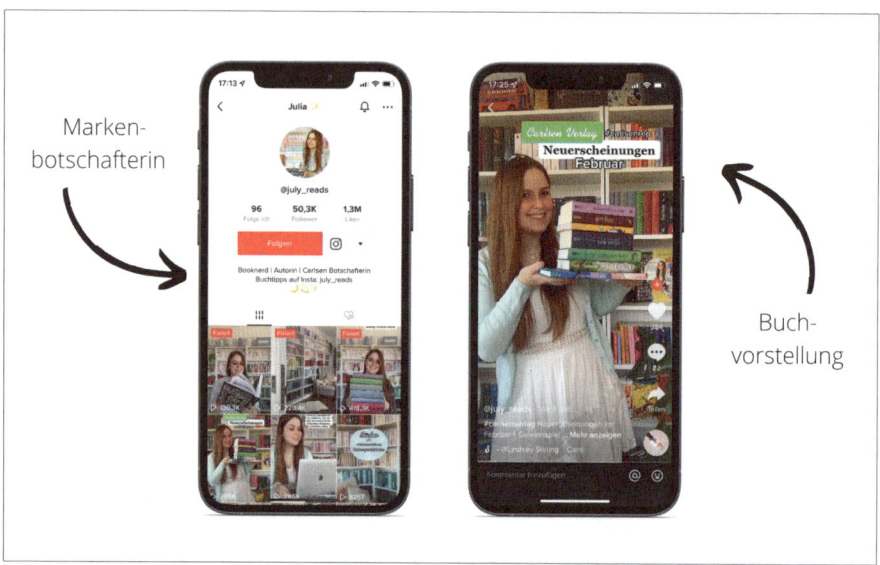

**Abbildung 6.10** Carlsen-Botschafterin @july_reads stellt die neuesten Bücher des Verlags vor.

Auch Unternehmen wie *@victoriassecret* setzen bereits auf bekannte TikTok-Stars als Markenbotschafter. Die Marke Victoria's Secret Pink hat im Februar 2022 bekannt gegeben, zukünftig mit *@remibader* zusammenzuarbeiten, um »auf die Mission der Marke, junge Erwachsene in allem, was sie tun, zu stärken und ihnen zu helfen, sich innerlich und äußerlich wohl zu fühlen, aufmerksam zu machen«.[7] Die TikTokerin ist bereits aktiv als Model und vor allem bekannt für ihre realistischen Mode-Hauls, bei denen sie die Produktfotos von verschiedenen Modeunternehmen ironisch nachstellt (siehe Abbildung 6.11). Ziel der Kooperation ist es, eine neue Zielgruppe aufzubauen, denn zukünftig soll es unter anderem XXL-Bademode geben.

Für welche Kampagnenart du dich auch entscheidest, stimme sie individuell und passend zusammen mit den Influencern ab. Für eine gute Zusammenarbeit benötigst du außerdem ein Briefing, um die für dich wichtigsten Punkte abzustecken.

---

7 Quelle: *www.nach-welt.com/victorias-secret-engagiert-den-viralen-tiktok-star-remi-bader-als-markenbotschafter/*

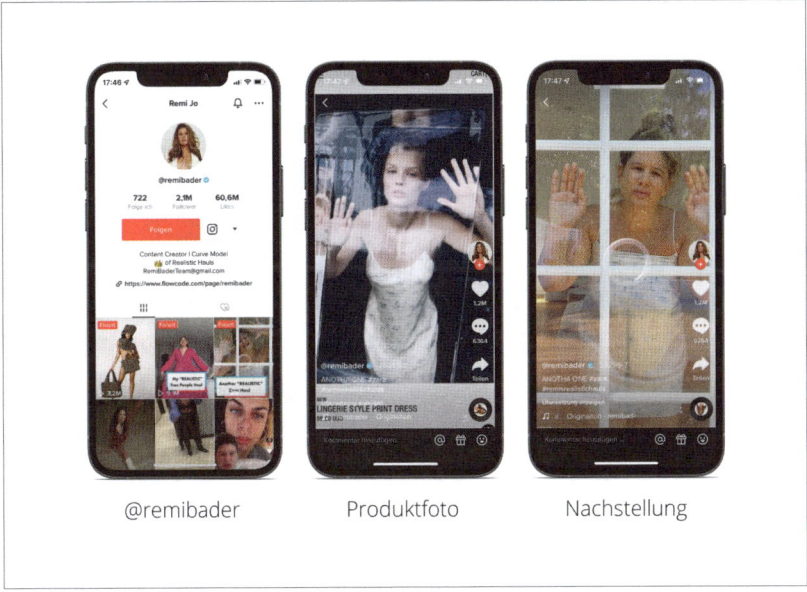

| @remibader | Produktfoto | Nachstellung |

**Abbildung 6.11** Markenbotschafterin @remibader stellt in einem ihrer viralsten Videos Modelfotos von einem Kleid der Marke Zara nach.

### 6.2.3 Das richtige Briefing und Anschreiben erstellen

Influencer Marketing bedeutet auch einen gewissen Grad an Kontrollverlust, denn du solltest den Creators einen künstlerischen Freiraum lassen, damit sie die Kampagne auf ihre Zielgruppe abstimmen können. Schließlich kennen sie diese am besten. Umso wichtiger ist die Erstellung eines Briefings, in dem du die Rahmenbedingungen vorgibst.

**Checkliste: Briefing**
- Background zum Unternehmen
- Erwartungen und Ziele
- Zeitplan mit Veröffentlichungszeitpunkten
- Anzahl der Beiträge
- Art der Beiträge
- Veröffentlichungsplattformen und Kanäle
- Visuelle Aspekte: Wie soll das Produkt dargestellt werden? Branding?
- gegebenenfalls Guidelines mit Don'ts
- Bei Gewinnspielen: Hinweise auf Teilnahmebedingungen und Datenschutzbestimmungen
- Hinweis auf Zusenden von Insights nach beendeter Kooperation
- Hinweis auf Werbekennzeichnung

Die Werbekennzeichnungspflicht von Influencer-Beiträgen wird fortlaufend optimiert. Deswegen kann ich an dieser Stelle keine Empfehlung aussprechen. Eine gute Anlaufstelle bietet der Leitfaden zur Kennzeichnung der Landesmedienanstalten: *http://r-wrk.de/892800*

Wenn du dein Briefing erfolgreich erstellt hast, geht es nun an das Anschreiben der Creators. Managst du deine Kampagne nicht über eins der Tools wie den TCM, solltest du den Kontakt zu den Influencern nicht direkt über TikTok herstellen. Die Nachricht geht dort schnell unter und kann auch wie Spam wirken. Professioneller ist hier ein Kontakt via E-Mail. Die E-Mail-Adresse herauszufinden kann sich aber durchaus als schwierig gestalten, deswegen habe ich hier ein paar Tipps für dich:

- Im Idealfall findest du die E-Mail-Adresse in der Bio des Influencers. Bei Makro-Influencern ist das oft auch der Kontakt zur zuständigen Agentur.
- Alternativ kannst du auch das Instagram-Profil der Influencerin checken, falls das verlinkt ist. Bei Instagram kann man die Bio bisher einfach besser ausfüllen.
- Du kannst auch mal auf den Link klicken, der im Profil hinterlegt ist. Viele Influencer nutzen hier beispielsweise auch Linktree. Dort findest du dann beispielsweise einen Link zur Website oder zum Blog des Influencers mit hinterlegtem Kontaktformular und Impressum, wo du fündig wirst.

Wenn du die E-Mail-Adresse gefunden hast, rate ich dir, erst einmal eine E-Mail in Word aufzusetzen. Das Wichtigste ist hier der Betreff, der ausschlaggebend dafür ist, ob der Influencer deine E-Mail auch anklickt. Das Gute ist: Influencer und Influencerinnen freuen sich natürlich auch über seriöse Kooperationsanfragen. Deswegen wähle ich beispielsweise immer den Betreff: Kooperationsanfrage >Markenname<.

Die E-Mail selbst sollte dann einen *Pitch* für deine Aktion beinhalten, also eine kurze, aber überzeugende Ideenvorstellung. Denk hier einfach daran, dass die Influencer meist nicht die Zeit haben, sich eine mehrseitige Präsentation zu deiner umfassenden Kampagnenidee anzusehen – egal, wie toll sie auch sein mag. Halte dich deswegen kurz und mach hier bereits deutlich, was deine Erwartungen und Gegenleistungen sind.

> **Was ist ein Pitch?**
> Der Begriff kommt aus dem Marketing, genauer gesagt aus dem Agenturbereich. Darunter versteht man die Vorstellung einer Kampagnenidee, meist in Form einer Präsentation. Dabei treten oft mehrere Agenturen für ein Projekt gegeneinander an und die beste Idee bekommt dann die Zusage für die Kampagne. Vielleicht kennst du den Begriff auch von dem *Elevator Pitch*, bei dem eine Idee in kürzester Zeit überzeugend vorgetragen wird.

Achte bei deinem Anschreiben darauf, dass es persönlich wirkt. Du befindest dich hier in einem Konkurrenzkampf mit verschiedenen Marken und musst dich hervorheben. Eine E-Mail, die wie ein unpersönlicher Newsletter wirkt, ist hier fehl am Platz. Nimm dir deswegen die Zeit, das Anschreiben in der E-Mail persönlich zu gestalten. Mein Tipp: Sieh das Mailing wie das Anschreiben bei einer Jobbewerbung. Du bewirbst dich ja als attraktiver Werbepartner.

> **Best-Practice-Tipps: Das perfekte Anschreiben**
> - Personalisiere das Anschreiben.
> - Zeig, dass du dich mit dem Content des Influencers auseinandergesetzt hast. Nimm beispielsweise Bezug auf ein aktuelles Video.
> - Mach klar, warum deine Marke und der Influencer zusammenpassen.
> - Verwende einen Call-to-Action, wie z. B.: »Schreib mir gern, wenn du noch weitere Fragen hast!«
> - Bleib professionell!
> - Halt dich kurz!
> - Biete eine angemessene Vergütung an! Die meisten Influencer haben bereits einen festen Satz, den sie pro Video nehmen. Den kannst du auch direkt anfragen und verhandeln, wenn du beispielsweise mehrere Videos in Auftrag gibst.
> - Weitere Details wie Postinganzahl etc. kannst du im Briefing genauer definieren und solltest du gegebenenfalls auch vertraglich festhalten.

### 6.2.4 Miss Erfolge mit der richtigen Auswertung

Den Erfolg deiner Kampagne kannst du nur messen, wenn du vorher ein Ziel mit den wichtigsten KPIs definiert hast. Bei TikTok kannst du im Gegensatz zu anderen Plattformen mehr KPIs aus Videos herauslesen, hinter denen kein Creator- oder Businesskonto steht und auf die du keinen Zugriff hast. Es werden nämlich die Videoaufrufe von TikToks angezeigt. Für eindeutige Aussagen, solltest du dir aber die Insights zur Kampagne von den Influencern schicken lassen. Hast du eine Aktion mit dem Ziel User-generated Content durchgeführt, können Videoaufrufe und das Kampagnen-Hashtag deinen Erfolg anzeigen.

Kampagnenerfolge kannst du auch mit anderen Mitteln messen, wie Tracking- oder Affiliate-Links, Rabattcodes, TikTok Pixel oder Leads wie Gewinnspielteilnehmer und Newsletter-Anmeldungen.

### 6.2.5 Videos von Creators bewerben mit Spark Ads

Die Spark Ads kennst du vielleicht von Facebook oder Instagram unter dem Namen *Branded Content Ads*. Mit dieser Art der Werbekennzeichnung können Unternehmen Beiträge von Influencern, mit denen sie eine bezahlte Partnerschaft eingegangen sind, als Werbeanzeige schalten. Du kannst mit den Spark Ads aber auch deine eigene, bereits veröffentlichten Videos pushen. Spark Ads performen dabei wesentlich besser als »normale« Werbeanzeigen.

> **Vorteile von Spark Ads**
> - Die Beiträge reichen über die Zielgruppe der Influencer hinaus.
> - Die Art der Werbeanzeige bietet auf allen Plattformen mehr Authentizität.
> - Influencer profitieren von der Reichweite für den Beitrag und auch für ihr Profil, wodurch sie neue Follower gewinnen können.
> - Die Werbeanzeige kann mit einem Link direkt auf externen Content verlinken.
> - Die Werbepartnerschaft zwischen Unternehmen und Influencer ist kenntlich gemacht und korrekt bezeichnet.
> - Laut TikTok selbst haben sie 93 % mehr Interaktionen und eine um 193 % höhere 6-Sekunden-View-Rate.[8]
> - Nach Ablauf der Aktion ist ein ausführliches Reporting möglich mit allen relevanten KPIs, die die Werbeplattform von TikTok bietet.

Die Spark Ads kannst du auch einfach deiner Werbekampagne hinzufügen. Dazu benötigst du einen Code des Videos, das du bewerben möchtest. Wenn du mit einem Creator zusammenarbeitest, kann dieser den Code für dich erstellen.

### POV – wie du als Creator einen Videocode für Spark-Ads erstellst

Damit nicht jeder einfach ungefragt dein Video als Anzeige verwenden kann, wurde der Videocode zur Freigabe von TikTok eingeführt. So kannst du selbst entscheiden, mit welchem Unternehmen du zusammenarbeiten möchtest. Dafür gibst du zuerst deine Erlaubnis, dass Unternehmen deine Videos überhaupt promoten dürfen. Geh dazu von deinem Profil auf ERSTELLER-TOOLS und schiebe den Regler bei ANZEIGENEINSTELLUNGEN nach rechts (siehe Abbildung 6.12).

Nun kannst du den Videocode generieren. Wähle dazu das Video aus, das beworben werden soll. Beachte: Das Video muss bereits gepostet sein! In den Einstellungen deines Videos, zu denen du über den Teilen-Button gelangst, kannst du nun die ANZEIGENEINSTELLUNGEN auswählen. Hier kannst du auch einstellen, dass dein Video nur als Anzeige ausgespielt wird und nicht mehr auf deinem Profil zu sehen ist. Das empfehle ich dir nicht, da das Unternehmen, mit dem du zusammenarbeitest, auch von deiner organischen Reichweite für das Video profitieren möchte. Für den Code gibst du auch hier die ANZEIGEN-AUTORISIERUNG (Schritt 2) frei und stimmst den NUTZUNGSBEDINGUNGEN FÜR WERBEINHALTE zu. Danach kannst du den

---

8  Quelle: TikTok Download Creators

Code erstellen, kopieren und einen Zeitrahmen festlegen (siehe Abbildung 6.13). Die Kopie kannst du dann an deinen Werbepartner schicken. Dieser kann den Code dann in seinem Werbekonto auf Anzeigenebene einfügen, um dein Video zu bewerben. Wie das geht, zeige ich dir in Kapitel 13.

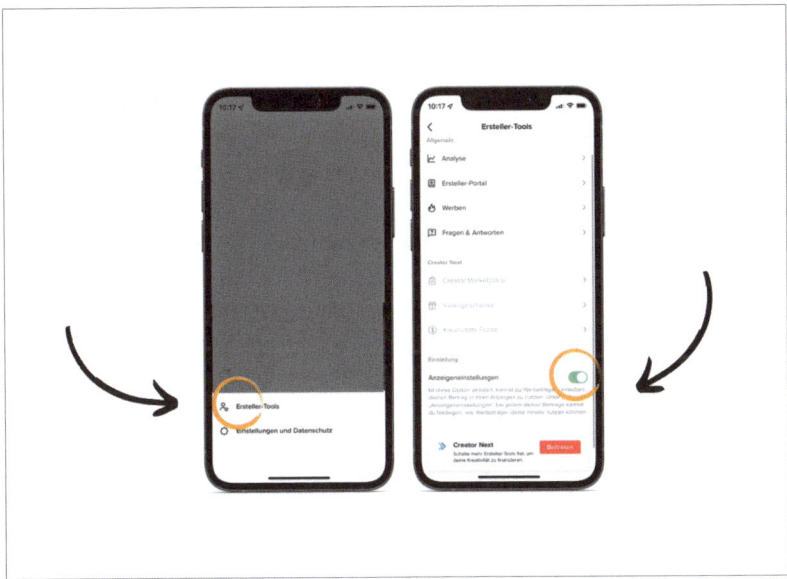

**Abbildung 6.12**  Autorisiere die Bewerbung deiner Videos.

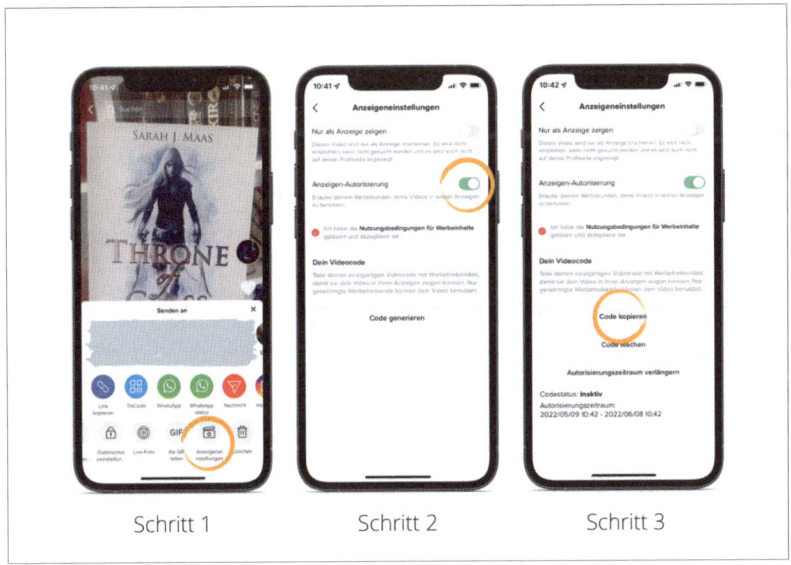

**Abbildung 6.13**  Erstelle deinen Videocode.

**Best Practice: Worauf du bei der Umsetzung von Spark Ads achten solltest**

Das Format der Spark-Ads bietet viele Vorteile für dich und kann deine Ads erfolgreicher machen. Im Folgenden habe ich dir ein paar Tipps zusammengestellt, auf die du bei der Umsetzung von Spark Ads mit Creators achten solltest:

- Setz auf die Kreativität der Creators!

    Für die Umsetzung von Spark Ads kannst du auf die Kreativität der Creators setzen. Sie wissen selbst, welcher Content am besten ihre Community anspricht. Außerdem sollte das Video auch zum Creator passen – nur so wirkt es authentisch. Bei der Zusammenarbeit gebe ich hier selbst oft nur die Rahmenbedingungen vor und lasse mir bei der ersten Zusammenarbeit mehrere Videoideen von den Creators pitchen. Mittlerweile haben wir in unserer Agentur auch einen Pool an Influencer*innen aufgebaut, mit denen wir gerne zusammenarbeiten und auf deren Arbeit wir vertrauen. Hier fallen der Pitch und die Konzeptphase deswegen meistens weg und wir erhalten direkt das fertige Video. Das geht aber nur, wenn beide Seiten wissen, was die Erwartungen an das Video sind. Anfangs solltest du dir erst ein Videoskript zuschicken lassen. So kannst du sichergehen, dass beide Erwartungen erfüllt werden und aufseiten der Creators kein Mehraufwand entsteht, wenn Videos noch mal neu drehen müssten.

- Achte auf die Auswahl des Sounds!

    Selbst für erfahrene Creators kann es manchmal schwierig sein, den richtig Sound für das Video auszuwählen. Deswegen kann es durchaus mal vorkommen, dass ein Sound für ein Video gewählt wird, der nicht aus der kommerziellen Musikbibliothek stammt. Das kannst du dann nicht als Werbeanzeige verwenden. Deswegen achte auf die Soundauswahl und lass dir den Sound am besten vorab schicken, damit du ihn auch noch mal prüfen kannst.

- Hol dir alle Genehmigungen, wenn du Stitche oder Duette bewirbst!

    Wenn ein Creator (oder du selbst) einen Stitch oder ein Duett erstellt hat, das du bewerben möchtest, solltest du alle Beteiligten um Erlaubnis bitten. Sicherheitshalber holst du dir auch von allen Creators den Videocode zur Freigabe.

- Verwende keine fremden Marken-Hashtags!

    Hashtags sind beliebt und helfen dem Algorithmus dabei, deinen Content besser einzuordnen. Wie genau Hashtags funktionieren, erkläre ich dir im nächsten Kapitel. Beliebt ist die Verwendung von trendenden Hashtags, um die eigene organische Reichweite zu pushen, auch wenn diese nichts mit dem Inhalt des Videos zu tun haben. Hat ein Creator beispielsweise ein Hashtag aus einer Branded Challenge verwendet, die nichts mit deinem Unternehmen zu tun hat, solltest du das Video nicht bewerben. Die Ad wird entweder mit verringerter Reichweite ausgespielt oder das Video wird nicht zur Bewerbung von TikTok freigegeben. Beachte: Das Hashtag kann leider im Nachhinein nicht mehr verändert werden.

Kapitel 7

# Optimiere deine Inhalte für den Algorithmus

Das Besondere an TikTok ist der Algorithmus der For You Page. Er personalisiert sich sehr schnell, schlägt dir neue Inhalte vor und macht dich so geradezu süchtig nach TikTok.

Bereits nach kurzer Nutzungsdauer spiegelt die *For You Page* deine Interessen wider und optimiert sich immer wieder neu. Das Ziel von TikTok ist es dabei, dich so lange wie möglich auf der Plattform zu halten. Deswegen werden dir immer mehr Inhalte ausgespielt, die dich unterhalten und dir Spaß machen. Das führt dazu, dass jede *For You Page* einzigartig und individuell bespielt wird. Der Algorithmus optimiert sich dabei so stark auf deine Interessen, dass dir als Fußballfan beispielsweise nicht nur Sportvideos ausgespielt werden, sondern du Highlights der Bundesliga bekommst, wenn du dich dafür interessierst. Das kannst du auch für deine Marke nutzen und gezielt auf der *For You Page* von potenziellen Kunden landen.

Bei Facebook beispielsweise wirst du beim Einloggen durchschnittlich mit 1.500 Beiträgen konfrontiert. Die werden dir aber nicht alle angezeigt, weil der Algorithmus hier seine Aufgabe übernimmt, die Inhalte nach bestimmten Kriterien zu sortieren. Das erfolgt dann nicht chronologisch, sondern nach Relevanz.

> **Was ist ein Algorithmus?**
> Einen Algorithmus kannst du dir wie eine programmierte DNA einer Plattform vorstellen. Er kontrolliert, welche Inhalte du als Nutzer in deinem Feed sehen kannst. Das bedeutet, er wählt nach deinen Interessen aus und schlägt dir basierend darauf eine Auswahl an Inhalten vor. So wird der Content dir individuell angepasst. Das funktioniert auch umgekehrt: Wenn du selbst einen Beitrag postest, rankt der Algorithmus auch das und entscheidet plattformspezifisch, wie relevant dein Beitrag ist und wem er ausgespielt wird.

Algorithmen beeinflussen stark, welche Werte und welche Inhalte die Plattformen prägen und auch, ob du erfolgreich bist. Deswegen sind sie meist die am besten gehüteten Geheimnisse von Social-Media-Plattformen. Sie sind von Plattform zu Plattform sehr unterschiedlich, und nur selten dringen Informationen über die

Funktionsweisen der Algorithmen an die Öffentlichkeit. Kommst du jedoch hinter einige seiner Geheimnisse, kannst du deine Inhalte so optimieren, dass sie von möglichst vielen Personen gesehen werden.

> **Kapitelübersicht: Optimiere deine Inhalte für den Algorithmus**
> In diesem Kapitel lernst du Folgendes:
> - Wie sieht die DNA der Plattform aus?
> - Was wissen wir über den TikTok-Algorithmus?
> - Wie kannst du ihn für dich nutzen?
> - Welche Rolle spielen Hashtags dabei?
> - Wie kannst du diese gezielt einsetzen?

## 7.1 Den TikTok-Algorithmus verstehen

Der Algorithmus bei TikTok ist und bleibt intransparent, was seine detaillierte Funktionsweise angeht. Doch TikTok selbst hat bereits erste Informationen dazu veröffentlicht, die du für deine Videooptimierung nutzen kannst.[1]

Laut TikTok ist der Algorithmus der *For You Page* eine Art Empfehlungssystem, bei dem kleinste Präferenzen ausschlaggebend sind. Interagierst du beispielsweise via Like mit einem Video, werden dir in kurzer Zeit direkt weitere ähnliche vorgeschlagen. Eine noch stärkere Präferenz ist beispielsweise ein Abonnement. So lernt der Algorithmus mit der Zeit, welche Inhalte dir besonders gut gefallen. Im Hintergrund rankt der Algorithmus dann die verschiedenen Videoinhalte nach deinen persönlichen Interessen und optimiert sich dabei fortlaufend selbst. Das merkst du beispielsweise selbst, wenn du einen neuen Kanal bei TikTok anlegst – egal, ob es sich dabei um ein privates oder ein Business-Profil handelt. Anfangs werden dir nämlich wahllos erscheinende Videos angezeigt, mit denen du meist gar nichts anfangen kannst. Das schreckt Nutzer oft am Anfang ab und trägt zu dem Ruf bei, TikTok sei unverständlich. Doch bereits nach einiger Zeit erkennt der Algorithmus deine persönlichen Vorlieben und Interessen, und die Videos auf der *For You Page* beginnen richtig Spaß zu machen.

Die wichtigsten Faktoren, die den Algorithmus beeinflussen – und von denen wir wissen – sind folgende:

- Interaktionen: Abonnements, Likes, Kommentare, Wiedergabezeit etc.
- Videoinformationen: Bildunterschriften, Sounds und Hashtags
- Persönliche Einstellungen: Sprache, Land, Endgerät

---

1 Quelle: *https://newsroom.tiktok.com/de-de/tiktok-der-fur-dich-feed-erklart*

Jetzt stellst du dir bestimmt die Frage, was das für Content Creators bedeutet. Das ist ganz einfach erklärt: Lädst du ein Video hoch, wird das nicht unbedingt direkt an deine Follower ausgespielt, sondern erst mal Nutzern vorgeschlagen, die sich dafür interessieren könnten. Das ist ein wichtiger Unterschied zu anderen Plattformen, bei denen Inhalte erst den eigenen Followern ausgespielt werden.

Im nächsten Schritt beobachtet der Algorithmus, wie dein Video bei den Nutzern ankommt. Wenn du eine längere Zeit bei TikTok im For You Feed aktiv bist, werden dir solche Videos bestimmt auch auffallen. Meist haben sie noch wenig Aufrufe und kaum Likes. Mit einer Interaktion wie einem Like oder einem Kommentar kannst du so das Ranking des Videos verbessern. Je mehr Interaktionen ein Video bekommt, desto öfter wird es auch weiteren Nutzern vom Algorithmus im For You Feed empfohlen. In Abbildung 7.1 kannst du dir noch mal visualisiert ansehen, wie der Algorithmus funktioniert.

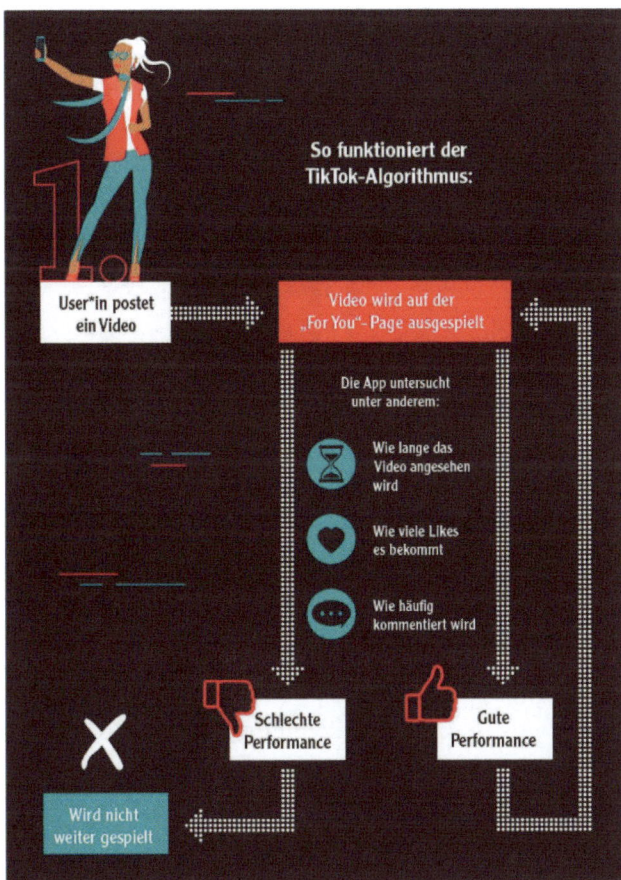

**Abbildung 7.1** So funktioniert der TikTok-Algorithmus.
(Quelle: Augsburger Allgemeine, 05.02.2022)

Deswegen ist auch die Anzahl der Follower im ersten Schritt nicht ausschlaggebend für ein erfolgreiches Video. Langfristig gesehen werden aber Videos von Creators mit einer hohen Followerbasis besser ausgespielt.

Für ein optimiertes Empfehlungssystem sortiert der Algorithmus Inhalte so, dass hintereinander nicht zwei gleiche bzw. ähnliche Videos erscheinen. Das bedeutet, dass du beispielsweise nicht direkt noch ein Video von demselben Creator ausgespielt bekommst. Ich habe dir hier noch eine Liste mit Dingen zusammengestellt, die dir der Algorithmus nicht ausspielt:[2]

- Videos, die du bereits gesehen hast
- Spam-Inhalte
- Videos, die als Kopie neu hochgeladen wurden
- Inhalte, die du als »Nicht interessiert« markiert hast
- potenziell gefährdender Content, der beispielsweise gefährliche Handlungen zeigt oder nicht jugendfrei ist
- Content, der dir mit hoher Wahrscheinlichkeit nicht gefällt

> **Best Practice: Wie du den Algorithmus für dich nutzen kannst**
> - Poste kurze Videos zwischen 15 und 20 Sekunden, um eine hohe Wiedergabezeit (Watchtime) zu generieren!
> - Biete eine Videobeschreibung mit Mehrwert und einem Aufruf zur Interaktion!
> - Verwende trendende Sounds!
> - Verwende passende Hashtags, die dein Video bereits in deine Nische einordnen!
> - Teste auch virale Hashtags!
> - Überzeuge in den ersten 3 Sekunden!
> - Fokussiere dich auf deine Nische und sprich deine Community direkt an!

## 7.2 Mit den richtigen Hashtags Sichtbarkeit schaffen

Hashtags sind mittlerweile aus der Social-Media-Welt nicht mehr wegzudenken. Fast jede Plattform hat sie integriert, und es gibt mittlerweile ganze Bewegungen und Communitys wie *#BlackLivesMatter*, die plattformübergreifend nur über das Hashtag kommunizieren und weder ein zentrales Profil noch eine bestimmte Plattform als Sammelpunkt haben.

---

2  Quelle: *https://influencermarketinghub.com/tiktok-algorithm*

Von Unternehmen werden Hashtags gerne für Aktionen genutzt, bei denen sie eigene Hashtags etablieren, um Diskussionen und User-generated Content anzustoßen. In der Buchbranche ist es beispielsweise üblich, den Buchtitel als Hashtag zu verwenden, um andere Nutzer auf den Content aufmerksam zu machen und so ins Gespräch zu kommen. Die beliebte #BookTok-Reihe »A Court of Thrones and Roses«[3] wird beispielsweise mit #ACOTAR abgekürzt und hat über 3 Millionen Aufrufe (siehe Abbildung 7.2).

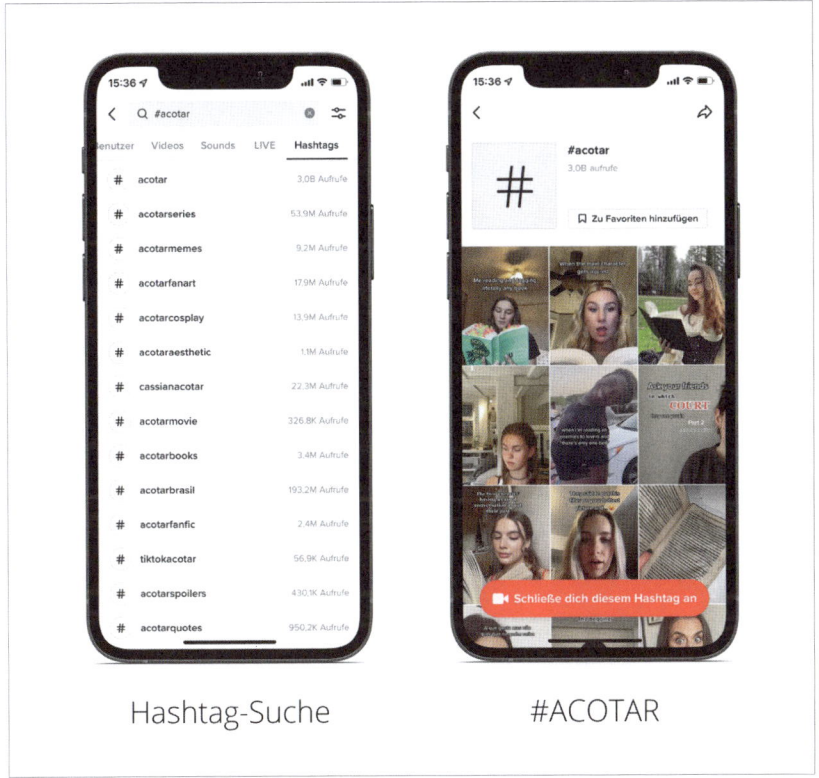

**Abbildung 7.2** Hashtag-Suche zu »A Court of Thrones and Roses«

Hashtags sind eine gute Möglichkeit, eine Community um ein Produkt aufzubauen, ins Gespräch zu kommen, ein positives Markenimage zu etablieren und das Markenbewusstsein der Nutzer zu festigen. Unternehmen etablieren deswegen gerne Branded Hashtags, die speziell für die eigene Marke etabliert werden. Ein bekanntes Beispiel ist #ShareACoke von Coca-Cola. Die Kampagne dazu startete bereits 2011 erstmals in Australien, auf dem Label der Flaschen war der Schriftzug »Share A Coke with« und verschiedenen Namen zu sehen. Fans der Marke posteten Fotos

---

3   Die Reihe von Autorin Sarah J. Maas heißt im Deutschen »Das Reich der sieben Höfe«.

bei Social Media mit den personalisierten Flaschen und Dosen und der User-generated Hashtag ging viral. 2016 launchte Coca-Cola dann weitere Namen und auch Begriffe wie »BFF«[4] und über 600.000 Bilder mit dem Hashtag wurden bei Instagram geteilt. Mittlerweile ist das Hashtag aus der Markenwelt von Coca-Cola nicht mehr wegzudenken.[5]

### Was ist ein Hashtag?

Als Erfinder des Hashtags gilt der amerikanische Produktdesigner Chris Messina, der als normaler Twitter-Nutzer dort 2007 das erste Hashtag verwendete. Das war #barcamp, wie du in Abbildung 7.3 sehen kannst. Hashtags werden meist wie Schlagworte eingesetzt, um so mit einem Klick darauf mehr Content zu diesem Stichwort zu finden und Inhalte zu kategorisieren.

Hashtags sind seit dem Tag ihrer Erfindung immer gleich aufgebaut:

*# + Wort = Hashtag*

Dabei können auch mehrere Wörter ein Hashtag bilden. Verwendest du ein Hashtag aus mehreren Wörtern, achte darauf, dass jedes neue Wort mit einem Großbuchstaben startet. Auf den Plattformen ist das dann zwar für dich nicht mehr sichtbar, aber sie können dann unter anderem auch von Screenreadern für Menschen mit Sehbehinderung richtig interpretiert werden.

**Abbildung 7.3** Die Erfindung des Hashtags (Quelle: *https://twitter.com/chrismessina/status/223115412*)

Bei TikTok werden Hashtags in den Videobeschreibungen eingefügt und dienen als vielseitiges Storytelling-Element, denn sie helfen dir beispielsweise, Memes bei TikTok zu identifizieren. Wie das geht, erkläre ich dir in Kapitel 9, »Memes bei Tik-Tok«. Branded Hashtags sind Teil des User-generated Contents und geben dir einen Überblick über Inhalte zu deiner Marke. Das geht mit einem Klick auf das Branded Hashtag. Damit kannst du eine Suchanfrage zu dem Thema auslösen, und es wer-

---

4  BFF steht für »Best friends forever«.
5  Quelle: *https://medium.com/@kwindle/share-a-coke-and-a-word-how-coca-cola-captured-millennials-through-word-of-mouth-marketing-44896573d21c*

den dir alle Videos angezeigt, die dieses Hashtag verwenden, und wie viele Views das Hashtag auf TikTok generiert hat (siehe Abbildung 7.4).

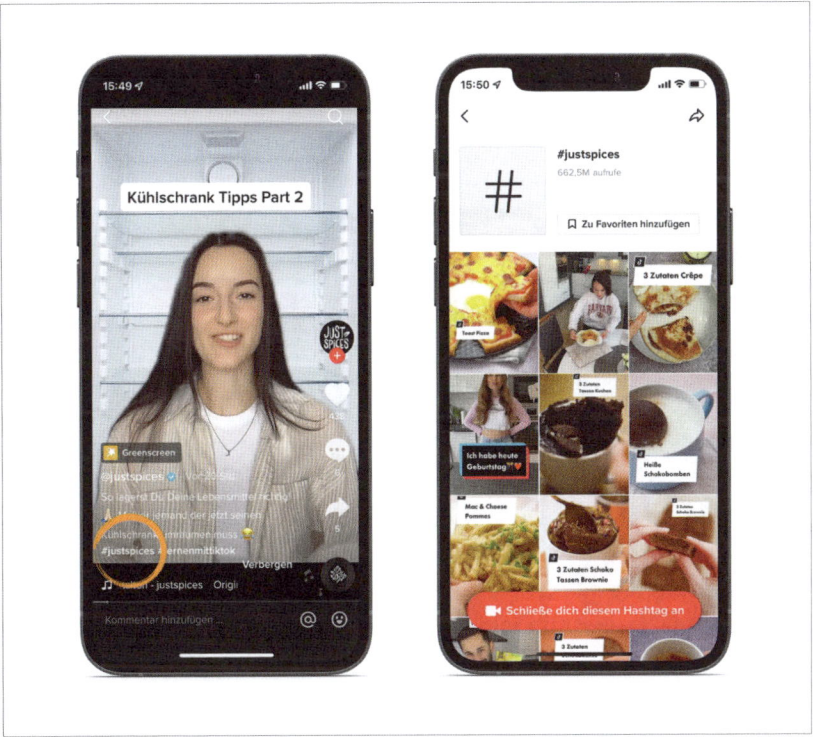

**Abbildung 7.4** Mit einem Klick auf ein Hashtag kannst du weitere Videos sehen, die das Hashtag verwenden.

Ein Hashtag kannst du auch als Favoriten abspeichern, wie in Abbildung 7.5 gezeigt. Klick dazu zuerst auf das Hashtag und dann auf ZU DEN FAVORITEN HINZU-FÜGEN. Deine Favoriten kannst du dir auf deinem Profil unter dem Lesezeichen später ansehen. Die Funktion kennst du vielleicht von Instagram, wo dir Beiträge mit dem gefolgten Hashtag dann in deinem Feed ausgespielt werden. Bei TikTok ist nicht bekannt, ob dir die favorisierten Hashtags vermehrt ausgespielt werden. Du kannst dir aber beispielsweise Hashtags als Gedankenstütze abspeichern, um sie später selbst zu verwenden.

Bei TikTok funktionieren Hashtags ähnlich wie bei Instagram. Sie werden als Schlagwörter in die Videobeschreibung gesetzt und helfen dem Algorithmus, den Videoinhalt zu kategorisieren. Außerdem werden durch die Verwendung von Hashtags andere Nutzer auf dein Video aufmerksam, die beispielsweise gezielt nach bestimmten Hashtags suchen. Ein Unterschied zum »normalen« Instagram-Feed ist, dass auch Videos ohne Hashtags bei TikTok viral gehen können. Bei Instagram spielen Hashtags eine bedeutendere Rolle, da mit ihnen organische Reichweite außerhalb der eigenen Followerschaft aufgebaut werden kann. Das liegt daran, dass du mit Hashtags bei Instagram die Auffindbarkeit deiner Beiträge erhöhst und sie auch einzelnen Nutzern im Entdecken-Bereich oder sogar in ihrem Feed vorgeschlagen werden. Reels können auch ohne Hashtags organische Reichweite bekommen, da sie mittlerweile ähnlich wie TikToks funktionieren.

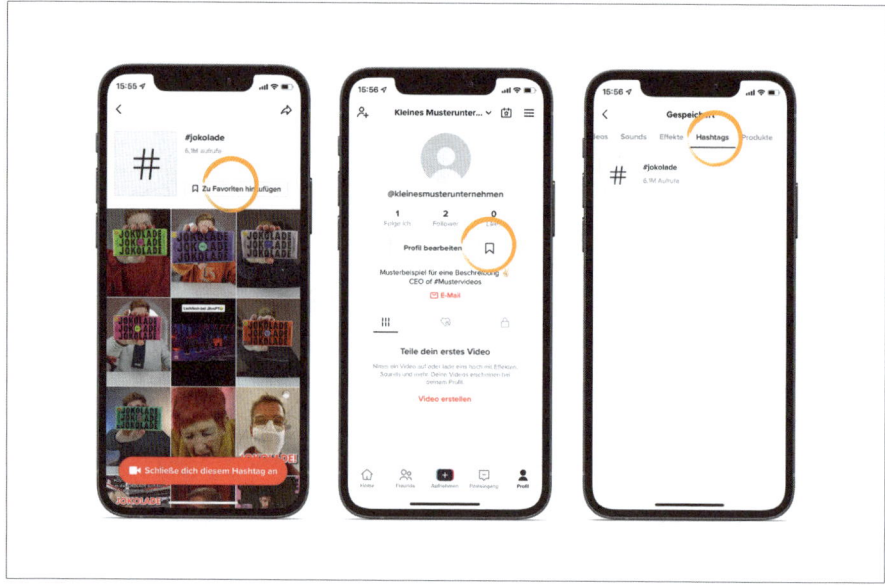

**Abbildung 7.5**  Speichere ein Hashtag als Favoriten, um es später noch mal anzusehen.

Deswegen kannst du Hashtags, die bei Instagram bereits gut funktionieren, auch auf TikTok verwenden. Umgekehrt gibt es wiederum Hashtags, die nur die TikTok-Community kennt, da die Plattform stark durch Memes geprägt wird. Das erkläre ich dir in Kapitel 9, »Memes bei TikTok«, noch genauer.

> **Fun Fact zu Hashtags bei Instagram**
> Bei Instagram schaffte es #TikTok unter die besten fünf Hashtags, die 2021 auf der Plattform die meiste Interaktion hervorgerufen haben.[6]

Zusammengefasst sind Hashtags ein gutes Mittel, um deine Inhalte in der Suchfunktion bei TikTok erscheinen zu lassen, um dem Algorithmus zu helfen, dein Video besser einzuordnen, und um deiner Community die Interaktion mit deinem Content zu ermöglichen.

---

6  Quelle: Instagram Engagement Report 2021 von Hubspot.

### 7.2.1 Passende Hashtags bei TikTok finden

Um Hashtags optimal zu nutzen, solltest du dir eine Liste mit relevanten Hashtags anlegen, auf die du dann beim Erstellen des Redaktionsplans zurückgreifen kannst. Dazu kannst du im ersten Schritt eine Basisrecherche starten. Nimm dir für diesen Arbeitsschritt ausreichend Zeit und optimiere deine Hashtag-Liste regelmäßig!

Der einfachste Weg ist die Suchfunktion in der TikTok-App. Dort kannst du ein Schlagwort eingeben und schauen, welche Hashtags dort noch auftauchen (siehe Abbildung 7.6). Durch eine Inhaltsanalyse kannst du prüfen, ob das Hashtag auch ein *Content Fit* ist, also thematisch zu deiner Marke passt. Außerdem ist die Viewzahl der Hashtags einsehbar. Hier gilt: Je mehr Views, desto populärer ist das Hashtag – aber desto größer ist auch die Konkurrenz.

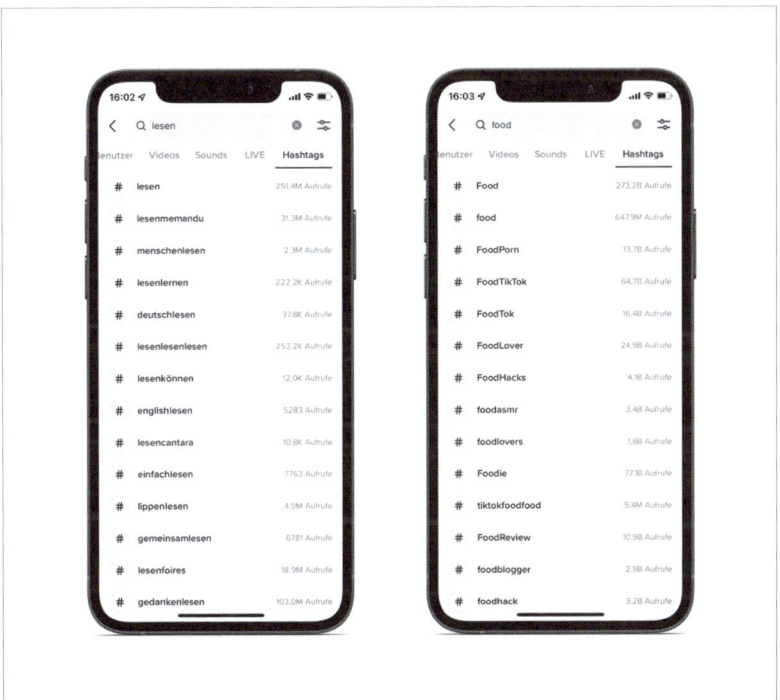

**Abbildung 7.6** Beispielhafte Suche nach Hashtags

Du kannst auch einfach mal ein trendendes Hashtag in deinem Video verwenden, um zu sehen, wie erfolgreich sich das auf dein Video auswirkt. Diese Hashtags werden dir im Explore-Bereich angezeigt. Wenn du hier sowieso auf einen Trend aufspringen möchtest, umso besser. Mit der richtigen Verwendung von Hashtags kannst du gleichzeitig zeigen, dass du die Plattform und ihre Feinheiten verstanden hast.

Die Top-Hashtags bei TikTok ändern sich auch nicht unbedingt täglich, wie beispielsweise bei Twitter. TikTok-Trends und die dazugehörigen Hashtags können auch mehrere Monate organische Reichweite generieren. Das liegt auch an der langen Halbwertszeit von TikToks, die noch mehrere Wochen nach Veröffentlichung den Nutzern ausgespielt werden und länger relevant sind.

Wenn du relevante Hashtags möchtest, kannst du auch Videos aus der Community ansehen. Alternativ kannst du auch bei Videos, die bereits unter einem guten Hashtag zu finden sind, weitere Hashtags recherchieren. Meist verwenden Nutzer nämlich mehr als ein Hashtag bei TikTok, und so kannst du weitere finden. TikTok selbst empfiehlt die Nutzung von fünf Hashtags. Achte hier darauf, dass sie nicht zu lang sind, denn du bist auf 150 Zeichen in der Videobeschreibung beschränkt. Bei Instagram kannst du beispielsweise maximal 30 Hashtags verwenden. Empfohlen werden zwei bis fünf. Der Workaround, weitere Hashtags in die Kommentare zu schreiben, wie es bei Instagram möglich ist, geht aktuell bei TikTok nicht, da Hashtags dort nicht klickbar sind.[7]

Wie bereits angesprochen, kannst du auch auf deine Erfahrungen bei Instagram zurückgreifen und ähnliche Hashtags verwenden. Sicherheitshalber kannst du sie auch gerne noch mal über die Suchfunktion bei TikTok checken. So kannst du herausfinden, ob das Hashtag auch wie bei Instagram verwendet wird und wie oft es dort bereits zum Einsatz kam. Das Hashtag für die Buch-Community bei TikTok beispielsweise wurde von dem Pendant bei Instagram adaptiert. Aus *#Bookstagram* wurde so *#BookTok*. Außerdem kannst du einfach mal bei Influencern und Mitbewerbern schauen, welche Hashtags sie verwenden.

Mittlerweile gibt es auch externe Tools, die dir bei der Suche von relevanten und ähnlichen Hashtags helfen können. Die drei folgenden Tools eigenen sich am besten für TikTok:

- Tik Tok Hashtags: *https://tiktokhashtags.com*

    Bei dem kostenlosen Tool kannst du beliebige Hashtags eingeben und das Tool schlägt dir beliebte, ähnliche Hashtags vor. Hier kannst du auch Insights zur Verwendung des Hashtags einsehen.

- All Hashtag: *www.all-hashtag.com*

    Der kostenlose Hashtag-Generator schlägt dir die besten Hashtags zu deinem Schlagwort vor. Hier bist du bei einer ersten Recherche richtig, denn der Generator funktioniert am besten, wenn du allgemeine Schlagwörter eingibst.

---

[7] Dieses Vorgehen ist auch bei Instagram nicht zu empfehlen, da der Algorithmus zu viele Hashtags automatisch als Spam einordnet und so Beiträge mit weniger Reichweite abstraft.

- TikTok Hashtag Generator: *https://influencermarketinghub.com/tiktok-hashtag-generator*

    Bei diesem Hashtag-Generator handelt es sich ebenfalls um ein kostenloses Tool. Hier kannst du ein Video von dir hochladen und daraus werden automatisch passende Hashtags generiert.

### 7.2.2 Best Practice: Fünf Tipps zur Verwendung von Hashtags

Hashtags nehmen bei TikTok eine wichtige Rolle ein. Im Folgenden habe ich dir noch fünf Tipps zusammengestellt, die du bei der Verwendung von Hashtags beachten solltest:

1. Verwende nur Hashtags, die zu deiner Marke und deiner Community passen!

    Schnell kann es passieren, dass du ein falsches Hashtag setzt und du plötzlich eine Zielgruppe erreichst, mit der du vielleicht gar nichts zu tun haben willst. Oder das Hashtag vermittelt Werte, die nicht zu deiner Markenwelt passen. Deswegen solltest du immer einen kurzen Check durchführen, wie und in welchem Kontext das Hashtag verwendet wird.

2. Verwende keine Spam-Hashtags!

    Darunter fallen beispielsweise *#fyp #FürDich #FollowForFollow* oder Hashtags von aktuellen Challenges, die zu deinem Content gar nicht passen. Das wirkt bei professionellen Unternehmensprofilen unseriös. Bei Instagram wird beispielsweise auch die »falsche« Verschlagwortung mit weniger Reichweite abgestraft, weil sie als Spam kategorisiert wird. Das sind sogenannte *Shadowban*-Hashtags. Bei TikTok ist eine Abstrafung in die Richtung bisher nicht offiziell bekannt. Eine Liste mit den Hashtags, die du bei Instagram vermeiden solltest, findest du hier: *https://markitors.com/banned-instagram-hashtags*

3. Verwende Hashtags nicht inflationär!

    Zu viele Hashtags unter deinen Videos lässt dich schnell unseriös wirken und hilft dir nicht, deine Reichweite auszubauen. Setze lieber auf drei bis fünf *relevante* Hashtags!

4. Verwende deutschsprachige Hashtags!

    Wenn du eine deutschsprachige Zielgruppe erreichen möchtest, verwende auch nur deutsche Hashtags. TikTok ist mittlerweile zwar stark geprägt von der englischen Sprache, aber bleib deiner Zielgruppe treu. Bestes Beispiel ist hier wieder die Buchbranche. Es hilft deiner Social-Media-Strategie nicht weiter, wenn du eine englischsprachige Community aufbaust, du aber nur deutschsprachige Bücher in deinem Shop hast.

5. Sei vorsichtig bei der Verwendung von Hashtags mit geschützten Markennamen!

   Die kannst du eventuell nicht einfach verwenden. Im Zweifelsfall solltest du hier einen Rechtsanwalt fragen.

Kapitel 8

# Die verschiedenen TikTok-Formate

Die ersten 3 Sekunden sind entscheidend für den Erfolg deines TikToks. Doch welche Möglichkeiten bietet dir die Plattform, um kreativen Content zu erstellen? Und welche Formate sind dort beliebt?

Du hast ein Kanalkonzept erstellt, weißt, wie der Algorithmus funktioniert, und willst dich jetzt an die Content-Planung setzen, weißt aber nicht, wo du anfangen sollst? Am besten schaust du dir nun die einzelnen Formate und Vorgaben an, die die Plattform ausmachen. Denn nur wer TikTok in seiner ganzen Form versteht, kann auch erfolgreich selbst Trends setzen, kreative Hashtag-Challenges erstellen und reichweitenstarke Videos kreieren – kurz gesagt TikToks. In diesem Kapitel zeige ich dir auch, welche Ziele du mit welchen TikTok-Formaten erreichen kannst. So kannst du für deine Strategie festlegen, welche Formate du regelmäßig in deinen Content-Plan einbaust. Setz dabei aber auf einen Mix aus verschiedenen Formaten, um beispielsweise den Algorithmus zu bedienen.TikTok ist die Plattform, auf der Trends am schnellsten auftauchen, aber auch am schnellsten wieder verschwinden. Ruh dich deswegen nicht auf den definierten Formatideen aus, sondern entwickle deine Ideen immer weiter! Versuch dabei, Trends in Echtzeit auszuprobieren, um hin und wieder mit organischer Reichweite viele Nutzer zu erreichen und deine Community auszubauen.

> **Tipp: Nutz neue Formate**
> Bei eigentlich allen Plattformen werden die neu eingeführten Formate und Funktionen anfangs stärker gepusht, um sie zu testen und auch bei Nutzern bekannter zu machen. Wenn du also gleich neue Formate testest, kannst du hier mit mehr organischer Reichweite belohnt werden.

> **Kapitelübersicht: Die verschiedenen TikTok-Formate**
> In diesem Kapitel lernst du Folgendes:
> - Welche Formate und Möglichkeiten bietet TikTok, um Content zu veröffentlichen?
> - Wie kannst du die Formate einsetzen, um deine Ziele zu erreichen?
> - Wie findest du Content-Ideen für deinen TikTok-Kanal?

## 8.1 TikTok Live

Eines der beliebtesten Formate bei TikTok ist das Livestreaming. Es hat mittlerweile seinen eigenen Feed, in dem Nutzer aktuelle Livestreams angezeigt werden. Über einen eigenen, dort integrierten Explore-Bereich (ERKUNDEN) können auch weitere Livestreams entdeckt werden (siehe Abbildung 8.1).

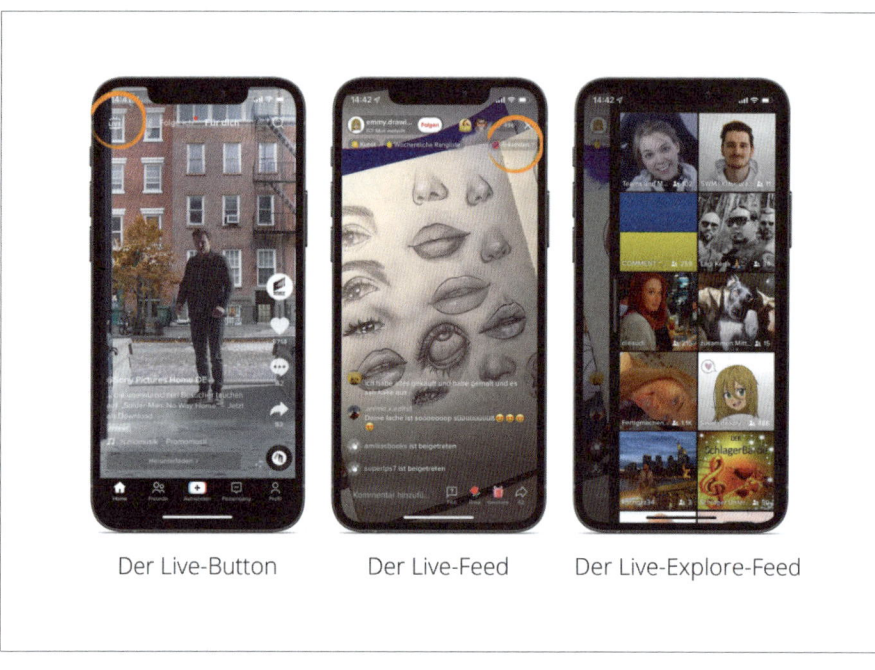

Der Live-Button     Der Live-Feed     Der Live-Explore-Feed

**Abbildung 8.1** TikTok Live

#### Was ist Livestreaming?
Livestreaming bedeutet übersetzt Echtzeitübertragung. Darunter versteht man Video- oder Audioübertragungen, die im Fernsehen, Radio oder Internet – meist bei Social Media – in Echtzeit ausgespielt werden. Bekanntestes Beispiel sind die Übertragungen der Fußballweltmeisterschaften auf ARD oder ZDF.

Livestreaming bei Social Media hat in der Zeit der Corona-Pandemie massiv an Beliebtheit gewonnen. Plattformen wie Twitch oder YouTube verzeichneten 2020 einen Zuwachs bei Liveformaten von 92 %.[1] Deswegen ist es nicht verwunderlich,

---

1 Quelle: *www.futurebiz.de/artikel/live-streaming-wachstum-92-prozent/*

dass TikTok ebenfalls die Möglichkeit bietet, live zu gehen. Diese Funktionen wurden in den letzten zwei Jahren stark ausgebaut. Im Dezember 2021 sind sogar erste Tests gestartet, Videospiele via TikTok zu streamen. Auch TikTok selbst veranstaltet Livestreams. So gab es beispielsweise zum Ende des *Pride Month* im Juni 2021 ein großes Liveevent von TikTok, bei dem diverse LGBTQ+-Creators der Plattform zusammen aufklärten, feierten und die Nutzer inspirierten.[2]

Es ist bei TikTok fast genauso einfach, live zu gehen, wie bei Instagram. Bei anderen Plattformen, wie Twitch beispielsweise, wird noch eine zusätzliche Software dafür benötigt. Bei TikTok jedoch können alle, die ein öffentliches Konto besitzen, mindestens 16 Jahre alt sind und 1.000 Follower haben, direkt live gehen.

Ein ganz tolles Liveformat hat beispielsweise *@aquariumpacific*, die einmal wöchentlich einen spannenden Einblick von ihren verschiedenen Aquarien und deren tierischen Bewohnern zeigen. Dort gibt es dann nicht nur Einblicke hinter die Kulissen, sondern die Mitarbeitenden erzählen auch spannende Fakten über die einzelnen Meerestiere (siehe Abbildung 8.2).

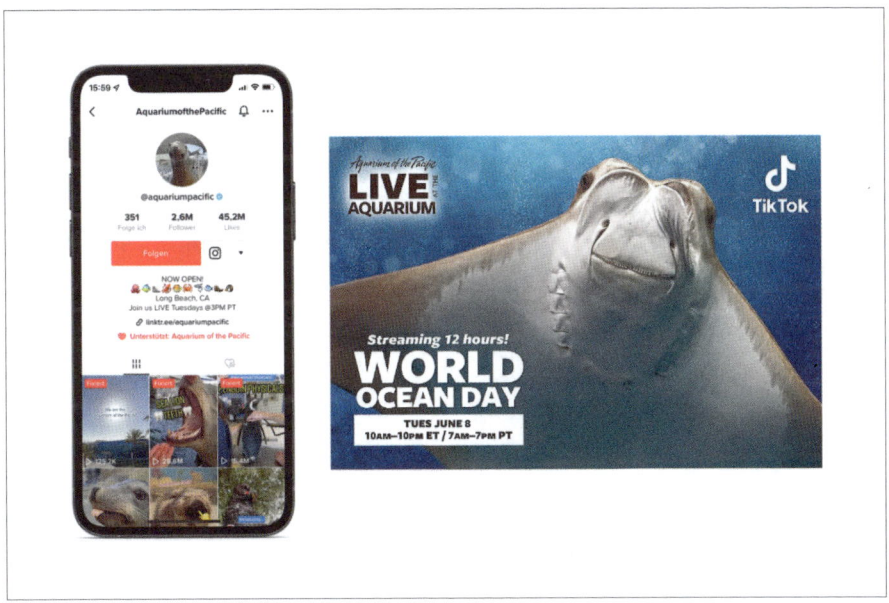

**Abbildung 8.2** Das Aquarium of the Pacific veranstaltet regelmäßige Livestreams mit tierischen Stars. (Quelle: *www.aquariumofpacific.org/events/archive/world_ocean_day*)

---

2 Quelle: *https://newsroom.tiktok.com/de-de/tiktok-pride-lives-mit-kesha-bill-kaulitz-und-vielen-mehr*

> **Disclaimer: Der schlechte Ruf von TikTok Live**
>
> Geleakte Daten, gefährliche Challenges und schlechte Moderation: TikTok hat schon einige Skandale hinter sich und als Reaktion viele Funktionen verbessert. Auch seit der Einführung der Livefunktion gibt es immer wieder negative Schlagzeilen, denn Nutzer können den Streamern hier Geld schenken, und das wird teilweise ausgenutzt. Einige Streamer kündigen beispielsweise an, sich die Haare abzuschneiden oder Insekten zu essen, wenn sie Geld erhalten und setzen das dann nicht um. Andere geben vor, sich in Gefahr zu befinden und deswegen Spenden zu benötigen. Aktuell geht TikTok nicht so stark dagegen vor, wie es sich viele wünschen. Nichtsdestotrotz ist TikTok Live eine coole Funktion für Unternehmen und Marken, um in einen direkten Austausch mit ihrer Community zu gehen, solange man seine Zuschauer nicht ausnutzt.

**Funktionen, die du vor dem Liveauftritt kennen solltest**

Für ein optimales Livestreaming-Erlebnis sowohl für Streamer als auch für Zuschauer hat TikTok einige Funktionen eingeführt. Zu einer der wichtigsten zählt hier eine vereinfachte Moderationsmöglichkeit. In den Einstellungen kannst du einen anderen Nutzer freischalten, der oder die den Chat im Blick hat und verwalten kann (siehe Abbildung 8.3).

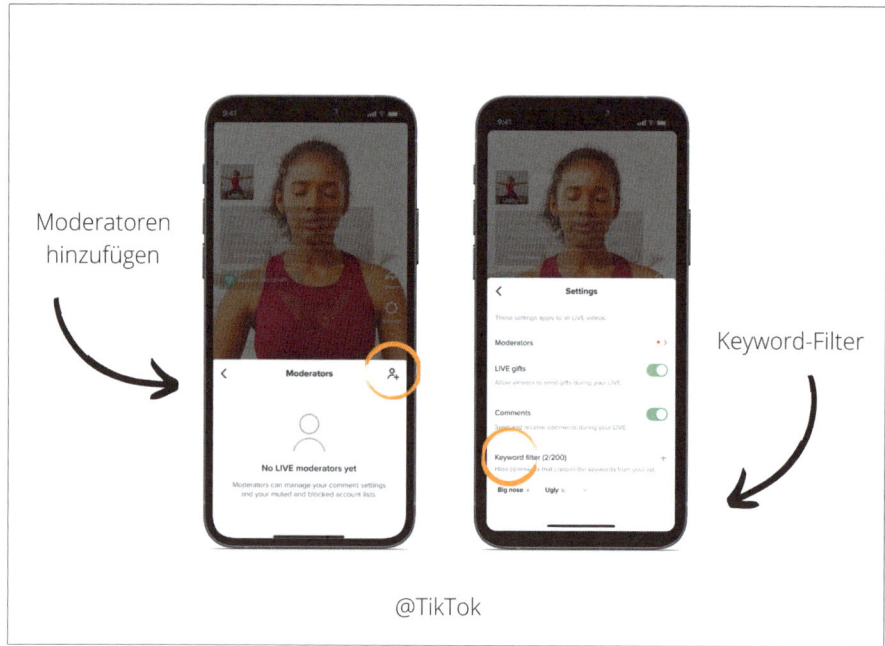

**Abbildung 8.3** Hilfreiche Livefunktionen (Quelle: *https://newsroom.tiktok.com/en-us/tiktok-live-features-2021*)

Oft ist es nämlich schwierig, gleichzeitig Live-Content zu produzieren und einen aktiven Chat zu moderieren. Alternativ kann die Chatfunktion komplett abgeschaltet werden. Deinen Moderator kann ein Keyword-Filter für die Kommentare entlasten. Du kannst dort bis zu 200 Keywords hinterlegen, bei deren Verwendung ein Kommentar im Chat direkt blockiert wird.

Auch bevor ein potenziell beleidigender Kommentar im Chat veröffentlicht wird, bekommt der Verfasser eine Pop-up-Nachricht, ob er bzw. sie das wirklich so posten will (siehe Abbildung 8.4). So sollen Nutzer dazu gebracht werden, Hasskommentare noch mal zu überdenken.

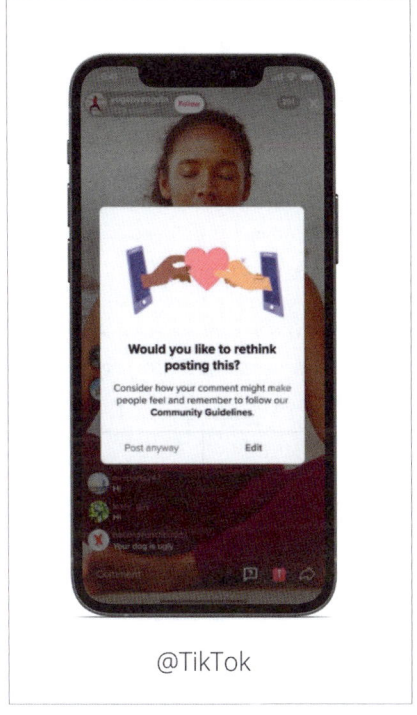

@TikTok

**Abbildung 8.4** Hinweis von TikTok zum Überdenken eines Kommentars (Quelle: *https://newsroom.tiktok.com/en-us/tiktok-live-features-2021*)

Ein beliebtes Liveformat ist das *Q&A*. Das steht für Questions und Answers. Hier stellen Nutzer Fragen, die der Creator dann beantwortet. Dafür gibt es jetzt eine *Live Q&A Suite*, wo die Fragen übersichtlich und einfach auswählbar sind. In Abbildung 8.5 siehst du, wie die Funktion aus Nutzersicht aussieht. Wenn du live bist, werden dir die eingereichten Fragen beim *Q&A-Button* angezeigt, und du kannst die Frage, die du gerade beantwortest, im Livescreen hervorheben.

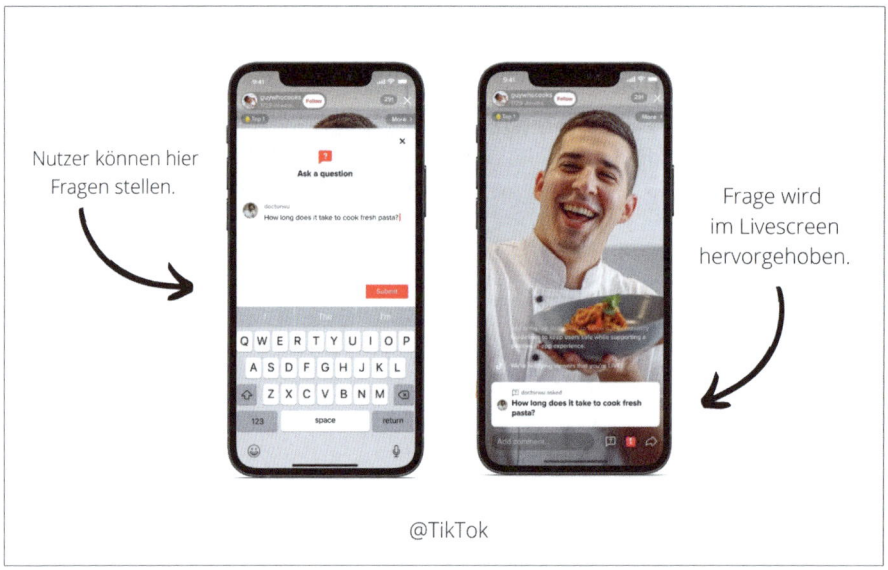

**Abbildung 8.5** Das Q&A-Tool von TikTok (Quelle: *https://newsroom.tiktok.com/en-us/tiktok-live-features-2021*)

Als erfolgreiches Format hat das beispielsweise @*polizeiberlin_karriere* etabliert. Dort gehen die Polizisten regelmäßig live und erzählen von ihrem Job, wobei sie live die Fragen der Zuschauerinnen und Zuschauer beantworten. Meist drehen sich die Fragen dort auch rund um das Thema Einstellungsvoraussetzungen und die polizeiliche Arbeit, denn die Zielgruppe ist – wie auch der Name schon verrät – ein junges Publikum, das sich für die Karriere bei der Polizei interessiert. Angekündigt werden die Livevideos auch mit verschiedenen Videos und einem Countdown, der auf das nächste Livevideo hinweist (siehe Abbildung 8.6).

Creators können ein sogenanntes Liveevent erstellen, um vorab anzukündigen, wann sie live gehen – wie es der Account der Polizei Berlin vormacht. Nutzer können sich dann dafür registrieren und werden via Push-Nachricht noch einmal an das anstehende Liveevent erinnert.

Du kannst nicht nur allein live gehen. Bei TikTok kannst du auch einen anderen Creator mit mindestens 1.000 Followern live zuschalten. So kann man sich beispielsweise einfach unterhalten, eine Expertin interviewen oder einen Influencer die Liveveranstaltung des Unternehmens moderieren lassen. Die Funktion kennst du vielleicht schon von Instagram, wo sie fleißig genutzt wird. So unterhalten sich beispielsweise Influencer live miteinander, oder zu den Buchmessen veranstalten Verlage Lesungen, wobei sie die Autor*innen dann mit deren Account zuschalten. So sehen nicht nur die Follower des Verlags den Liveauftritt, sondern die Fans der jeweiligen Autorin oder des Autors werden ebenfalls darüber benachrichtigt.

**Abbildung 8.6** Ankündigungsvideo der @polizeiberlin_karriere zu einem Liveevent

**Plane deinen Liveauftritt**

Wenn du normalen Video-Content bei TikTok hochlädst, kann der zu jeder Zeit von deiner Community konsumiert werden. Bei einem Liveauftritt bestimmst du einen Zeitpunkt, an dem sich deine Follower zuschalten müssen.

Genau deswegen solltest du deinen Liveauftritt vorab planen. Wenn du öfter live gehst, kannst du beispielsweise feste Sendezeiten einführen. Wähle dabei einen Zeitpunkt, an dem möglichst viele deiner Follower online sind. Wann das der Fall ist, kannst du ganz einfach in deinen TikTok Analytics nachsehen. Dort wird dir angezeigt, wann deine Follower am aktivsten sind. Planst du ein einmaliges Liveevent, solltest du das vorab mit einem Video auf der Plattform ankündigen.

Außerdem solltest du auch den Content deines Liveauftritts planen. Dafür brauchst du kein komplettes Skript zu schreiben, ein konkreter Ablaufplan reicht aus. Dort solltest du beispielsweise auch festhalten, wie lange dein Stream geht. TikTok empfiehlt hier eine Dauer von einer halben Stunde, das solltest du aber immer abhängig von deinem Liveformat entscheiden. Ein Liveauftritt richtet sich an deine Zuschauer, und deswegen solltest du auch bei der Planung sicherstellen, dass du neben einem Mehrwert für die Zuschauer auch mit einem gewissen Unterhaltungsfaktor punkten kannst. So bleibt die Zielgruppe auch sicher dabei. Geh deswegen auf den Chat und die Kommentare und Fragen deiner Zuschauer ein, auch wenn du aktuell kein Q&A hostest. So kannst du den Stream direkt ihren Wünschen anpassen.

Für den Livestream benötigst du auch ein Titelbild und eine Videobeschreibung. Das wird – sobald du live bist – im Explore-Bereich angezeigt. Mach dir dazu vorab

Gedanken, denn so kannst du Nutzer, die dich bisher nicht kennen, überzeugen, deinem Stream beizutreten. In der Beschreibung können auch relevante Hashtags hinterlegt werden.

Welche Live-Content-Kategorien besonders beliebt sind, kannst du bei TikTok ganz einfach herausfinden. Dafür gibt es im Livebereich beispielsweise eine wöchentliche Rangliste, die dir die erfolgreichsten Liveevents anzeigt. Folgende Themen und Formate kannst du live für dich nutzen, um deine Marke oder dein Unternehmen authentisch darzustellen:

- Mach ein Q&A und beantworte Fragen deiner Zuschauer!
- Zeig mit einer Roomtour beispielsweise dein Büro oder deinen kreativen Arbeitsplatz!
- Nimm deine Follower mit zu einem Behind-the-Scenes (kurz BTS) und zeig interessante Produktionsabläufe oder dein Fotostudio bei einem Shooting!
- Zeig in einem Live-Tutorial wie dein Produkt funktioniert. Beliebt sind beispielsweise Make-up-Tutorials, Kochstreams oder auch DIY-Projekte!
- Suche dir Interviewpartner und stell mit ihnen ein neues Produkt oder ein besonderes Angebot vor!

**Checkliste: Liveauftritt planen**
- optimalen Zeitpunkt und Dauer festlegen
- Art der Veranstaltung definieren, z. B. Q&A, Interview, Roomtour etc.
- Ablaufplan erstellen
- Setting und Moderator festlegen
- Lösung für Chatmoderation finden
- Chat aktiv mit in den Liveauftritt einplanen
- für stabile Internetverbindung sorgen
- Stativ fürs Smartphone, damit du es nicht halten musst
- Ton- und Lichtqualität prüfen und gegebenenfalls Ausleuchten und externes Mikro anschließen
- Sind alle Urheberrechte, Persönlichkeitsrechte abgeklärt?
- Benötigst du eine Sendelizenz?

**Welche Hürden gibt es bei Liveformaten?**

Bevor du ein Liveevent planst, solltest du dir bewusst sein, dass das durchaus sehr aufwendig sein kann und du unbedingt einen strukturierten Ablaufplan dafür anfertigen solltest. Doch alles ist für eine Liveveranstaltung einfach nicht planbar, denn du bist ja live. Deswegen solltest du auch spontan auf Situationen reagieren können. Grundvoraussetzung für Livestreaming ist natürlich eine gute Internetverbindung. Außerdem solltest du vorab Urheberrechte, wie beispielsweise für Hintergrundmusik, und Persönlichkeitsrechte abklären und auch prüfen, ob du eine Sendelizenz benötigst.

> **Wann brauchst du eine Rundfunklizenz für Livestreams?**
>
> Eine Neufassung des Medienstaatsvertrags legt unter Paragraf 20b fest, dass du von einer Rundfunklizenz befreit bist, wenn du unter den sogenannten »Bagatellrundfunk« fällst. Das bedeutet, dass du folgende Punkte erfüllst:[3]
>
> - Du erreichst monatlich weniger als 20.000 Zuschauer*innen.
> - Du hast keine regelmäßigen Liveevents, die einem Sendeplan entsprechen.
> - Dein Liveevent hat eine »geringe journalistische Gestaltung«.
> - Deine Inhalte dienen beispielsweise »vorwiegend dem Vorführen und Kommentieren des Spielens eines virtuellen Spiels«.
>
> Falls du dich bei diesem Thema unsicher fühlst, solltest du einen auf das Rundfunkrecht spezialisierten Anwalt konsultieren.

Falls es dich Überwindung kosten sollte, selbst live vor der Kamera zu stehen und dein Gesicht zu zeigen, probiere es doch erst mal mit einem normalen TikTok aus oder mache einen Probedurchlauf vor Kollegen. So nimmst du dir selbst die Angst und kannst entspannter live gehen. Und keine Sorge: Ein bisschen Aufregung ist ganz normal!

> **Best Practice: Fünf Tipps gegen Lampenfieber**
>
> 1. Setz Atemübungen ein, wie beispielsweise langsames und bewusstes Ein- und Ausatmen.
> 2. Mach Lockerungsübungen, wie Kopf und Schulter kreisen lassen.
> 3. Schließ die Augen und konzentriere dich auf das bevorstehende Ereignis.
> 4. Such Ablenkung, wie beispielsweise durch positive Gedanken an einen lieben Menschen oder ein erfolgreiches Ereignis.
> 5. Ruf dir deine Stärken in Erinnerung, wie beispielsweise dein Fachwissen und Können.

**So gehst du live**

Öffne im ersten Schritt die TikTok-App und klick auf das große Plus in der Navigationsleiste unten in der Mitte. Dort kannst du dann nach rechts scrollen, sollte dir der Live-Button noch nicht angezeigt werden (siehe Abbildung 8.7).

---

3  Quelle: *www.urheberrecht.de/rundfunklizenz*

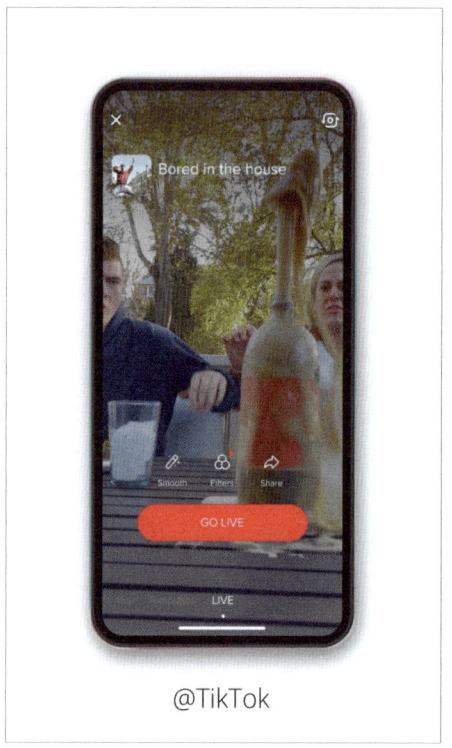

@TikTok

**Abbildung 8.7** So gehst du live. (Quelle: *www.tiktok.com/creators/creator-portal/en-us/what-to-know-about-live/going-live*)

Nun kannst du ein Titelbild und einen Videotitel einfügen. Das solltest du auf jeden Fall tun, denn das wird bei deinem Livegang dann im Entdecken-Bereich angezeigt. Zeig hier, um was es in deinem Livevideo geht, und überzeuge Nutzer davon, deinem Stream beizutreten. Bist du beispielsweise ein Friseur und schneidest einem Kunden live die Haare, sollte das auf deinem Titelbild dargestellt sein.

Ist dein Liveauftritt beendet, findest du das ganze Livevideo in deinen Einstellungen unter *Live Replay*. Dort kannst du das Video auch auf dein Smartphone herunterladen, um beispielsweise ein Best-of zusammenzuschneiden.

> **Tipp: Lives noch mal ansehen**
> Aus meiner Erfahrung mit vielen Webinaren, Workshops und Liveauftritten kann ich dir empfehlen, die ersten Aufnahmen noch mal anzusehen. Das kann durchaus etwas komisch sein, aber so kannst du dich verbessern. Gibt es vielleicht ein Füllwort, das du häufig verwendest, wie beispielsweise »ähm«? Dann versuch das Wort beim nächsten Mal zu vermeiden. Hattest du Probleme, dem Chat zu folgen, und hast du einige Nachrichten übersehen? Dann hol dir das nächste Mal Unterstützung! Und ganz wichtig: Hab Spaß!

## 8.2 Die verschiedenen Formate im Überblick

Bei TikTok drehst du idealerweise alle Videos mit denselben Formatvorgaben. So musst du dir nicht, wie beispielsweise bei Facebook oder Instagram, Gedanken machen, wo dein Content platziert wird, und ihn entsprechend anpassen. Du kannst dich einfach nach den Vorgaben der folgenden Checkliste richten.

> **Checkliste: An diese Formatvorgaben solltest du dich bei TikTok halten**
> - Dateigröße bis 500 MB
> - Seitenverhältnis 9:16
> - Videoformate MP4, MOV, MPEG, AVI
> - Auflösung 720 × 1.280 Pixel
> - Dauer maximal 3 Minuten

Beachte hier aber, dass sich TikTok als Plattform noch stark in der Entwicklung befindet und stetig wandelt. Deswegen solltest du die Formatvorgaben regelmäßig auf Aktualität hin prüfen. Der Begriff »Formatvorgaben« wird hier im Sinne der Videotechnik verwendet und beinhaltet beispielsweise Seitenverhältnis, Bildauflösung und Bildfrequenz.

### 8.2.1 Technische Formate

Als Marke wünscht man sich, dass der eigene Content vielfach geteilt wird. TikTok bietet mit Duetten, Stitches und Reposts kreative Möglichkeiten, mit denen Nutzer*innen deine Videos nicht nur teilen, sondern auch kommentieren und ergänzen können. Was die einzelnen Formate genau sind und wie sie funktionieren, stelle ich dir jetzt genauer vor.

**Duette**

Duette sind einzigartige Formate, die es bisher so nur auf TikTok gibt. Bei einem Duett nimmst du ein Video von anderen Nutzern und ergänzt es um deinen eigenen Beitrag. So werden zwei Videos nebeneinander im Split-Format gleichzeitig abgespielt.

Das Originalvideo wird beispielsweise auf der rechten Seite angezeigt, dein Teil auf der linken. So entstehen lustige und kreative Koproduktionen. Ein virales Beispiel siehst du in Abbildung 8.8. Darin singt der Schotte *@nathanevans* den Wellermann-Song. Tausende Nutzer stiegen via Duett-Funktion bei dem Musikstück mit ein und ließen den Schotten über TikTok hinaus die Charts stürmen.

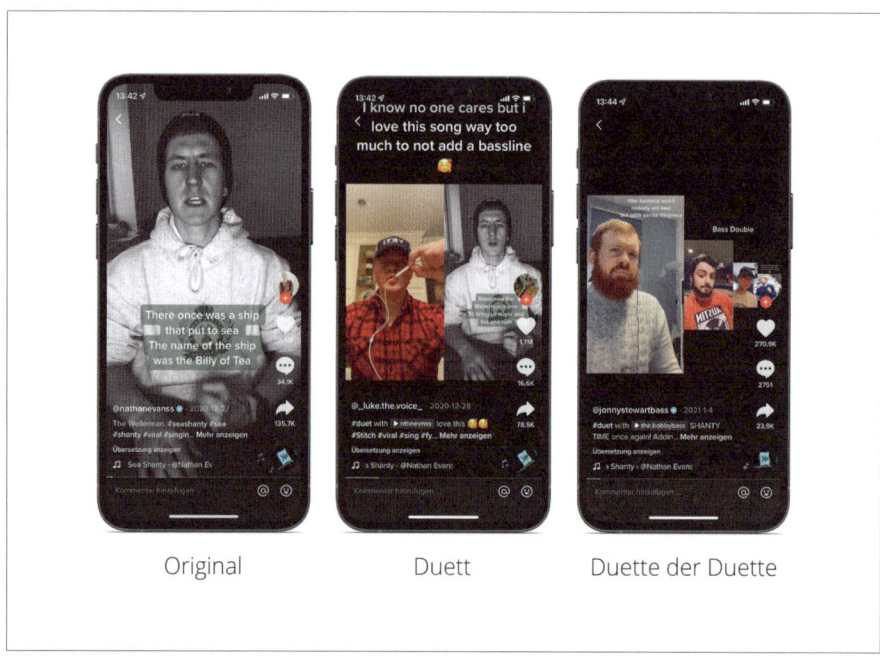

**Abbildung 8.8** Die Duett-Funktion bringt den Schotten @nathanevanss in die Charts.

So ist eine Kommunikation auf Augenhöhe möglich – egal, ob hier jetzt Unternehmen, Creators oder Nutzer duettieren. Die Idee dahinter erinnert stark an *Reaction-Videos*, die besonders beliebt sind bei Streamern auf Twitch oder bei YouTubern. Seit Jahren wird hier auf den Plattformen diskutiert, wie die Creators der Originalvideos mehr Credits für ihre Arbeit erhalten können. TikTok hat das mit der Einführung von Duetten sehr gut gelöst.

Der US-amerikanische Singer und Songwriter @*charlieputh* verwendet beispielsweise regelmäßig Duette, um auf Content zu reagieren, in dem er markiert wurde. Seine TikTok-Community hat er dabei an dem monatelangen Entstehungsprozess seines Songs »Light Switch« teilhaben lassen, den er am 20. Januar 2022 veröffentlichte. Währenddessen reagierte er immer wieder auf Anregungen, Memes und jetzt auch die ersten Tänze, die rund um seinen Song entstanden sind.

Um ein Video duettieren zu können, klick auf den Pfeil im Video (siehe Abbildung 8.9). Im nächsten Schritt kannst du die Funktion DUETT auswählen und dein eigenes Video – beispielsweise im Split-Format – aufnehmen.

Damit deine eigenen Videos von deiner Community duettiert werden können, benötigst du ein öffentliches Profil. Als Unternehmen solltest du auf jeden Fall ein solches einreichen. Wie das geht, habe ich dir ja bereits in Kapitel 4, »Dein Unternehmensprofil bei TikTok – erste Schritte«, erklärt.

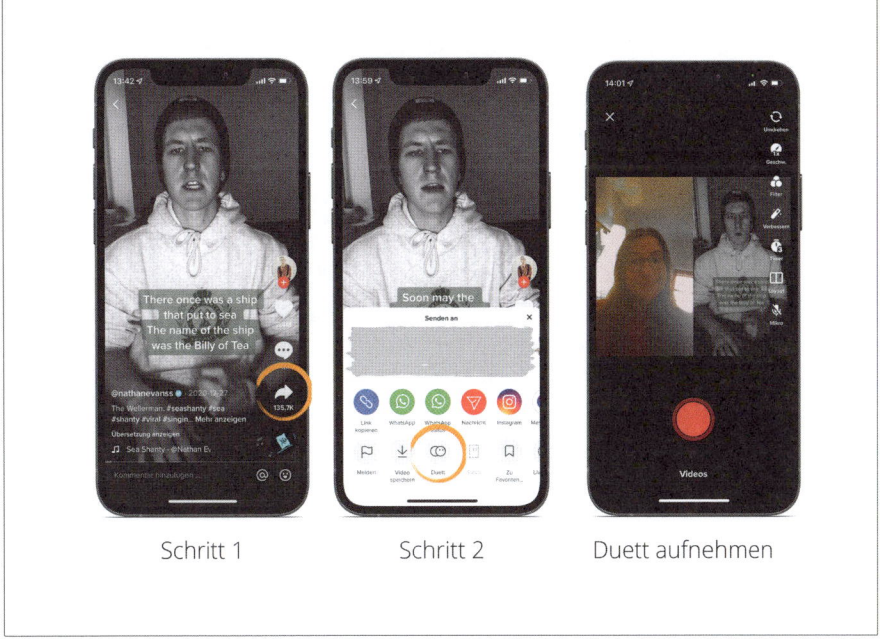

**Abbildung 8.9** So nimmst du ein Duett auf.

Außerdem kannst du für jedes Video aufs Neue bestimmen, ob Duette möglich sind oder nicht. Wenn du beispielsweise im Nachhinein nicht mit dem Video zufrieden bist und du es von der Plattform entfernen möchtest, wird zwar dein Originalvideo entfernt, die Duette bleiben aber online. Wenn du selbst ein Duett aufnimmst, reagiere nicht nur einfach auf das Originalvideo, sondern ergänze es um deine eigenen Ideen und denke es weiter.

So entstehen beispielsweise ganze Community-Duette, denn auf ein bestehendes Duett kann wieder via Duett reagiert werden. 2020 ging so ein Video der Nutzerin @johnson_fran viral, in dem sie forderte: »Hört auf, Videos zu duetten, wenn ihr dem Original nichts hinzuzufügen habt!« Daraufhin duettierte ein weiterer Nutzer das Video und fügte einen Arm hinzu, wie du in Abbildung 8.10 sehen kannst.

Darauf reagierten unzählige Nutzer*innen und ergänzten weitere Duette, was zu einem unendlich scheinenden Duett führte, wie du in Abbildung 8.11 sehen kannst.

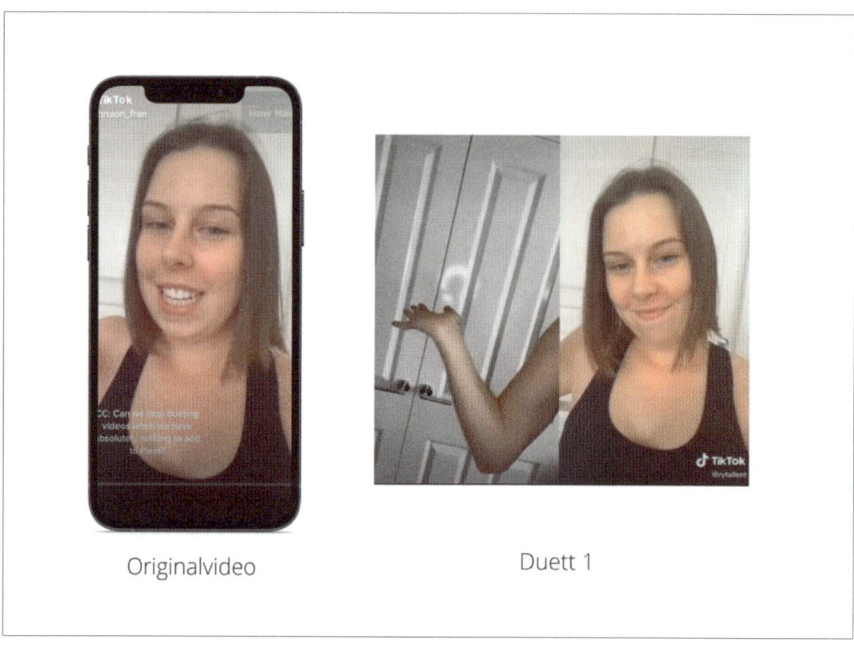

**Abbildung 8.10** Nutzer ergänzt Duett von @johnson_fran. (Quelle: *www.youtube.com/watch?v=cwB8VN0Fl5E*)

**Abbildung 8.11** Weitere Nutzer ergänzten das Duett. (Quelle: *www.youtube.com/watch?v=cwB8VN0Fl5E*)

## Stitches

Mit einem Stitch kannst du einen 5-Sekunden-Auszug aus einem Video von anderen Nutzern deinem eigenen Video hinzufügen. So kannst du beispielsweise auf Ausschnitte reagieren oder gegebenenfalls Challenges weiterführen und Videos kreativ um deinen Content ergänzen. Dabei steht das Originalvideo immer am Anfang.

Als Stitches im Oktober 2020 von TikTok eingeführt wurden, entstand direkt ein Meme dazu, bei dem die Funktion direkt von den Nutzern spielerisch mit *#TellMeWithoutTellingMe* aufgenommen wird. Dabei fordern Nutzer andere auf, ihre persönliche Meinung, Hobbys, Interessen oder Ähnliches in dem Stitch zu teilen. Beispielsweise forderte Schauspielerin *@reesewitherspoon* die TikTok-Nutzer auf, zu zeigen, dass sie Fans ihres Films »Natürlich Blond« sind. Daraufhin warfen sich Hunderte Nutzerinnen in ein Outfit von Hauptcharakter Elle Woods (siehe Abbildung 8.12).[4]

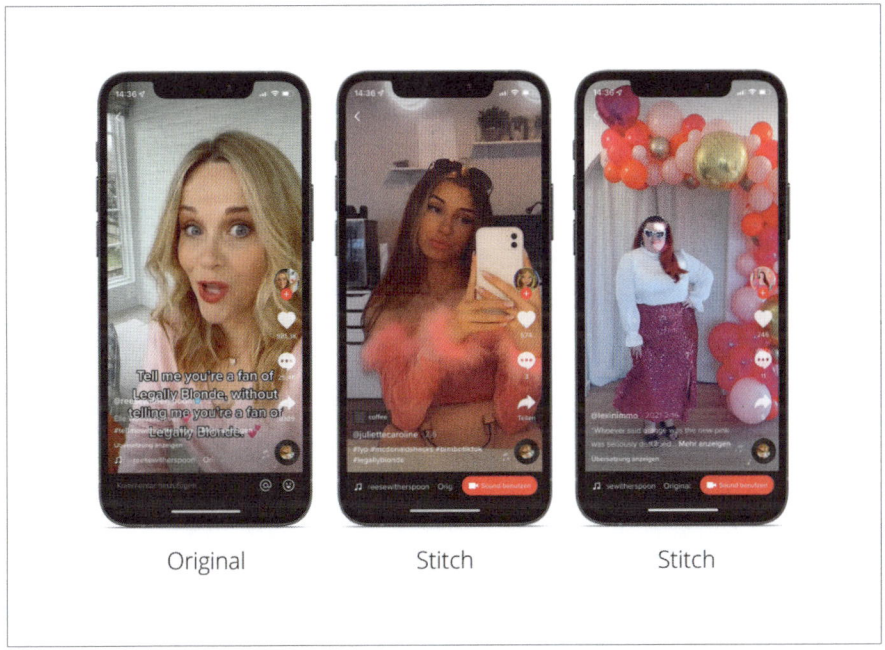

**Abbildung 8.12** Schauspielerin @reesewitherspoon ruft zur #TellMeWithoutTellingMe-Challenge auf.

An dem Trend haben sich auch einige Unternehmen beteiligt (siehe Abbildung 8.13). Beispielsweise forderte *@bbcradio1*: »Tell me your favourite musician without telling me your favourite musician«, und *@buchentdecker*, ein Kanal der Verlagsgruppe Penguin Random House, startete mit: »Zeig uns, dass du gerne liest, ohne uns zu sagen, dass du gerne liest!«

---

4 Weitere Beispiele findest du hier: *https://knowyourmeme.com/memes/tell-me-without-telling-me*

@bbcradio    @buchentdecker

**Abbildung 8.13** Unternehmen setzen den Trend #TellMeWithoutTellingMe um. (Quellen: https://vm.tiktok.com/ZMLuRtnSo und https://vm.tiktok.com/ZMLuN8GjR)

Wie du einen Stitch erstellst, kannst du in Abbildung 8.14 sehen. Damit deine Videos gestitcht werden können, brauchst du ein öffentliches Profil.

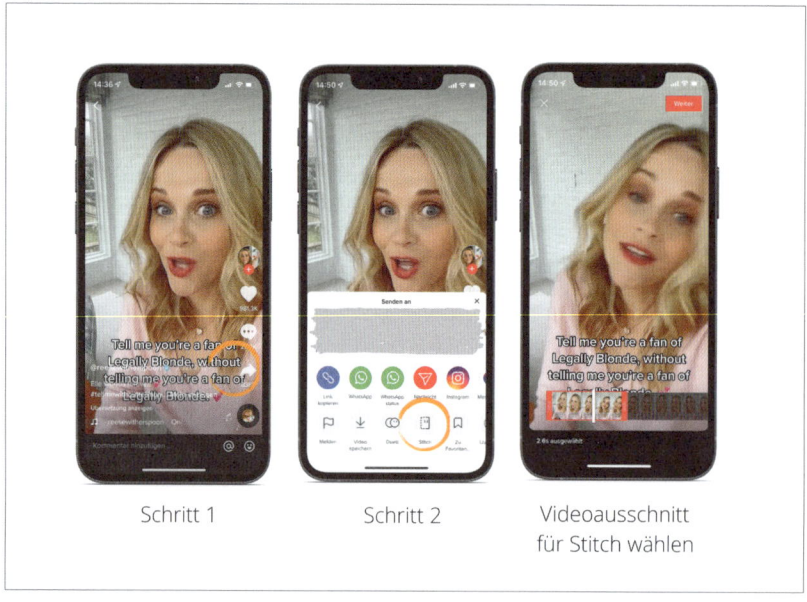

Schritt 1    Schritt 2    Videoausschnitt für Stitch wählen

**Abbildung 8.14** So nimmst du einen Stitch auf.

8.2 Die verschiedenen Formate im Überblick

Die Funktion ist standardmäßig angeschaltet, du kannst sie in deinen Einstellungen jedoch beispielsweise für alle Videos deaktivieren. Du kannst aber auch beim Upload jedes Videos einzeln entscheiden, ob es von anderen Nutzern gestitcht werden darf oder nicht.

**Reposts**

Der Repost-Button bei TikTok funktioniert so ähnlich wie der Retweet-Button bei Twitter. Dort kannst du den Beitrag eines anderen Nutzers einfach teilen, mit einer eigenen Nachricht versehen und so deine Follower darauf aufmerksam machen (siehe Abbildung 8.15), denn der Retweet erscheint auf deinem Profil. Der Vorteil: Der Urheber und Ersteller des Tweets wird markiert und hervorgehoben. Bei TikTok funktioniert das ähnlich. Du kannst ein Video, das dir gefällt, einfach reposten und auch deine Gedanken dazu teilen.

Das Video erscheint jetzt allerdings nicht wie bei Twitter auf deinem Profil, sondern wird an den *For You Feed* deiner Freunde geschickt. So kannst du beispielsweise Videos von Nutzern reposten, die deine Produkte bewertet oder getestet haben.

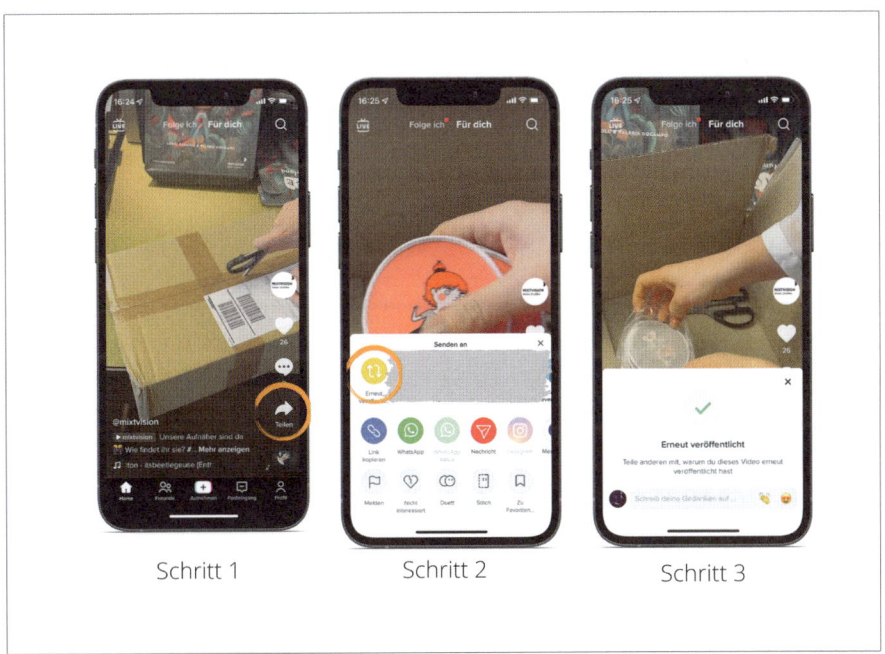

**Abbildung 8.15** So erstellst du einen Repost.

173

**AR-Filter**

Du kennst sicher Fotos oder Videos, in denen Personen plötzlich Hundeohren haben oder Regenbögen aus ihrem Mund schießen lassen. Die Effekte werden durch AR-Filter erstellt (siehe Abbildung 8.16).

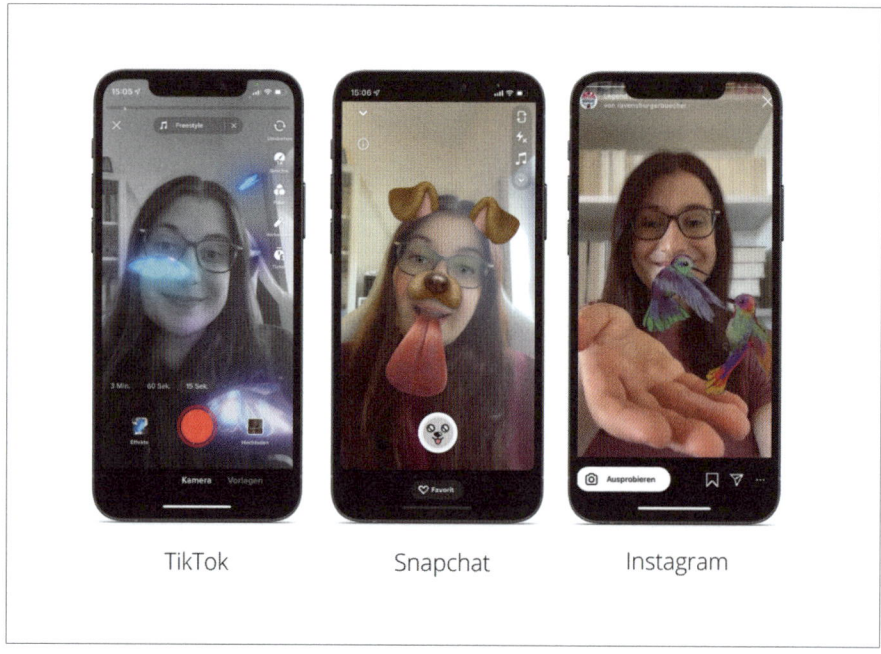

**Abbildung 8.16** AR-Filter der verschiedenen Plattformen

**Was ist AR?**

AR steht für *Augmented Reality* und bedeutet übersetzt erweiterte Realität. Unter AR versteht man virtuelle Elemente, die in der realen Welt platziert werden, wie beispielsweise Hundeohren und die Pokemons aus dem beliebten AR-Spiel Pokemon Go. Vielleicht kennst du auch den Begriff VR, also *Virtual Reality*. Unter VR versteht man die Wahrnehmung einer ganzen virtuellen Welt.

Die erste Plattform, die solche AR-Effekte einsetzte, war Snapchat. Instagram adaptiere die Funktion schnell auch in den IG Stories, und 2019 hat Meta für die Plattformen Facebook und Instagram die Software Spark AR bereitgestellt, in denen auch du eigene AR-Effekte erstellen kannst. TikTok hat ebenfalls eine Plattform namens Effect House, die befindet sich allerdings noch in der Beta-Test-Phase (*https://effecthouse.tiktok.com*). In der TikTok-App kannst du unter Effekte bei der Videoaufnahme verschiedene Filter testen (siehe Abbildung 8.17).

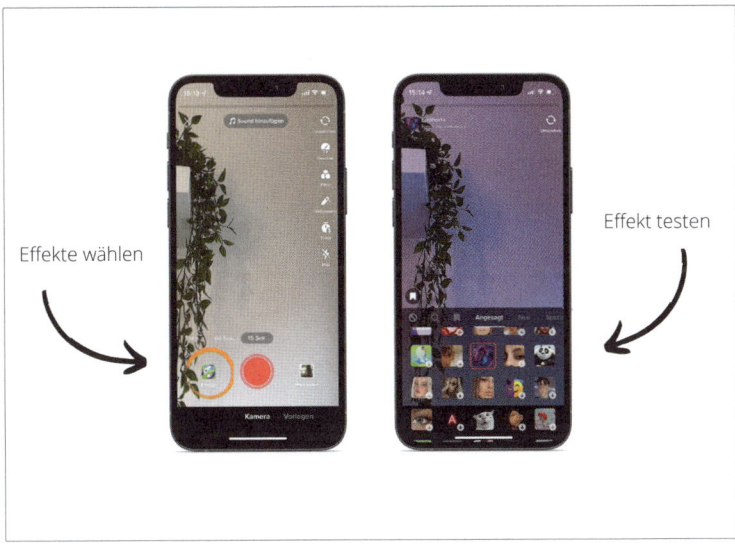

**Abbildung 8.17**  So probierst du einen AR-Filter aus.

Bei den TikTok-Effekten kannst du nicht nur verschiedene AR-Elemente verwenden und somit dein Aussehen verändern, du kannst beispielsweise auch Elemente in deiner Umgebung einfügen oder verändern, wie du in Abbildung 8.18 siehst. Effekte können auch Teil von Trends sein. Wenn du einen interessanten Effekt bei anderen Nutzern entdeckst, den du auch mal ausprobieren möchtest, solltest du diesen gleich abspeichern. Die Suchfunktion nach Effekten funktioniert leider noch nicht so gut, und oft weiß man gar nicht, nach was man suchen soll.

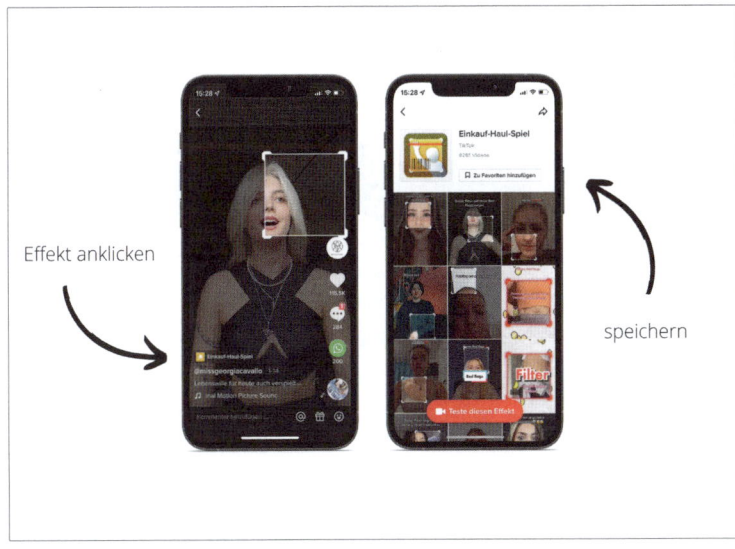

**Abbildung 8.18**  So speicherst du einen AR-Filter ab.

**TikTok Stories**

Seit Anfang 2022 gibt es nun auch das beliebte Story-Format bei TikTok. Die Funktion wird dir bestimmt bekannt vorkommen, wenn du aktiv auf Instagram bist, denn sie sind kein neues Format, das von TikTok entwickelt worden ist. Stories sind nur für einen bestimmten Zeitraum (24 Stunden) sichtbar und verschwinden dann von alleine wieder. Bisher gibt es dafür keinen eigenen Feed bei TikTok, wie beispielsweise bei Instagram. Die Stories werden dir einfach mit in deiner *For You Page* ausgespielt. Du erkennst sie an der blauen Markierung, wie in Abbildung 8.19 dargestellt.

Meist sind das dann Stories von Creators, denen du auch selbst folgst oder deren Videos du sehr häufig konsumierst. Auf deiner *For You Page* bekommst du jedoch viele Videos von Creators ausgepielt, denen du gar nicht folgst. Wenn diese eine Story hochgeladen haben, kannst du das an einem blauen Kreis um das Profilbild erkennen. Wenn du eine eigene Story erstellen möchtest, klick dazu einfach auf VIDEO ERSTELLEN, und schon kannst du über SCHNELL deine Story aufnehmen (siehe Abbildung 8.19). Bisher wird die Funktion von TikTok noch getestet und zukünftig wahrscheinlich noch weiter ausgebaut. Du kannst Stories beispielsweise nutzen, um wichtige Neuigkeiten oder Updates mit deiner Community zu teilen.

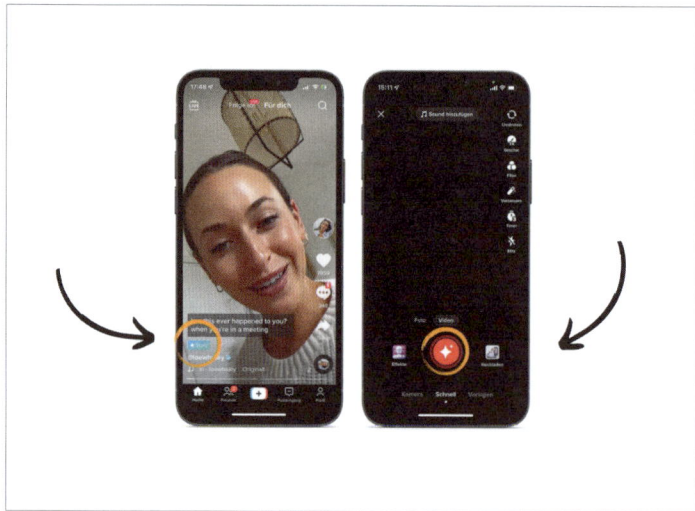

**Abbildung 8.19** So erkennst und erstellst du TikTok Stories.

### 8.2.2 Content-Formate

Jetzt hast du erfahren, was alles mittlerweile technisch möglich ist bei TikTok. Die verschiedenen Formate helfen dir sicherlich weiter in deiner TikTok-Strategie, und du solltest dir auf jeden Fall Gedanken darüber machen, wie du welche Formate am besten auf deinem Kanal einbinden kannst. Wenn du sie richtig einsetzt, kannst du beweisen, dass du ein echter TikTok-Profi bist. Für die inhaltliche Gestaltung stelle ich dir jetzt noch drei beliebte Formatideen vor, die TikTok maßgeblich prägen und die von der Plattform nicht mehr wegzudenken sind.

**TikTok Dances**

TikTok setzt Trends über Plattformen hinweg, und wenn man über TikTok spricht, geht es meist um die aktuellsten Challenges, Songs, Memes und Tänze. Die Letzteren haben zuvor *musical.ly* stark geprägt und sind auch jetzt bei TikTok immer noch angesagt.

Wirfst du beispielsweise einen Blick in den Entdecken-Bereich, findest du dort immer mindestens einen TikTok-Tanz. Die werden auch oft als Challenges von Marken, Musikern oder Creators initiiert. Dabei ist es gar nicht wichtig, ob du gut tanzen kannst. Einfache Schrittfolgen kannst auch du lernen. Dafür gibt es meist auf TikTok oder anderen Plattformen wie YouTube direkt Tutorials für die beliebtesten Trends.

Einer der beliebtesten Tänze, der auch 2022 noch trendet, ist der #*ILikeToMoveIt*-Trend. Wichtig ist hier genug Platz zum »Shuffeln«.

**Abbildung 8.20** Der TikTok-Tanz zu #ILikeToMoveIt

Der Tanz basiert auf dem gleichnamigen Song »I like to Move it« von *Reel 2 Real ft. The Mad Stuntman* aus dem Jahr 1993.[5] Der Tanz kann alleine aufgenommen werden, aber es schadet keineswegs, ein bis zwei Tanzpartner im Video dabeizuhaben. Bei dem Trend sollte man auch keine Angst haben, albern auszusehen, wie du in Abbildung 8.20 erkennen kannst.

> **Was passiert, wenn ich mich bei TikTok zum Affen mache?**
> Die Frage wird mir sehr häufig gestellt und die »Gefahr« besteht auch auf jeder anderen Plattform. Bei TikTok gehört aber eine gewisse Selbstironie dazu, um authentisch zu bleiben. Formate wie sogenannte Bloopers, also Pannen und gelöschte Szenen, funktionieren dort auch wunderbar. Ein Tipp von mir an dieser Stelle: Mach nur das, womit du dich wohlfühlst! Nicht jeder ist ein geborener Tänzer und nicht jede eine begnadete Lip-Syncerin.

Welche TikTok Dances aktuell angesagt sind, findest du nicht nur im Entdecken-Bereich heraus. Ein Blick auf den TikTok-Kanal von @*charlidamelio* hilft dir auch weiter. Die Teenagerin gehört zu den beliebtesten Creators der Plattform und ist bekannt für ihre coolen Dance Moves.

Auch als Marke kannst du von dem beliebten Content-Format profitieren und beispielsweise eine eigene Tanzchallenge initiieren. Erfolgreich umgesetzt hat das Punica mit #*PunicaDance*, und generierte so fast 40 Millionen Klicks (siehe Abbildung 8.21).[6] Dabei wurden Nutzer aufgefordert, zu zeigen, welcher Fruits-Charakter man sei. Als Duett konnte man dann neben der ausgewählten Frucht den entsprechenden Tanz durchführen, sodass es wirkte, als würde man gemeinsam mit der Frucht tanzen. Mit einem eigens komponierten Song und in Zusammenarbeit mit reichweitenstarken Influencern wie @*dalia* und @*alinamour* war der Tanz ein voller Erfolg.

TikTok trägt unter anderem mit seinen Tänzen einen großen Teil dazu bei, dass Songs erfolgreich sind und eine Chartplatzierung erreichen. So landeten 2021 beispielsweise 175 der TikTok-Trendsongs in den US-amerikanischen Charts.[7]

Nutzer können durch den Algorithmus und die Trends bei TikTok nicht nur neue Songs entdecken, sondern auch neue Künstler. Mittlerweile nutzen 75 % der amerikanischen TikTok-Besucher*innen die Plattform dazu, um neue Künstlerinnen und Künstler zu entdecken. Aber nicht nur neue Songs begeistern das Publikum bei Tik-

---

5 Der Song erfuhr durch die Filmreihe »Madagaskar« bereits 2005 ein Revival.
6 Quelle: W&V *www.wuv.de/marketing/tiktok_fast_40_millionen_klicken_punicadance*
7 Year on TikTok 2021 Music Report: *https://newsroom.tiktok.com/en-us/year-on-tiktok-music-report-2021*

Tok, auch viele ältere Songs feiern ein Comeback – wie durch den bereits vorgestellten #ILikeToMoveIt-Dance.

**Abbildung 8.21** Der #PunicaDance von @punica_deutschland

Eine der beliebtesten Künstlerinnen auf TikTok ist Taylor Swift, deren Hashtag #swifttok im Jahr 2021 über 4,6 Milliarden Mal verwendet wurde – und immer noch im Trend ist. Ausschlaggebend dafür war der Release ihres Albums Red (Taylors Version) im November 2021.

Wenn du selbst vor der Kamera stehen und an einem beliebten TikTok-Tanz teilnehmen möchtest, solltest du den Tanz vorher üben. Am besten klappt das vor einem Spiegel und in einzelnen Schritten, bei denen du die einzelnen Tanzabfolgen nacheinander einstudierst. Für trendende Tänze findest du sehr wahrscheinlich auch schon Tutorials online, die du dir dazu anschauen kannst.

**Lip-Sync-Videos**

Zum Erfolg von Songs und ihren Künstlern bei TikTok trägt auch das Content-Format der Lip-Sync-Videos bei. Dabei bewegen die Creators eines Videos die Lippen synchron zum Text. Das muss aber nicht unbedingt immer ein Songtext sein. Beliebt sind dabei auch Film- oder Serienausschnitte, Dialoge oder auch eingesprochene Sounds, die zu Memes geworden sind. Ein populäres Meme ist der Sound

»You're coming home with me!«, der von einem TikTok des Comedians Chris Klemens stammt (siehe Abbildung 8.22). In seinem Video ist er in einem Restaurant und er findet die Kuchengabel so schön, dass er sie gerne mitnehmen würde. Mittlerweile gibt es zu dem Sound Hunderttausende Videos. Mittlerweile ist der Sound so bekannt, dass er gar nicht immer verwendet wird, sondern das Hashtag bereits ausreicht, um ein Video in den richtigen Kontext zu setzen.

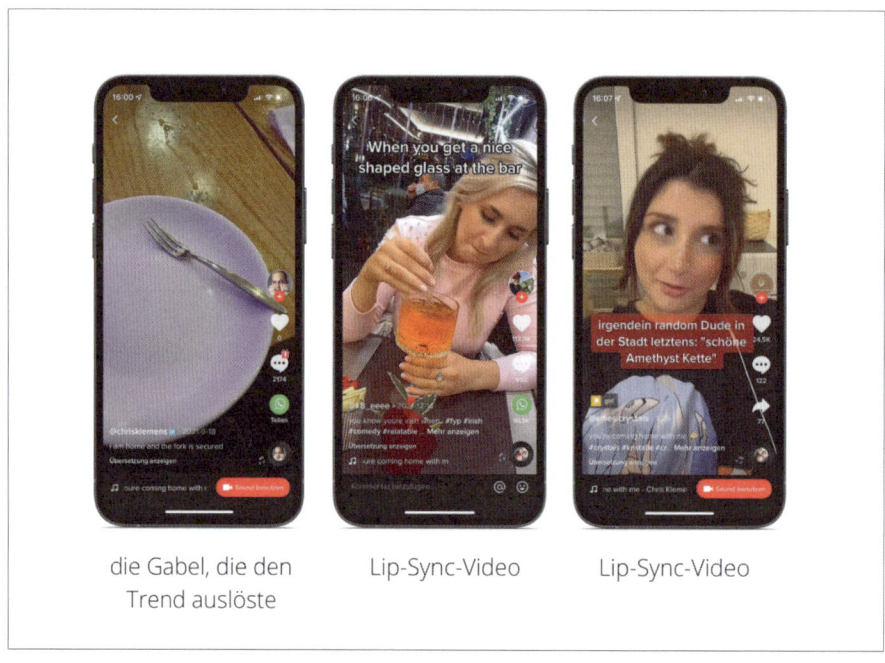

die Gabel, die den Trend auslöste   Lip-Sync-Video   Lip-Sync-Video

**Abbildung 8.22** #YouAreComingHomeWithMe wurde zum Sound-Meme.

Die Lip-Sync-Videos stammen noch aus den musical.ly-Zeiten, denn der TikTok-Vorgänger war eine reine Lip-Sync-App. Auch heute ist das beliebte Format aus TikTok nicht wegzudenken. Lass dich aber von der Vielzahl der Lip-Syncs nicht täuschen. Das Erstellen ist gar nicht so einfach.

Am besten kannst du Lip-Sync-Videos direkt in TikTok aufnehmen. Geh dazu einfach auf das große Plus, um ein Video zu erstellen. Wähle dann den gewünschten Sound aus. Hier kannst du auswählen, welchen Ausschnitt aus dem Sound du verwenden willst (siehe Abbildung 8.23). Zum Aufnehmen des Videos hältst du dann den großen roten Button. Nun kannst du das Video noch mal bearbeiten. Klickst du am Ende erneut auf die Musiknote, kannst du den Sound noch mal auf deine Lippenbewegung optimieren.

8.2 Die verschiedenen Formate im Überblick

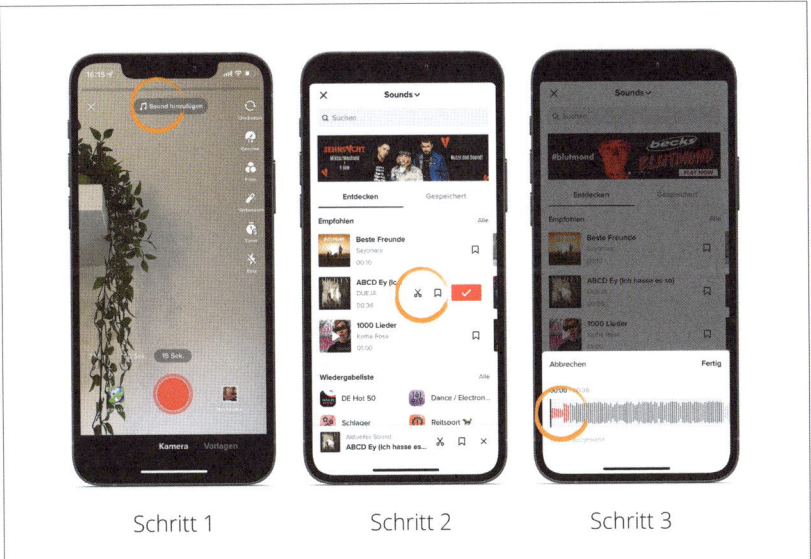

|    Schritt 1    |    Schritt 2    |    Schritt 3    |

**Abbildung 8.23** So wählst du den passenden Songausschnitt aus.

---

**Fünf Tipps für bessere Lip-Syncs**

1. Beweg deine Lippen nicht nur synchron zum Text, sondern sprich den Text laut vor. Am Ende wird dein Video sowieso stumm geschaltet, und es ist nur der Sound zu hören, zu dem du deine Lippen bewegst.
2. Nimm dir Zeit! Ein perfektes Lip-Sync-Video braucht immer mehrere Takes.
3. Sprich als Anfänger zuerst einen Satz ein und pausiere dann die Aufnahme. Starte die Aufnahme wieder, wenn du den nächsten Satz etwas geprobt hast.
4. Verringere bei der Aufnahme die Wiedergabegeschwindigkeit der Audiospur. Das macht das Nachsprechen leichter.
5. Wenn du Probleme hast, dir die Texte zu merken, kannst du eine Teleprompter-App verwenden. Diese blendet die Texte für dich beim Videodreh auf deinem Bildschirm ein.

---

### Eigene Sounds

Mittlerweile ist der Sound bei TikTok nicht mehr wegzudenken. Laut TikTok selbst performen Videos, die mit einem Sound hinterlegt sind, auch wesentlich besser. Beispielsweise denken 90 % der TikTok-Nutzer, dass Sound zur Plattform gehört, denn Sounds machen mehr Spaß.[8] Bei der Verwendung solltest du als Unternehmen, Marke oder Influencer jedoch einiges beachten. Was genau, erklärt dir Rechtsanwalt Thomas Schwenke in Kapitel 16.

---

8  Quelle: *https://influencermarketinghub.com/tiktok-sounds*

Einfacher ist es, eigene Sounds aufzunehmen und zu verwenden. Dazu nimmst du dein Video entweder direkt in der App auf oder lädst es mit dem entsprechenden Ton hoch. Eigene Sounds kannst du nutzen, um Challenges zu initiieren oder dich direkt an deine Zuschauer zu wenden, beispielsweise um Fragen zu beantworten. In diesem Content-Format ist also deine Kreativität noch stärker gefordert, und du kannst hier wirklich eigene Ideen und Formate umsetzen. Ein gutes Beispiel hierfür ist @*tagesschau*, die in kurzen Videos die News des Tages zeigt – und das mit selbst eingesprochenen Sounds.

Auch @*jo.semola* verwendet fast nur eigene Sounds. Jo backt Brot und diese Leidenschaft teilt er mit einer halben Millionen Menschen auf TikTok. In einem Format zeigt er verschiedene Brotbackrezepte und Tipps, beispielsweise für Ciabatta, Weißbrot oder Bauernbrot.

Creator @*emskopf* erstellt ebenfalls eigene, ironische Sounds, die von Tausenden anderen Nutzern via Lip-Syncs auf komödiantische Art weiterverbreitet werden. In einem ihrer erfolgreichsten Videos sagt sie z. B.: »Mein Problem gerade ist einfach, dass ich zu viele Typen habe, die verliebt sind in mich. Ihr müsst mal ein bisschen runterkommen. Chillt mal ein bisschen! Ich bin echt scheiße!«[9] Das Originalvideo hat mittlerweile über 1 Million Aufrufe, und der Sound wurde über 100-mal verwendet (siehe Abbildung 8.24).

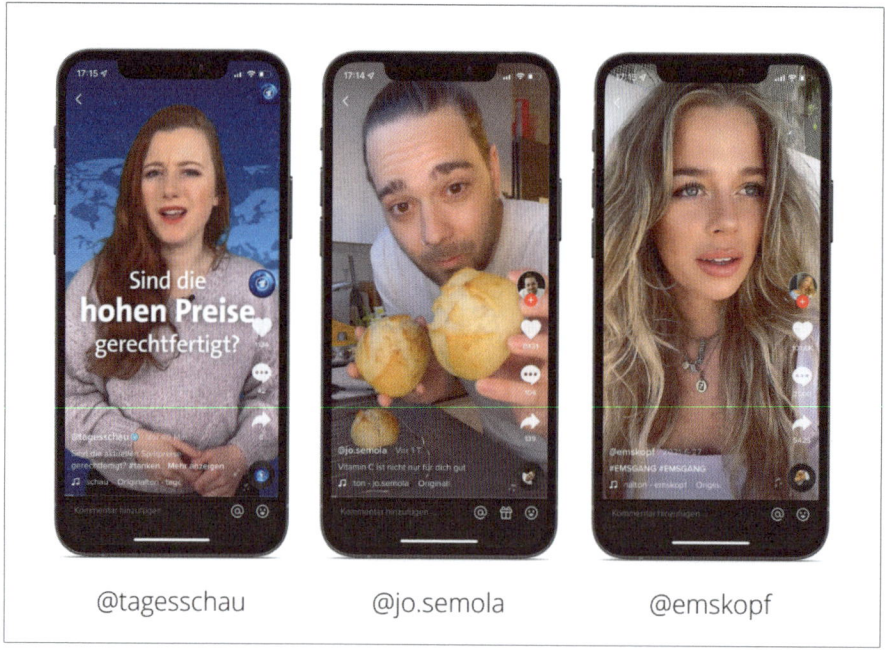

**Abbildung 8.24** Beispiele für eigene Sounds

---

9 Zum Originalvideo: *https://vm.tiktok.com/ZMLjbhdLP*

Ein weiteres Content-Format, für das eigene Sounds sehr beliebt sind, ist das Thema ASMR, ein YouTube-Phänomen, das auch auf TikTok trendet.

> **Was ist ASMR?**
> ASMR steht für Autonomous Sensory Meridian Response und bedeutet übersetzt unabhängige sensorische Meridianreaktion. Einfach gesagt beschreibt es ein beruhigend und entspannend wirkendes Gefühl wie einen Schauer, der sich über den Körper ausbreitet. Ausgelöst wird er durch entsprechende Klänge wie Flüstern oder Knistern.[10]

Bei ASMR werden eigene Klänge erzeugt, indem man beispielsweise ein Buch aus dem Regal nimmt und es durchblättert oder einfach sein Waschmittel wieder auffüllt. Die US-amerikanische TikTokerin @_catben_ ist bekannt für ihre ASMR-Videos, in denen sie aufräumt, sortiert und nachfüllt – und das mit Erfolg. Mittlerweile folgen ihr über 8 Millionen Menschen. Auch die @deutschepostdhl ist auf den Trend aufgesprungen und packt z. B. in Videos Pakete mit perfektem ASMR-Ton (siehe Abbildung 8.25).

@deutschepostdhl    @_catben_

**Abbildung 8.25** Beispiele für ASMR-Videos

---

10 Quelle: *www.thinkwithgoogle.com/intl/de-de/insights/verbrauchertrends/asmr-von-diesem-youtube-phanomen-haben-sie-bestimmt-noch-nie-gehort*

Es gibt zwei Möglichkeiten, deinem Video einen eigenen Sound hinzuzufügen. Entweder du lädst ein bereits erstelltes Video direkt mit dem entsprechenden Ton bei TikTok hoch oder du erstellst ein Video im Videoeditor und nimmst im zweiten Schritt über Voiceover einen eigenen Sound auf (siehe Abbildung 8.26).

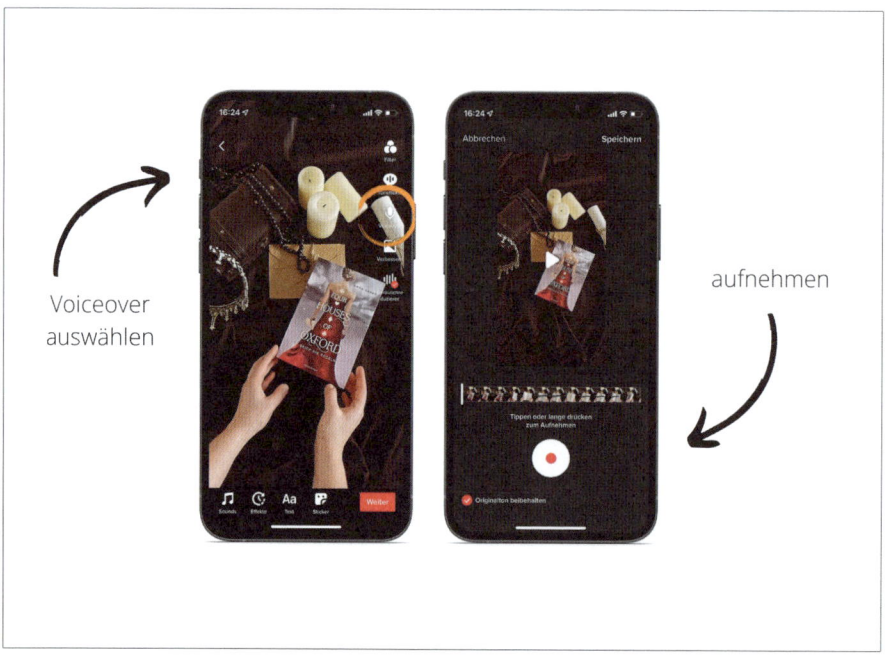

**Abbildung 8.26** So nimmst du ein Voiceover auf.

Wenn du einen eigenen Sound erstellst, solltest du ihn beim Erstellen auch benennen. So können Nutzer später deinen Sound besser finden. Du kannst den Sound später auch noch umbenennen.

## 8.3 Strategische Planung der verschiedenen Formate

Nun weißt du, welche verschiedenen Formate du bei TikTok verwenden kannst. Im Folgenden erkläre ich dir nun, wie du die Formate strategisch einsetzt und wie sie dir helfen, deine Content-Strategie zu verfolgen.

### 8.3.1 Welche Ziele erreichst du mit welchem Format?

Mit den verschiedenen Formaten kannst du unterschiedliche Ziele erreichen. Gut, dass du dir bereits in den vorherigen Kapiteln Gedanken zu deinen Zielen gemacht hast und zu dem, was du mit deiner TikTok-Strategie erreichen möchtest. Einige beliebte Ziele, die wir von anderen Plattformen her kennen, können mit TikToks nicht direkt verfolgt werden. Beispielsweise sind Linkklicks und Traffic für die eigene Website – wie im Instagram-Haupt-Feed – nur über den Umweg aufs Profil und dann in den Link möglich. Direkte Verlinkungen in Videos sind bisher nicht möglich.

Welche Ziele du mit welchen Formaten am besten erreichst, erkläre ich dir im Folgenden. Dabei wird dir auffallen, dass verschiedene Formate auch auf verschiedene Ziele einzahlen können.

**Community-Aufbau**

Für den Community-Aufbau sind am besten Formate geeignet, die auch den Community-Gedanken stärken, die Wertschätzung zeigen und interaktiv sind. Mit Duetten kannst du beispielsweise ein spannendes Markenerlebnis bieten und auch auf Content deiner Follower reagieren. So beziehst du die Community mit ein, und die baut wiederum eine stärkere Markenbindung auf. Interaktive Ideen wie ein Aufruf, dein Video zu stitchen, oder Challenges stärken zusätzlich den Community-Gedanken.

**Reichweite**

TikTok ist aktuell die beste Plattform, um organische Reichweite aufzubauen. Am besten gelingt dir das, indem du die Plattform gut kennst. Nur so kannst du Trends aufnehmen, Memes verwenden und somit deine Reichweite steigern. Verwende also Trendsounds, relevante Hashtags oder zeig deine Tanzkünste beim aktuellsten TikTok-Dance!

**Interaktionen**

Bei TikTok kannst du verschiedene Interaktionen hervorrufen. Das sind hier nicht nur Likes oder Kommentare, sondern die Nutzer können mit deinen Videos auch via Stitch oder Duett interagieren. Ruf deswegen mithilfe eines Calls-to-Action dazu auf.

Wenn Nutzer dein Video liken, teilen oder als Favoriten abspeichern, bleiben sie auch länger damit in Berührung, da sie es wahrscheinlich zu einem späteren Zeitpunkt wieder ansehen werden. Das kannst du erzielen, indem du einen Mehrwert bietest, wie beispielsweise Lifehacks oder relevante Informationen.

Insgesamt zahlt jede Interaktion auf den Algorithmus ein und somit auf den Erfolg deiner Videos. Merk dir: Je höher deine Interaktionsrate ist, desto höher ist auch deine organische Reichweite. Versuch also, deine Formate so interaktiv wie möglich zu gestalten.

### 8.3.2 Best Practice: Wie finde ich den passenden Content für mein Unternehmen?

Eine vorherige strategische Planung deiner Formate hilft dir nicht nur bei der Erfüllung deiner Ziele, sondern auch beim Finden von Ideen und beim Erstellen von Videos. Am besten findest du Trends und Inspiration beim aktiven Verwenden der App. Gefällt dir ein Video oder hast du eine Idee, wie du die Videoidee für deinen Content erweitern kannst, speichere dir das entsprechende Video einfach via Like ab oder füge es zu deinen Favoriten hinzu. Nutze außerdem die Entdecken-Funktion, um neue Inhalte zu finden, die der Algorithmus dir nicht ausspielt, die aber zu deiner Zielgruppe passen könnten. Hilfreich zum Entdecken neuer Trends kann auch Spotify sein. Dort kannst du Playlists abonnieren, die die aktuellsten Hits von TikTok sammeln.

Wenn du Content explizit für deine Nische suchst, hilft dir auch die Hashtag-Suche im Entdecken-Bereich weiter. So findest du passende Videos zu deiner Zielgruppe und deinem Thema und kannst dich dort weiter inspirieren lassen.

Folge dafür auch den Creators deiner Branche sowie deinen Mitbewerbern und schau dich aktiv auf deren Kanälen um. Besonders Influencer setzen Trends und initiieren auch Challenges und eigene Sounds, bei denen du mitwirken kannst. So kannst du ihnen auch gleich deine Wertschätzung zeigen. Es kann außerdem vorteilhaft sein, auf Challenges von Mitbewerbern aufzuspringen, denn bei TikTok steht das Miteinander im Vordergrund.

Seit August 2021 hat TikTok auch eine Kooperation mit Canva. Das ist ein Onlinetool, in dem beispielsweise Creatives für verschiedene Plattformen erstellt werden können. Unter *Creatives* versteht man Videos, Grafiken oder Audiodateien, die speziell für die Bewerbung von Produkten erstellt werden. Bei Canva gibt es die Möglichkeit, Videovorlagen zu nutzen und sich speziell für TikTok inspirieren zu lassen. Das Tool stelle ich dir genauer in Kapitel 15, »Bonus: Hilfreiche Tipps und Tricks«, vor.

Am wichtigsten ist dabei aber, nicht nur witzige und coole Videoideen umzusetzen, sondern relevanten Content für deine Zielgruppe zu erstellen. Es kann leicht passieren, dass man diesen Punkt aus den Augen verliert.

> **Checkliste: Passt meine Videoidee in meine Content-Strategie?**
> - Welchen Mehrwert will ich meiner Zielgruppe bieten?
> - Welchen Mehrwert erwartet meine Zielgruppe von mir?
> - Erfüllen meine Videos diesen Mehrwert?
> - Zahlen meine Videos auch auf meine Ziele ein?

- In welche Richtung kann ich meine Videos optimieren?
- Steht die Qualität noch vor der Quantität?
- Stelle ich meine USPs noch heraus?
- Bin ich mit meinen Videos meiner Marke noch treu?

### 8.3.3 Best Practice: Der richtige Aufbau für erfolgreiche Videos

Das bedeutet jetzt nicht, dass jedes Video auf deine Ziele einzahlen muss. Allen voran ist TikTok eine Plattform, auf der du dich ausprobieren kannst, denn es wird nicht jedes Video ein viraler Hit werden. Das Wichtigste ist aber, dass auch die Nutzer merken, dass du Spaß beim Erstellen der Videos hast. Auf die Unterhaltung kommt es an. Deswegen habe ich dir im Folgenden noch ein paar Tipps und Tricks zusammengestellt, die du für erfolgreiche Videos bei TikTok nutzen solltest.

**The Hook**

Die ersten 3 Sekunden sind ausschlaggebend dafür, wie dein TikTok-Video performt: Schauen sich die Nutzer dein Video an oder scrollen sie weiter? Danach rankt der Algorithmus dein Video und spielt es weiter aus. Deswegen solltest du den Haken auswerfen und deine Nutzer gleich am Anfang mit deinem Videoeinstieg fesseln, dem sogenannten *Hook*. Aber was macht einen guten Hook aus? Das ist relativ einfach zu beantworten:

- Errege die Aufmerksamkeit der Nutzer! Und sei dabei schnell!
- Mach etwas, das auffällt und dein Video von anderen abhebt!
- Zeig direkt, worum es in deinem Video geht und warum Nutzer es sich weiter ansehen sollten!

Insgesamt sollte dein Hook ein sogenannter *Daumenstopper* sein. Dein Video wird nicht das erste sein, dass den Nutzern auf ihrer For You Page angezeigt wird, sondern vielleicht das zehnte oder das vierzigste. Deswegen sollte dein Videostart so gestaltet sein, dass der Nutzer nicht weiterscrollt. Ich habe dir im folgenden Mal beliebte Hooks zusammengestellt:

- *Ein Problem*: Dieser Einstieg bietet sich vor allem für Content aus den Bereichen Bildung an, aber auch für Unternehmen und Marken, deren Produkt im besten Fall die Lösung sein kann. Deswegen solltest du das Problem direkt am Anfang nennen und die Lösung dann im Verlauf des Videos bieten. Ein klassisches Problem von Eltern nutzt beispielsweise auch @*mymuesli* für ein Video (siehe Abbildung 8.27): Teenager kommen nach Hause und möchten direkt etwas zu essen haben, wollen sich aber nicht selbst etwas zubereiten – obwohl der

Schrank randvoll mit Produkten von @*mymuesli* ist. Mit dem Video können sich sowohl Eltern als auch Teenager identifizieren, wodurch es Erfolg versprechender ist.

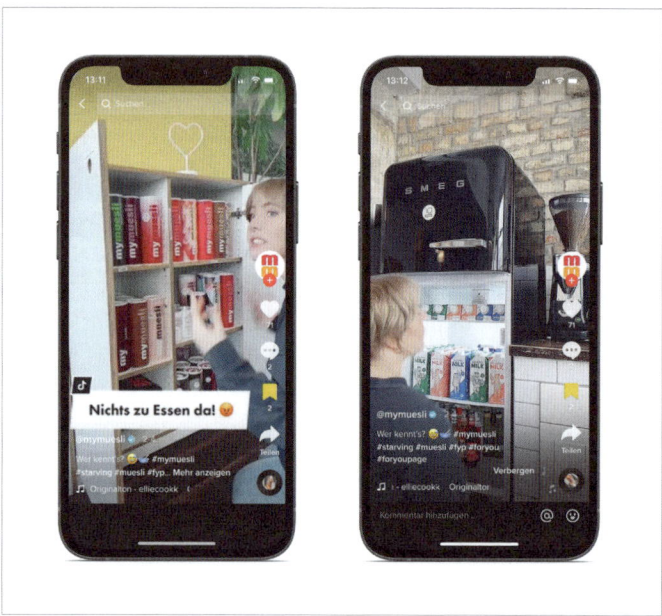

**Abbildung 8.27**  Es ist nichts zu essen da, obwohl die Schränke gefüllt sind – ein Problem, das viele Eltern kennen. (Quelle: *https://vm.tiktok.com/ZMLwtVdVD*)

- *Der POV*: Mit der Erzählperspektive des Ich-Erzählers ziehst du den Nutzer direkt mit in die Situation und zeigst deinen *Point of View*. So musst du nicht groß erklären, was der Kontext des Videos ist. Dazu kannst du einfach ein Voiceover machen oder die Situation in einem Text erklären. Du kannst die Situation aber auch einfach in der Videobeschreibung erklären und das Video für sich wirken lassen.

Ein gutes Beispiel ist etwa die *#StupidWalkChallenge*, die mit einem wiederkehrenden Sound initiiert wurde, um die eigene mentale Gesundheit zu stärken. Der Claim dabei lautet: »POV: Going on a stupid walk for my stupid mental health«. Unter dem Hashtag finden sich sehr viele Nutzervideos, bei denen die Nutzerinnen und Nutzer spazieren gehen. Auch @*deutschebahn* ist auf diesen Trend aufgesprungen, hat aber die Challenge und den POV für sich in bester Meme-Manier interpretiert. Deswegen ist im Video kein Mensch zu sehen, sondern eine Taube, wie sie ja häufig am Bahnhof unterwegs sind. Der Claim dazu: »POV: Going for a stupid walk because of Gleiswechsel« (siehe Abbildung 8.28).

8.3 Strategische Planung der verschiedenen Formate

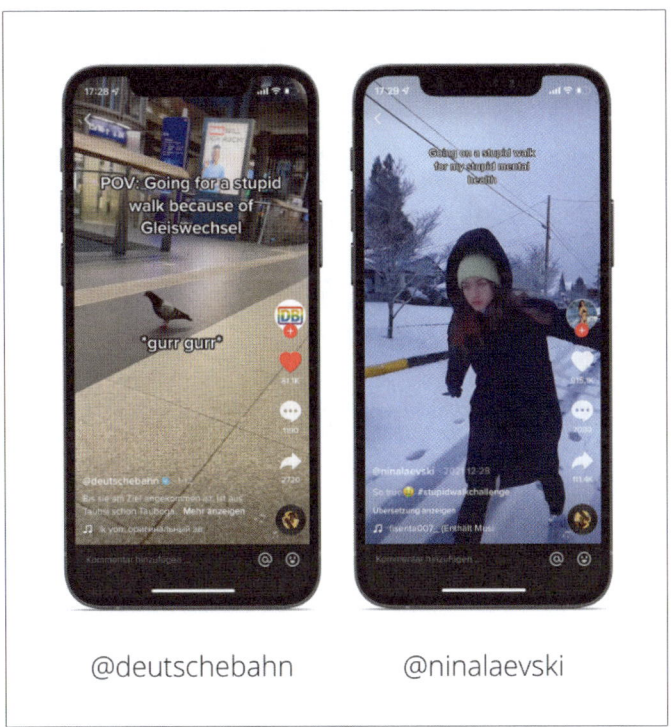

@deutschebahn   @ninalaevski

**Abbildung 8.28**  Die #StupidWalkChallenge als Beispiel für POV

- *Die direkte Nutzeransprache*: Das kann eine direkte Ansprache sein wie: »Hey, ich habe dir was zu sagen ...«, kann aber auch kreativer sein, indem du auf verschiedene Eigenschaften der Nutzer eingehst, z. B. mit: »Du siehst dieses Video, weil du weiblich bist, zwischen 25 und 30 und dein Lieblingsbuch von Sarah J. Maas ist! Dann lass uns Freunde sein!« Du kannst in dem Video auch direkt eine Lösung bieten, beispielsweise mit: »Du bist 30 Jahre alt und hast Schlafprobleme? Dann ...« Dafür gibt es mittlerweile auch einen Sound, der im Frühjahr 2022 getrendet ist. Bei dem Sound handelt es sich um die Spotttölpel-Melodie aus der Filmreihe »Die Tribute von Panem«, die im Film zum Wiedererkennungsmerkmal der Rebellen geworden ist. Bei TikTok nutzt du den Sound und schreibst dazu, welche Personengruppe du mit deinen Videos erreichen möchtest. Das können wie in Abbildung 8.29 Fans von Fantasyroleplays sein oder viel spezifischer Leserinnen eines speziellen Genres oder ganz genau Frauen Ende 20, die Fitness mögen, gut in ihrem Job sein wollen, gerade eine Hochzeit planen und sich trotzdem Zeit für Freunde nehmen. Die Videos mit dem Sound gingen oft viral und erreichten – dank des Algorithmus – genau die richtige Personengruppe.

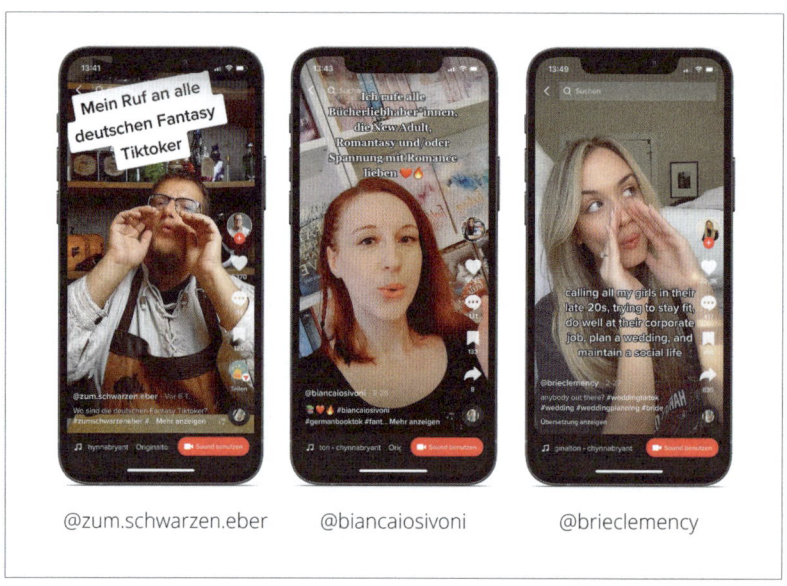

**Abbildung 8.29** Mit dem Spotttölpel-Song aus »Die Tribute von Panem« wird die eigene Community vergrößert.

- *Die Frage*: Stell am Anfang eine Frage und beantworte sie im Video! Diesen Einstieg nutzen tatsächlich schon sehr viele Unternehmen auf TikTok und gestalten Videos so interessant für die Nutzer (siehe Abbildung 8.30).

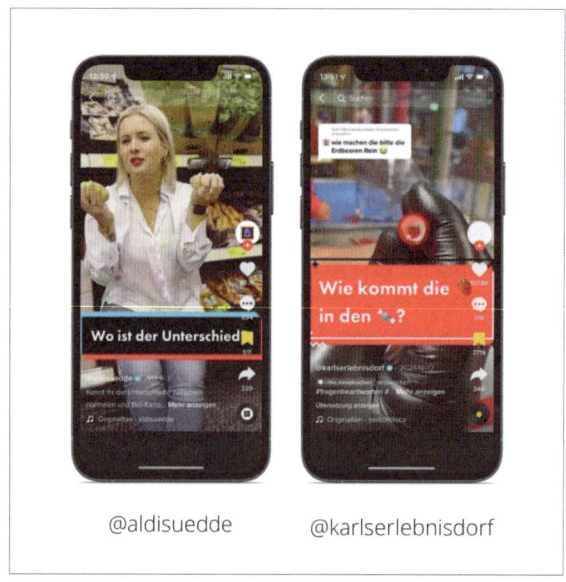

**Abbildung 8.30** Stell eine Frage am Anfang, um die Aufmerksamkeit der Nutzer zu gewinnen.

Beispielsweise startet *@aldisuedde* ein Video mit der Frage: »Was ist eigentlich der Unterschied zwischen den verschiedenen Kartoffelsorten?« Du kannst hier auch einfach häufig gestellte Fragen von Nutzern aufgreifen, wie etwa *@karlserlebnisdorf*, bei dem sich alles rund um Erdbeeren dreht. Die Frage lautet hier: »Wie kommt die Erdbeere in das Bonbon?«

- *Der Widerspruch*: Starte mit etwas Ungewöhnlichem oder einem Widerspruch, um die Nutzer zu beeindrucken! Das klingt tatsächlich einfacher, als es ist. Konkreter könntest du so anfangen wie *@gelbeseiten*: »Lust auf eine Weltreise, bei der du nicht aus Deutschland raus musst?« Für die Auflösung musst du dir dann das Video anschauen (siehe Abbildung 8.31).

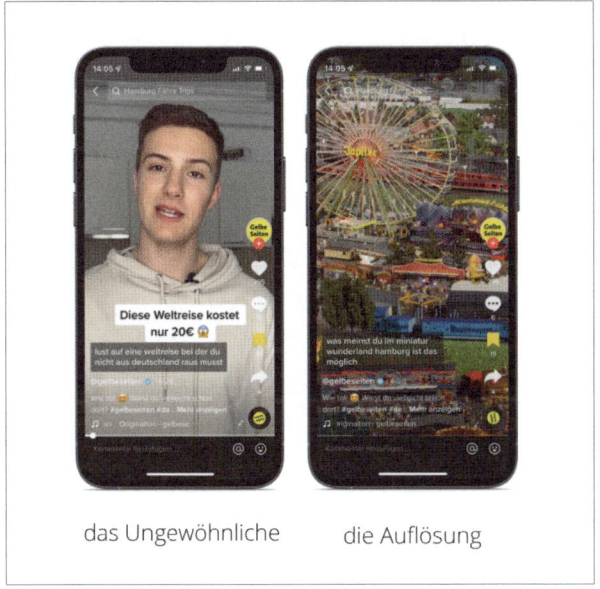

**Abbildung 8.31** Du kannst auch mit einem Widerspruch starten, um die Neugier der Nutzer zu wecken. (Quelle: *https://vm.tiktok.com/ZML7ao1gK*)

**Value**

Wenn du die Nutzer mit der Hook eingefangen hast, kommt der Kern des Videos. Das kann eine Produkterklärung sein, eine Anleitung oder auch einfach ein witziger Dance. Versuch hier neben dem Unterhaltungsfaktor auch einen Mehrwert zu schaffen. Das hilft dir, Follower zu gewinnen.

**Transitions**

Wir kennen es alle: Mit einem Fingerschnippen in die Kamera ändert sich das Setting oder jemand springt in die Luft und landet woanders. Kreative Schnitte bei TikTok sind beliebt, lassen Videos professioneller wirken und zahlen auf eine gute Performance ein. Diese Schnitte oder Übergänge nennen sich *Transitions*. Und die beliebtesten habe ich dir hier mal zusammengestellt:

- *Der Schnipp*: Du filmst eine Szene, und mit einem Fingerschnippen wechselt die Szenerie, quasi wie durch Zauberei. Ein Wechsel kann hier beispielsweise ein Ortswechsel sein (siehe Abbildung 8.32). Wer schnippt sich nicht gerne vom Büro an den Strand? Auch sehr beliebt sind Outfitwechsel oder, im kreativen Bereich, ein Schnipp von der Bastelanleitung zum fertigen Produkt.

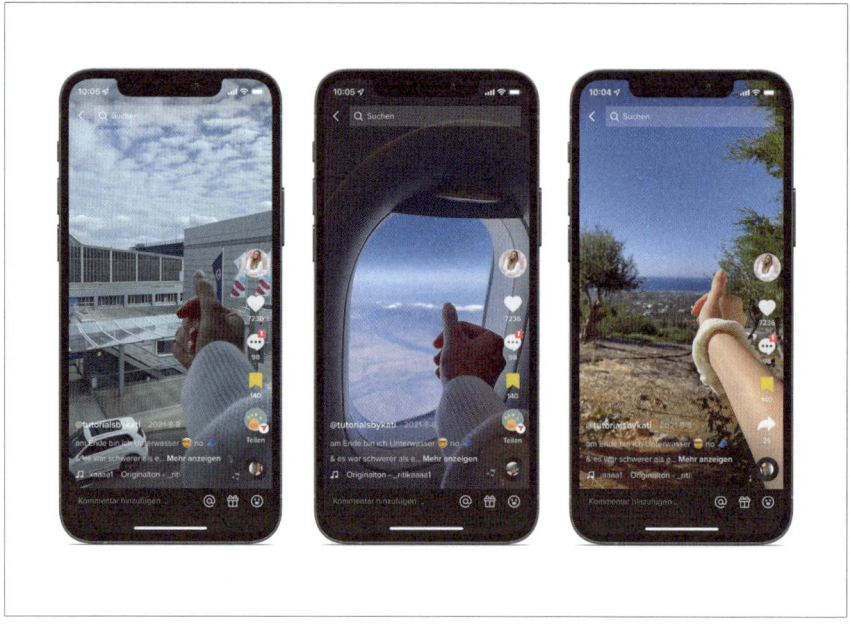

**Abbildung 8.32** Mit einem Schnipp wechselt @tutorialsbykati den Ort.
(Quelle: *https://vm.tiktok.com/ZMLoSBFGA*)

- *Der Sprung*: In der ersten Szene befindest du dich noch am Flughafen, dann springst du nach oben, setzt beim Hochspringen später den Cut – und filmst an einem anderen Ort die Landung, wie in Abbildung 8.33. Mit einem perfekten Schnitt sieht es dann so aus, als wärst du quasi von einem Ort zum anderen gesprungen. Beim Sprung kannst du aber beispielsweise auch in ein anderes Outfit »springen«. Die Schuhe stehen dafür meistens dann in einer Reihe am Boden.[11]
- *Der Wurf*: Eine beliebte Transition ist hier beispielsweise der Schuhwurf, der Teil der #AllTheWayUp-Challenge ist. Du sitzt auf einem Stuhl oder stehst vor der Kamera. Dabei hältst du einen Schuh in der Hand (siehe Abbildung 8.34). Du wirfst ihn so, dass du ihn mit deinem Fuß berührst. Mit einem Cut im richtigen

---

[11] Ein Videobeispiel dafür findest du hier: *https://vm.tiktok.com/ZMLoAjCXw*

Moment trägst du nun den Schuh und das passende Outfit dazu – ein perfekter Outfitwechsel! Deine Position markierst du hier am besten mit Klebeband am Boden.

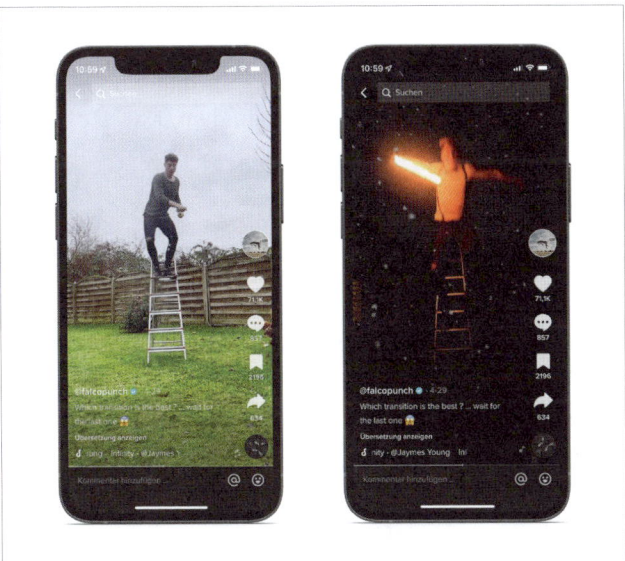

**Abbildung 8.33** Der Creator @falcopunch springt von einer Leiter für eine beeindruckende Transition. (Quelle: *https://vm.tiktok.com/ZMLoSgNJ2*)

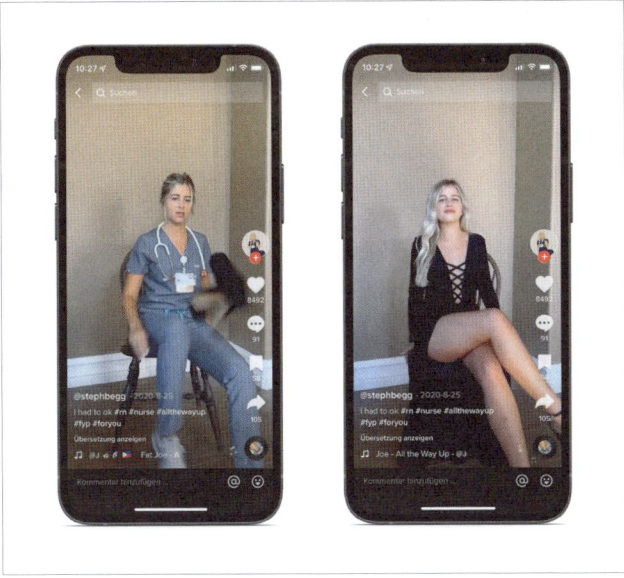

**Abbildung 8.34** Die Krankenschwester @stephbegg wechselt mit einem Schuhwurf schnell ihr Outfit. (Quelle: *https://vm.tiktok.com/ZMLoSCtTV*)

Alternativ kannst du beim Wurf auch ein Produkt nach oben werfen. Bei Büchern ist das sehr beliebt. In der ersten Szene wirfst du ein Buch nach oben – in der nächsten fängst du ein neues wieder auf.

- *Die Drehung*: Du drehst dich selbst um die eigene Achse und trägst wie Cinderella nach ihrer Verwandlung ein neues Outfit (siehe Abbildung 8.35). Alternativ kannst du auch ein Produkt drehen, dass durch einen Schnitt zu einem neuen wird. Das Erstellen ist hier tatsächlich kniffliger, als du denkst, weil deine Hand mit dem wechselnden Produkt immer an derselben Stelle sein sollte. Hol dir hierfür am besten Unterstützung!

**Abbildung 8.35** Eine Drehung und @meganciafre trägt ein neues Outfit. (Quelle: *https://vm.tiktok.com/ZMLoSgBrH*)

- *Der Zoom*: Deine Hand oder ein Produkt werden hier für einen Cut ganz nah an die Kamera geführt. Dann kommt hier der Cut und in der nächsten Szene nimmst du Hand oder neues Produkt wieder weg (siehe Abbildung 8.36).
- *Der Loop*: Wenn das Ende deines Videos so glatt in den Anfang übergeht, dass die Nutzer im ersten Moment gar nicht merken, wie ihnen geschieht, hast du einen perfekten Loop geschaffen (siehe Abbildung 8.37). Das Gute daran ist, dass Nutzer das Video dann häufiger ansehen und du so mehr Watchtime bekommst – und dein Video somit häufiger ausgespielt wird.

8.3 Strategische Planung der verschiedenen Formate

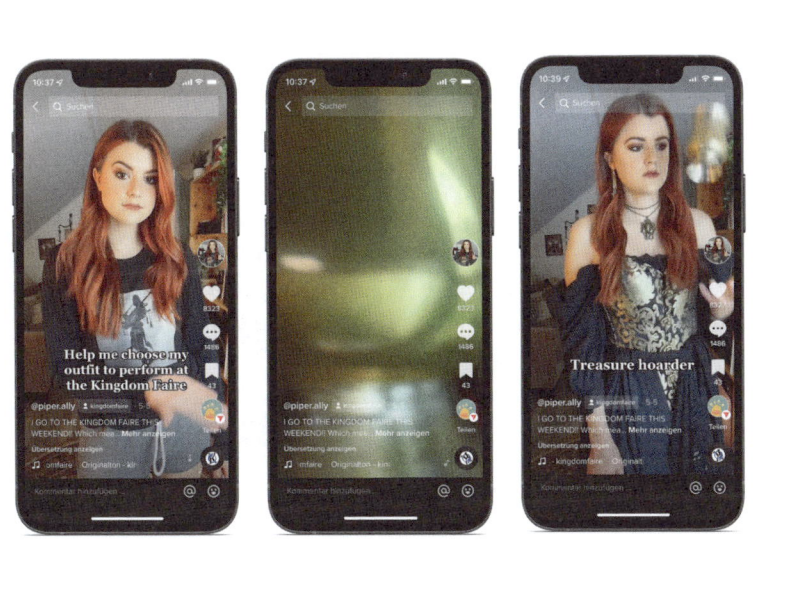

**Abbildung 8.36** Für einen Outfitwechsel verwendet @piper.ally einen goldenen Kelch, den sie mit der Hand zur Kameralinse führt. (Quelle: *https://vm.tiktok.com/ZMLoSXay3*)

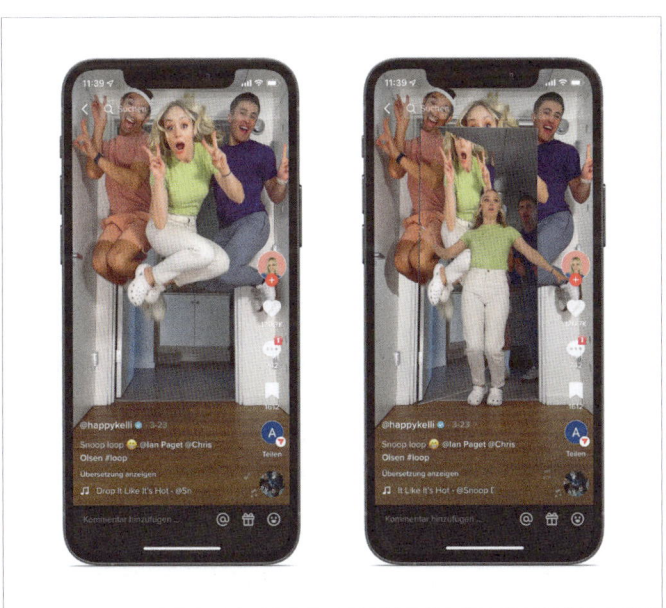

**Abbildung 8.37** Ein perfekter Loop von @happykelli
(Quelle: *https://vm.tiktok.com/ZMLoS7raJ*)

195

Besonders coole Transitions produziert z. B. der deutsche Creator *@falcopunch*. Manchmal zeigt er auch ein Tutorial dazu, weshalb sich ein Blick auf den Kanal immer lohnt. Wenn du eine Transition siehst, die du gerne nachmachen willst, sie im ersten Moment aber nicht verstehst, such dir ein Tutorial dazu. Nicht nur bei TikTok-Creators wie *@jera.bean* oder *@tutorialsbykati* wirst du meist fündig, sondern auch beispielsweise bei YouTube.

---

**Tipps für gelungene Transitions**

- Positioniere dein Smartphone an einem festen Ort, am besten auf einem Stativ, sodass du es nicht festhalten musst!
- Markiere verschiedene Punkte, wie Standort etc., mit Klebeband am Boden!
- Hol dir Hilfe! Oft ist der Videodreh zu zweit einfacher!
- Drehe an einem Ort, an dem das Licht nicht zu schnell wechselt, sodass sich beispielsweise bei einem Outfitwechsel der Lichteinfall in den Videos nicht zu sehr unterscheidet!

---

**CTA**

Wenn du eine bestimmte Handlung von deinen Followern haben möchtest, dann fordere sie am Ende des Videos dazu auf. Willst du, dass sie das Video liken? Dann baue z. B. den folgenden Call-to-Action (CTA) ein: »Zeig mir doch mit einem Like, dass dir das Video gefallen hat!« Hast du viele virale Hits, aber verhältnismäßig wenig Follower? Dann fordere: »Folgt mir für mehr!« Oft brauchen die Nutzer einfach einen kleinen Anstoß, um bestimmte Interaktionen durchzuführen. Vielleicht erinnerst du dich noch an das Interview mit Evelyn aus Kapitel 2, »#GetToKnow-MeBetter – wie funktioniert TikTok?«. Sie hat uns darin erklärt, warum ihr Schönschreibvideo so erfolgreich ist. Einer der Gründe ist der verwendete CTA. Sie forderte dabei die Nutzer heraus, ihren Namen zu schreiben, um ihre Fortschritte im Handlettering festzuhalten.

Kapitel 9

# Memes bei TikTok

Einfallsreich, witzig und auf einen Blick zu verstehen: Die Rede ist von den beliebten Memes, die sich wie ein Lauffeuer über soziale Netzwerke ausbreiten.

Memes sind eine clevere Art, um Sachverhalte in einem Bild zusammenzufassen, und jeder von uns ist bestimmt schon über das eine oder andere Meme gestolpert – egal, ob auf Facebook, Instagram, Reddit oder bei WhatsApp, wo Verwandte und Bekannte mehr oder weniger witzige Exemplare schicken.

Alles kann schnell zum Meme werden – meist entstehen sie jedoch spontan, ungeplant, und dann mit einer enormen Reichweite. Vielleicht erinnerst du dich noch an das Foto von US-Senator Bernie Sanders, der im Januar 2021 dick eingemummelt mit Handschuhen und medizinischer Maske bei der Amtseinführung des neuen US-Präsidenten auf einem Stuhl saß? Binnen kürzester Zeit ging sein Foto viral, wurde adaptiert und zum Meme. Auch das Interior-Design-Unternehmen *@thehomeedit* nahm bei Instagram das Meme auf und postete einen Beitrag dazu (siehe Abbildung 9.1).

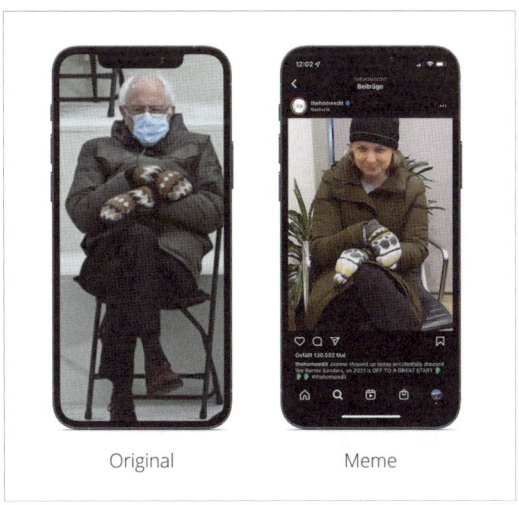

**Abbildung 9.1** US-Senator Bernie Sanders wurde 2021 zum Meme.
(Quelle: *www.cnbc.com/2021/01/23/bernie-sanders-inauguration-meme-heres-the-story-behind-the-photo.html*, @thehomedit)

Memes sind beliebt und eine gute Möglichkeit, um die eigene Marke zu promoten und die Verbindung zur eigenen Community mit Humor zu stärken. Trotz ihrer Beliebtheit machen Unternehmen und Marken einen Bogen um sie. Das liegt daran, dass oft das Verständnis für Memes fehlt. Falsch eingesetzt können sie dich leicht als »Internet-Noob« outen. Das wollen wir verhindern! Deswegen erkläre ich dir in diesem Kapitel, was Memes sind, wie sie eingesetzt werden und warum sie bei TikTok so eine große Rolle spielen.

**Kapitelübersicht: Memes bei TikTok**

In diesem Kapitel lernst du Folgendes:

- Was sind Memes?
- Wie funktionieren sie?
- Wie kannst du sie am besten einsetzen?
- Warum hat TikTok Memes neu geprägt?

## 9.1 Was sind Memes?

Das Wort Meme stammt aus dem Griechischen und leitet sich von *mimema* ab. Das steht übersetzt für imitieren. Kleiner Fun Fact: Als Label für »Ideen, Überzeugungen und Verhaltensmustern« wurde die englische Bezeichnung schon weit vor Zeiten von Social Media verwendet und erstmals im Jahr 1976 von dem Evolutionsbiologen Richard Dawkins vorgestellt. Denkt man heute an ein Meme, hat man meistens an ein Bild mit einem kurzen, prägnanten und gefetteten Text in der Schriftart Impact vor Augen (siehe Abbildung 9.2).

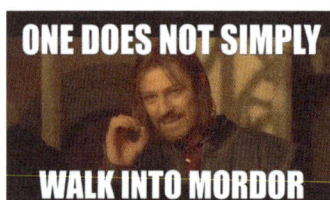
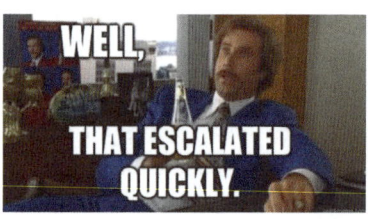

**Abbildung 9.2** Bekannte Memes

In Abbildung 9.2 hast du dir gerade vier der populärsten Memes angesehen, die weltweit geteilt, gepostet und weiterverbreitet wurden. Wie du an den Beispielen erkennen kannst, haben Memes meist auch einen popkulturellen Hintergrund. Fast jeder erkennt sie, hat sie vielleicht schon verwendet oder geteilt. Memes sind so beliebt, dass es eigene Plattformen gibt, auf denen sich bei der Kommunikation alles rund um Memes dreht. Zu den beliebtesten zählen hier Reddit und 9GAG.

Ein Meme muss nicht unbedingt ein Foto oder eine Grafik sein, sondern kann in jeglichem Medienformat auftreten, wie GIFs, Videos oder sogar als Text. Es wird nach Erstveröffentlichung kopiert, adaptiert und meist auf lustige Art und Weise verarbeitet, bis sich die Idee zu einem Insiderwitz entwickelt hat. Damit steht es immer in Verbindung mit dem Original. Das Wichtigste dabei ist, den Kontext dahinter zu verstehen. Nur so kannst du das Meme für deinen Content nutzen und auf die richtige Art und Weise teilen.

## 9.2 Wie werden Memes bei TikTok verwendet?

TikTok wird hauptsächlich geprägt durch Trends, die zu Memes werden. So werden Ideen, Sounds und Hashtags von anderen Nutzern aufgegriffen und weiterinterpretiert. Das sind dann nicht die klassischen Memes, wie du sie in Abbildung 9.2 kennengelernt hast, denn dort dreht sich alles um Video-Content.

Originalvideo    einfachere Lösung    typische Geste

**Abbildung 9.3** @khaby.lame zeigt zusammen mit @edsheeran eine einfachere Lösung, einen Keks in Milch zu tunken.

Beispielsweise ist die für @khaby.lame typische Handbewegung nicht nur sein Markenzeichen, sondern wird mittlerweile von anderen Nutzern adaptiert und ist so zum weltweiten Meme geworden (siehe Abbildung 9.3). Deutet jemand beispielsweise so auf einen Gegenstand, ist für Insider klar: Das ist die offensichtlich einfachere Lösung!

Ein anderes gutes Beispiel ist @brittany_broski, die aus Versehen zum Meme wurde und bei TikTok als #KombuchaGirl bekannt ist. Im Jahr 2019 installierte sie die App TikTok und beschloss bei einem Einkauf, das Getränk Kambucha zu probieren. Sie filmte sich dabei. Der Videoclip wurde von anderen Nutzern zusammengeschnitten, sodass nur ihre Reaktion auf den Geschmack des Getränks zu sehen war, und wurde dann weiter auf Twitter geteilt, aber mit einer anderen Caption (siehe Abbildung 9.4).

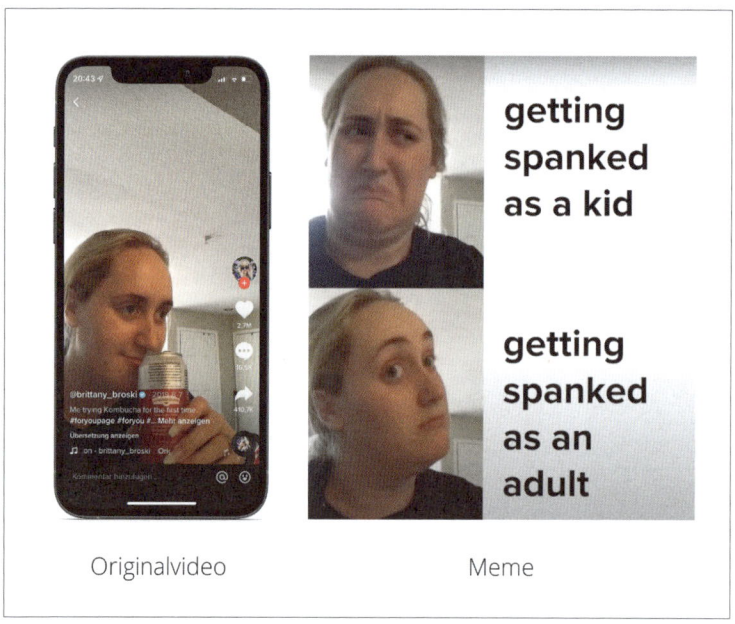

**Abbildung 9.4** brittany_broski wird zum Meme. (Quelle: *www.youtube.com/watch?v= rbyXWZVx5Hc*)

Bei TikTok verbreiten sich Memes sehr schnell über die Plattform. Du siehst mehrere Videos bei TikTok, die aufeinander Bezug nehmen. Vielleicht haben sie den gleichen Sound, ein ähnliches Setting oder sie verwenden dieselben Hashtags. Du kannst dir aber nicht erklären, was der Sinn dahinter ist oder woher der Trend kommt? Dann klick einfach auf das Hashtag oder den Sound, schau in die Kommentare oder find heraus, was der Originalsound ist. Meistens erklärt sich der Trend oder das Meme dann von ganz allein.

Memes können bei TikTok auch ausschließlich über Hashtags funktionieren – ein süßes Beispiel für ein *#HashtagMeme* sind *#BonesDay* und *#NoBonesDay*. Der Ursprung hierfür ist eine Videoserie von *@jongraz*, der Videos von seinem Mops Noodle postete. Dort zeigt er, wie er den Hund jeden Morgen aus seinem Bett heraushebt und ihn dann absetzt. Wenn Noodle nicht aufsteht, sondern sich wieder fallen lässt, als hätte er gar keine Knochen, ist der Tag ein *#NoBonesDay*. Setzt Noodle sich aber hin, dann gilt der Tag als *#BonesDay*, und der Hundebesitzer forderte seine Zuschauer auf, dass sie einen Lottoschein kaufen oder ihren Job kündigen sollten, denn heute sei ein Glückstag. Andere TikToker adaptierten das Hashtag. *#NoBonesDay* bedeutet jetzt beispielsweise, dass jemand heute Pech hatte.

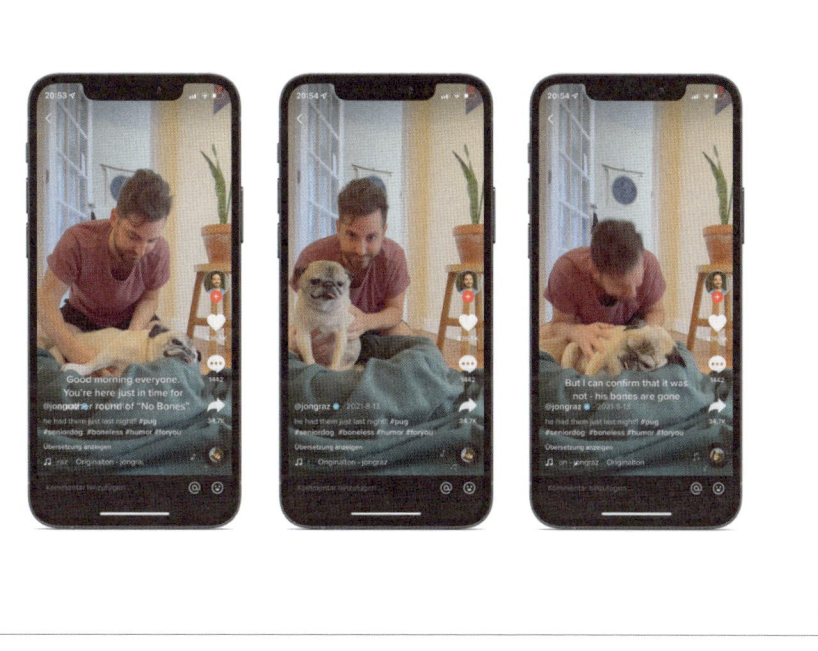

**Abbildung 9.5** Ein #NoBonesDay im Leben von Noodle
(Quelle: *https://vm.tiktok.com/ZMLPPEeBL*)

Bevor du ein Meme verwendest, solltest du auf jeden Fall die Ursprünge dahinter checken und verstehen. Verwendest du das Meme falsch, landest du schnell bei *#CringeTok*. Es kann sich auch um einen »falschen Freund« handeln, der auf den ersten Blick falsch verstanden wird. Überprüfe hier genau, was die Ursprünge sind und, ob die Handlungen und die Message mit deinen Unternehmenswerten und -zielen übereinstimmen.

> **Tipp: Entdecke die Bedeutung von Memes**
> Die Bedeutung häufig verbreiteter Memes kanns du dir auch auf Seiten wie *knowyourmeme.com* oder *memebase.com* erklären lassen.

Wenn du selbst auf den *#MemeTrain* aufspringen möchtest, gibt es Apps fürs Smartphone, die dir bei der Bearbeitung und Erstellung helfen können, beispielsweise die App *Meme Generator*.

## 9.3 Wie kann ich Memes in mein Content Marketing einbauen?

Memes sind ein hilfreiches Werkzeug, um dein Content Marketing auf lustige Art und Weise anzureichern, sie sind außerdem schnell erdacht und so auch eine gute Möglichkeit, deine Community zu stärken und auszubauen. Außerdem zeigst du damit, dass du ein TikTok-Profi bist und verstanden hast, wie die Plattform funktioniert. Allein durch den richtigen Einsatz von Memes kannst du dich aktuell von vielen Unternehmen bei TikTok abheben.

Auf TikTok helfen sie dir sogar, dich als lässig, cool und lustig darzustellen – also genau die Art der Kommunikation, die TikTok braucht. So können beispielsweise Unternehmen oder Dienstleister, die als eher ernst wahrgenommen werden, hier ihr Image anpassen.

Bestes Beispiel ist hierfür der bekannte TikToker *@HerrAnwalt*, der Jurathemen in schnellen Clips einfach verständlich darstellt. Zwischen seinen eher »schweren« Themen, die ihn ja auch als Anwalt ausmachen, lädt er das eine oder andere Trendvideo hoch oder schwingt sogar das Tanzbein für die beliebten *#TikTokDances*. So findet er genau die richtige Zielgruppenansprache, um seine Follower auch langfristig an sich zu binden.

Bei TikTok kommst du an Memes nicht vorbei, denn sie prägen die Plattform erheblich. Durch das Aufspringen auf Trends und die Verwendung von Memes kannst du also leicht deine organische Reichweite ausbauen.

> **Warum du Memes in dein Content Marketing einbauen solltest**
> - Memes steigern deine Reichweite, deine Interaktion und deine Chance auf Viralität.
> - Sie lassen deine Marke nahbarer wirken.
> - Sie schaffen ein Zugehörigkeitsgefühl durch Insider.
> - Sie stellen Kontexte einfacher dar.
> - Sie lassen dir genug Spielraum für deine eigene Kreativität.

## 9.3 Wie kann ich Memes in mein Content Marketing einbauen?

- Sie sind einfach zu erstellen.
- Sie sind witzig und machen Spaß.
- Sie dienen als Eye-Catcher und erhöhen deine Watchtime.
- Kurz, Memes steigern deine Markenpersönlichkeit.

Wie jeder Content sollten Memes nicht einfach blind aufgenommen, sondern strategisch und gezielt eingesetzt werden. Kenne den Humor deiner Zielgruppe und sprech sie damit gezielt an. Schlechte Planung kann hier fatale Folgen haben. Hast du beispielsweise eine junge Zielgruppe wie die Gen Z bei TikTok, solltest du nicht unbedingt einen Witz über ihre Verhaltensweisen machen.

Erzwinge auch nicht unbedingt die Nutzung eines Memes. Wenn du ein cooles Meme siehst, das du gerne posten willst, überleg dir, ob du wirklich eine richtige und witzige Verwendungsart dafür hast. Erzwungene Memes haben die gleiche Wirkung wie falsch eingesetzte. Erstelle jetzt aber auch nicht zu viele Memes. Setz auch auf deine eigenen Ideen und deinen eigenen Content!

**Checkliste für erfolgreiche Memes**
- Kenne deine Zielgruppe!
- Kenne die Memes!
- Kreiere selbst eigene Memes zu deiner Marke!
- Bleib mit Memes relevant!
- Verwende bekannte Memes!
- Zeig deine persönliche Seite mit Memes!
- Bleib deiner Marke damit treu!
- Sei nicht besserwisserisch oder unhöflich!

Wie du erfolgreich ein Vorurteil über dein Unternehmen als Meme für dich nutzen kannst, zeigt bei TikTok @*deutschebahn*. Eine Zugverspätung ist hier nichts Neues. Das Unternehmen nutzt das jedoch bei TikTok für sich als Meme, um sich selbstironisch darzustellen. Das erste Video kündigt beispielsweise den Kanalstart folgendermaßen an: »Auf Gleis 11 fährt ein der TikTok-Kanal der Deutschen Bahn mit dreijähriger Verspätung. Vorsicht bei der Einfahrt!«[1] Auch in vielen weiteren Videos wird die Verspätung zum Thema gemacht.

Das Unternehmen @*thehomeedit* bindet Memes stark in seine Content-Strategie ein. Erfolgreich etabliert hat es das bereits auf Instagram, denn dort gehen regelmäßig Memes zum Thema Ordnung und Aufräumen online. Eine ganz besondere

---

1 Zum Video der Deutschen Bahn: *https://vm.tiktok.com/ZMLEd5Rs9*

Rolle nehmen hier die Gründerinnen Clea und Joanna ein, die gleichzeitig die Gesichter der Marke sind. Verstärkt wurde dieser Effekt durch die Netflix-Serie, die das Team bei verschiedenen Ordnungsprojekten begleitet hat. Dadurch sind die beiden Gründerinnen mit ihren Eigenschaften selbst zum Meme geworden. An Halloween verkleiden sich Fans beispielsweise regelmäßig als Clea und Joanna. Auch bei TikTok nutzt @thehomeedit die Memes um die beiden, wie du in Abbildung 9.6 sehen kannst. In dem Video wollen zwei Mitarbeiterinnen das Smartphone des Unternehmens verwenden. Um es zu entsperren, verkleiden sie sich schnell wie die Gründerinnen.

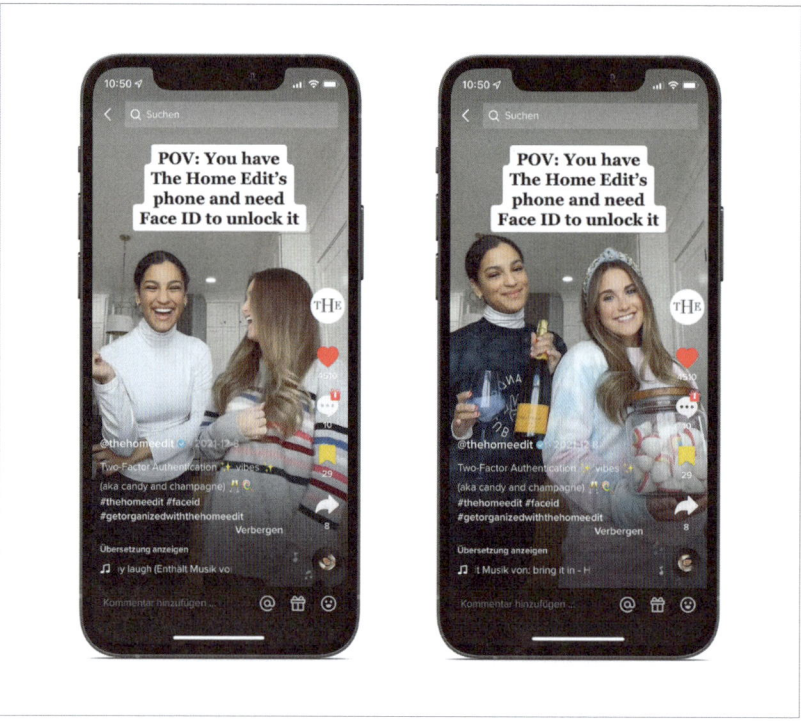

**Abbildung 9.6** Das Unternehmen @Thehomeedit nutzt das Aussehen und die Eigenschaften seiner Gründerinnen als Meme. (Quelle: *https://vm.tiktok.com/ZMLEdBY8x*)

Egal, wie beliebt Memes sind, und wie gut sie zu deiner Marke passen könnten – bei der Verwendung von Memes solltest du dir bewusst sein, dass Urheberrechte gewahrt werden müssen. TikTok arbeitet hier ja nicht direkt mit Grafiken oder Fotos, die direkt kopiert werden, sondern du verwendest Ideen, Sounds oder Hashtags. Was du bei der Verwendung beachten solltest, erfährst du in Kapitel 16, »#GetItRight – TikTok aus rechtlicher Sicht«.

Kapitel 10

# Dein Weg zum erfolgreichen Unternehmensprofil – Videos erstellen

Dein erstes TikTok ist deine Botschaft an alle TikTok-Nutzer, die deine Präsenz auf der Plattform ankündigt und die ersten Follower gewinnen kann.

Das erste Video bei TikTok hochzuladen kostet wahrscheinlich am meisten Überwindung. Dort zeigst du dich vielleicht zum ersten Mal privater als auf Plattformen wie Instagram oder Facebook, um einen authentischen Kanalauftritt aufzubauen. Du kannst die Gelegenheit nutzen und dich erst mal vorstellen. Was bist du für ein Unternehmen? Wer ist die Person, die das Gesicht deines Kanals ist, und welche Art von Content bietest du auf TikTok?

Erfolgreich umgesetzt hat das beispielsweise die Lesecommunity #*lovelybooks*, die einen beliebten #*BookTok*-Sound verwenden, um sich vorzustellen (siehe Abbildung 10.1). Eine andere Möglichkeit zu starten ist Selbstironie. Das erste Video der deutschen Bahn kündigt den TikTok-Kanal mit der Durchsage am Gleis an: »Auf Gleis 11 fährt ein der TikTok-Kanal der Deutschen Bahn mit dreijähriger Verspätung.«

Mach dir also vorab Gedanken dazu, wie du der TikTok-Community verkünden möchtest, dass du jetzt auch einen Auftritt dort hast. Dein erstes Video sollte dabei individuell auf dich abgestimmt sein und authentisch wirken.

> **Kapitelübersicht: Dein Weg zum erfolgreichen Unternehmensprofil**
> In diesem Kapitel lernst du Folgendes:
> - Wie stellst du Videos bei TikTok ein?
> - Wie verwendest du den Videoeditor dabei richtig?
> - Was macht eine gute Videobeschreibung aus?

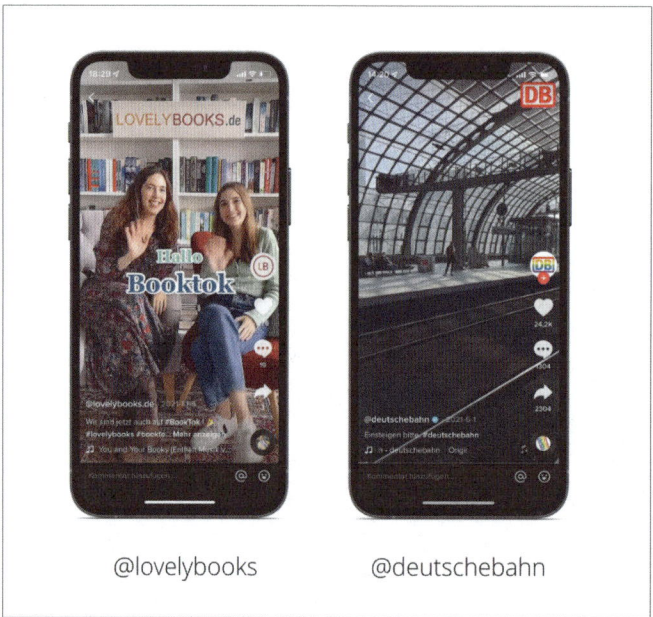

**Abbildung 10.1** Die ersten Videos von Unternehmen

## 10.1 Das richtige Set-up

Bevor wir mit unserem ersten Testvideo starten, solltest du dein Set-up herrichten, denn das macht den feinen Unterschied für eine hochwertige Videoqualität. Für die Aufnahme selbst brauchst du bei TikTok kein professionelles Equipment, denn du kannst das Video ganz einfach mit deinem Smartphone drehen. So kannst du auch sicherstellen, dass deine Videos mobiloptimiert sind. Wichtig ist hier eine gute Smartphone-Kamera, über die die aktuellsten Geräte mittlerweile standardmäßig verfügen. Ein gutes Smartphone ist ein guter Start, aber du willst deine TikToks auf das nächste Level heben – ganz ohne verwackelte Sequenzen und schlechte Belichtung.

> **Best Practice: Tipp zum Set-up**
> Die Zeit, die du vorher in ein ordentliches Set-up steckst, kannst du dir bei der späteren Videobearbeitung sparen.

Das Verwackeln kannst du gut vermeiden, indem du in ein Stativ investierst. So kannst du sicherstellen, dass dein Smartphone einen sicheren Stand hat. Außerdem macht es das Filmen einfacher, wenn du allein arbeitest, weil deine Lieblingskollegin gerade keine Zeit hat, um dir zu helfen. Wenn du Produkte abfilmst, die nebeneinanderstehen, ist ein Stativ eher unpraktisch und du versuchst es lieber mit einer ruhigen Hand. Alternativ kannst du dir hier auch einen Gimbal zulegen, der deine Kameraführung erleichtert. Das ist sozusagen ein tragbares Stativ, das eine ruhige Kamerafahrt ermöglicht.

Der zweite wichtige Punkt für deine Videoqualität ist die Beleuchtung. Hier reicht tatsächlich oft ein Ringlicht aus, das du vielleicht schon bei dem einen oder der anderen Influencer*in gesehen hast. Damit kannst du vor allem dein Gesicht oder ein handliches Produkt gut ausleuchten. Ist dein Aufnahmeort allerdings sehr dunkel, hat er einen schlechten Lichteinfall oder möchtest du große Produkte filmen, stößt das Ringlicht schnell an seine Grenzen. Dann empfehle ich dir, in eine professionellere Beleuchtung zu investieren, wie beispielsweise in eine Softbox. Einzelne beispielhafte Produkte habe ich dir in der folgenden Checkbox noch mal aufgelistet.

> **Hilfreiche Tools für dein Set-up**
> - Smartphone zur Videoaufnahme und Bearbeitung: z. B. iPhone-Modelle der Generation 10 und aufwärts, Samsung Galaxy S21, Google Pixel 5
> - Smartphone-Stativ: *http://r-wrk.de/892801*
> - Gimbal: *www.dji.com/de/osmo-mobile-3*
> - Ringlicht: *http://r-wrk.de/892802*
> - Softbox: *www.rollei.de/collections/softboxen*

## 10.2 Video erstellen

TikTok hat Social Media revolutioniert, indem es das *Mobile Filming* optimiert hat. Das bedeutet, dass du in der App einen Videoeditor findest, mit dem du direkt dein erstes Video aufnehmen kannst. Außerdem können dort verschiedene Funktionen zur Videobearbeitung ausgewählt werden. Nimm jetzt mal dein Smartphone zur Hand und öffne die TikTok-App, dann zeige ich dir, wie das geht! Siehst du das große Plus in der Mitte? Dann klick gleich mal darauf, denn dort kannst du dein erstes Video aufnehmen (siehe Abbildung 10.2). Willkommen im TikTok-eigenen Videoeditor!

**Abbildung 10.2** So gelangst du in den Videoeditor.

Starte damit, ein erstes Probevideo aufzunehmen. Wähle dazu erst einmal aus, wie lang dein Video sein soll. Bei TikTok kannst du aktuell zwischen 15 Sekunden, 60 Sekunden oder 3 Minuten wählen (siehe Abbildung 10.3). Keine Sorge: Dein Video muss jetzt nicht genau 15 Sekunden lang sein, sondern die Zeitangabe bedeutet hier *bis zu* 15 Sekunden. TikTok empfiehlt aktuell eine Videolänge von 15 bis 20 Sekunden.

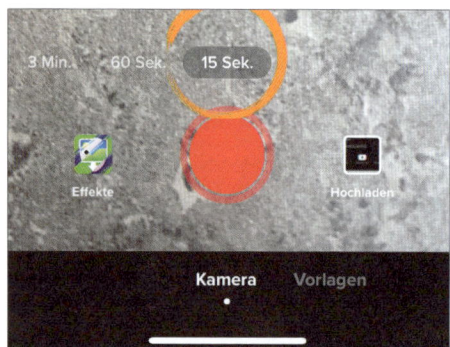

**Abbildung 10.3** So legst du die Videolänge fest.

TikTok stellt dir zur Aufnahme eines Videos verschiedene Funktionen zur Verfügung, die dir das Filmen erleichtern, wie beispielsweise die Einstellung der Geschwindigkeit. Alle Funktionen findest du in der rechten Seitenleiste. In Abbildung 10.4 siehst du alle Funktionen auf einen Blick. Ich erkläre sie dir im Folgenden noch mal genauer:

die verschiedenen Funktionen des Videoeditors

**Abbildung 10.4** So kannst du weitere Einstellungen zur Videoaufnahme vornehmen.

- UMDREHEN: Hier kannst du von deiner vorderen zu deiner hinteren Kamera wechseln. Tipp: Die hintere Kamera ist oft qualitativ besser als die vordere. Versuche deswegen, deine Videos so oft wie möglich mit der hinteren Kamera zu drehen. Allein ist es aber meist einfacher, die Frontkamera zu verwenden, denn so siehst du genau, welcher Ausschnitt auf dem Video zu sehen ist.
- GESCHWINDIGKEIT: Mit dieser Funktion kannst du die finale Wiedergabegeschwindigkeit deines Videos steuern. Wenn du also dreifache Geschwindigkeit auswählst, wird dein Video zwar normal aufgenommen, aber dann viel schneller wieder abgespielt. Eine langsamere Geschwindigkeit bei der Aufnahme hilft dir z. B. bei der Erstellung von Voiceovers.
- FILTER: Hier kannst du verschiedene Filter ausprobieren, die nach den Themen Porträt, Landschaft, Essen und Vibe sortiert sind. Die Bearbeitungsfunktion kennst du vielleicht von Instagram, denn sie ist typisch für die Plattform. Beachte hier, dass es sich um sogenannte Farbfilter handelt, die sich von den Effekten, also den AR-Filtern, unterscheiden. Bei den Farbfiltern handelt es sich um Filter, die die Aufnahme bezüglich der Settings wie Helligkeit, Kontrast, Sättigung oder Schärfe anpassen. AR-Filter hingegen verändern beispielsweise deine Gesichtszüge oder ergänzen Elemente wie Hundeohren. Experimentiere hier gerne mal mit den verschiedenen Filtern!
- VERBESSERN: Das ist ein Beauty-Filter, mit dem du dich virtuell schminken kannst. Du kannst dir hier Lidschatten auftragen, deine Zähne weißer machen und deine Haut straffen. Zugegebenermaßen macht das Ausprobieren hier wirklich Spaß, aber bei speziellem Lichteinfall kann der Filter unnatürlich wirken. Bei TikTok steht allerdings die Authentizität im Vordergrund, und gesichtsverändernde Filter brauchst du nicht.
- TIMER: Der Timer ist sehr hilfreich, wenn du freihändig aufnehmen willst, denn die Aufnahme startet nach dem von dir festgelegten Countdown. Außerdem kannst du die Aufnahmedauer festlegen. Das ist ganz hilfreich, wenn du beispielsweise ein Video mit einem Outfitwechsel drehst, denn so sparst du dir später den Schnitt.
- BLITZ: Hier kannst du wie bei einer klassischen Fotoaufnahme einen Blitz einstellen. Beachte, dass dir die Funktion nur bei deiner hinteren Kamera zur Verfügung steht.

Jetzt kennst du die wichtigsten Funktionen und kannst dein erstes Video aufnehmen, indem du den roten Aufnahme-Button antippst (siehe Abbildung 10.5). Probiere das gerne gleich mal aus! Dreh einfach mal ein Testvideo, um dich mit den Funktionen vertraut zu machen. Die Schritte der Videoaufnahme kannst du auch überspringen, wenn du bereits ein Video gedreht hast und es hochladen möchtest. Dann kannst du direkt den Button HOCHLADEN wählen und dort aus deiner Fotogalerie deines Smartphones die entsprechenden Videos auswählen. So hast du auch die Möglichkeit, Videos, die bis zu 3 Minuten lang sind, einzustellen. Ich habe dir auch in Kapitel 15, »Bonus: Hilfreiche Tipps und Tricks«, noch einige Apps und Tools zur Videobearbeitung zusammengestellt, die du alternativ zum Videoeditor von TikTok verwenden kannst.

**Abbildung 10.5** So startest du deine Videoaufnahme oder lädst ein Video hoch.

Herzlichen Glückwunsch! Du hast dein erstes Testvideo erstellt. Nun kannst du das Video weiter im Editor bearbeiten. Dazu stehen dir jetzt weitere Bearbeitungsoptionen zur Verfügung, wie du in Abbildung 10.6 sehen kannst.

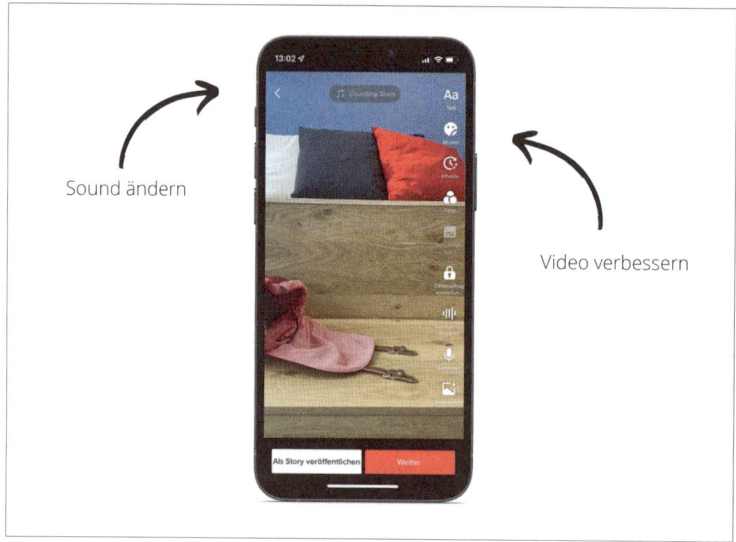

**Abbildung 10.6** Die Bearbeitungsoptionen im Videoeditor

Einige Effekte in der rechten Leiste werden dir jetzt sicher bekannt vorkommen, denn die finden sich entweder schon im Aufnahmebereich wieder oder ich habe sie dir in vorherigen Kapiteln schon vorgestellt. Ich fasse sie dir aber im Folgenden noch mal zusammen:

- TEXT: Hier kannst du Text-Overlays einfügen. Das erkläre ich dir aber noch genauer!
- STICKER: Das sind verschiedene Sticker von TikTok und beispielsweise GIFs, die du in dein Video einbinden kannst.
- EFFEKTE: Darunter findest du beispielsweise sogenannte AR-Filter und weitere Videoeffekte.
- FILTER: Hier kannst du im Nachhinein oder für dein hochgeladenes Video noch verschiedene Bildbearbeitungen wie Helligkeit, Kontrast etc. anwenden.
- BESCHREIBUNGEN: Mit dieser Funktion kannst du automatisch Untertitel generieren lassen – vorausgesetzt, dein Video hat einen Originalsound mit Stimmen.
- GERÄUSCHREDUZIERER: Damit kannst du automatisch Hintergrundgeräusche reduzieren und ausblenden lassen. Das funktioniert wunderbar, und ich rate dir, die Funktion immer einzustellen, wenn du ein Video mit Originalton verwendest.
- VOICEOVER: Hier kannst du noch einen Text einsprechen, der über dein Video gelegt wird.
- VERBESSERN: Die Funktion verbessert automatisch dein Video, in dem es ideale Einstellungen für Sättigung, Helligkeit, Kontrast etc. wählt.

Die Funktionen der unteren Bearbeitungsleiste stelle ich dir jetzt in den folgenden Abschnitten vor, da sie einer umfangreicheren Erklärung bedürfen.

## 10.2.1 Den richtigen Sound hinzufügen

Klickst du auf SOUNDS, kannst du Musik oder aufgenommene Sounds von anderen Nutzern deinem Video hinzufügen. Deinen eigenen Sound fügst du unter VOICEOVER hinzu. Wenn dein Video bereits über einen eigenen Sound verfügt, kannst du es einfach so hochladen. Du solltest auf jeden Fall einen Sound hinzufügen, denn TikTok ist eine *Sound-on-Plattform*, und Videos mit Sound performen deutlich besser als ohne. Die Wahl des Sounds kann auch stark beeinflussen, wie dein Video auf der *For You Page* ausgespielt wird, denn Videos mit Trendsounds haben das Potenzial, viral zu gehen.

Wenn du einen Unternehmens-Account besitzt, kannst du allerdings nur *kommerzielle Sounds* wählen. Das bedeutet, dein Zugriff auf die gesamte Soundbibliothek ist beschränkt, und du kannst nicht jeden Trendsound verwenden. Dafür kannst du kommerzielle Sounds kostenfrei nutzen. Lädst du das Video im Nachhinein herunter, um es auf einer anderen Plattform zu verwenden, kannst du den Sound dort nicht nutzen.

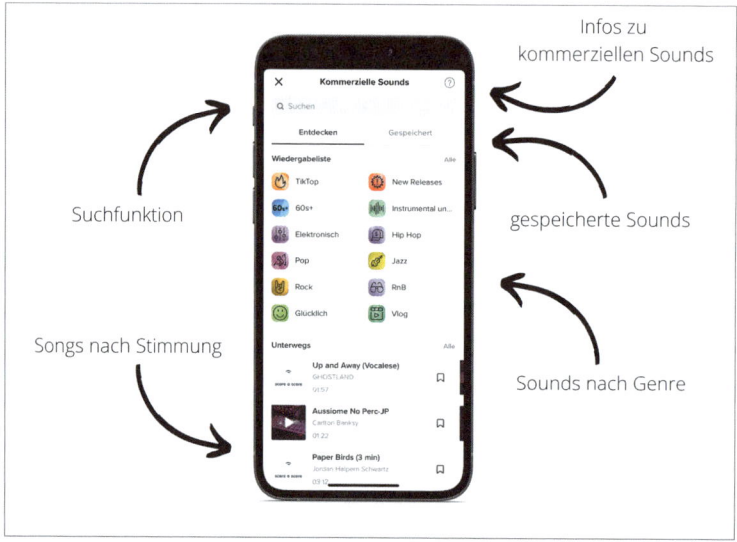

**Abbildung 10.7** Die kommerzielle Soundbibliothek von TikTok

In der kommerziellen Soundbibliothek kannst du entweder über die Suchfunktion nach passenden Sounds suchen, über die Wiedergabeliste, nach Genre sortiert, neue Sounds entdecken, oder du erhältst beim Runterscrollen Vorschläge, sortiert nach Stimmung, wie beispielsweise wohltuend, traurig oder niedlich (siehe Abbildung 10.7).

> **Best Practice: 3 Tipps, um die richtige Musik zu finden**
>
> 1. Orientiere dich an der Stimmung deines Videos und such danach deinen Sound aus. Bei Büchern mache ich es beispielsweise so, dass ich bei Thrillern spannungsvolle, düstere Songs hinterlege, wohingegen Kinderbücher fröhliche Musik bekommen.
> 2. Wenn es sich anbietet, dein Video auf einen Song zu takten, kannst du danach deinen Sound aussuchen. Das bietet sich beispielsweise bei Transformation-Videos oder Stop-Motion-Videos besonders gut an.
> 3. Wenn du ganz unschlüssig bist, kannst du dich auch von den populärsten TikTok-Songs inspirieren lassen. Eine Auflistung dazu findest du z. B. hier: www.teen-vogue.com/story/best-tik-tok-songs

Wenn du durch deinen *For You Feed* scrollst, entdeckst du sicher viele Trendsounds, zu denen du direkt eine coole Videoidee im Kopf hast. Dann kannst du den Sound anklicken und als Favoriten abspeichern. So ist er später einfach auffindbar in deiner kommerziellen Soundbibliothek. Beachte aber, dass gespeicherte Sounds oft gar keine *kommerziellen Sounds* sind. Das solltest du auf jeden Fall immer noch mal prüfen, indem du den Sound in der kommerziellen Soundbibliothek suchst. Um einen Sound abzuspeichern, klick einfach auf den Sound und wähle ZU FAVORITEN HINZUFÜGEN. Eine Anleitung findest du in Abbildung 10.8.

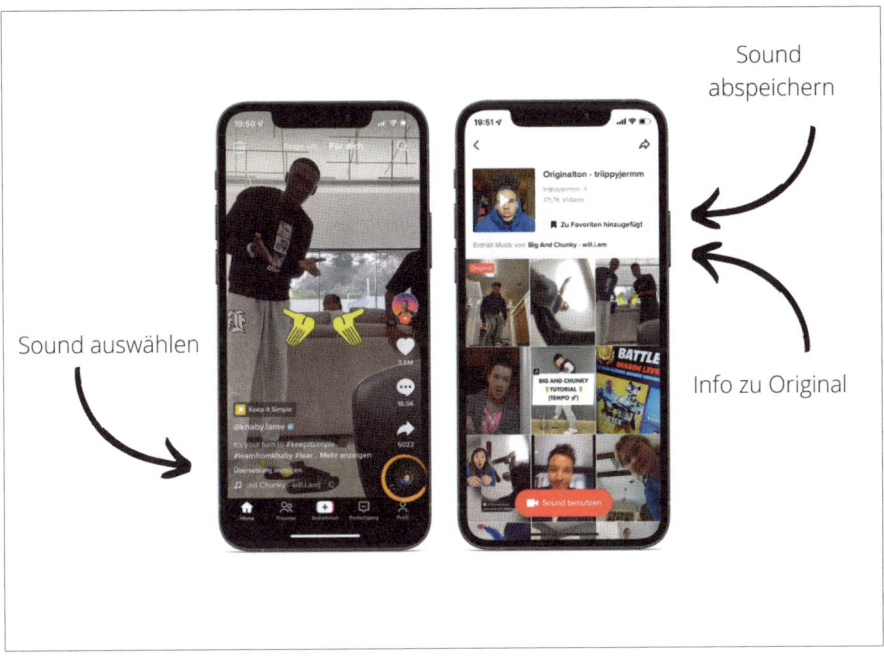

**Abbildung 10.8**  So speicherst du einen Sound ab.

**Tipp: Songs erkennen**

Manchmal kommt es vor, dass Trendsounds entstehen, diese aber nicht den Originalkünstlern zugeordnet sind, weil sie von TikTok-Nutzern hochgeladen worden sind. Diese Sounds solltest du deswegen keinesfalls so nutzen, sondern auf das Original zurückgreifen. Wenn du jetzt den Song oder den Künstler nicht erkennst – und er auch nicht in der Info des Sounds hinterlegt ist wie in Abbildung 10.8 – kannst du einfach über die App *Shazam* herausfinden, wie er heißt. Dann kannst du entweder bei TikTok suchen, ob der Originalsound auch vom Künstler hinterlegt wurde, oder die Lizenz erwerben.

### 10.2.2 Videoeffekte verwenden

Was Videoeffekte sind und wie du sie verwendest, habe ich dir ja bereits in Kapitel 8, »Die verschiedenen TikTok-Formate«, erklärt. Hier folgt aber noch mal eine kurze Auffrischung. Wie sie aussehen können, siehst du in Abbildung 10.9.

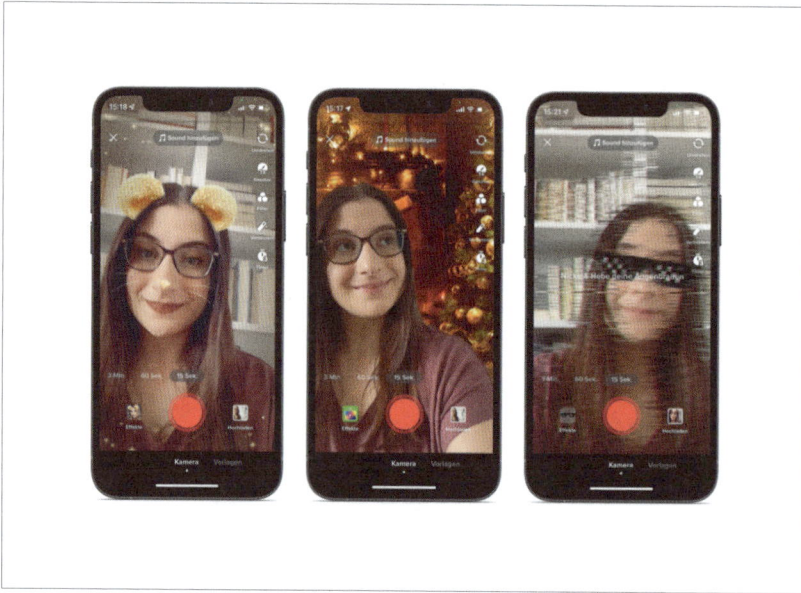

**Abbildung 10.9** Verschiedene AR-Filter bei TikTok

Die Filter verwendest du beispielsweise, um eine schlechte Belichtung auszugleichen, coole Elemente einzufügen oder um auf einen Trend aufzuspringen. So kann dein Video auch mehr Aufmerksamkeit im Feed bekommen. Beachte, dass manche Effekte nur bei der Videoaufnahme verwendet werden können und manche erst bei der Videobearbeitung. Prüfe das deswegen am besten vorab! Bei der Verwendung solltest du immer erst noch mal überlegen, ob ein spielerischer Filter – egal, wie viel Spaß er macht – auch zu dir und deinem Unternehmen passt. Auch solltest du bei der Umsetzung eine konkrete Content-Idee haben. Zur Veranschaulichung habe ich dir im Folgenden noch die Effekte zusammengestellt, die bei TikTok-Nutzern sehr beliebt sind und von Unternehmen gut genutzt werden können. Lass dich also inspirieren!

**Facemorphing**

Einer der beliebtesten Effekte ist das Facemorphing. Hier lädst du je nach Effekt – bis zu fünf oder mehr Fotos von dir hoch, die durch die Gesichtserkennung dann einen direkten Übergang ineinander schaffen (siehe Abbildung 10.10). So kannst du beispielsweise eine Veränderung über die Zeit zeigen. Das ist beispielsweise bei *#FitTok* besonders angesagt, denn dort zeigen Nutzer ihre Fitnesserfolge. Du kannst aber auch Fotos von verschiedenen Personen ergänzen, sodass es so aussieht, als würden sie sich ineinander verwandeln, was beispielsweise in der Modebranche mit verschiedenen Outfits vorstellbar ist. Stell allerdings sicher, dass du die Rechte an den Bildern besitzt!

10.2 Video erstellen

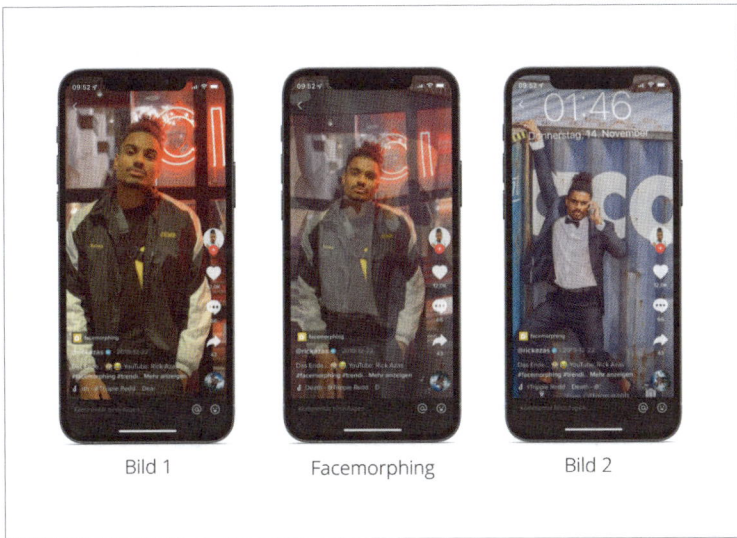

Bild 1     Facemorphing     Bild 2

**Abbildung 10.10** Der Effekt Facemorphing bei @rickazas

Am besten findest du diese Effekte tatsächlich nicht über die Effektsuche, sondern über die normale TikTok-Hashtag-Suche. Klick hier auf ein Video und dann auf den entsprechenden Effekt. So gelangst du in den Vorlagen-Bereich und kannst in dem Fall bis zu 55 Facemorphing-Effekte entdecken. Alternativ kannst du auf das Plus zum Videoerstellen klicken und hier statt KAMERA die VORLAGEN wählen (siehe Abbildung 10.11).

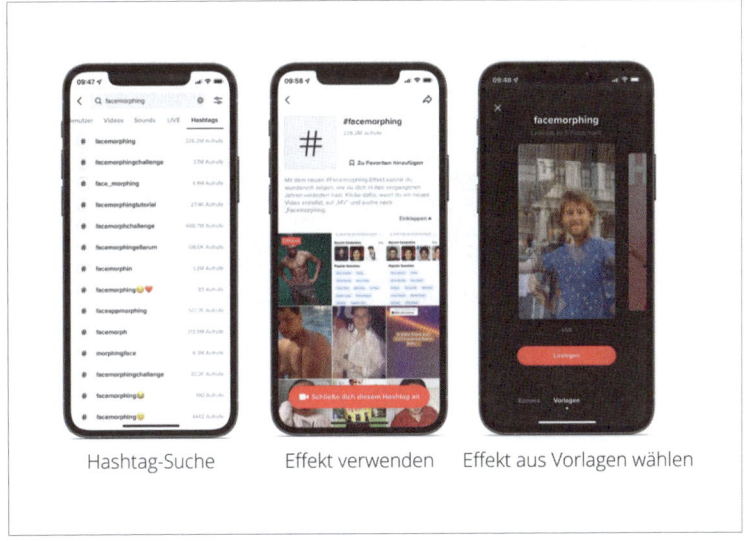

Hashtag-Suche     Effekt verwenden     Effekt aus Vorlagen wählen

**Abbildung 10.11** So findest du Facemorphing-Effekte.

215

**Gamification**

Es gibt auch verschiedene Effekte mit spielerischem Charakter, die nicht dafür geeignet sind, dein Video aufzupeppen, sondern den Content des Videos mitliefern. Das sind beispielsweise Zufallsgeneratoren wie »Welcher Charakter bist du ...«. Die Art der Filter wird gerne auch von Unternehmen produziert, um ihre Produkte zu promoten. Eine Auswahl von beliebten Gamification-Effekten siehst du in Abbildung 10.12.

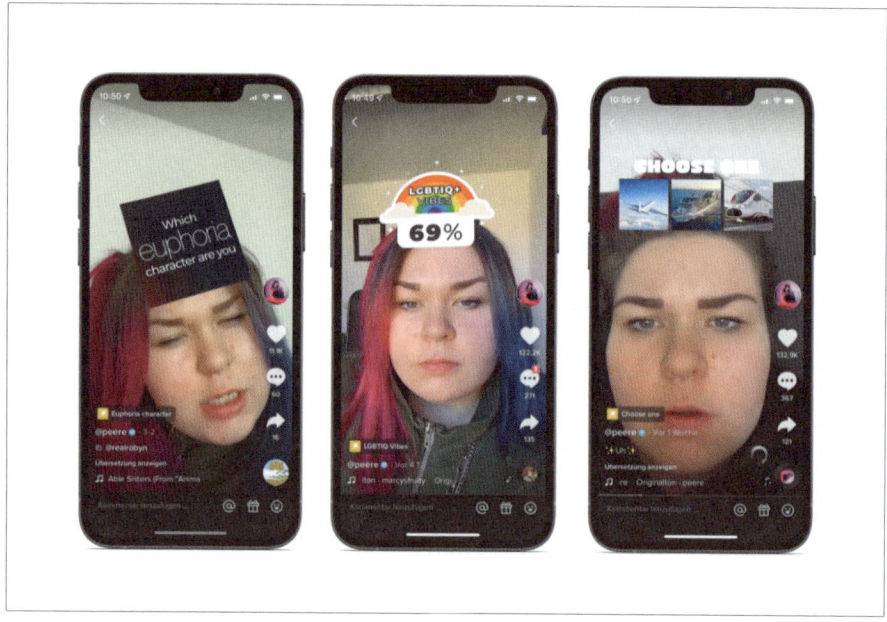

**Abbildung 10.12** TikTokerin @peere verwendet gerne Gamification-Effekte.

**Greenscreen**

Der Greenscreen-Effekt zählt zu einem der beliebtesten Effekte. TikTok bietet hier mittlerweile eine große Auswahl an, und du findest diese gesammelt unter dem Reiter GREENSCREEN in der Effekt-Bibliothek bei der Aufnahme eines Videos (siehe Abbildung 10.13).

Mit dem Greenscreen-Effekt kannst du dir beispielsweise einen anderen Hintergrund erstellen. Das kennst du ja vielleicht bereits aus Onlinemeetings via Teams oder Skype. Du kannst dich aber nicht nur selbst woanders hinbringen, sondern auch deine Produkte an den unterschiedlichsten Orten präsentieren. Dabei steht nicht die perfekte Verwendung im Vordergrund, sondern eine kreative Umsetzung, wie sie beispielsweise bei @colleenhoover zu sehen ist. Die Autorin nutzt den Filter, um sich bei ihren Fans für einen Artikel über die zwölf am meisten empfohlenen

Büchern zu bedanken, denn darunter sind gleich zwei ihrer Titel. Ein anderes Einsatzbeispiel stammt ebenfalls von #*BookTok*. Hier wird auch gern ein Greenscreen-Effekt genutzt, um Buchcover einzublenden, wenn man das Buch gerade nicht zur Hand hat oder das Buch noch nicht erschienen ist – wie im Beispiel von @*colleenhoover*, die bei einem #*Coverreveal* das neue Buchcover zum ersten Mal ihren Fans präsentiert (siehe Abbildung 10.14).

**Abbildung 10.13**  So findest du den passenden Greenscreen-Effekt.

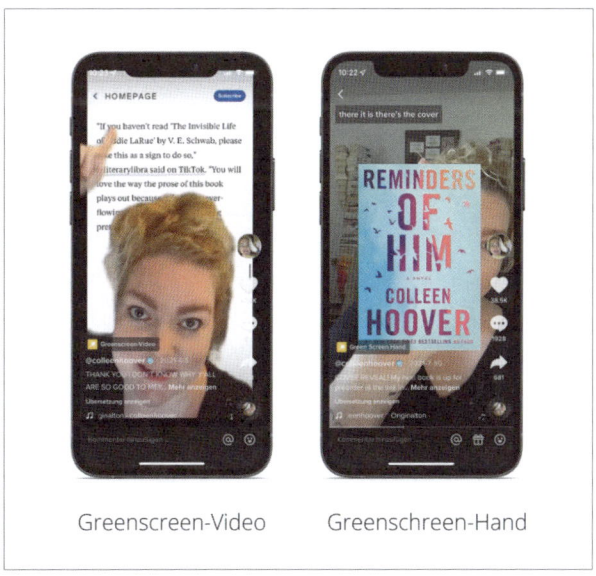

**Abbildung 10.14**  Autorin @colleenhoover verwendet verschiedene Greenscreen-Effekte.

**Transitions**

Du kannst auch einen Effekt verwenden, um dein Video mit eindrucksvollen Übergängen aufzupeppen. Hast du beispielsweise mehrere abgehackte Videoschnipsel oder merkst du beim Videoschnitt, dass du noch was rausschneiden musst, was den Übergang unnatürlich macht, kannst du das mit einem Transition-Effekt noch retten. Hier gibt es beispielsweise coole Effekte mit Zoom, Rotate, Circle oder mit Countdown. Den Effekt kannst du am besten bei der Videobearbeitung anwenden und du findest verschiedene Effekte dazu unter Transitions (siehe Abbildung 10.15).

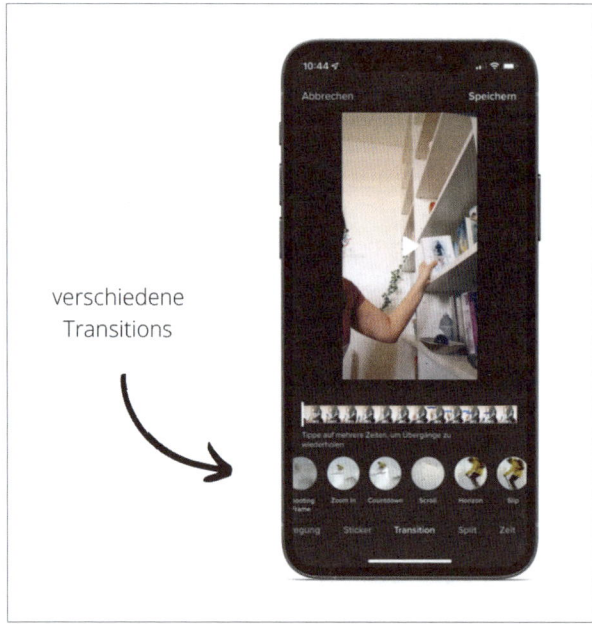

**Abbildung 10.15** So findest du verschiedene Transitions.

### 10.2.3 Texte im Video einblenden

Wenn du ein Video aufgenommen oder hochgeladen hast, steht dir auch die Möglichkeit zur Verfügung, Texte in deinem Video einzublenden. Klick dafür einfach auf Text (siehe Abbildung 10.16).

Besonders beliebt bei TikTok sind Texteinblendungen, die auf den Sound getaktet erscheinen und verschwinden. Dabei kannst du dich beispielsweise selbst filmen und auf verschiedene Texteinblendungen zeigen. So wirkt es, als würdest du mit dem Text interagieren. Diese Art von Video, *Pointing TikTok* genannt, funktioniert auch wirklich gut als Werbeanzeige und ist schnell erstellt (siehe Abbildung 10.17).

10.2 Video erstellen

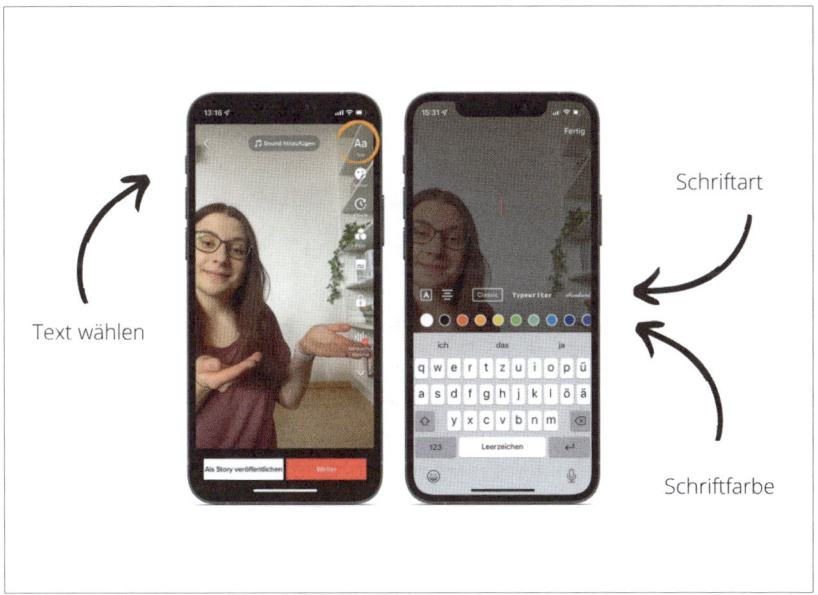

**Abbildung 10.16** So fügst du einen Text in deinem TikTok ein.

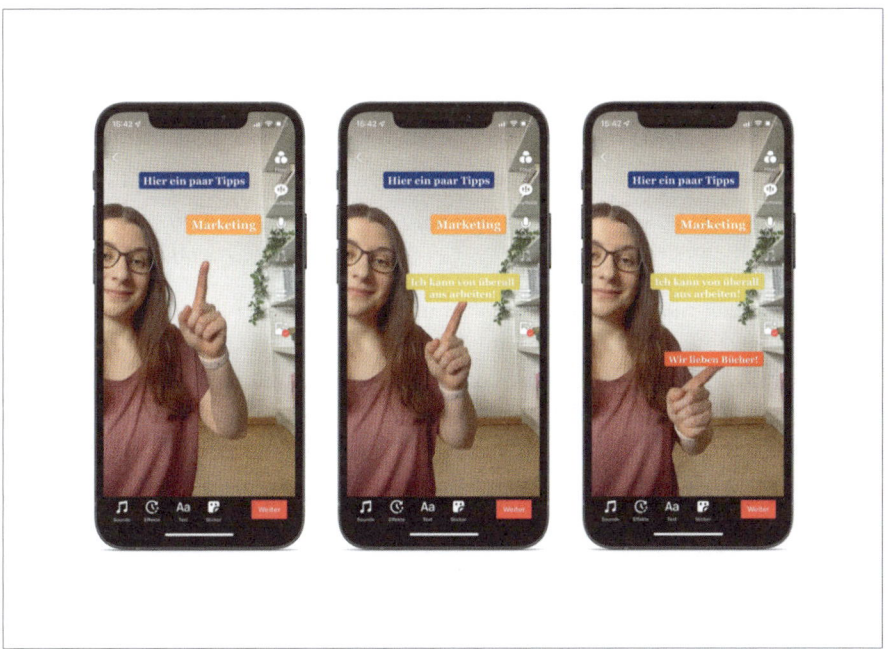

**Abbildung 10.17** Bei Pointing TikToks interagierst du mit dem Text.

219

Die Texteinblendungen kannst du timen, indem du den Text anklickst und dann BEARBEITEN wählst. Nun kannst du die Erscheinungszeit unten im Video durch Verschieben einstellen (siehe Abbildung 10.18).

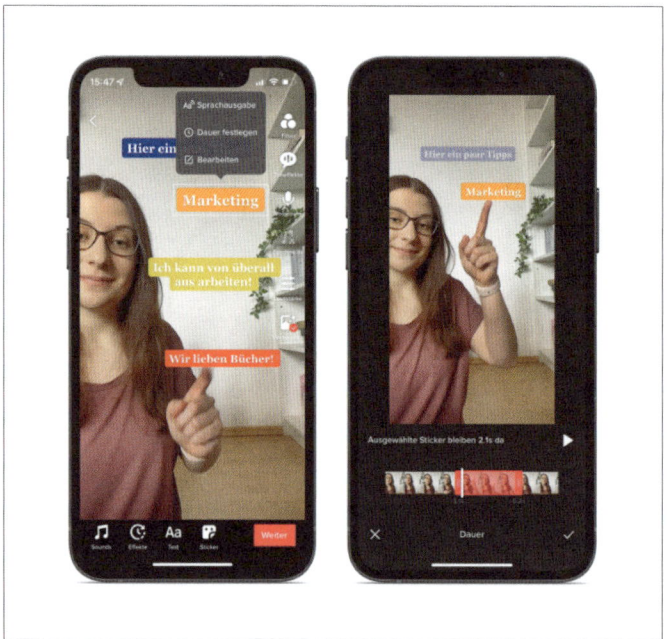

**Abbildung 10.18** So legst du fest, wie lange Texteinblendungen zu sehen sind.

> **Best Practice: Tipp zur Texteinblendung**
> Das Einblenden von Texten, getaktet zum Sound, erscheint auf den ersten Blick einfacher, als es ist. Aber wenn du das ein paarmal ausprobiert hast, klappt das nach kurzer Einarbeitungszeit wunderbar. Lass dich also hier nicht abhalten, deine eigenen Pointing TikToks zu drehen.

Der Einsatz von dieser Art der Texteinblendung ist dabei auch vielfältig einsetzbar. So kannst du einfach Vorteile eines neuen Produkts zeigen, Tipps zu bestimmten Themen geben oder du kannst dich so auch einfach mal vorstellen. Wichtig ist dabei, die Texteinblendungen kurz und knackig zu halten, gut lesbar zu gestalten und auch lange genug stehen zu lassen, damit sie auch wirklich gelesen werden können.

Alternativ kannst du Texte auch in der Videobeschreibung weiterführen, sodass Nutzer hier noch mal genauer nachlesen können. Was du hier beachten musst, erkläre ich dir im Abschnitt 10.2.5, »Beschreibung und Hashtags«.

### Best Practice: Absichtlich längere Texte verwenden

Wenn du eine Texteinblendung planst, die länger als gewöhnlich ist, kannst du die auch dafür nutzen, um die Watchtime zu erhöhen. Wenn Nutzer Texte beim ersten Ansehen nicht richtig lesen konnten, schauen sie sich die Videos meist noch mal an und pausieren das Video gegebenenfalls. Damit erhöht sich automatisch die Watchtime deines Videos. Allerdings solltest du das nicht zu oft machen, denn das kann schnell unprofessionell wirken und Nutzer nerven.

Bei Texteinblendungen solltest du außerdem sichergehen, dass sie gut lesbar sind und nicht zu weit unten oder zu weit rechts am Videorand platziert sind. Bei TikTok wird dieser Bereich von der Videobeschreibung und der Interaktionsleiste überlagert. Achte darauf vor allem, wenn du das Video als *Spark Ad* bewirbst, denn dort wird mehr Text angezeigt (siehe Abbildung 10.19).

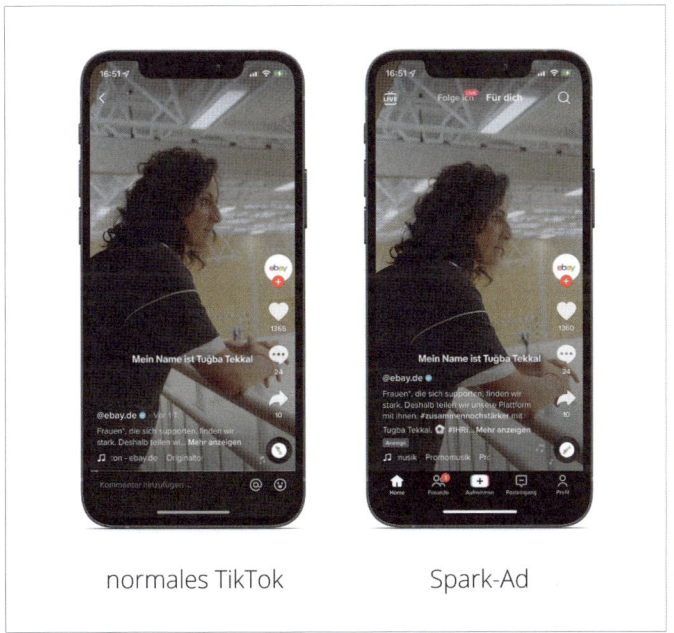

**Abbildung 10.19** Bei Werbeanzeigen wird deutlich mehr Text von der Videobeschreibung eingeblendet. (Quelle: @ebay.de)

Darüber hinaus kannst du eingeblendete Texte auch vorlesen lassen, wenn du kein eigenes Voiceover machen möchtest. Das geht über die *Text-to-Speech-Funktion*, die dein Video wie ein richtiges TikTok wirken lässt, denn sie ist sehr beliebt. Klicke dazu zuerst auf den Text, wähle dann SPRACHAUSGABE (wie in Abbildung 10.20), und schon wird der Text vorgelesen.

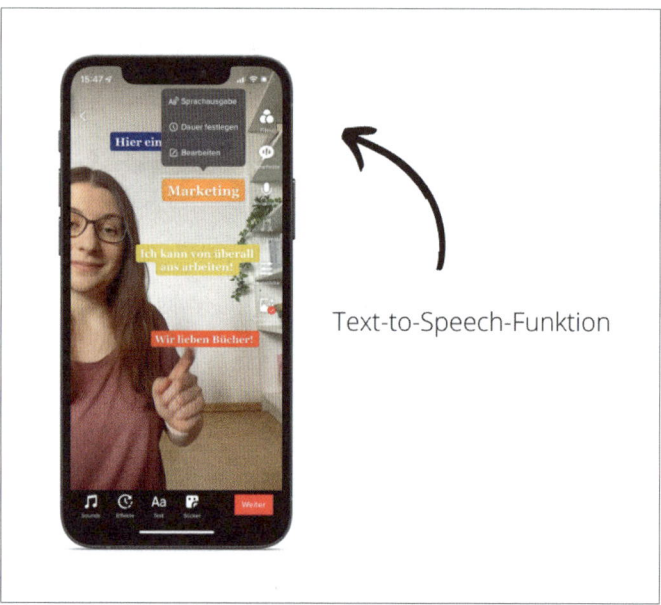

**Abbildung 10.20** So kannst du deine Texte vorlesen lassen.

Die Verwendung von Text macht dein TikTok außerdem inklusiver, denn nun können sowohl hörgeschädigte Nutzer das Video verstehen als auch Nutzer, die gerade keinen Sound verwenden können. Wenn du auf Texteinblendungen verzichtest, weil du beispielsweise selbst im Video etwas erklärst, kannst du alternativ auch die automatischen Untertitel einfügen. Dadurch wird das Gesprochene im unteren Teil des Videos automatisch als Text und in der Sprache des jeweiligen Nutzers eingeblendet. Gehe dazu beim Bearbeiten deines Videos im Videoeditor von TikTok einfach auf den Button BESCHREIBUNGEN.

**Best Practice: Branding der Texte**
Bisher kannst du im Videoeditor bei TikTok nicht deine eigene CI-Farbe für die Schrift wählen, wie es beispielsweise bei Instagram möglich ist. Alternativ kannst du aber versuchen, immer dieselbe Schriftart und -farbe zu verwenden, um einen Wiedererkennungswert zu schaffen.

### 10.2.4 Sticker einbinden

Die Sticker kennst du bestimmt schon aus den Instagram Stories, denn dort sind sie sehr nützlich, um beispielsweise die Interaktion zu steigern. Auch TikTok hat eigene Sticker, die du in die Videos einbinden kannst. Außerdem kannst du festlegen, wie lange sie zu sehen sind. Bei den Stickern steht dir eine große Auswahl an Emojis zur Verfügung. Auch kannst du – wie bei Instagram – GIFs vom Anbieter Giphy einfügen. Diese findest du ganz einfach über die Suchfunktion (siehe Abbildung 10.21).

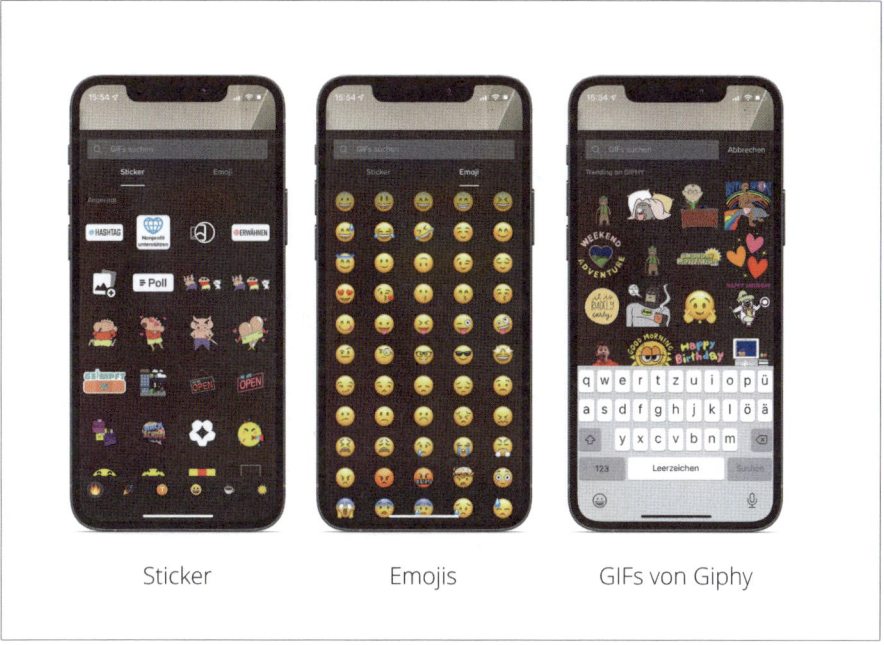

**Abbildung 10.21** Die verschiedenen Sticker, Emojis und GIFs

Über Giphy kannst du auch deine eigenen Marken-GIFs erstellen und hochladen. Die stehen dir dann sowohl bei Instagram als auch bei TikTok zur Verfügung. Beachte allerdings, dass sich die Verwendung solcher GIFs bei TikTok bisher nicht so stark durchgesetzt hat wie bei Instagram. Bei den Stickern hast du aber ein paar Möglichkeiten, um dein Video interaktiver zu gestalten. Die fünf wichtigsten zeige ich dir noch mal in Abbildung 10.22.

So kannst du z. B. ein klickbares Hashtag mit dem Hashtag-Sticker einfügen oder eine Person über den Mention-Sticker markieren. Die beiden Sticker sind von Instagram Stories abgekupfert und machen dort mehr Sinn, da du ja auch in der Videobeschreibung bei TikTok andere Nutzer markieren und Hashtags einfügen kannst. Instagram Stories hat diese Möglichkeit dagegen nicht. Außerdem kannst du einen Spendenaufruf über den Non-Profit-Sticker machen. Dabei kannst du allerdings nur bei TikTok hinterlegte Organisationen auswählen.

**Abbildung 10.22** Interaktive Sticker bei TikTok

Der Fragen-Sticker bietet dir die Möglichkeit, eine Frage an deine Zuschauer zu stellen. Mit dem Poll-Sticker startest du eine einfache Umfrage, bei der du zwei Antwortmöglichkeiten vorgeben kannst. Das Unternehmen @*funnyfrisch* fragt so beispielsweise seine Fans, welche Chipssorte in den Handel kommen soll (siehe Abbildung 10.23).

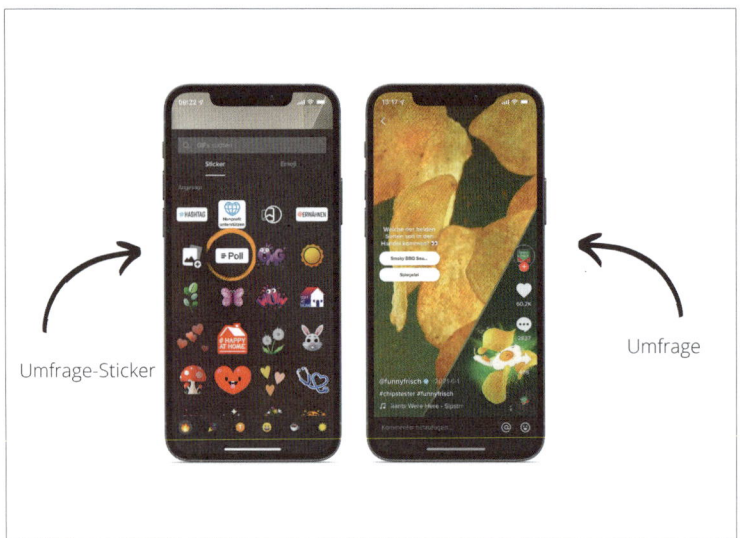

**Abbildung 10.23** Umfrage mit dem Poll-Sticker bei TikTok

Über die Sticker kannst du auch ein Bild von deinem Smartphone in dein Video einbinden. Das ist eine gute Möglichkeit, um z. B. eine einfache Anleitung zu erstellen oder dein neuestes Buchcover als Autorin vorzustellen. Wie das aussehen könnte, siehst du in Abbildung 10.24.

10.2 Video erstellen

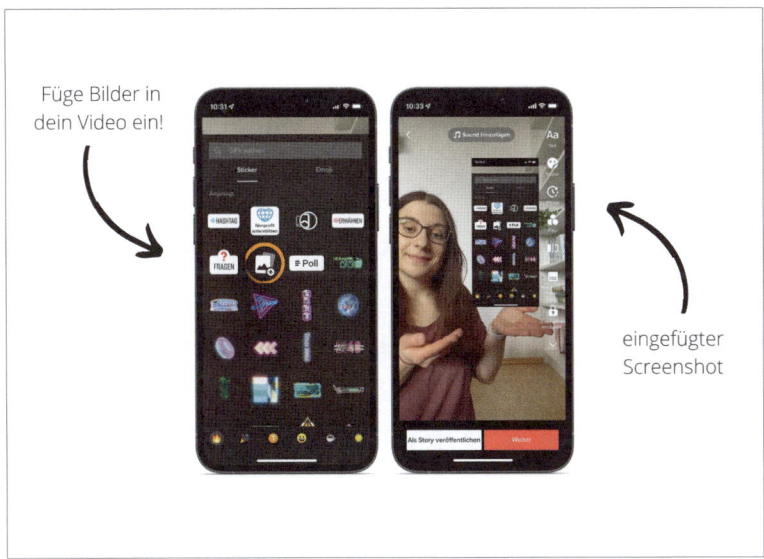

**Abbildung 10.24**  Füge ein Bild in dein Video ein!

## 10.2.5 Beschreibung und Hashtags

Hast du dein Video final bearbeitet, kannst du nun auf WEITER klicken. Nun kannst du deinem Video finale Informationen hinzufügen. Als Erstes steht hier die Videobeschreibung inklusive relevanter Hashtags (siehe Abbildung 10.25).

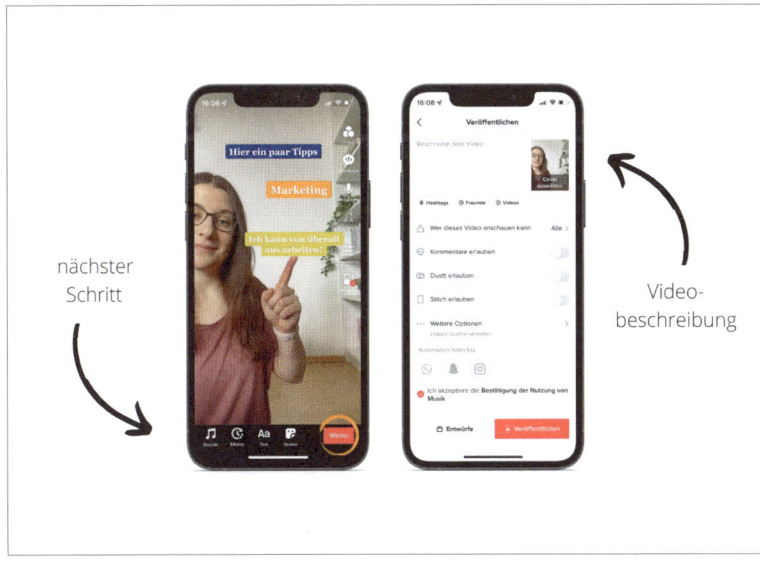

**Abbildung 10.25**  So fügst du eine Videobeschreibung ein.

225

Deine Videobeschreibung solltest du kurz, aber interessant halten, denn du hast nur 150 Zeichen zur Verfügung. Sie ist eine gute Möglichkeit, Nutzer durch einen Call-to-Action (CTA) zur Interaktion zu bewegen. Das nutzen beispielsweise die beiden Marken @*justspices* und @*mein_rossmann*, um mehr Kommentare zu erhalten. Die CTAs siehst du in Abbildung 10.26.

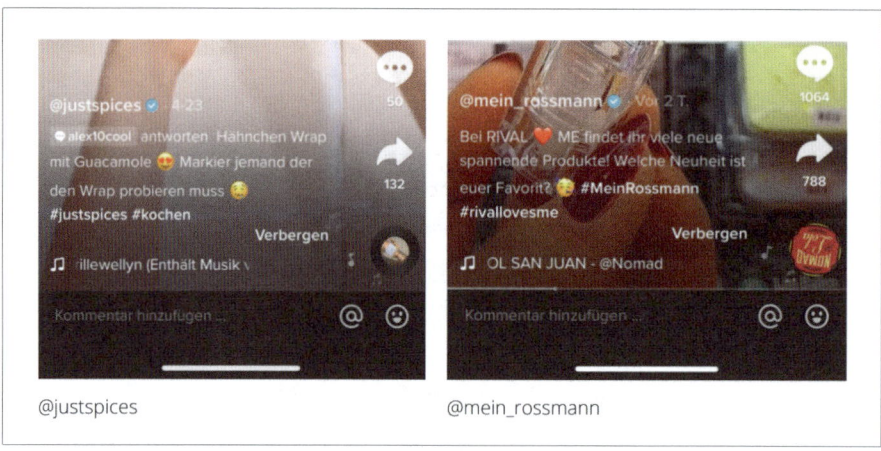

**Abbildung 10.26** Videobeschreibungen mit einem CTA

Mit relevanten Hashtags in der Videobeschreibung kann der TikTok-Algorithmus deinen Content besser einordnen und deine Videos sind besser auffindbar über die Suchfunktion. Du kannst die Videobeschreibung aber auch nutzen, um wichtige Infos zu ergänzen, die im Video keinen Platz gefunden haben. Mit der Videobeschreibung kannst du aber auch dein Video in einen Meme-Kontext einordnen, indem du nicht nur passende Hashtags wählst, sondern auch einen Hinweis auf das entsprechende Meme.

Mach dir bereits vorab bei der Ideenfindung deines Videos Gedanken über die Beschreibung und die Hashtags. Beides kannst du ganz einfach in deinem Redaktionsplan festhalten und du musst dir jetzt beim Veröffentlichen des Videos dazu keine Gedanken mehr machen. So stellst du auch sicher, dass du keine Tippfehler im Text hast, denn die Videobeschreibung kannst du im Nachhinein nicht mehr ändern. Du müsstest dafür das Video löschen und neu hochladen, wobei alle Kommentare und Views verloren gehen.

### 10.2.6 Cover einstellen

Bevor du dein TikTok postest, kannst du noch das Titelbild einstellen, das auch unter den Namen Thumbnail oder Cover bekannt ist. Gehe dazu einfach auf COVER AUSWÄHLEN (siehe Abbildung 10.27).

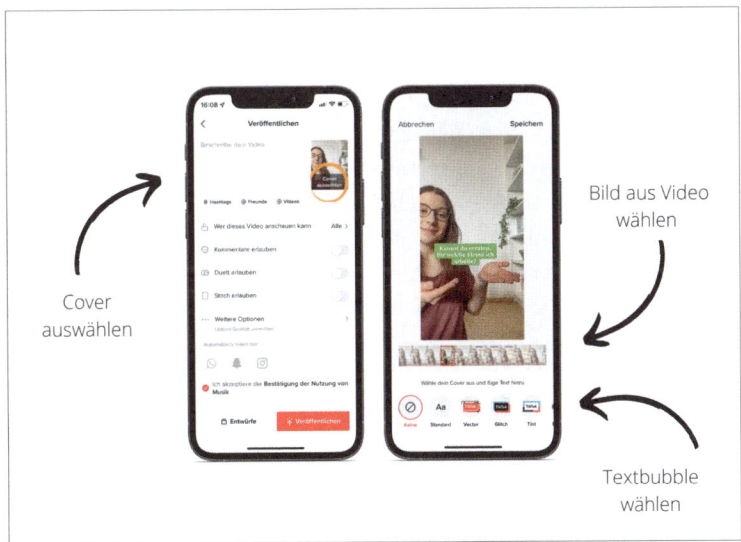

**Abbildung 10.27** So bearbeitest du das Cover deines Videos.

Nun kannst du zuerst einen Ausschnitt aus dem Video wählen, der später auf deinem Kanal neugierig auf das Video macht und Nutzer dazu bringt, daraufzuklicken. Deswegen sollte durch das Cover direkt ersichtlich sein, um was es in deinem Video geht. Ist das im ausgewählten Videoausschnitt nicht ersichtlich, kannst du eine vorgegebene Textblase auswählen und hier kurz sagen, um was es in dem Video geht. Für einen Branding-Effekt kannst du bei den gleichen Formaten immer dieselbe Testblase wählen. Wie das aussehen kann, siehst du in Abbildung 10.28.

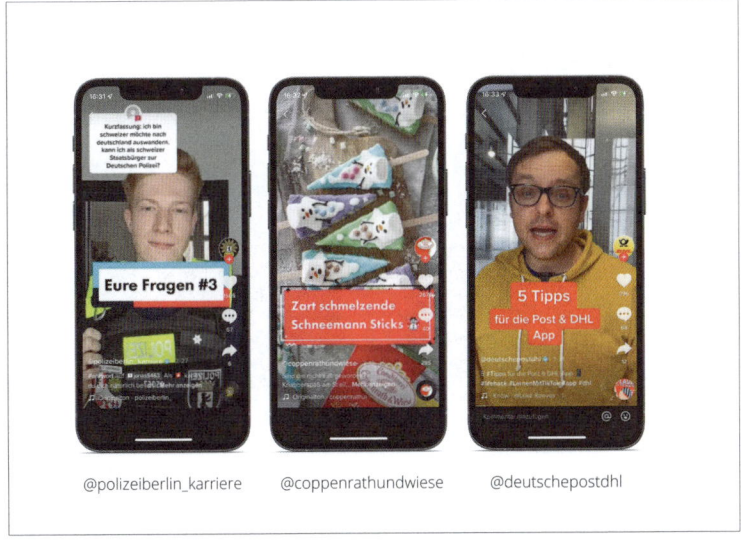

**Abbildung 10.28** Beispiele für Cover von verschiedenen Unternehmen

## 10.2.7 Nach dem Posten deines Videos

Du weißt jetzt, wie du den Videoeditor richtig für dich nutzen kannst, um TikToks zu erstellen, zu bearbeiten und hochzuladen. Um deine Videos zu verbessern und deinen eigenen Stil zu finden, probiere gerne neue Effekte und Schnittmöglichkeiten aus oder experimentiere beispielsweise mit Schriftarten und Stickern. Doch mit dem Upload des Videos ist es noch nicht getan. Schau dir sicherheitshalber das TikTok noch mal an, wenn es online ist, denn du kannst weder das Video noch die Beschreibung im Nachhinein noch bearbeiten. Fällt dir jetzt noch ein Fehler auf, kannst du das Video schnell löschen und noch mal neu posten. Löschen kannst du es, indem du auf die drei Punkte gehst und dort LÖSCHEN auswählst (siehe Abbildung 10.29).

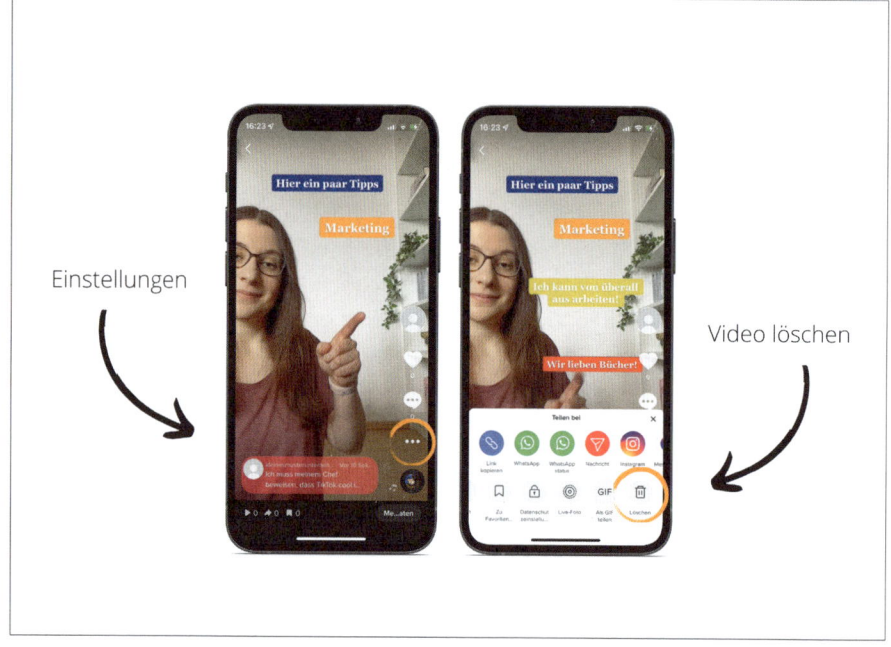

**Abbildung 10.29** So löschst du ein Video.

Ist dein Video dann final online, kannst du mit dem *Community Management* beginnen und beispielsweise Fragen in den Kommentaren beantworten. Wie du das Community Management für dich richtig einsetzt, lernst du in Kapitel 14, »Mit Followern kommunizieren – warum gutes Community Management den Unterschied macht«.

Bei TikTok gibt es auch die Möglichkeit, dein Video einer Wiedergabeliste hinzuzufügen. So kannst du dein Video kategorisieren, und Nutzer können sich Videos beispielsweise in der richtigen Reihenfolge ansehen. Das kennst du vielleicht von den Playlists bei YouTube. Allerdings steht die Funktion noch nicht allen zur Verfügung. Prüfen kannst du das bei dir, indem du auf dein Profil gehst. Dort sollte im Videoreiter neben veröffentlichten Videos, gelikten Videos und privaten Videos nun auch WIEDERGABELISTE stehen.

Außerdem kannst du das Video oben bei deinen geteilten Videos anheften. Wenn Nutzer dein Profil besuchen, werden sie sich wahrscheinlich zuerst diese Videos ansehen. Deswegen eignen sich dafür besonders Videos, in denen du dich vorstellst, eine wichtige Info teilst, in denen FAQs beantwortet werden, oder Videos, die besonders gut performt haben. Der Vorteil: Deine Fans oder potenziellen Kunden müssen nicht durch dein ganzes Profil scrollen, um so ein Video zu finden. Wie das aussieht, kannst du in Abbildung 10.30 sehen.

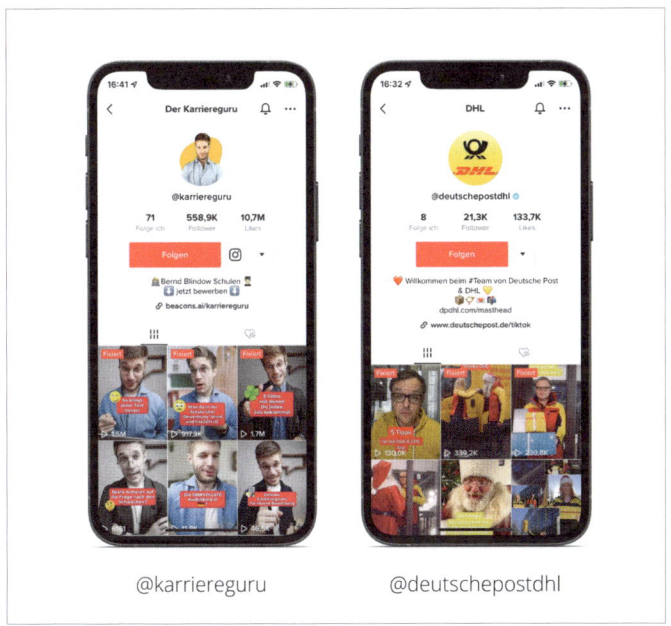

**Abbildung 10.30** Beispiele für angepinnte Videos

Kapitel 11

# TikTok Analytics

Mit den Daten der TikTok Analytics musst du nicht mehr erraten, was deine Zielgruppe gut findet, denn du kannst vieles herauslesen – von der perfekten Postingzeit bis zum erfolgreichsten Content.

Durch kontinuierliches Messen und Optimieren kannst du bei Social Media deine Erfolge nachverfolgen und steigern – und das in Echtzeit. Dafür solltest du allerdings auch regelmäßig einen Blick in deine Analytics werfen und diese auswerten – und noch wichtiger: Du solltest verstehen, was du da gerade auswertest. Aber keine Sorge: Auch wenn dich Zahlen vielleicht abschrecken und deine Stärken eher in der kreativen Content-Erstellung liegen, kann ich dich beruhigen. Hast du den Zahlendschungel einmal durchschaut, fällt dir auch dieser Teil des Social Media Marketings nicht mehr schwer. Dann kannst du deine Strategie noch erfolgreicher ausrichten, denn eine gute Auswertung kann den kleinen, aber feinen Unterschied für eine zielgruppengerechte Ansprache machen.

Doch wie misst du Erfolg auf TikTok? Was sagen die Daten zur Followerzahl, zu Kommentaren und zur Wiedergabedauer aus? Und brauchst du wirklich alle Zahlen, um deine Marketingstrategie zu optimieren? Am besten konzentrierst du dich erst mal auf die sogenannten KPIs.

> **Was bedeutet KPI?**
>
> KPI steht für Key Perfomance Indicator und bezeichnet die einzelnen wichtigen Kennzahlen, die du zur Erfolgsmessung benötigst. Das können beispielsweise Reichweite, Traffic oder Interaktionen sein. Damit kannst du dann nicht nur den Erfolg deiner Marketingstrategie ermitteln, sondern auch sehen, wie gut einzelne Videos oder Kampagnen performt haben.

In diesem Kapitel tauchen wir gemeinsam in die Welt der Zahlen und Daten der TikTok Analytics ein, und ich erkläre dir die einzelnen Kennzahlen genau. Danach zeige ich dir, wie du auf verschiedene Veränderungen der Kennzahlen richtig reagieren kannst.

> **Kapitelübersicht: Über TikTok Analytics**
>
> In diesem Kapitel lernst du Folgendes:
> - Was genau ist TikTok Analytics?
> - Welche Kennzahlen sind hier wichtig?
> - Wie wertest du diese richtig aus und wie kannst du sie für dich nutzen?

## 11.1 Was ist TikTok Analytics?

Bei TikTok Analytics sammelt die Plattform vor allem Daten der Nutzer. Über das Thema Datenschutz klärt dich Rechtsanwalt Thomas Schwenke in Kapitel 16, »#GetItRight – TikTok aus rechtlicher Sicht«, noch genauer auf. Die Daten, die TikTok sammelt, stehen dir dann in deinen TikTok Analytics zur Verfügung und du kannst viel über das Verhalten deiner Follower lernen, deine Kanalleistung messen und sehen, was mit deinem Video passiert, wenn du es hochgeladen hast.

Doch nicht jedes TikTok-Profil hat gleich vollen Zugriff auf die analytischen Daten. Zuerst einmal benötigst du einen Business-Account – also ein Unternehmens- oder Erstellerkonto. Die Analytics der beiden Konten unterscheidet sich übrigens nicht. Der Zugriff auf die Analytics ist kostenlos, aber du musst mindestens ein Video hochgeladen und mehr als 100 Follower haben, um alle Daten einsehen zu können (siehe Abbildung 11.1).

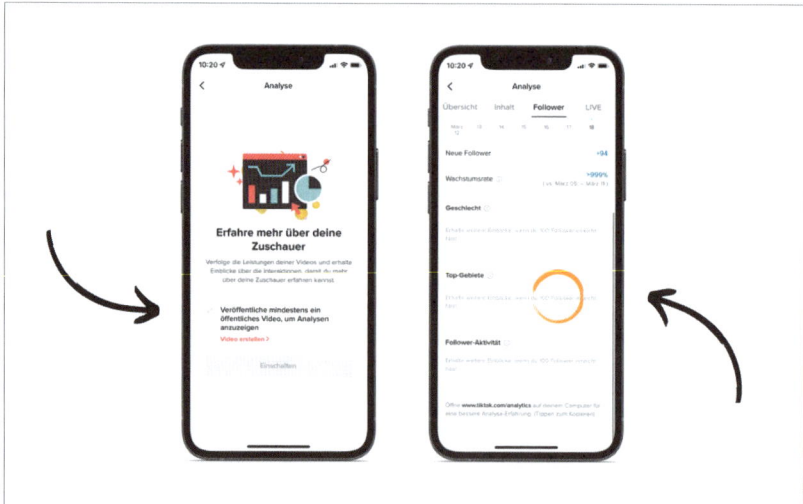

**Abbildung 11.1** Für TikTok Analytics musst du bestimmte Voraussetzungen erfüllen.

## 11.2 So findest du die Analytics

TikTok Analytics kannst du direkt in der App aufrufen. Gehe dazu einfach zuerst auf das Sandwich-Menü (drei Striche) in deinem Profil und dann über das Unternehmensdienstzentrum zur Analyse (siehe Abbildung 11.2). Dort findest du die wichtigsten Kennzahlen zu deinem Profil, deinen Videos und deinen Followern.

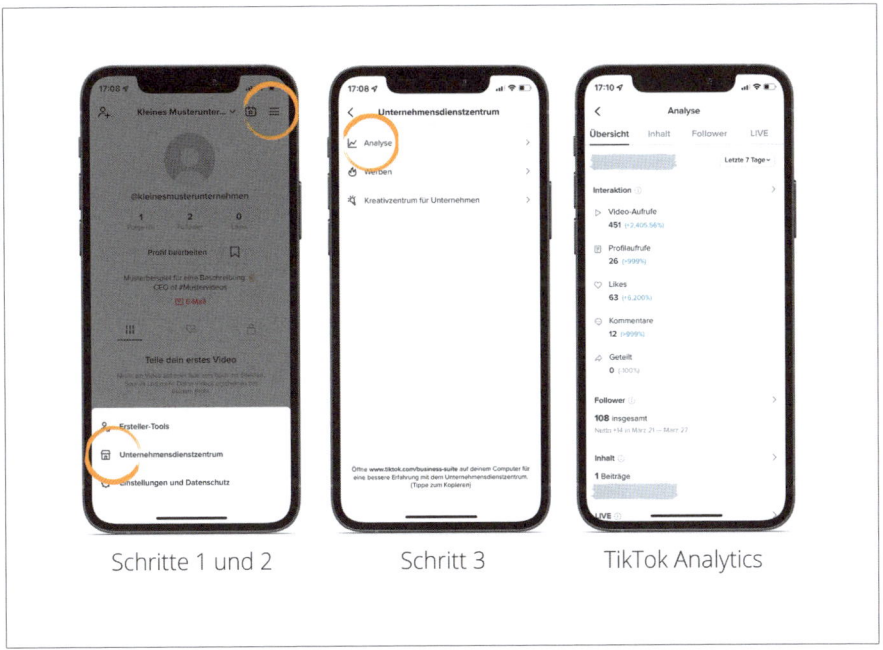

**Abbildung 11.2** So rufst du die TikTok Analytics in der App auf.

Einfacher ist es, wenn du die Analytics über den PC abrufen kannst – vor allem, wenn du auch ein Reporting erstellen willst. Das ist bei TikTok tatsächlich möglich. Gehe dazu einfach auf *www.tiktok.com/analytics* und logge dich dort ein. Dort siehst du zwar nicht mehr Daten, du kannst die Daten aber herunterladen und so beispielsweise besser in ein Reporting Sheet übertragen (siehe Abbildung 11.3).

Die wichtigsten Kennzahlen zu deinen einzelnen Videos rufst du nicht über TikTok Analytics ab. Dort werden dir nämlich gar nicht all deine Videos angezeigt. Geh dafür lieber auf dein Profil, klick das gewünschte Video an und geh dann auf Analyse (siehe Abbildung 11.4).

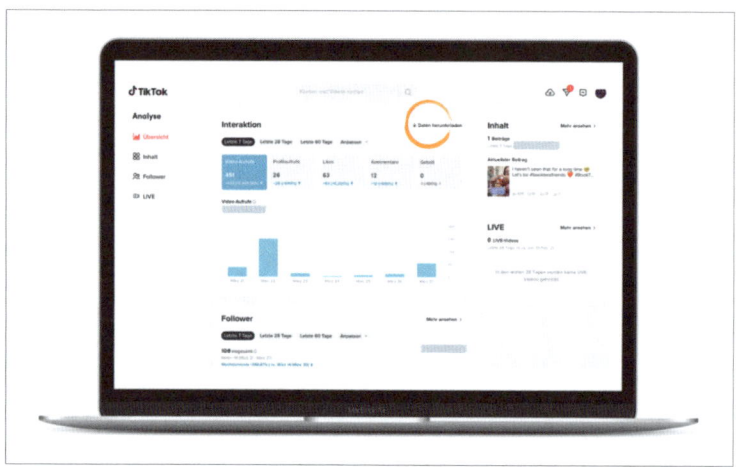

**Abbildung 11.3** So kannst du die Daten am Desktop herunterladen.

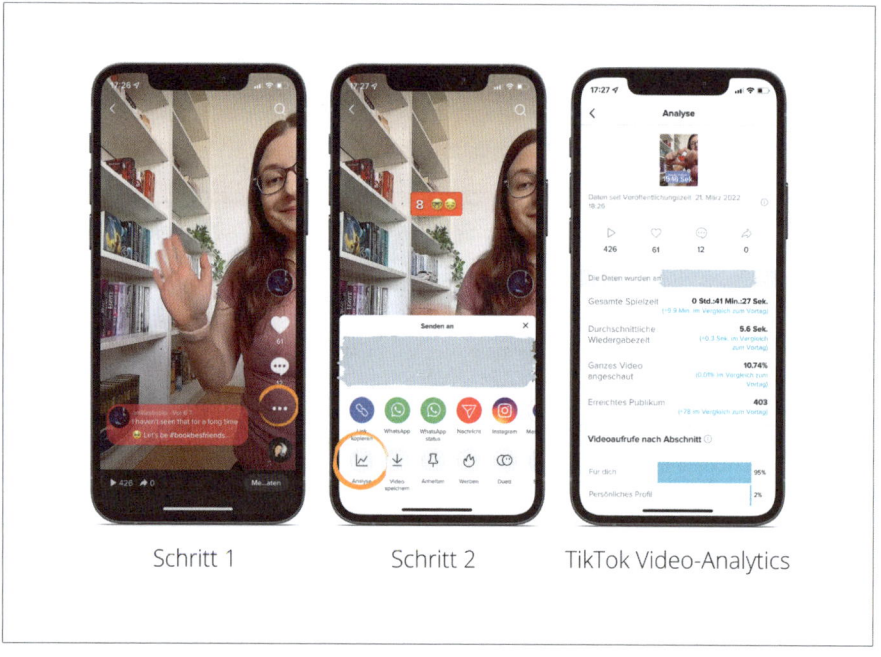

**Abbildung 11.4** So rufst du TikTok Analytics eines Videos auf.

## 11.3 Einfach erklärt: TikTok Analytics

Öffnest du die TikTok Analytics – egal, ob auf dem PC oder in der App –, wird dir eine personalisierte Übersicht deiner Kennzahlen angezeigt. Personalisiert bedeutet hier, dass du nur die Informationen zu deinen Videos, deinen Followern und deinem Account sehen kannst. Die Daten von anderen Accounts sind hier nicht sichtbar. Die Analytics sind dabei in vier Bereiche unterteilt: ÜBERSICHT, INHALT, FOLLOWER und LIVE. Diese stelle ich dir im Folgenden gleich mal vor und erkläre dir auch, was die verschiedenen Zahlen bedeuten.

### 11.3.1 Der Übersicht-Bereich

Dieser Bereich wird auch Overview-Tab genannt und dort siehst du – wie der Name schon sagt – eine Übersicht deiner Kennzahlen, z. B. alle Videoaufrufe über einen bestimmten Zeitraum. Wie du es vielleicht auch von anderen Plattformen her kennst, kannst du hier verschiedene Zeiträume einstellen. Dabei kannst du dir die Daten der letzten 7, 28 oder 60 Tage anzeigen lassen. Alternativ kannst du auch einen eigenen Zeitraum festlegen, aber weiter zurück als die letzten 60 Tage geht nicht. Klickst du auf den kleinen Pfeil neben INTERAKTION, kannst du dir die Kennzahlen zu den bestimmten Tagen ansehen. In Abbildung 11.5 kannst du schon mal einen Blick in den Bereich werfen.

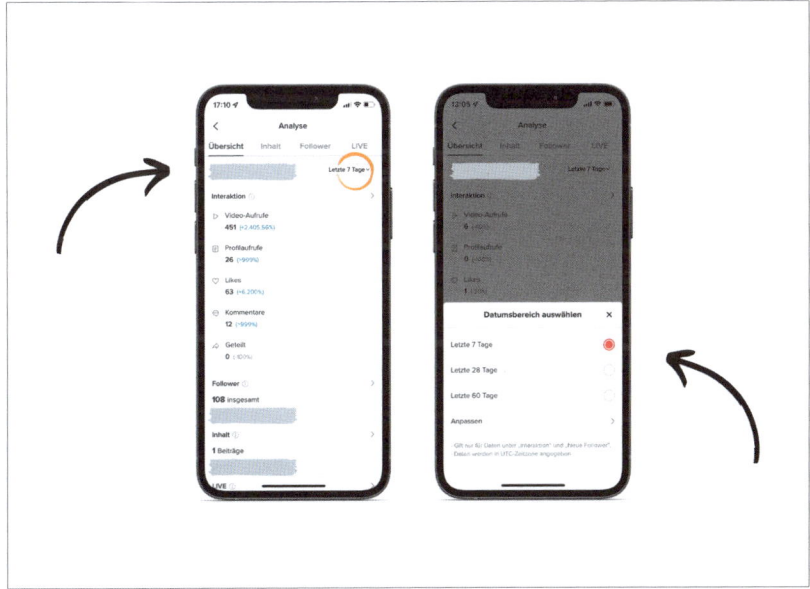

**Abbildung 11.5** So änderst du den Datumsbereich.

Im Übersicht-Bereich findest du eine Zusammenfassung verschiedener Kennzahlen, die ich dir im Folgenden kurz vorstelle. Im Unterpunkt INTERAKTION siehst du – auch in Abbildung 11.2 – fünf verschiedene Kennzahlen, die Auskunft über die addierten Interaktionen all deiner Videos geben. Die Prozentzahl in Klammern gibt dir einen Vergleich zu den vorherigen Tagen. Hast du beispielsweise als Zeitraum LETZTE 7 TAGE gewählt, ist die Prozentzahl die Wachstumsrate im Vergleich zu den vorherigen sieben Tagen.

- VIDEO-AUFRUFE zeigen an, wie oft all deine Videos über den ausgewählten Zeitraum angesehen wurden. Dabei wird auch immer ein Aufruf addiert, wenn ein Nutzer sich dein Video erneut ansieht. Diese Zahl sagt dir also nicht genau, wie viele Nutzer dein Video angesehen haben, sondern nur, wie oft es angesehen wurde.
- PROFILAUFRUFE zeigen an, wie oft dein Profil über den ausgewählten Zeitraum angesehen wurde. Anhand dieses KPIs kannst du z. B. sehen, wie hoch das Interesse an deiner Marke ist, denn die Kennzahl zeigt unter anderem die Anzahl der Nutzer, die eines deiner Videos gesehen haben und daraufhin auf dein Profil geklickt haben, um mehr Informationen zu erhalten. Auch wiederholte Profilaufrufe von demselben Nutzer werden hier gezählt.
- LIKES zeigen an, wie oft all deine Videos in dem ausgewählten Zeitraum gelikt wurden. Liken kann jeder Nutzer ein Video nur ein einziges Mal.
- KOMMENTARE zeigen an, wie viele Kommentare deine Videos erhalten haben in dem ausgewählten Zeitraum. Nutzer können natürlich beliebig viele Kommentare unter deinen Videos hinterlassen. Die Kommentarfunktion für Videos kann aber auch ausgestellt werden. Außerdem werden deine eigenen Kommentare hier auch mitgezählt.
- GETEILT zeigt dir an, wie oft deine Videos von Nutzern geteilt wurden in dem ausgewählten Zeitraum.

Die letzten drei Informationen geben dir einen kurzen Ausblick auf die anderen drei Bereiche INHALT, FOLLOWER und LIVE. Klickst du darauf, wirst du auch direkt dorthin geleitet. Das sagen dir die Zahlen dort:

- FOLLOWER zeigt dir an, wie viele Follower du aktuell hast und wie sich die Zahl in dem ausgewählten Zeitraum verändert hat.
- INHALT zeigt dir an, wie viele Videos du in dem ausgewählten Zeitraum veröffentlicht hast.
- LIVE zeigt dir, wie viele Livevideos du in dem ausgewählten Zeitraum gestartet hast.

### 11.3.2 Der Inhalt-Bereich

Klickst du oben auf den Reiter INHALT, kannst du den Bereich wechseln (siehe Abbildung 11.6). Dort siehst du auf einen Blick, welche Videos du in den letzten sieben Tagen veröffentlicht hast und welche die erfolgreichsten Videos in dem Zeitraum waren. Das müssen nicht unbedingt Videos sein, die du in diesem Zeitraum veröffentlicht hast. TikToks haben ja eine sehr lange Halbwertszeit und können auch über Wochen viele Aufrufe generieren. Es kann allerdings auch vorkommen, dass ein Video einen schlechten Start hinlegt, aber über Monate anhaltend hinweg konstant Aufrufe erhält.

Klickst du auf eines der Videos, kannst du außerdem weitere Infos zu den einzelnen Videos sehen. Wenn du die Statistiken zu einem Video sehen möchtest, das dir dort nicht angezeigt wird, kannst du einfach über dein Profil auf das entsprechende Video klicken und dir dort die Kennzahlen anzeigen lassen.

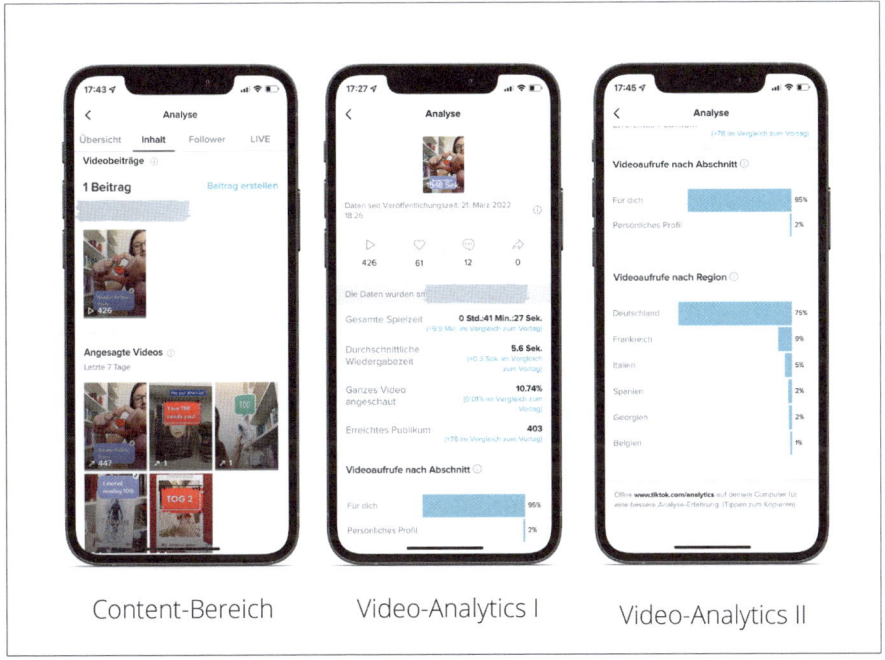

**Abbildung 11.6** Der Inhalt-Bereich in TikTok-Analytics

Im Bereich INHALT kannst du dir die Performance deiner einzelnen Videos ansehen. So kannst du herausfinden, welche – je nach Ziel – gut performen oder schlecht. Hast du beispielsweise das Ziel, eine Community aufzubauen, solltest du nicht nach der Anzahl der Videoaufrufe schauen, sondern hier sind die Interaktionsrate und die Zahl der Kommentare beispielsweise aussagekräftiger. Das liegt daran, dass du die Markentreue deiner Community an der Interaktion ablesen kannst. Nun erkläre ich dir noch kurz in einer Übersicht, was die einzelnen Kennzahlen der Videos aussagen:

- VIDEOAUFRUFE, LIKES, KOMMENTARE und GETEILT zeigen dir an, wie viele Interaktionen dein Video insgesamt erhalten hat.

- **Gesamte Spielzeit**: Dieser Wert sagt dir, wie viel Zeit Nutzer insgesamt mit dem Ansehen deines Videos verbracht haben.
- **Durchschnittliche Wiedergabezeit**: Das ist die durchschnittliche Zeit, die Nutzer damit verbringen, dein Video anzusehen. Die Zahl ist ein guter Indikator, um zu sehen, wie gut du die Aufmerksamkeit der Zuschauer aufrechterhalten konntest und wo du sie verloren hast.
- **Ganzes Video angeschaut**: Hier siehst du, wie oft dein Video bis zum Ende angesehen wurde.
- **Erreichtes Publikum**: Hier siehst du, wie viele Personen dein Video angesehen haben. Wiederholtes Ansehen wird hier nicht gezählt.
- **Videoaufrufe nach Abschnitt**: Hier kannst du erkennen, in welchem Bereich der App den Nutzern, die dein Video gesehen haben, dein Video angezeigt wurde. Möglich sind hier *For You Page*, *Follow Page*, dein Profil oder über eine Suche, einen Sound oder ein Hashtag. Wenn du also Hashtags oder einen besonderen Sound verwendet hast, kannst du hier sehen, wie sehr das auf deine Videoperformance eingezahlt hat.
- **Videoaufrufe nach Region**: Dieser Bereich spielt dir aus, von wo Nutzer deine Videos am meisten angesehen haben. Wenn du das Video beworben hast und dabei gezielt Nutzer von einem bestimmten Standort erreichen wolltest, beispielsweise zu einer Neueröffnung eines Restaurants, kannst du hier sehen, ob diese Maßnahme erfolgreich war.

### 11.3.3 Der Follower-Bereich

Im Follower-Bereich findest du alle Informationen über deine Follower, die TikTok für dich aufbereitet hat. Das beinhaltet unter anderem das Geschlecht oder die Aktivität. Wenn du diesen Bereich aufrufst, kannst du mehr über deine Community lernen. Wie das genau aussieht, kannst du dir auch in Abbildung 11.7 schon mal ansehen. Was die Kennzahlen dir sagen, erkläre ich dir darunter.

Zuerst wird dir deine genaue Followerzahl angezeigt, und darunter siehst du den Verlauf in den letzten sieben Tagen. Darauf folgen ein paar wertvolle Infos:

- **Neue Follower**: Hier siehst du genau, wie viele Follower du in den letzten Tagen dazugewonnen hast. Wenn du also beispielsweise ein Video mit dem Ziel gepostet hast, neue Follower zu gewinnen, kannst du hier genau überwachen, wie gut das Video ankommt. Am besten hast du im Video dabei einen klaren Call-to-Action (CTA) mit dem Aufruf gesetzt, deinen Kanal zu abonnieren.
- **Wachstumsrate**: Die Rate sagt dir, wie viele Follower du gewonnen und verloren hast im Vergleich zur Vorwoche. Verlierst du beispielsweise Follower, soll-

test du die Videos genauer anschauen, die du in letzter Zeit gepostet hast. So kannst du herausfinden, woran das liegt, und darauf reagieren.

- GESCHLECHT: Hier siehst du die Verteilung deiner Follower nach Geschlecht. Hier wird bisher allerdings nur zwischen den zwei Geschlechtern männlich und weiblich unterschieden. Wenn du beispielsweise deutlich mehr weibliche Followerinnen hast, kannst du deine Videos gezielt an ein weibliches Publikum richten. Ist deine kaufstarke Zielgruppe auf anderen Plattformen eher männlich, kannst du dir überlegen, deinen Content strategisch stärker auf ein männliches Publikum auszurichten.
- TOP-GEBIETE: Hier kannst du die fünf Länder sehen, aus denen die meisten deiner Follower kommen. Wenn du Werbeanzeigen schaltest, kannst du dann auch gezielt versuchen, Nutzer aus diesen Ländern anzusprechen. Alternativ kannst du auch gezielt Aktionen für und in diesen Ländern planen, wie beispielsweise einen Messeauftritt oder eine Lesung.
- FOLLOWER-AKTIVITÄT: Das ist eine sehr wichtige Kennzahl, denn sie zeigt dir, wann deine Follower am meisten auf der Plattform aktiv sind. Dieser Zeitpunkt ist für dich ideal, um neue Videos zu veröffentlichen.

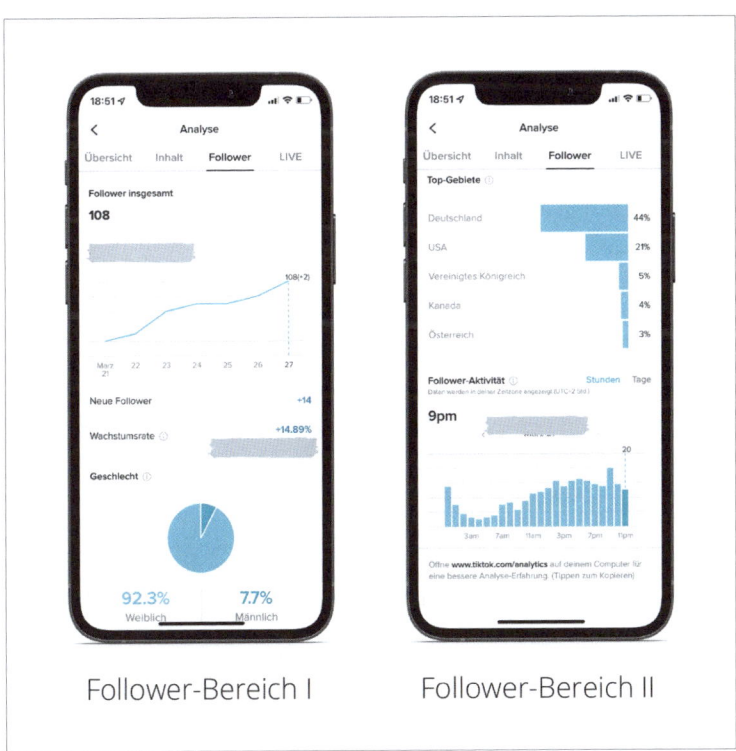

**Abbildung 11.7** Der Follower-Bereich in TikTok-Analytics

### 11.3.4 Der LIVE-Bereich

Der Bereich nennt sich LIVE-ZENTRUM und dort kannst du alle Daten zu deinen Liveauftritten herauslesen, die du in den letzten 7 oder 28 Tagen gehostet hast. Dabei kannst du auch sehen, wie viele Aufrufe du generiert hast, wie viele neue Follower dadurch hinzukamen, wie lange du live warst und was deine Topzuschauerzahl war – also welche Höchstzuschauerzahl du erreicht hast (siehe Abbildung 11.8).

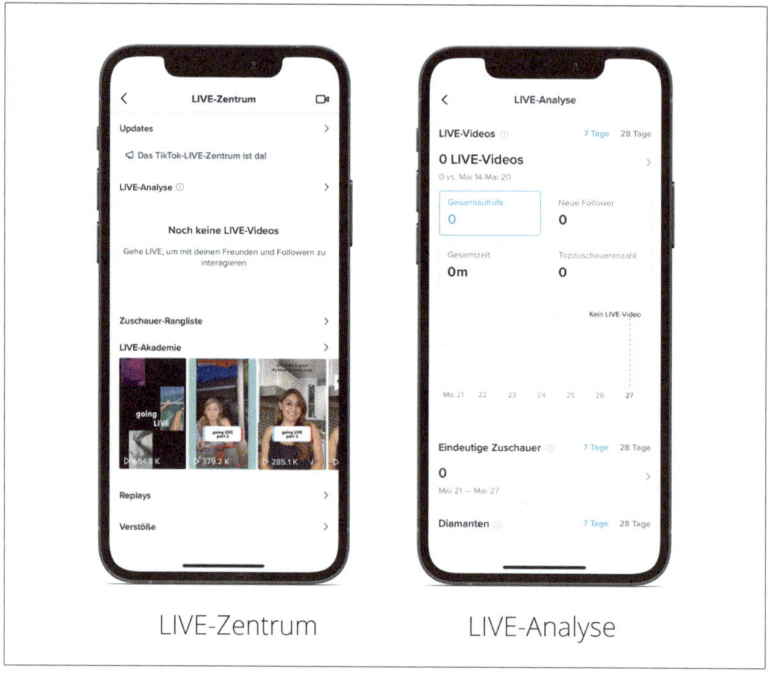

**Abbildung 11.8** Der LIVE-Bereich in TikTok Analytics

Die vier Kennzahlen kannst du auch anklicken, und dann siehst du in dem unteren Graph die genaue Entwicklung dazu. So kannst du – je nach Ziel deines Liveauftritts – sehen, wie erfolgreich er war. Wolltest du beispielsweise neue Follower gewinnen? Oder wolltest du das Interesse für deine Marke steigern? Oder wolltest du ein cooles Community-Event veranstalten? Auch kannst du hier sehen, ob sich ein Liveauftritt für dich lohnt oder ob du ihn gegebenenfalls vorher besser ankündigen müsstest. Außerdem kannst du noch weitere Informationen zu den folgenden Kennzahlen erhalten:

- EINDEUTIGE ZUSCHAUER: Vielleicht sagt dir hier der Begriff *Unique Viewers* etwas mehr. Die Zahl sagt dir, wie viele Zuschauer deinen Livestream mindestens einmal gesehen haben. Im Gegensatz zu den Aufrufen werden Nutzer hier auch nur einmal gezählt, die kurz den Livestream verlassen und später wiederzurückkehren. Klickst du auf die Zahl, werden dir mehr Daten angezeigt. Das kannst du dir in Abbildung 11.8 ansehen. Hier siehst du die Zuschauerentwicklung über die letzten 7 oder 28 Tage. Außerdem kannst du herauslesen, wie viele dieser *eindeutigen Zuschauer* dir ein Livegeschenk gesendet haben und wie viele deiner Zuschauer auch deine Follower sind.

- DIAMANTEN: Hier siehst du, wie viele Diamanten du bei deinem Liveauftritt verdient hast. Zur Auffrischung: Zuschauer können dir Livegeschenke senden, die du wiederum als Diamanten in Geld umwandeln kannst. Auf diese Kennzahl kannst du ebenfalls klicken, um mehr Informationen zu erhalten. Nun siehst du wiederum den Verlauf deiner erhaltenen Diamanten über den gewählten Zeitraum sowie die Anzahl aller Diamanten, die du jemals verdient hast.

### 11.3.5 Die wichtigsten Kennzahlen

Nach dem Rundgang durch die verschiedenen Analytics und der vielen Zahlen, fällt es dir sicher schwer, die einzelnen Zahlen einzuordnen. Für ein besseres Verständnis habe ich dir deswegen noch mal die vier wichtigsten Kennzahlen von TikTok zusammengestellt, die du auf jeden Fall in deiner Auswertung haben solltest und die du gut über einen längeren Zeitraum vergleichen kannst. Je nach Ziel kannst du diese für deine Marketingstrategie natürlich unterschiedlich gewichten.

**Erreichte Personen**

Das ist die Reichweite bei TikTok und die Zahl bei Social Media, die dir zeigt, wie viele Personen du wirklich erreicht hast. Nicht zu verwechseln ist die Reichweite mit Impressionen, denn diese Kennzahl zeigt dir, wie oft ein Video angesehen wurde. Hier werden auch Nutzer mehrmals gezählt, die das Video öfter gesehen haben. Wenn also eine Person dein Video 20-mal anschaut, hast du 20 Impressionen aber nur eine Reichweite von 1. Mehr zum Thema Reichweite erfährst du in Kapitel 12, »#ReachThemAll – wie du deine Reichweite steigern kannst«.

**Videoaufrufe**

Diese Zahl sagt dir, wie viele Personen dein Video angesehen haben. Sie gibt dir allerdings keine Auskunft darüber, wie lange die Nutzer dabei das Video abgespielt haben. Das kann auch nur 1 Millisekunde sein. Die Videoaufrufe sind also sozusagen die Impressionen von TikTok. Wenn du dein Video selbst schaust, wird das übrigens nicht gezählt. Du kannst nicht nur die Anzahl der Videoaufrufe deiner eigenen Videos sehen: Wenn du auf die Profile anderer Creators gehst, siehst du dort auch die Aufrufzahlen von deren Videos. Videoaufrufe gelten bei TikTok als wichtigster Indikator für erfolgreiche Videos. Oft werden auch die Videos mit den meisten Views von Creators auf ihrem Kanal ganz oben angeheftet.

**Follower**

Die Anzahl der Follower zeigt dir, wie viele Personen dir folgen. Follower sind die ausschlaggebende Zahl, die aktive Nutzer von Influencern unterscheidet. Bereits ab 500 Followern gilt ein aktiver Nutzer als Nano-Influencer.

**Interaktionsrate**

Die Interaktionsrate ist einer der wichtigsten Werte, wenn du Interaktionen vergleichen willst – also egal, ob du gerade eine Konkurrenzanalyse erstellst, du deine verschiedenen Social-Media-Kanäle analysierst oder über einen längeren Zeitraum deine Videos vergleichst. Durch unterschiedliche Followerzahlen sind Interaktionen wie die Anzahl der Kommentare z. B. schwer vergleichbar. Mit der Interaktionsrate hast du aber einen Wert, der das Verhältnis zwischen Interaktionen und der Followerzahl beziffert – und so vergleichbar macht.

Bei TikTok wird dir deine Interaktionsrate nicht direkt ausgespielt, du kannst sie dir aber errechnen. Ich habe dir hier eine kleine Formel dazu aufgestellt:

(Anzahl der Likes + Anzahl der Kommentare + Anzahl der Shares) / Anzahl der Follower × 100

Mit dieser Formel kannst du die Interaktionsrate für deinen Kanal oder ein einzelnes Video errechnen. TikTok bietet nicht nur im Analytics-Bereich interessante und wichtige Kennzahlen an, sondern du kannst auch beispielsweise die Infos zu den einzelnen Videos über dein Profil abrufen. Dort siehst du auch die Anzahl aller Likes, die deine Videos je erhalten haben. Das kannst du aber nicht nur auf deinem Profil sehen, sondern von allen anderen Profilen auch. Das hilft dir etwa bei der Konkurrenzanalyse oder der Zusammenarbeit mit Influencern. Wenn ein Influencer oder eine Influencerin beispielsweise viele Follower, aber eine sehr niedrige Interaktionsrate hat, könnten Challenges weniger gut funktionieren, da die Community nicht so engagiert ist.

Mit all den Kennzahlen – wie Kommentaren, Likes und Followern – kannst du einschätzen, was die grobe Interaktionsrate eines Kanals ist. Laut dem Analysetool Hypeauditor liegt eine organische Interaktionsrate bei TikTok durchschnittlich bei 4,5 %.[1] Bei Instagram wird die durchschnittliche Interaktionsrate auf 2 % geschätzt.

## 11.4 Erfolge messen

Nun kennst du alle Kennzahlen und die wichtigsten KPIs bei TikTok. Du solltest die Leistung deiner Videos und deines Kanals regelmäßig auswerten, sonst bleibt viel

---

1 Quelle: *https://hypeauditor.com/de/free-tools/tiktok-engagement-calculator*

Potenzial auf der Strecke. Achte bei der Auswertung beispielsweise darauf, welche Formate gut ankommen, was du eventuell anpassen könntest, um eine bessere Leistung zu erzielen, oder auch welche Hashtags besonders gut funktionieren!

### 11.4.1 So wertest du deine Analytics aus

Du kennst jetzt zwar die wichtigsten KPIs, weißt aber nicht, was gut und was schlecht ist und was du genau aus den Analytics lernen kannst. Deswegen habe ich dir hier noch die zwei häufigsten Fallbeispiele zusammengetragen, die ich beobachten kann und die dir bei deiner Auswertung helfen sollen.

**Viele Videoaufrufe – wenige Kommentare**

Viele Videoaufrufe sind in deinem Fall mehr Videoaufrufe, als du sonst durchschnittlich erreichst. Hast du beispielsweise durchschnittlich zwischen 2.000 und 3.000 Aufrufe pro Video, jetzt aber plötzlich 6.000, ist das schon auffällig und du solltest tiefer in die Analytics einsteigen. Dein erster Blick geht dann wahrscheinlich zu den Interaktionen. Oft haben Videos mit mehr Reichweite auch eine niedrigere Interaktionsrate. Das ist ganz normal. Hast du jetzt aber beispielsweise weniger Kommentare als üblich, kannst du überlegen, wie dein Video aufgebaut war. Hattest du einen klaren CTA eingebaut oder eine Frage gestellt, auf die man antworten kann? Wenn nicht, kann die geringere Kommentaranzahl so erklärt werden. Wenn ja, solltest du dir mal anschauen, wie lange dein Video durchschnittlich angesehen wurde. Wenn der CTA am Ende des Videos ist, du die Zuschauer aber bereits vorher verloren hast, kann es daran liegen. Vielleicht bist du ja mit einem starken Hook gestartet und die Nutzer haben dein Video sogar statt nur 3 gleich 8 Sekunden lang angesehen. Hier kannst du dann rauslesen, in welchem Videobereich du die Zuschauer verloren hast und beim nächsten Video beispielsweise den Spannungsbogen länger gestalten. Verlierst du die meisten Nutzer bereits innerhalb der ersten 3 Sekunden, solltest du es mal mit einem spannenderen Videoeinstieg versuchen. Ein paar Beispiele habe ich dir dafür in Kapitel 8, »Die verschiedenen TikTok-Formate«, zusammengestellt. Alternativ kannst du mal schauen, wo dein Video ausgespielt wurde. Manchmal kommt es vor, dass beispielsweise ein deutschsprachiges Video auch in anderen Ländern ausgespielt wird und die Nutzer vielleicht gar nicht deine Sprache sprechen – wenn du keine automatischen Untertitel eingeblendet hast. Da bessert der Algorithmus hoffentlich bald nach, aber so kannst du dir auch erklären, warum weniger kommentiert wurde.

**Viele Interaktionen – wenige Videoaufrufe**

Auch der umgekehrte Fall kommt häufig vor. Du hast durchschnittlich weniger Videoaufrufe als sonst, dafür ist deine Interaktionsrate stark angestiegen. Das spricht für den Erfolg deines Videos – wenn es sich dabei nicht um überwiegend negative Kommentare handelt. Wie erfolgreich dein Video ist, kannst du genauer in den Analytics herausfinden. Schau dir deswegen ebenfalls die durchschnittliche Wiedergabezeit an! Ist diese ebenso hoch, weißt du auch, dass dein Video länger geschaut wird. Oft helfen dir dann die VIDEOAUFRUFE NACH ABSCHNITT. Wenn das Video häufiger auf deinem Profil oder im *Follow Feed* angesehen wurde, hast du deine Community erreicht. Zeitgleich siehst du, dass du dir eine Markenbindung aufgebaut hast, wenn deine Follower aktiv auf dein Profil kommen, um sich dein neuestes Video anzusehen. Für mehr Videoaufrufe könntest du das Video zusätzlich bewerben. Wie das geht, erkläre ich dir in Kapitel 13, »Werbung auf TikTok«.

### 11.4.2 So vergleichst du deine Erfolge mit anderen Plattformen

Wenn du deinen Content auf anderen Plattformen zweitverwertest, ist die Vergleichbarkeit dort oft gar nicht so einfach. Jede Plattform benennt ihre Kennzahlen anders und stellt die unterschiedlichsten Zahlen bereit, die nicht immer vergleichbar sind. Das erkläre ich dir am Beispiel von Instagram, denn dort werden die meisten TikToks ebenfalls als Reels hochgeladen. Wie unterschiedlich die Auswertungen aussehen, kannst du gut in Abbildung 11.9 sehen.

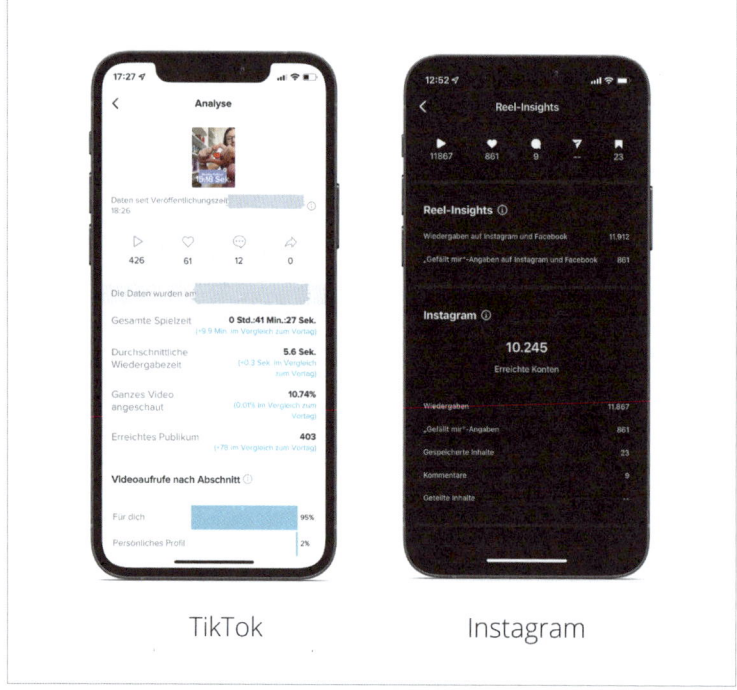

**Abbildung 11.9** Die Auswertungen von Instagram und TikTok im Vergleich

In den Reels bekommst du wesentlich weniger Daten von Instagram zur Verfügung gestellt, was die Vergleichbarkeit natürlich erschwert. Deswegen habe ich dir hier mal aufgelistet, welche KPIs du immer abgleichen solltest:

- Impressionen/Videoaufrufe
- Reichweite/erreichte Personen oder Konten
- Interaktionsrate

Je nach deinem definierten Ziel kannst du die einzelnen Interaktionen wie Kommentare, Shares und Likes auch einzeln vergleichen. Hier wird dir bestimmt auffallen, dass die Interaktion bei TikTok höher ist.

## 11.5 Reporting erstellen

Nun hast du einen guten Einblick in die Analytics erhalten. Du weißt, auf welche Kennzahlen du wie achten und was du herauslesen kannst. Außerdem kennst du die Zahlen, die dir eine gewisse Vergleichbarkeit über verschiedene Plattformen hinweg bieten. Um eine regelmäßige und einheitliche Auswertung zu haben, kannst du dir dafür einfach ein Reporting erstellen, indem du übersichtlich die wichtigsten Daten einträgst. Am einfachsten eignet sich dafür eine einfache Excel-Liste, in der du die wichtigsten Daten notierst. So kannst du auch über einen längeren Zeitraum als beispielsweise die 60 Tage bei TikTok Analytics die Performance deiner Videos und die Entwicklung deiner Follower festhalten. Füge diese Aufgabe doch aktiv in deinen Wochenplan ein und starte damit z. B. jeden Montagmorgen in die Woche. Trage dann die vergangenen sieben Tage ein. Aus den Daten kannst du dann regelmäßig ein Reporting erstellen, das einen längeren Zeitraum abbildet, am besten monatlich. Das könnte beispielsweise so aussehen wie in Abbildung 11.10. So gewährleistest du auch, dass du deine Inhalte stetig optimierst.

| Monat | Followerzahl | Videoaufrufe (gesamt) | Ø Aufrufe pro Video | Reichweite | Impressionen | Ø Wiedergabezeit pro Video | Ø Likes pro Video | Ø Kommentare pro Video | Ø Shares pro Video | Ø Wiedergabezeit pro Video |
|---|---|---|---|---|---|---|---|---|---|---|
| September | | | | | | | | | | |
| Oktober | | | | | | | | | | |
| November | | | | | | | | | | |
| Dezember | | | | | | | | | | |

**Abbildung 11.10** Beispielhafte Reporting-Vorlage

> **Best Practice: Reporting-Tools**
>
> Mit Excel arbeitest du nicht so gerne? Dann nutz doch als Alternative ein Reporting-Tool. Folgende kann ich dir dafür empfehlen:
>
> - **Iconosquare**: Das ist ein Reporting- und Planungstool, bei dem du gleich mehrere deiner Social-Media-Plattformen hinterlegen kannst. Relativ neu ist hier auch TikTok. Du kannst hier individuelle Auswertungen erstellen, und das Tool ist sehr übersichtlich gestaltet. Die Pro-Version kostet 39 € im Monat. Schau einfach selbst:
>
>   *https://pro.iconosquare.com*
>
> - **Analisia.io**: Wenn du hier deinen TikTok-Kanal verbindest, erhältst du eine Analyse deines Profils und zusätzlich deiner verwendeten Hashtags. Die Premiumversion kostet hier bis zu 200 US$ im Monat:
>
>   *https://analisa.io*
>
> - **Pentos**: Das Monitoring-Tool setzt den Fokus auf TikTok. Dort kannst du die Performance von Hashtags und auch deiner verwendeten Sounds verfolgen. Außerdem bietet dir das Tool eine Übersicht zu den aktuellen TikTok-Trends. Die Pro-Version kostet hier mindestens 29 € im Monat. Unter *https://pentos.co* kannst du dir selbst ein genaueres Bild machen.
>
> - **Not Just Analytics**: Ist ein Reporting-Tool, das sich sowohl für Instagram als auch für TikTok sehr gut eignet. Dort kannst du beispielsweise auch verwendete Hashtags auswerten lassen. Die preisgünstigste Version kostet hier 7 € im Monat:
>
>   *https://business.notjustanalytics.com/pricing*

Kapitel 12

# #ReachThemAll – wie du deine Reichweite steigern kannst

»Aus großer Reichweite folgt große Verantwortung« – heißt es unter Influencern und ist eine Abwandlung eines bekannten Spiderman-Zitats.[1]

Im Social Media Marketing lässt sich die Reichweite sehr genau darstellen – im Gegensatz zu den klassischen Printmedien, wie beispielsweise einem aufgehängten Plakat oder ausgelegten Flyern. Du kannst also genau sehen, wie viele Nutzer bei TikTok dein Video wie oft gesehen haben. Allerdings haben die verschiedenen Plattformen auch wieder andere Bezeichnungen für KPIs – wie du ja schon im vorigen Kapitel gelernt hast. Auch bei TikTok ist Reichweite nicht gleich Reichweite. Die Kennzahl hat noch viel mehr zu bieten und spielt durch die besondere Funktionsweise des Algorithmus auch die wohl wichtigste Rolle bei der Plattform. Genau deswegen widmen wir der Reichweite ein eigenes Kapitel.

> **Was ist Reichweite?**
> Die Reichweite sagt dir genau, wie viele Menschen du mit deinem Video, Post oder Kanal erreichst. So kannst du – auch plattformübergreifend – deine Erfolge messen.

Im Onlinemarketing wird anhand der Reichweite meist auch der Preis für bestimmte Medienformate festgelegt, der sogenannte TKP. Das steht für Tausend-Kontakt-Preis und ist ein Preismodell, das festlegt, wie viel du für 1.000 Sichtkontakte zahlst. Das begegnet dir oft bei der Zusammenarbeit mit Influencern, aber auch, wenn du beispielsweise eine Anzeige auf einer Website schalten willst. Vielleicht kennst du das Modell aber auch vom Radio, Fernsehen oder aus dem Printbereich. Was du sonst noch über Reichweite wissen musst und wie du sie vor allem steigern kannst, erkläre ich dir in diesem Kapitel.

---

1 Original: »Aus großer Macht folgt große Verantwortung« von Stan Lee in »Spiderman«.

> **Kapitelübersicht: #ReachThemAll – wie du deine Reichweite steigern kannst**
>
> In diesem Kapitel lernst du Folgendes:
>
> - Welche Arten von Reichweite gibt es?
> - Wie kannst du sie bei TikTok organisch steigern?
> - Wie kannst du sie kaufen?

## 12.1 Welche Arten von Reichweite gibt es?

Allgemein wird bei Reichweite zwischen brutto und netto unterschieden. Die Brutto-Reichweite umfasst dabei alle Kontakte – also auch wiederholte. Bei der Netto-Reichweite wird die Anzahl der Personen zusammengerechnet. In Social Media bezeichnet man die Brutto-Reichweite als Impressionen, während die Netto-Reichweite die normale Reichweite bezeichnet. Das klingt jetzt vielleicht etwas kompliziert, deswegen habe ich dir ein einfaches Beispiel dafür mitgebracht:

Der Begriff *Impressionen* umfasst die Anzahl, wie oft deine Anzeige oder dein Video gezeigt oder aufgerufen wurde. Wenn also eine Person dein Video 20-mal anschaut, hast du 20 Impressionen allerdings nur eine Reichweite von 1.

Im vorigen Kapitel ist dir wahrscheinlich schon aufgefallen, dass dort Impressionen gleichgesetzt wurde mit Videoaufrufen und Reichweite mit erreichten Personen. Das ist in TikTok Analytics die offizielle Bezeichnung. Wenn du allerdings Werbeanzeigen bei *TikTok Business* schaltest, wirst du wieder mit den klassischen Begriffen Reichweite und Impressionen vorliebnehmen müssen.

Detaillierter unterscheidet man im Social Media Marketing noch zwischen *Paid*, *Owned* und *Earned* – also bezahlter, organischer und verdienter Reichweite. Wie sich das unterscheidet, erkläre ich dir noch kurz:

- *Organische Reichweite*

    Unter organischer Reichweite versteht man die Anzahl der Personen, denen deine Videos bei TikTok auf der *For You Page*, der *Follow Page* oder auf deinem Profil angezeigt werden.

- *Bezahlte Reichweite*

    Bezahlte Reichweite hingegen umfasst die Anzahl der Personen, die dein Video sehen, weil du es als Anzeige auf ihrer *For You Page* ausspielen lässt. Beeinflussen kannst du das also durch Gebote, Budget und Zielgruppenansprache im Werbeanzeigenmanager von TikTok. Das erläutere ich dir noch genauer in Kapitel 13, »Werbung auf TikTok«.

Dabei solltest du neben der Reichweite auch unbedingt die Impressionen im Vergleich dazu im Auge behalten, um eine sogenannte »Anzeigenmüdigkeit« zu vermeiden. Das ist die Frequenz, in der deine Videos den Nutzern ausgespielt werden. Sehen Nutzer eine Anzeige zu häufig, sind sie gelangweilt oder sogar genervt. Wenn deine Anzeige aber beispielsweise anfangs nur wenige Impressionen erhält, ist das oft ein Anzeichen dafür, dass deine Zielgruppenansprache und die Gestaltung nicht optimal gewählt sind. Dann solltest du deine Ads noch mal überarbeiten.

- *Verdiente Reichweite*

    Die verdiente Reichweite zeigt an, wie viele Nutzer dein Video durch die Interaktion eines befreundeten Nutzers gesehen haben. Teilst du beispielsweise ein besonders witziges Video mit deiner besten Freundin und diese schaut sich das Video an, ist das verdiente Reichweite.

## 12.2 Reichweite organisch steigern

Jedes deiner Videos hat das Potenzial, ein viraler Hit zu werden, denn TikTok ist bekannt als Reichweitenmaschine. Das liegt – wie du ja schon in Kapitel 7, »Optimiere deine Inhalte für den Algorithmus«, erfahren hast – vor allem an der besonderen Funktionsweise des Algorithmus. Doch was macht einen viralen Hit aus? Gibt es Dinge, die du bereits bei der Videokonzeption beachten kannst? Im Folgenden habe ich dir Tipps und Tricks zusammengestellt, wie du deine Reichweite organisch steigern kannst.

### 12.2.1 Sounds und Trends nutzen

TikTok ist eine Sound-on-Plattform. Das bedeutet, dass Menschen die App nutzen und dabei den Sound aufgedreht haben. Hier geben Musik und Sounds den Ton an. Selbst wenn jemand spricht, ist das meist mit Sound hinterlegt. Verwendest du für dein Video einen Sound, fügt sich dein Video nicht nur besser in die Plattform ein, du kannst so auch einen viralen Hit landen. Dafür kannst du einen trendenden Sound verwenden und so gleich einen Wiedererkennungswert für die Nutzer schaffen. Kläre hier allerdings vorher die Nutzungsrechte des Sounds ab!

> **Tipp zur Nutzung von Sounds**
>
> Binde direkt von Anfang an einen Sound in dein Video ein. Auch wenn es beispielsweise ein Erklärvideo ist, in dem du zuerst das Produkt zeigst und dann die Funktionen erklärst, sollten die ersten Sekunden niemals ohne Ton auskommen müssen.

Sounds und Trends hängen oft miteinander zusammen, denn sie bedingen einander in vielen Fällen. Auch auf den neuesten Trend aufzuspringen kann dein Video pushen – und macht beispielsweise eine Werbeanzeige relevanter. Edeka setzt etwa auf den TikTok-Trend, bei dem das Wort Avocado statt auf dem Anfangsbuchstaben A auf dem Buchstaben o betont wird, und setzt mit dem Wort so einen Daumenstopper (siehe Abbildung 12.1). Erst dann folgt die Erklärung via Voiceover, warum man Avocados bei Edeka kaufen sollte: Sie sind länger haltbar aufgrund einer besonderen pflanzlichen Schutzhülle.

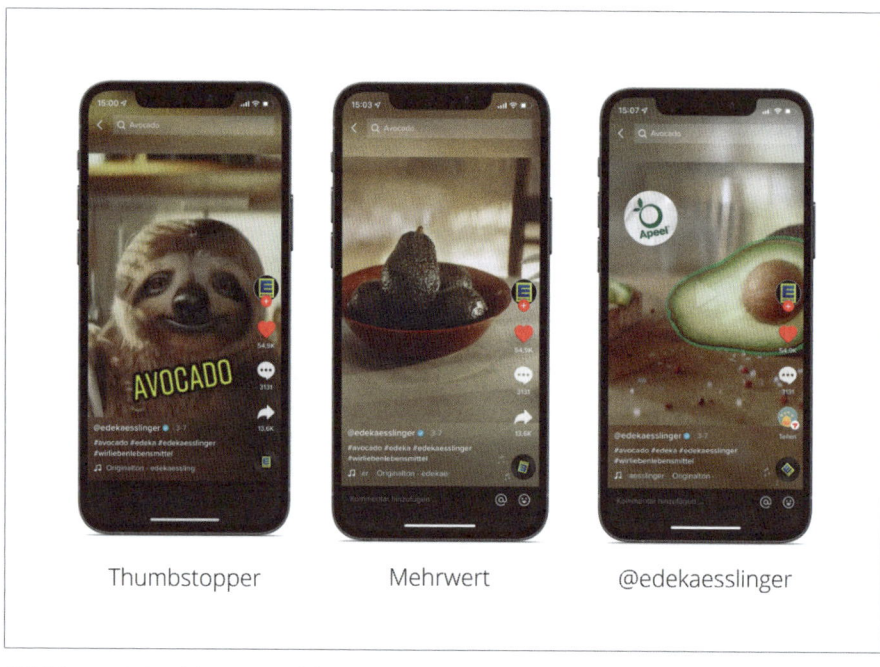

**Abbildung 12.1** Edeka setzt auf den Trend #Avocado. (Quelle: *https://vm.tiktok.com/ ZTRfhDdYD*)

**Tipp zum Aufspringen auf Trends**
Wenn du auf einen Trend aufspringst – egal, ob es sich dabei um Musik oder beispielsweise ein Meme handelt –, solltest du diesen niemals 1 zu 1 kopieren, sondern ihn für deinen Video-Content und dein Produkt adaptieren.

### 12.2.2 Mit Influencer*innen zusammenarbeiten

Viele Marken haben meist ein kleines Budget und wenig Zeit für die aufwendige Betreuung eines TikTok-Kanals. Ist das bei dir auch so, könntest du deinen Kanal auch an Influencer*innen übergeben – temporär oder auch dauerhaft. Sie kennen die Plattform, Sounds, Trends und Zielgruppen besser als du. Mit etwas Vertrauen in ihre Kreativität kann so wirklich cooler Video-Content entstehen! Welche Möglichkeiten du in der Zusammenarbeit mit Influencern hast, erfährst du in Kapitel 6.

> **Tipp zur Zusammenarbeit mit Creators**
>
> Creators wissen am besten, was der TikTok-Sprech ist, wie sie Videos viral aufbauen und wie sie Videos am besten platzieren. Deswegen solltest du die Power, die sie mitbringen, nicht unterschätzen! Laut TikTok performen Markenvideos, in denen Influencer auftauchen, um 53 % besser als ohne, denn sie steigern die Glaubwürdigkeit und das Vertrauen in die Marke.[2]

### 12.2.3 Ein Gewinnspiel veranstalten

Eine weitere Möglichkeit zur Reichweitensteigerung sind beispielsweise Gewinnspiele, denn sie bekommen fast immer mehr Aufmerksamkeit als normale Posts – egal, auf welcher Plattform sie stattfinden. Oft steht hier der Community-Gedanke im Vordergrund: Mit einem Gewinnspiel kannst du auch etwas zurückgeben. Doch bei Gewinnspielen ist immer Vorsicht geboten! Zu viele davon wirken beispielsweise schnell unseriös. Damit kannst du auch zu viele Nutzerinnen und Nutzer anlocken, die nur an den Gewinnspielen interessiert sind und gar nicht an deiner Marke.

Außerdem solltest du dabei einige Regeln beachten, denn eine Gewinnspielveranstaltung ist gar nicht so unkompliziert. Ganz allgemein solltest du folgende Informationen sichtbar bereitstellen:

- Das Gewinnspiel muss klar als solches gekennzeichnet und erkennbar sein.
- Es muss klar erkennbar sein, wer hinter dem Gewinnspiel steckt.
- Die Teilnahmebedingungen und Datenschutzbestimmungen müssen leicht zugänglich und eindeutig sein.

Des Weiteren solltest du klären, wer teilnahmeberechtigt ist, in welchem Zeitraum das Gewinnspiel stattfindet und was die Nutzer tun müssen, um am Gewinnspiel teilnehmen zu können. Sollen sie beispielsweise kommentieren? Informiere hier auch, wie die Gewinner*innen von dir kontaktiert werden.

Außerdem solltest du dir darüber Gedanken machen, was das Ziel des Gewinnspiels ist und wen du damit erreichen willst. Davon abhängig sollte auch der Preis sein. Verlose hier kein iPhone oder iPad – außer du arbeitest für Apple. Oft sind das dubiose Gewinnspielveranstalter, oder es lockt nur Fake-Accounts an. Verlose lie-

---

[2] TikTok Download Webinar

ber etwas, das auch für deine Zielgruppe relevant ist. Wenn du jetzt unsicher bist, wie du hier am besten vorgehst, kannst du sicherheitshalber in deiner Rechtsabteilung oder bei deinem Anwalt nachfragen. So bist du hier auf der sicheren Seite.

Wie du ein Gewinnspiel umsetzen kannst, siehst du auch in Abbildung 12.2. Die Drogeriemarktkette @*mein_rossmann* hat anlässlich von 300.000 Followern eines für die Community veranstaltet. Verlost wurden Produkte, die eine drei auf der Verpackung haben und im Video gezeigt wurden. In den Kommentaren waren die Teilnahmevoraussetzungen noch mal aufgelistet und in der Bio die Teilnahmebedingungen verlinkt.

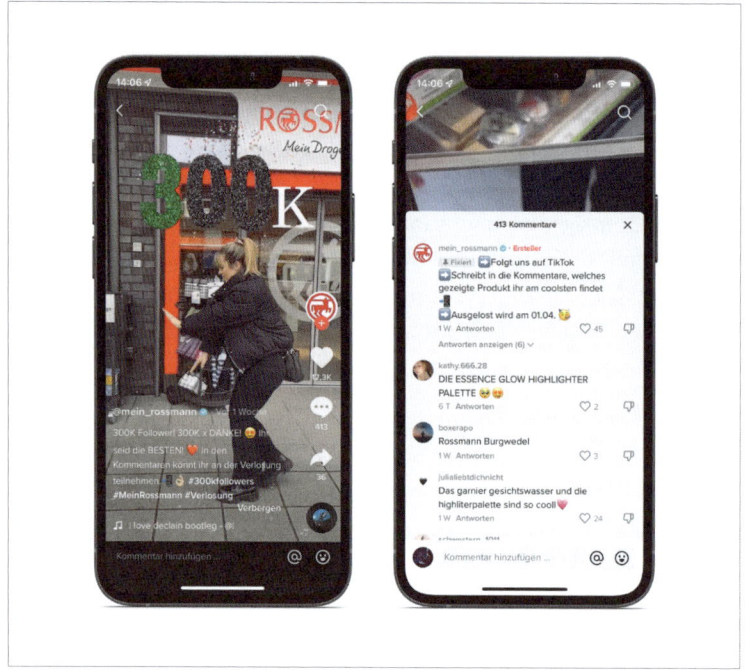

**Abbildung 12.2** Gewinnspiel von @mein_rossmann bei TikTok
(Quelle: *https://vm.tiktok.com/ZTRfhfDHT*)

### 12.2.4 Best Practice: 9 Tipps für mehr Reichweite

Die Möglichkeiten von Marken sind oft begrenzt. Es fehlt das Budget für Influencer, trendende Sounds können aus urheberrechtlichen Gründen nicht verwendet werden oder es fehlt die Zeit, Trends bei TikTok aufzuspüren und vor allem zu verstehen. Das kenne ich selbst nur zu gut! Deswegen habe ich noch neun Tipps dabei, die dir helfen können, deine Viralität zu steigern:

1. Biete einen Mehrwert!

   In deinem Video sollte klar werden, was das Ziel ist und warum es sich lohnt, es bis zum Schluss anzusehen. Verbinde hier Unterhaltung mit Information. Bist du ein Buchverlag und willst du ein neues Buch vorstellen? Dann sag den Leser*innen, warum sie es unbedingt lesen sollten und worum es geht! Bist du Besitzerin eines Restaurants und willst deine neueste Kreation vorstellen? Dann lass den Zuschauern das Wasser im Mund zusammenlaufen!

2. Tauch ein in die Welt von TikTok und lerne die Community kennen!

   Nur als aktiver Nutzer kannst du Sounds und Trends verstehen, denn die Trends ändern sich täglich. Wenn dir hier die Zeit fehlt, kannst du auch den erfolgreichen Creators deiner Branche folgen und statt der *For You Page* deine *Follow Page* nach den neuesten Trends durchsuchen.

3. Alles braucht seine Zeit – auch dein TikTok-Kanal!

   Erst nach und nach wirst du deinen Style entwickeln und dein Markenzeichen finden – egal, ob das eine Person, eine Stimme, ein bestimmter Hintergrund oder eine besondere Tonalität ist. Auch wenn ein Video am Anfang nicht so erfolgreich ist, poste weiter – denn auch das nächste Video hat das Potenzial, viral zu gehen.

4. Produziere deine Videos im TikTok-Style!

   Dafür brauchst du kein teures Videoequipment. Nutz hier dein Smartphone und filme immer im Hochformat. Videos im Querformat, die nur die Hälfte des Bildschirms einnehmen fügen sich nicht in das Bild der Plattform ein und wirken schnell unprofessionell. Außerdem solltest du die Features nutzen, die dir der Videoeditor zur Verfügung stellt – also Texteinblendungen, Text-to-Speech oder beispielsweise Untertitel. So wirkt dein Video gleich wie ein richtiges TikTok!

5. Zeig Gesicht!

   Videos mit Personen performen deutlich besser. Das kannst du auch gern einfach mal testen! Wenn du deine Persönlichkeit einbringst, steigerst du deine Authentizität und das Vertrauen in dich bzw. deine Marke.

6. Probiere dich aus!

   TikTok ist ein Ort des Entdeckens – auch neuer Talente und der Kreativität. Hinzu kommt die Schnelllebigkeit der Plattform, wodurch du geradezu herausgefordert wirst, neue Dinge auszuprobieren – und davor brauchst du keine Angst zu haben!

7. Check deine Analytics!

   Nach dem vorigen Kapitel schwirrt dir vielleicht der Kopf vor lauter Zahlen, aber ich kann es nur noch mal betonen: Schau in die Analytics und such hier nach Antworten für deine Videoperformance. Nur so kannst du dich verbessern!

8. Und das Wichtigste: Hab Spaß!

   TikTok ist eine Unterhaltungsplattform, bei der der Spaß im Vordergrund steht. Zeig dich hier, wie du bist, sei authentisch und hab Spaß – denn genau das merken die Nutzer!

9. Brich die vierte Mauer!

   Hole die Zuschauer ab, indem du sie direkt ansprichst. So kannst du sie nicht nur in dein Video einbauen, sondern auch ihre Aufmerksamkeit auf dich ziehen. Damit du dir das besser vorstellen kannst, habe ich dir ein sehr gutes Beispiel mitgebracht. In einem Video der #BookTokerin *@elizabeth_sagan* tritt sie zusammen mit *@james.trevino* ins Bild. Dabei zeigt sie ihm eine Person, die klassischerweise ihre Zeit verschwendet, anstatt ein Buch zu lesen – und zwar den Nutzer, der gerade das Video ansieht. So bindet sie den Nutzer aktiv ins Video mit ein (siehe Abbildung 12.3).

**Abbildung 12.3** Die #BookTokerin @elizabeth_sagan bricht die vierte Mauer, indem sie den Zuschauer ins Video integriert. (Quelle: *https://vm.tiktok.com/ZMLWkp6Vq*)

## 12.3 Reichweite kaufen

Neben der organischen Reichweite gibt es noch die bezahlte Reichweite. Das bedeutet, dass du dir mit Werbeanzeigen Reichweite bei TikTok kaufst und so deine Videos auf der *For You Page* deiner Zielgruppe platzierst. So kannst du nicht nur auf dein Produkt aufmerksam machen, sondern auch deine Videos pushen. Die Videos, die du auf deinem Kanal postest, kannst du nämlich ganz einfach mit Mediabudget bewerben. Das kannst du entweder direkt in der App machen oder über deinen PC mit dem TikTok-Ads-Manager. Wie das am PC geht, zeige ich dir im nächsten Kapitel, denn das dreht sich rund ums Thema Advertising. Wie das in der App direkt geht, zeige ich dir schon jetzt!

> **Bewerbung über die App vs. über ein Werbekonto am PC**
>
> Es ist immer professioneller, Werbeanzeigen über ein Werbekonto am PC zu schalten statt über die App. Dort kannst du mehr Einstellungen vornehmen, deine Zielgruppe genauer definieren, erhältst auch eine ordentliche Auswertung sowie eine richtige Abrechnung des ausgegebenen Budgets.

Für die App habe ich dir im Folgenden trotzdem eine kleine Anleitung zusammengestellt, falls du nicht die Möglichkeit hast, dir ein Werbekonto zu erstellen. Wähle dazu einfach das entsprechende Video aus und geh auf WERBEN. In dem Fall ist dein Ziel MEHR INTERAKTION, denn du möchtest mehr Reichweite – also Aufrufe.

Nach deinem Ziel kannst du deine Zielgruppe definieren. Hier kannst du entweder den Algorithmus entscheiden lassen – was wirklich sehr gut funktioniert – oder deine Zielgruppe selbst eingrenzen (siehe Abbildung 12.4).

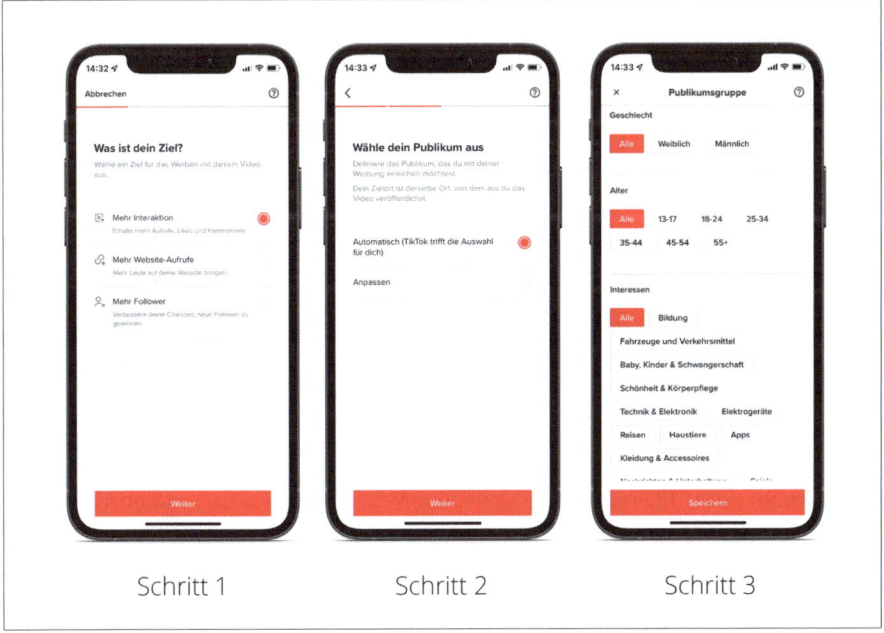

**Abbildung 12.4** Folge den einzelnen Schritten, um dein Video zu bewerben. Definiere zunächst deine Zielgruppe.

Hast du deine Zielgruppe festgelegt, kannst du dein Budget und die Laufzeit definieren. Überleg hier, was du ausgeben möchtest und wie lange dein Video gepusht werden soll. Eine Schätzung der Videoaufrufe findest du als Hilfestellung dabei. Über Budgets sprechen wir aber auch noch im nächsten Kapitel. Beachte, dass in der App nicht mit Euro abgerechnet wird, sondern in TikTok-Münzen. Mindestbudget sind hier 500 Münzen, was ca. 8,10 € entspricht. Hast du nicht genug Münzen, kannst du die auch im letzten Schritt noch aufladen (siehe Abbildung 12.5). Dann kannst du die Bewerbung starten.

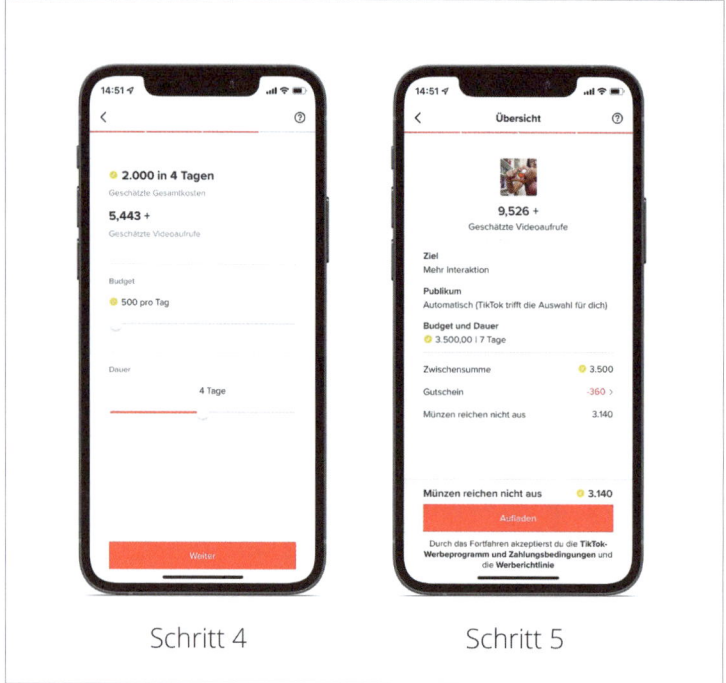

**Abbildung 12.5** Leg im letzten Schritt dein Budget und deine Laufzeit fest.

Mehr Einstellungen als in der App kannst du am PC vornehmen. Dort musst du auch keine TikTok-Münzen erwerben, sondern kannst deine Zahlungsdaten direkt hinterlegen. Was du alles über Advertising bei TikTok wissen musst, erkläre ich dir im folgenden Kapitel.

Kapitel 13

# Werbung auf TikTok

Social-Media-Plattformen sind nicht nur persönlichen Netzwerke, sondern werden auch für Werbeplatzierungen genutzt. Sogar jeder dritte bis fünfte Post ist Werbung. Kommerzialisierung und Konsum prägen die Onlinewelt – und so wird sie immer mehr zum virtuellen Marktplatz.

Durch die Corona-Pandemie sind Onlinekäufe beliebter als je zuvor. Bei Social Media findet man dabei nicht nur Möglichkeiten der Werbeschaltung, sondern die einzelnen Plattformen bieten mittlerweile auch direkte Verkaufslösungen an. Das bedeutet, dass du die Plattform nicht verlassen musst, um dir beispielsweise den neuesten Sportschuh nach Hause zu bestellen. Und das »Beste«: Du musst dich als Social-Media-Nutzer gar nicht mehr auf die Suche nach neuen Produkten begeben, denn durch die Möglichkeiten der Zielgruppenoptimierung finden sie dich. Du versuchst beispielsweise dein Leben gerade nachhaltiger zu gestalten und schon wird dir ein umweltfreundlicheres Waschmittel angezeigt. Du klickst darauf, schließt den Kauf ab und teilst – wie es viele aktive Social-Media-Nutzer tun – deine Freude über das Eintreffen des Produkts mit deinen Freunden in deiner Story oder einem TikTok. Ein Freund wird darauf aufmerksam und will das Produkt auch testen – und schon bist du Teil von *Social Commerce*.

> **Was ist Social Commerce?**
> Das ist eine Form von E-Commerce, bei der Produkte über Social Media beworben und verkauft werden. Dabei stehen vor allem die Kundenbindung und die persönliche Beziehung zwischen den Kunden im Vordergrund. Oft werden dabei die Kunden auch aktiv am Entstehungsprozess des Produkts beteiligt und stimmen beispielsweise über Verpackungsfarben, Slogans etc. ab. Über Empfehlungsmarketing werden die Produkte dann weiter vertrieben.

Die kaufstärksten Altersgruppen beim Social Shopping sind laut der YouGov-Studie (siehe Abbildung 13.1) Millenials und Gen Z – also genau die Altersgruppen, die auch TikTok prägen. Hier gehört jeder Dritte zu den sogenannten Social Shoppern. Deswegen ist es jetzt, wo du deine Kanalstrategie erarbeitet hast, an der Zeit, herauszufinden, wie du deine Produkte auch gezielt im virtuellen Marktplatz von TikTok platzieren kannst.

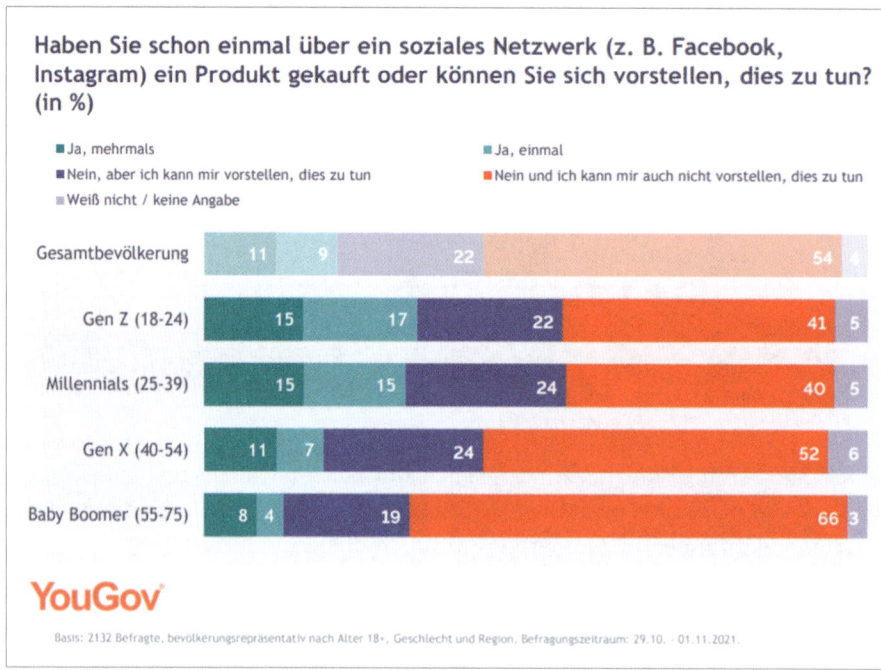

**Abbildung 13.1** Vor allem Gen Z und Millenials kaufen Produkte über Social Media. (Quelle: *https://business.yougov.com/de/sektoren/medien-content/social-shopping-whitepaper-2021*)

> **Kapitelübersicht: Werbung auf TikTok**
>
> In diesem Kapitel lernst du Folgendes:
> - Was sind die Vorteile von Werbeanzeigen auf TikTok?
> - Welche Werbemöglichkeiten gibt es?
> - Wie legst du eine Werbeanzeige an?
> - Wie gestaltest du deine Video-Ads am besten?

Eine Werbeanzeige bei TikTok zu schalten bedeutet, dass du entweder ein bestehendes Video von deinem Kanal pushst oder Videos über den Werbeanzeigenmanager von TikTok auf der *For You Page* deiner Zielgruppe ausspielen lässt.

> **Was ist eine Werbeanzeige?**
>
> Du kennst vielleicht den englischen Begriff *Advertisement* – kurz *Ad*, den ich im Folgenden auch synonym zu Werbeanzeige verwende. Bei einer Werbeanzeige bezahlst du eine Plattform – in unserem Fall TikTok – dafür, dass dein Video an die von dir festgelegte Zielgruppe ausgespielt wird. Du bezahlst also für Reichweite und Sichtbarkeit.

Du kannst Werbeanzeigen an der Videobeschreibung erkennen, denn dort findest du die kurze Caption »Anzeige«. Wie das aussieht, kannst du dir auch in Abbildung 13.2 ansehen.

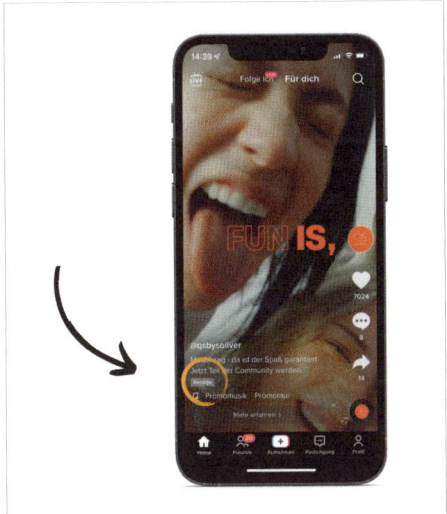

**Abbildung 13.2**  Werbeanzeige bei TikTok von @qsbyoliver

In diesem Kapitel zeige ich dir Schritt für Schritt, wie du eine Werbeanzeige anlegst, und ich erkläre dir auch, wie du sie gestalten kannst, um erfolgreiche Ergebnisse zu erhalten. Allerdings ist das Thema Werbeschaltung sehr komplex und könnte alleine schon das ganze Buch füllen. Deswegen solltest du dich auf jeden Fall darüber hinaus weiter informieren oder sogar professionelle Hilfe von einer Agentur in Anspruch nehmen, die auf TikTok-Werbung spezialisiert ist.

> **Hilfreiche Tipps, Anleitungen und News findest du hier**
>
> Blogs und Seiten:
> - www.tiktok.com/business/de/how-it-works
> - https://blog.hubspot.de
> - www.omt.de
> - https://allfacebook.de
>
> Creators:
> - www.tiktok.com/@einfachdan
> - www.tiktok.com/@misscarolineflett
> - www.tiktok.com/@tutorialsbykati

## 13.1 Kampagne erstellen – eine Anleitung für den Ads-Manager

Mit dem TikTok *Ads-Manager* kannst du deine Werbeanzeigen schalten. Der Ads-Manager ist eine *Selfservice-Plattform*, du kannst also deine Werbekampagnen mit Videos und der passenden Zielgruppe selbst anlegen. Wenn du bereits mit ähnlichen Selfservice-Plattformen gearbeitet hast, wirst du wenig Schwierigkeiten haben. Der TikTok Ads-Manager erinnert nämlich stark an den Werbeanzeigenmanager von Facebook in seinen Anfangszeiten. Ich zeige dir in diesem Kapitel noch ausführlicher, wie du deine Werbeanzeigen dort online stellen kannst. Bevor wir damit aber loslegen, sollten wir uns gemeinsam anschauen, ob TikTok Ads überhaupt für dich sinnvoll sind.

### 13.1.1 Warum du TikTok Ads nutzen solltest

Die Möglichkeit, Ads bei TikTok zu schalten, gibt es in Deutschland erst seit April 2021. Deswegen befindet sich die Plattform noch im »Goldenen Zeitalter«, was die Ad-Preise angeht. Wenn Plattformen und die Werbemöglichkeiten dafür neu entstehen, ist die Konkurrenz noch nicht so hoch und die Preise sind deswegen noch fair und nicht überteuert.

Laut TikTok selbst sind Ads, die auf der *For You Page* ausgespielt werden, effektiver als beispielsweise im TV – und das um ganze 23 %.[1] Das liegt daran, dass man beim Fernsehen oft nebenbei auf Social Media daddelt. Beim Nutzen von TikTok schenkst du allerdings deine ganze Aufmerksamkeit der Video-App. Das bedeutet, die Ad wird dir im Fullscreen angezeigt, und nur durch Weiterwischen kannst du die Werbeanzeige überspringen. Auch im Gegensatz zu anderen Social-Media-Plattformen ist das ein großer Vorteil. Bei Pinterest oder Facebook finden sich die Anzeigen nämlich einfach integriert im Feed zwischen normalen Posts – und auch wenn du damit viel Reichweite erhältst, kannst du dir nicht sicher sein, ob der Blick der Nutzer auch auf die Anzeige gerichtet war. Aber wieso solltest du bei TikTok noch Werbeanzeigen schalten, wenn die organische Reichweite sowieso schon sehr hoch ist?

Bei Social Ads kannst du deine Zielgruppe noch genauer ansprechen und auswählen – das geht ganz einfach sortiert nach Interessen, Standort und beispielsweise Geschlecht. So kannst du mit deiner Werbeanzeige gezielter kaufinteressierte Nutzer*innen ansprechen als mit deinen organischen Videos – und deine Reichweite steigern! Denn nicht jedes deiner Videos wird ein viraler Hit werden. Geht dein Video viral, erreichst du Menschen weltweit. Hast du aber ein regionales Unternehmen und agierst nicht weltweit, ist das zwar eine schöne Anerkennung für deinen

---

1 Quelle: Webinar TikTok Download Performance

Content, hilft dir aus Marketingsicht aber weniger. Mit *Standort-Targeting* hingegen kannst du gezielt Menschen aus deiner Gegend ansprechen. Da die Werbeplattform von TikTok noch sehr neu ist, ist sie leider noch nicht so detailliert aufgebaut, wie beispielsweise der Werbeanzeigenmanager von Facebook. Ein Standort-Targeting ist in Deutschland bisher nur für Bundesländer und ausgewählte Städte möglich. Für Bayern ist beispielsweise nur München auswählbar. Allerdings hat TikTok hier angekündigt, schnell nachzuziehen und auch andere Städte »freizuschalten«.

> **Wie du als regionales Unternehmen TikTok Ads für dich nutzen kannst**
>
> Nicht nur große Marken, die deutschland- oder sogar weltweit agieren, können erfolgreiche TikTok Ads schalten, sondern du kannst auch als regionales Unternehmen Ads gezielt an deine Stadt oder dein Bundesland ausspielen. Ermöglicht wird dir das durch Standort-Targeting:
>
> - Als Restaurant kannst du beispielsweise gezielt Follower-Ads schalten, um deine Community zu vergrößern und auf dein Lokal aufmerksam zu machen.
> - Als Makler kannst du beispielsweise ein Haus, das zum Verkauf steht in einem Room-Tour-Video bewerben.
> - Als Buchhandlung kannst du deinen speziellen *#BookTok*-Tisch filmen und darauf aufmerksam machen.
> - Als Festival- oder Konzertveranstalter kannst du die Macht der Sounds nutzen und zusätzlich so dein Event mit Reichweite pushen.
>
> Insgesamt können Videos, die du in deiner Stadt drehst, deinen USP – also dein Alleinstellungsmerkmal – noch mal hervorheben und so die Performance verbessern.

Mit Social Ads kannst du aber auch gezielte Aktionen hervorrufen und nicht nur deine Reichweite in der passenden Zielgruppe steigern, sondern auch mehr Interaktion erreichen. Alternativ kannst du gezielt Ads mit einem direkten Link aussteuern und so den Traffic auf deiner Website erhöhen. Möchtest du deinen Newsletter-Pool erweitern? Dann generiere mit Ads sogenannte *Leads*! Social Ads sind sehr vielseitig, und du kannst verschiedene Ziele damit abdecken.

> **Was sind Leads?**
>
> Der Begriff stammt aus dem Marketing und ist ein qualitativer Kontakt zu einem potenziellen Kunden. Dabei werden meist die Kontaktdaten vom Kunden an das Unternehmen übermittelt. Das kann beispielsweise durch eine Newsletter-Anmeldung oder eine Registrierung auf einem Portal passieren.

Stehst du gerade noch am Anfang mit deinem Kanal und möchtest du dein Kanalwachstum beschleunigen oder deine Reichweite pushen, sind auch dafür Ads eine gute Möglichkeit. Mehr Follower zu haben ist auch gut für die Außenwirkung. So erhalten dein Kanal und auch dein Content mehr Glaubwürdigkeit und Anerkennung. Wenn du bereits einen erfolgreichen Kanal hast, aber beispielsweise wenig Zeit hast, um Content zu produzieren, kannst du auch Ads nutzen, um dein Kanalwachstum trotzdem aufrechtzuerhalten.

Hast du jedoch weniger Budget und auch nicht die Zeit, dich richtig in das Thema Werbeanzeigen einzuarbeiten, solltest du dich erst mal auf deinen Kanalaufbau konzentrieren.

### 13.1.2 Voraussetzungen für Ads bei TikTok

Entscheidest du dich dafür, Werbung bei TikTok zu schalten, kannst du dir unter *https://ads.tiktok.com/i18n/signup* einen Account anlegen. Das Besondere hier: Du brauchst keinen TikTok-Kanal. Bei Facebook beispielsweise musst du zuerst deinen Plattformauftritt aufbereiten, um Werbung schalten zu können. Bei TikTok kannst du mit einer Ad erst mal testen, ob die Nutzer überhaupt an deiner Marke und deinem Produkt interessiert sind. Außerdem legt TikTok Wert darauf, dass die Werbeplattform auch für kleinere Unternehmen nutzbar ist. Das bedeutet, du kannst bereits mit wenig Budget eine Kampagne schalten. Das war vor der Selfservice-Plattform nicht so.

Schnapp dir also deinen Laptop oder setz dich an deinen PC, um dich bei TikTok Ads anzumelden! Im ersten Schritt brauchst du dafür nur eine E-Mail-Adresse oder eine Telefonnummer sowie ein sicheres Passwort. Wenn du bereits einen TikTok-Kanal hast, kannst du dich ganz einfach mit den Zugangsdaten dafür anmelden (siehe Abbildung 13.3).

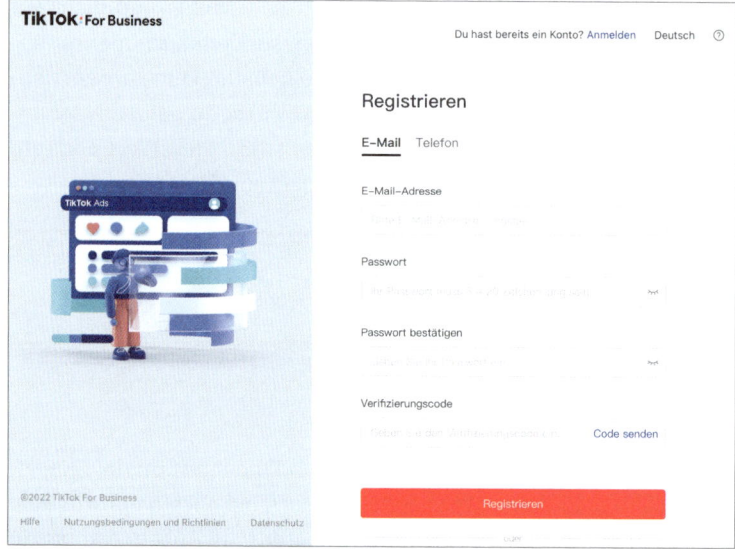

**Abbildung 13.3** Registriere dich bei TikTok Ads!

Im nächsten Schritt kannst du weitere Daten über dein Unternehmen angeben und dir so deinen Ad-Account erstellen. Einen Einblick erhältst du in Abbildung 13.4.

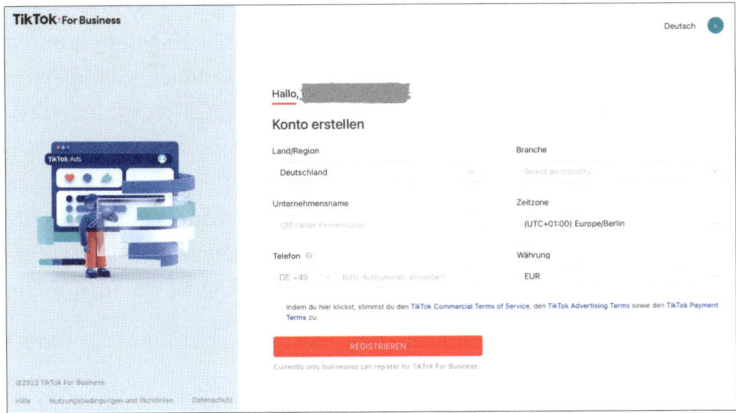

**Abbildung 13.4** Erstelle dein TikTok-Ads-Konto.

Es können sich bisher nur Unternehmen bei TikTok Ads anmelden. Privatpersonen sind hier von der Werbeschaltung ausgeschlossen. Hast du dich registriert, wirst du durch weitere Schritte von TikTok geführt, um dein Werbekonto zu vervollständigen. Beispielsweise kannst du nun deine Zahlungsdaten und deine Rechnungsadresse hinterlegen. Hast du die einzelnen Schritte abgeschlossen, wird dein Konto von TikTok überprüft. Das kann bis zu 24 Stunden dauern. Du kannst unter KONTOEINRICHTUNG sehen, ob dein Werbekonto freigegeben worden ist.

> **Best Practice: Du hast mehrere Werbekonten**
>
> Arbeitest du beispielsweise in einer Agentur oder betreust du in deinem Unternehmen verschiedene Marken, kannst du dich zusätzlich beim Business-Center anmelden. Dort kannst du dann verschiedene Werbekonten hinzufügen und verwalten. Wir haben dort beispielsweise Werbekonten verschiedener Kunden hinzugefügt und können so übersichtlich zwischen ihnen hin- und herwechseln und die aktiven Kampagnen einfacher verwalten. Anmelden kannst du dich hierfür unter: *https://business.tiktok.com*

## 13.2 Kampagne planen

Willkommen bei TikTok Ads! Bevor ich dir jetzt Schritt für Schritt zeige, wie du eine Kampagne anlegst, brauchst du eine gute Planung. Die ist Grundvoraussetzung für eine erfolgreiche Kampagne und hilft dir beispielsweise auch in der Zusammenarbeit mit Werbeagenturen.

## 13.2.1 Was macht eine gute Kampagnenplanung aus?

Wenn ein Kunde mit einer neuen Kampagne auf mich zukommt, lautet meine erste Frage immer: Was ist das *Ziel*? Denn egal, ob der Kunde bereits eine ausgereifte Vorstellung von der Kampagne hat oder bisher nur weiß, dass er zu einem Produkt etwas mit mir umsetzen will, ist das Wichtigste das Ziel. So kann ich sichergehen, dass am Ende das gewünschte Ergebnis erreicht wird und der Kunde zufrieden ist. Außerdem erleichtert ein definiertes Ziel die Kampagnenumsetzung, denn jedes Ziel bringt andere Umsetzungsmöglichkeiten mit sich. Neben einem Ziel frage ich dann noch die *Zielgruppe* und das *Budget* ab, denn davon abhängig sind auch die Möglichkeiten, die ich anbieten kann. Mit diesen drei Punkten steigst du am besten auch in deine eigene Kampagnenplanung ein, denn so kannst du auch deine Möglichkeiten ausloten.

**Ziele definieren**

Hast du bereits eine konkrete Kampagne in Planung? Oder hast du ein Produkt, dass du dir gut bei TikTok vorstellen kannst? Dann stell dir gleich mal die folgenden Fragen: Was ist das Ziel? Was möchtest du erreichen? Und wie willst du den Erfolg messen? Bei TikTok Ads gibt es mittlerweile viele Ziele zur Auswahl, wie du in Abbildung 13.5 sehen kannst. Schau gleich mal, ob auch für dich das richtige dabei ist! Ich erkläre sie dir dann im Einzelnen noch ausführlich.

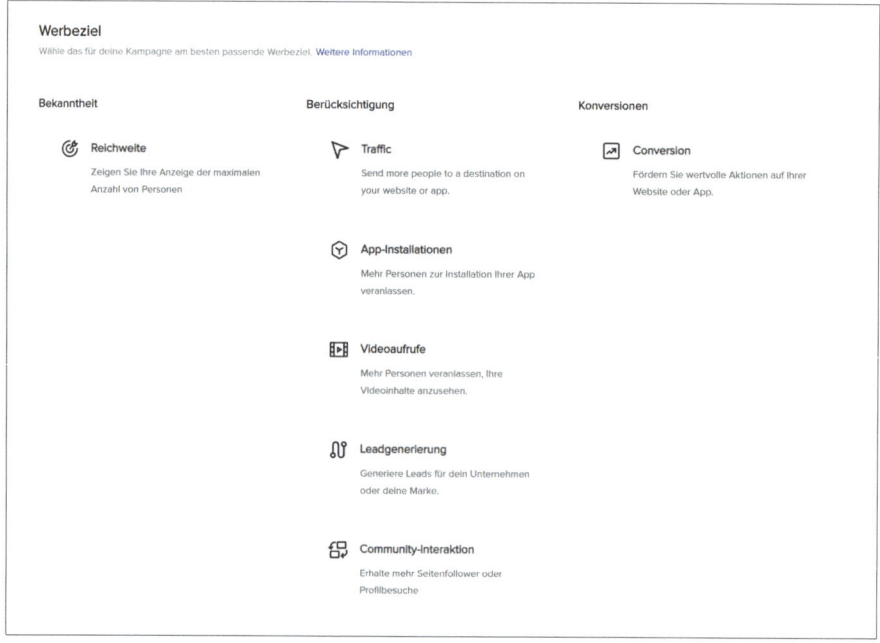

**Abbildung 13.5** Die verschiedenen Ziele bei TikTok-Ads

Die Ziele sind hier in drei Gruppen unterteilt: Bekanntheit, Berücksichtigung und Konversionen. Gehen wir die einzelnen Ziele mal durch:

- Reichweite

    Um mehr Sichtbarkeit für einzelne Videos zu erreichen oder um deine Markenbekanntheit zu steigern, kannst du diese mit dem Ziel Reichweite bewerben. Die Interaktion ist hier zweitrangig und du musst nicht zwingend einen CTA mit einer Interaktionsaufforderung einbinden.

- Traffic

    Mit Traffic verfolgst du das Ziel, so viele Personen wie möglich auf deine Website zu leiten. Beispielsweise kannst du sie so direkt in deinen Webshop schicken, damit sie das im Video vorgestellte Produkt kaufen können. Wichtig ist hier ein klarer CTA, der die Nutzer auffordert, dem Link zu folgen.

- App-Installation

    Damit kannst du Nutzer in den App Store schicken, wenn du eine App hast. Mit einem CTA, der die Nutzer auffordert, die App zu installieren, kannst du deinen Erfolg und deine Downloadzahlen steigern.

- Videoaufrufe

    Du hast ein cooles Video, das unbedingt mehr Menschen sehen müssen? Dann sind Videoaufrufe das richtige Ziel.

- Leadgenerierung

    Das können beispielsweise Newsletter-Anmeldungen sein. Hier musst du die Nutzer*innen mit deinem Video überzeugen, auf den Link zu klicken und ihre Daten an dich abzugeben. So kannst du sie zu Kunden machen.

- Community-Interaktion

    Um die Fanzahl zu steigern, gibt es die Möglichkeit, direkt Ads mit dem Ziel Community-Interaktion zu schalten. So kannst du nicht nur deine Followerzahl erhöhen, sondern erhältst auch mehr Profilbesuche.

- Conversions

    Das sind Aktionen, die die Nutzer*innen auf deiner Website oder in deiner App durchführen. Ein klassisches Beispiel ist etwa der Klick auf den Button In den Warenkorb legen (Add to Cart). Mit diesem Ziel kannst du also tracken, was die Nutzer auf deiner Website machen. Um Conversion-Ads schalten zu können, musst du das TikTok Pixel einbinden. Wie du das machst und was das überhaupt ist, erkläre ich dir in Abschnitt 13.4.

> **Best Practice: Tipp zu den Anzeigezielen**
>
> Aus eigener Erfahrung kann ich dir sagen, dass das TikTok Pixel damit Probleme hat, richtige Conversions zu messen. Das liegt zum einen daran, dass die Selfservice-Plattform von TikTok noch in der Entwicklung steckt, zum anderen aber auch daran, dass Tracking immer schwerer wird. Durch das IOS 14-Update im April 2021 werden beispielsweise Nutzer mit iPhone nur getrackt, die dem aktiv zustimmen. Außerdem können auch Cookie-Banner[2] auf deiner Website die Conversion-Messungen behindern. Deswegen empfehle ich dir, dich auf Anzeigen mit dem Ziel Reichweite oder Videoaufrufe zu konzentrieren und rät darüber hinaus auch von Traffic Ads eher noch ab. Das liegt daran, dass hier die Klicks, für die du zahlst, noch nicht richtig definiert sind. Pausiert ein Nutzer beispielsweise das Werbevideo, wird das als Klick gerechnet. Andere Plattformen unterscheiden deswegen zwischen Klicks allgemein und Linkklicks.

**Budget festlegen**

Hast du dich für ein Ziel entschieden, geht es jetzt darum, ein Mediabudget zu hinterlegen. Mit der Eingabe eines Budgets gehst du auch sicher, dass nicht mehr Geld bei deiner Kampagne ausgegeben wird, als du eingeplant hast.

> **Was ist ein Mediabudget?**
>
> Darunter versteht man den Betrag, den du für deine Werbeschaltung ausgeben willst und an TikTok direkt zahlst. Das passiert über Gebote pro Ergebnis. Das heißt, du bietest gegen andere Werbetreibende um eine Platzierung. Du siehst dann gleich nach dem Start bereits, wie hoch dein aktuelles Gebot ist. Du zahlst also beispielsweise bei dem Ziel Traffic durchschnittlich 8 Cent für einen Linkklick. Mit diesem Wissen kannst du dann im Laufe der Zeit deine Anzeigen optimieren, damit sie beispielsweise noch günstiger werden pro Klick. Je mehr geklickt wird, desto günstiger sind auch deine Anzeigen.

Hier unterscheiden Werbeplattformen meist zwischen einem Tagesbudget und einem Gesamtbudget. Das kannst du individuell bei jeder Kampagne neu festlegen. Wählst du ein Gesamtbudget, legst du fest, wie hoch der Betrag ist, den du über die gesamte Laufzeit deiner Kampagne ausgeben willst. Entscheidest du dich für ein Tagesbudget, wird maximal dieser Betrag jeden Tag während deiner Kampagnenlaufzeit ausgegeben. Als Budget am Tag und gesamt musst du mindestens 50 € ausgeben (siehe Abbildung 13.6).

Du solltest dein Budget immer limitieren, damit nicht mehr Geld ausgegeben wird, als dir lieb ist. Ich würde auch immer ein Gesamtbudget auswählen. So kann der Algorithmus besser entscheiden, wann genau dein Geld ausgegeben wird.

---

[2] Ein Cookie-Banner erscheint beim ersten Öffnen von Websites. Hier können Nutzer*innen einwilligen, in welcher Form ihr Website-Besuch getrackt wird.

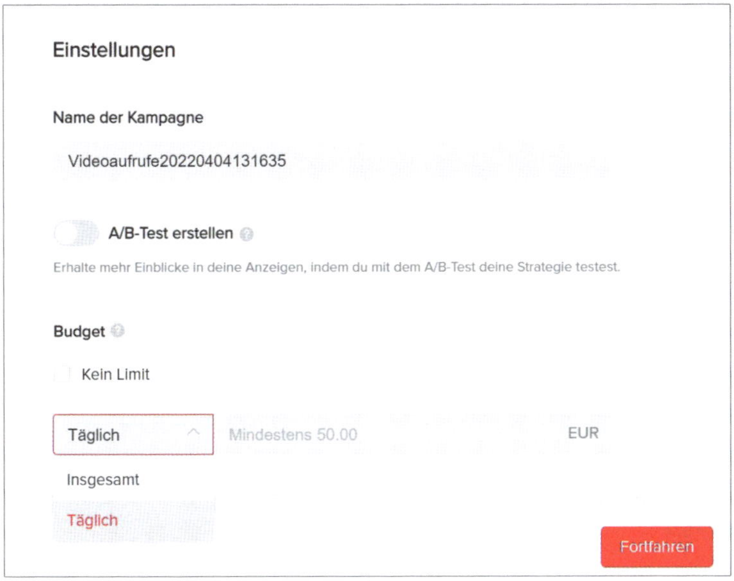

**Abbildung 13.6** Leg dein Budget fest!

Dir brennt es wahrscheinlich schon unter Fingernägeln, denn du möchtest erfahren, was dich Werbung bei TikTok kostet. Das ist aber nicht so einfach zu beantworten, denn das kann je nach Ziel unterschiedlich sein. Reichweite ist beispielsweise oft teurer als Linkklicks. Bei Conversions kommt es vor allem darauf an, wie teuer dein Produkt ist und wie viel du dafür zahlen möchtest, dass eine Person dein Produkt kauft. Außerdem solltest du bedenken, dass auch Kosten für die Erstellung der Werbeanzeigen anfallen. Wenn du beispielsweise mit einer Agentur zusammenarbeitest, musst du hier auch Kosten fürs Anlegen und Optimieren der Ads einberechnen. Genau deswegen kann ich dir leider nicht genau sagen, wie viel Budget du für eine Kampagne einplanen kannst.

> **Anfängertipp für ein gutes Startbudget**
>
> Wenn du noch am Anfang stehst, was Werbeanzeigen angeht und du keine Erfahrungen mit anderen Plattformen hast, rate ich dir, erst mal ein kleines Budget für eine Testkampagne auszugeben. Die erste Kampagne kannst du dann für zwei Wochen einstellen, denn idealerweise läuft eine Kampagne mindestens eine Woche. Das liegt daran, dass du am Wochenende oft noch mehr Aufrufe oder Klicks generieren kannst.[3] Ein von mir empfohlenes Mindestbudget für zwei Wochen beträgt also zwischen 700 € und 1.200 €.

---

3 Beachte bitte: Das kann stark schwanken – je nach Zielgruppe – und ist keine generelle Faustformel!

**Zielgruppe festlegen**

Hast du dein Budget für deine Kampagne festgelegt, geht es nun an die Überlegungen zur Zielgruppe. Wen möchtest du mit deinen Werbeanzeigen erreichen? Hier kannst du beispielsweise sehr gut auf deine Persona zurückgreifen, die ich dir in Kapitel 3, »Mit strategischer Planung zum erfolgreichen TikTok-Kanal«, vorgestellt habe. Bei den Ads selbst hast du dann die Möglichkeit, die Zielgruppe wie in Abbildung 13.7 demografisch einzugrenzen.

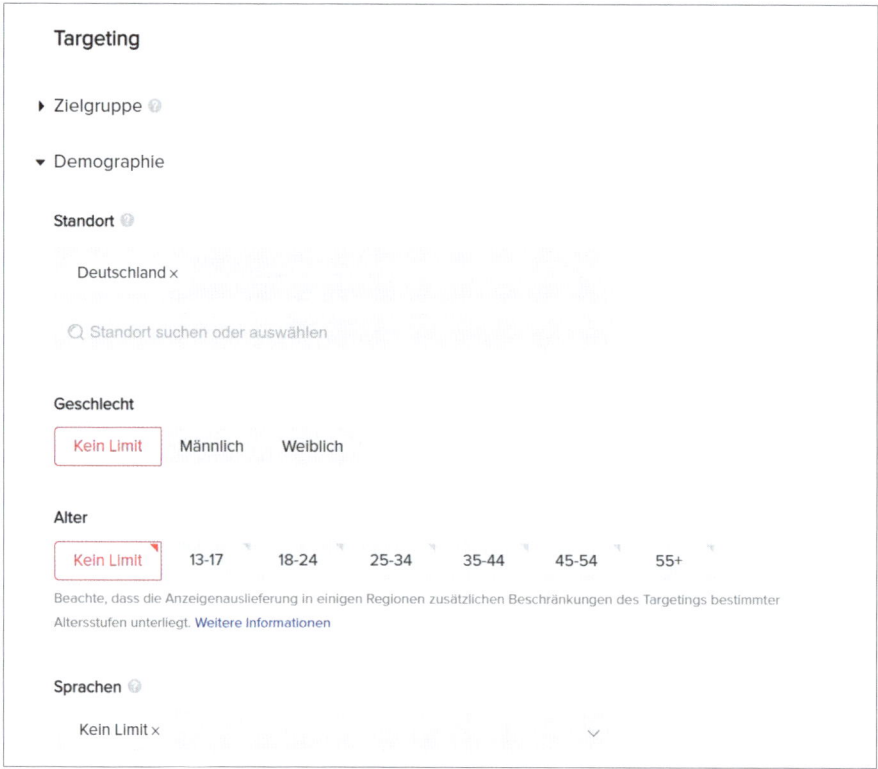

**Abbildung 13.7** Leg die demografischen Angaben zu deiner Zielgruppe fest!

Im nächsten Schritt kannst du dann die Interessen und das Verhalten deiner Zielgruppe eingrenzen (siehe Abbildung 13.8). Bei Interessen kannst du beispielsweise zwischen verschiedenen Kategorien und Unterkategorien wählen. Das sind unter anderem Spiele, Reisen und Bildung mit den Unterkategorien Brettspiele, Luxushotels und berufliche Bildung. Alternativ kannst du auswählen, dass die Nutzer in den vergangenen Tagen mit bestimmten Videoinhalten aus den Interessen interagiert haben, an welcher Art von Creators sie interessiert sein sollen oder welche Hashtags sie interessieren. Für einen besseren Überblick klickst du dich am besten einfach mal durch.

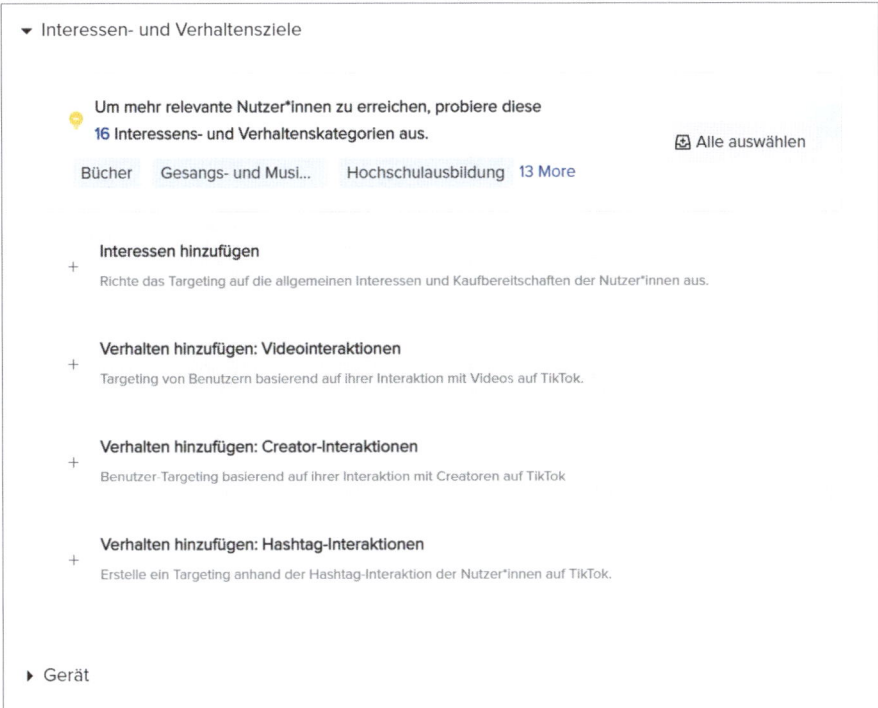

**Abbildung 13.8** Grenze deine Zielgruppe weiter ein!

> **Best-Practice: Zielgruppenauswahl**
> Da sich die Werbeplattform noch im Aufbau befindet, ist der Algorithmus von TikTok ausgereifter und funktioniert besser. Das bedeutet einfach, dass aktuell auch noch Zielgruppen besser performen, die keinerlei Zielgruppeneingrenzung haben. Um das zu testen, kannst du einfach mehrere Anzeigengruppen mit verschiedenen Zielgruppen anlegen. Wie das geht und was das überhaupt ist, erkläre ich dir im Folgenden.

Alternativ kannst du auch eine sogenannte *Custom Audience* erstellen. Das ist eine Zielgruppe, die du individuell erstellst und die auf Daten basiert, die du beispielsweise von deinem Pixel hast. Was das ist, erkläre ich dir in Abschnitt 13.4. Alternativ kannst du auch Interaktionsdaten nutzen, wenn du ein gepostetes Video von deinem Kanal als Ad ausgesteuert hast.

### 13.2.2 Strategische Überlegungen für erfolgreiche Ads

Bevor du jetzt gleich deine erste Kampagne anlegst, will ich dir noch erklären, wie Social Ads allgemein aufgebaut sind. So kannst du besser agieren und später auch deine Anzeigen besser optimieren und vor allem strukturieren. Der Aufbau von

Social Ads ist bisher bei den mir bekannten Werbeplattformen ziemlich ähnlich, und deswegen habe ich dir in Abbildung 13.9 eine Baumstruktur dargestellt, die dir den Aufbau noch mal verdeutlicht.

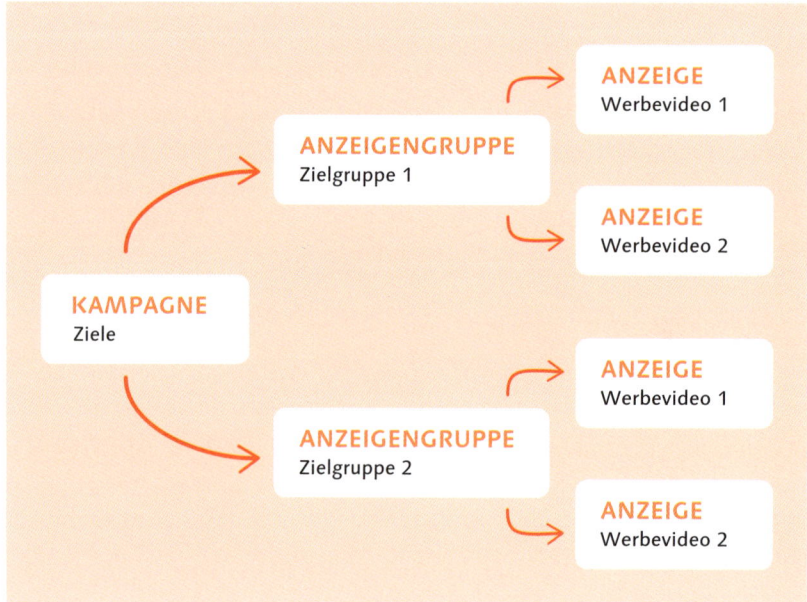

**Abbildung 13.9**  Der Aufbau einer Social-Ads-Kampagne

Die erste Ebene ist immer die Kampagne. Hier legst du bei TikTok Ads dein Ziel fest und auch dein Kampagnenbudget. Im nächsten Schritt folgt die Ebene der Anzeigengruppen. Hier legst du deine erste Zielgruppe fest. Wenn ich beispielsweise ein Jugendbuch bewerbe, sind das Leser*innen, also beispielsweise Personen zwischen 13 und 35 Jahren aus Deutschland, die auch Deutsch sprechen, mit Interesse an Büchern. Die zweite Zielgruppe sind dann Personen mit denselben demografischen Angaben wie zuvor, aber mit Interesse an Filmen und Serien. Oft lege ich noch eine dritte Zielgruppe an, die keine Einschränkungen hat und bei der der Algorithmus die Auswahl für mich trifft. Die dritte und letzte Ebene ist dann die Anzeigenebene. Hier stellst du dann deine Werbevideos ein. Das sind meistens auch zielgruppenübergreifend dieselben, außer du willst die Ansprache individualisieren. Du kannst beispielsweise Videos speziell an Männer adressieren und diese in einer männlichen Zielgruppe anlegen. Mit einer weiteren Zielgruppe und passenden Videos kannst du dann Frauen ansprechen.

> **Vermeide einen Sättigungseffekt!**
>
> TikTok empfiehlt, bei jeder Kampagne bereits nach sieben Tagen die Werbevideos auszutauschen. Ausschlaggebend ist hier die Frequenz. Die sagt dir nämlich, wie oft einzelne Nutzer deine Videos ausgespielt bekommen. So kannst du in der Auswertung sehen, ob Nutzer die Anzeige bereits drei- oder viermal angesehen haben. Bei einer Frequenz von 2 musst du dir noch keine Sorgen machen, denn das ist bei TikTok normal. Das bedeutet, Nutzer sehen deine Videos bis zu zweimal. Ist die Frequenz höher, solltest du deine Werbevideos austauschen, um einen Sättigungseffekt zu vermeiden. Wenn Nutzer Videos zu oft sehen, sind sie meistens davon genervt.

### 13.2.3 Video-Ad einstellen

Hast du deine strategische Planung zu deiner ersten oder nächsten Kampagne abgeschlossen, kannst du nun mit dem Einstellen beginnen. Klick dazu einfach in deinem fertig eingerichteten Ads-Manager auf ERSTELLEN (siehe Abbildung 13.10).

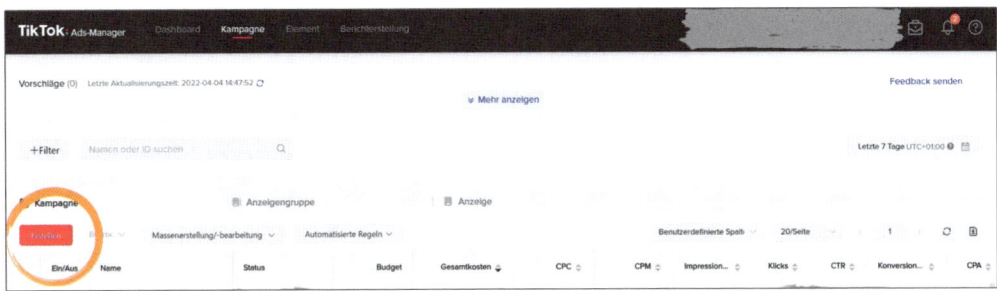

**Abbildung 13.10** Erstelle eine Kampagne!

Nun wirst du von der Plattform durch die verschiedenen Ebenen geleitet und kannst ganz einfach den einzelnen Schritten folgen, bis du zur Anzeigenebene kommst. Dort kannst du nun gleich mehrere Videos erstellen, hochladen oder bereits veröffentlichte Videos von deinem Kanal auswählen. Wie das aussieht, kannst du dir in Abbildung 13.11 ansehen. TikTok empfiehlt, mindestens drei bis fünf Werbevideos zu verwenden, um ein optimales Ergebnis zu erreichen. Weitere Videos kannst du über den grauen Button HINZUFÜGEN ergänzen.

Neben dem Video kannst du hier eine Videobeschreibung ergänzen, die auf 100 Zeichen beschränkt ist. Wenn du keinen CTA im Video hast, kannst du ihn hier einfügen oder Zusatzinformationen liefern. Bisher kann man leider keine Hashtags einfügen, was Beschreibungen ja mehr im TikTok-Style erscheinen lassen würde. Dafür kannst du noch einen Link zu deiner Zielseite, etwa deinem Webshop, ergänzen.

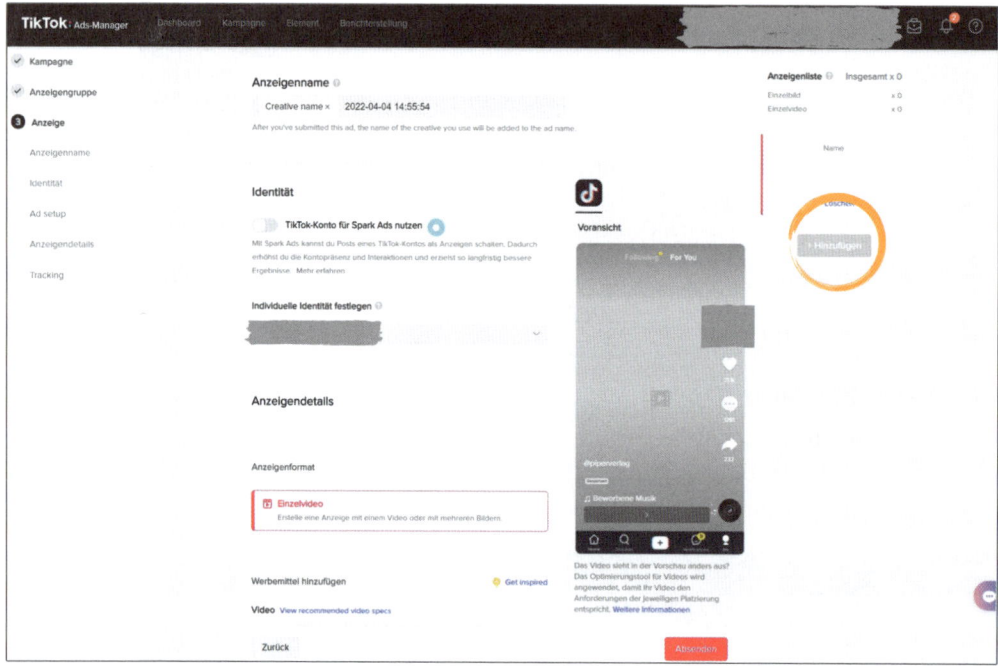

**Abbildung 13.11** Stell deine Werbevideos ein!

## 13.3 Kampagnen verwalten und optimieren

Wenn deine Kampagne eingestellt und gestartet ist, ist deine Arbeit noch nicht vorbei. Du kannst nun du durch Optimierung noch bessere Ergebnisse herausholen. Zuallererst solltest du aber 1 bis 2 Stunden nach dem Anlegen der Ads prüfen, ob sie auch startklar ist. Es kann durchaus vorkommen, dass deine Werbeanzeigen abgelehnt worden sind. Dahinter steht ein Algorithmus, der das automatisch prüft. Wenn dein Video abgelehnt wurde, solltest du checken, wo das Problem liegt, und die Videos gegebenenfalls austauschen.

> **Best Practice: Warum deine Anzeigen abgelehnt werden**
>
> Manchmal kann es vorkommen, dass deine Werbeanzeigen nach dem Einstellen abgelehnt werden. Das kennst du vielleicht von Facebook – die Plattform ist besonders strikt, was die Werbeanzeigen angeht. Wenn das bei dir der Fall ist, kannst du zuerst mithilfe der folgenden Punkte prüfen, warum deine Anzeigen abgelehnt wurden:
> - Videosprache und ausgewählte Sprache der Zielgruppe stimmen nicht überein.
> - Urheberrechtsverletzung am Sound (du hast wahrscheinlich nicht die Rechte am verwendeten Song)

- Wasserzeichen von TikTok im Video[4]
- Text und Video sind nicht aufeinander abgestimmt.
- Hinterlegter Link ist keine vertrauenswürdige Quelle (das passiert aktuell leider noch sehr oft mit Tracking-Links).
- Weitere Ablehnungsgründe findest du in den Werberichtlinien: https://ads.tiktok.com/help/article?aid=9552

Manchmal kommt es aber auch vor, dass deine Anzeigen fälschlicherweise abgelehnt werden. Dann kannst du ganz einfach beim Support eine Anfrage stellen. Die Bearbeitung dauert oft ein paar Tage. Deswegen solltest du eine Werbekampagne immer ein paar Tage vor dem Start anlegen, um eine Verzögerung zu vermeiden.

Sind deine Werbeanzeigen gestartet, kannst du dich an die Optimierung machen. Das bedeutet, du kannst beispielsweise Klickpreise senken und den Algorithmus dabei unterstützen, noch besser zu performen. Beachte hier, dass deine Kampagne einen schlechten Start haben kann und der Algorithmus Zeit braucht, um deine Videos einzuschätzen. Deswegen solltest du nicht gleich nach einem Tag deine Anzeigen optimieren, sondern, wie bereits erklärt, am besten erst nach einer Woche. Der Zeitpunkt, wann der Algorithmus sich eingependelt hat, wird dir auch angezeigt. Das ist die sogenannte Lernphase. Ist sie abgeschlossen, kannst du bereits kleinere Optimierungen vornehmen.

**Best Practice: Was tun, wenn die Lernphase nach sieben Tagen nicht abgeschlossen ist?**

Normalerweise ist die Lernphase nach ein paar Tagen bereits abgeschlossen. Es kann aber durchaus vorkommen, dass sie nie zu enden scheint. Dann ist meist deine Zielgruppe zu klein und zu spezifisch. Das bedeutet, es sind nicht genügend Nutzer online, denen deine Anzeige ausgespielt werden kann. Dann solltest du deine Zielgruppe vergrößern und Einschränkungen, die du vorgenommen hattest, wieder herausnehmen.

### 13.3.1 Anzeigenperformance beobachten

Das gute an Social Ads ist, dass die Möglichkeit besteht, Performance live mitzuverfolgen. Geh dazu einfach zu TikTok Ads. Hier gibt es zwei Bereiche, in denen du die wichtigsten KPIs misst.

**Dashboard-Bereich**

Im Dashboard-Bereich bekommst du einen Gesamtüberblick von all deinen Kampagnen, die in dem von dir gewählten Zeitraum gelaufen sind, und die Daten lassen sich in eine Excel-Tabelle exportieren (siehe Abbildung 13.12).

---

4 Videos mit Wasserzeichen werden automatisch abgelehnt, weil es sich hier theoretisch um Videos handeln könnte, die du nicht erstellt, sondern einfach bei TikTok heruntergeladen hast.

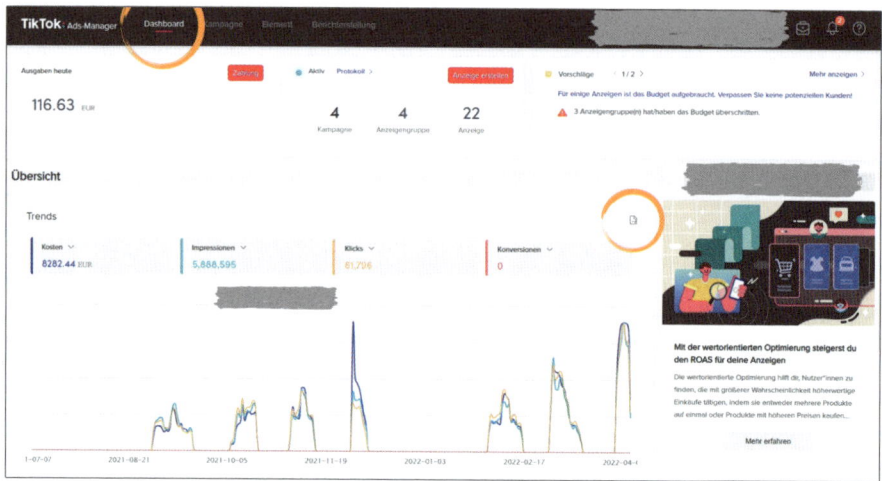

**Abbildung 13.12** Eine Übersicht über deine aktuellen Kampagnen findest du im Register »Dashboard«.

Scrollst du hier nach unten, kannst du noch weitere Daten zu den einzelnen Kampagnen und deiner Zielgruppe sehen, beispielsweise welches Geschlecht du erreichst oder welches Betriebssystem die erreichten Nutzer verwenden.

### Kampagne-Bereich

Im Bereich KAMPAGNE siehst du die Auswertungen zu den einzelnen Kampagnen, die nach Namen oder ID filterbar sind. Hier siehst du die Ergebnisse auch auf Anzeigengruppenebene und auf Anzeigenebene. In Abbildung 13.13 ist das dargestellt.

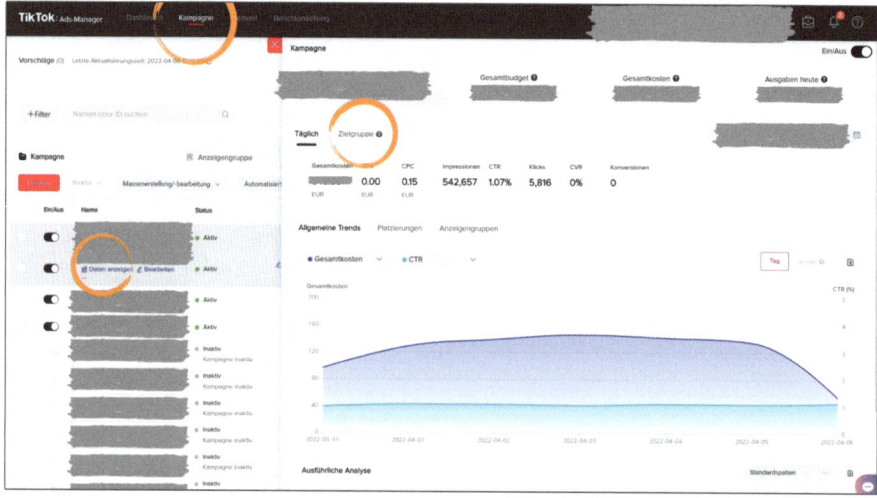

**Abbildung 13.13** Im Bereich »Kampagne« kannst du dir detaillierte Zahlen zu deiner aktuellen Kampagne ansehen.

Weitere Einblicke erhältst du, indem du auf DATEN ANZEIGEN gehst. Hier findest du beispielsweise die wichtigsten KPIs zu den demografischen Angaben der erreichten Personen und welche Interessengruppen am meisten geklickt wurden.

### 13.3.2 Erfolg messen

Nun weißt du, wo du die wichtigsten Kennzahlen deiner Ads sehen kannst, und die KPIs sind wir ja auch schon in Kapitel 11, »TikTok Analytics«, durchgegangen. Auf diesem Wissen kannst du nun aufbauen, um herauszufinden, ob deine Kampagne optimiert werden muss. Je nach Kampagnenziel variieren hier die wichtigsten KPIs und auch die Kosten.

Bei Conversion-Kampagnen kannst du ganz einfach errechnen, ob deine Anzeigen auch gut performen. Du siehst nämlich, wie viel Geld du für ein Ergebnis ausgegeben hast und wie viel Umsatz dir das gebracht hat. Rechne dir hier dann einfach aus, ob du so trotzdem noch Gewinn mit deinem Produkt machst! Wenn nicht, solltest du deine Kampagne optimieren.

> **Die einzelnen Ziele mit den wichtigsten Kennzahlen**
> - Reichweite: CPM (Cost per Million), Videoaufrufe, Impressionen
> - Traffic: CPC (Cost per Click), Klicks
> - App-Installationen: App-Installation, Registrierung, CPC, Klicks
> - Videoaufrufe: CPM, Videoaufrufe, Impressionen, durchschnittliche Videowiedergabe (Watchtime)
> - Leadgenerierung: CPA (Cost per Action) pro Lead, Klickrate, CPC
> - Community-Interaktion: Followerzuwachs, Profilbesuche
> - Conversions: CPA für ausgewählte Conversions, Klickrate, CPC, ROAS (Return on Ad Spend)

Was jetzt wirklich durchschnittliche oder gute Werte sind, ist sehr schwer einzuschätzen, denn es ist abhängig von äußeren Faktoren. Das sind dann z. B. das Produkt selbst. In der Buchbranche gibt es hier auch schon feine Unterschiede. Ein Sachbuch performt von vornherein meistens nicht so gut wie ein Jugendbuch. Außerdem solltest du vorher selbst festlegen, was dir ein Ergebnis wert ist, um den Erfolg einer Kampagne einschätzen zu können. Wie viel willst du beispielsweise für einen Klick oder eine Conversion zahlen? Das ist abhängig vom Preis deines Produkts. Für ein Produkt, das beispielsweise mehrere tausend Euro kostet, kannst du durchaus tiefer in die Tasche greifen und mehrere hundert Euro pro Kaufvorgang ausgeben. Bei einem Produkt, das beispielsweise aber nur 25 € kostet, willst du nicht 100 € für einen Kaufabschluss zahlen.

Wenn du noch keine Erfahrung mit TikTok Ads hast, kannst du beispielsweise Vergleiche mit anderen Plattformen wie Instagram oder Pinterest ziehen. Aktuell sind die Preise pro Ergebnis bei TikTok im Vergleich zu den anderen Plattformen günstiger. Beispielsweise kannst du bei TikTok für eine Traffic-Kampagne Klickpreise zwischen 6 und 15 Cent erreichen. Das sind wirklich gute Werte und das bekommst du bei den anderen Plattformen, vor allem bei Instagram oder Facebook, selten. In den Anfangszeiten der Selfservice-Plattform kursierten Gerüchte von CPCs von 1 oder 2 Cent. Das ist mittlerweile aber nicht mehr so.

### 13.3.3 Kampagne optimieren

Wenn deine Kampagne die Lernphase abgeschlossen hat und eine Woche hinter dir liegt, kannst du mit der Optimierung deiner Ads anfangen. Schaue deswegen zuerst mal in die Übersicht und prüfe anhand der relevanten KPIs, wie gut deine Kampagne läuft. Welche das sind, habe ich dir ja bereits je nach Kampagnenziel aufgeführt. Sind deine Anzeigen profitabel? Wie gut performen sie? Erreichst du durchschnittliche Ergebnisse? Bist du mit den Ergebnissen nicht zufrieden, solltest du die einzelnen Ebenen durchschauen. Welche es bei TikTok Ads gibt, siehst du in Abbildung 13.9. Das Ziel ist dabei, herauszufinden, wo das Problem liegt.

**Optimierung auf Ebene der Anzeigengruppen**

Auf Ebene der Anzeigengruppen kannst du prüfen, ob du auch die richtigen Zielgruppen erreichst bzw. ausgewählt hast. Vergleiche dazu einfach mal die Ergebnisse zwischen den verschiedenen Anzeigengruppen. Gibt es hier größere Unterschiede? Hast du dich vielleicht in der Zielgruppenauswahl vertan? Dann kannst du beispielsweise eine schlechter performende Anzeigengruppe deaktivieren und das Budget auf die bessere verteilen.

Laufen alle nicht so richtig gut, kannst du einen Blick in die demografischen Angaben werfen und schauen, wen du hier erreichst. Hast du hier beispielsweise verschiedene Altersgruppen gewählt und merkst, dass eine davon zu hohen Klickpreisen führt, grenze die Zielgruppe weiter ein. Fällt dir hier nichts Abweichendes auf, kannst du auch mal prüfen, welche Interessen und Unterkategorien hier gut performen – und je nach Performance und Interessen diese ausweiten oder verkleinern. Meist bringt hier Ausweiten mehr.

**Optimierung auf Ebene der Anzeigen**

Im nächsten Schritt kannst du noch deine Anzeigen, also die einzelnen Videos, prüfen. Gibt es hier Videos, die besonders gut performen, und welche, die keine guten Ergebnisse abwerfen? Frag dich, woran das liegen kann, und achte auf Kennzahlen wie die Watchtime, die dir verrät, ob deine Videos auch interessant genug sind.

Werden deine Videos gar nicht bis kaum geschaut, sondern direkt weggewischt, solltest du die Videos selbst austauschen und optimieren. Worauf du bei der Erstellung von Werbevideos achten kannst, erkläre ich dir in Abschnitt 13.5.

## 13.4 Für Experten – das TikTok Pixel

Klicken Nutzer auf deine Werbeanzeige bei TikTok, landen sie auf der von dir verlinkten Website. Was sie dort machen, kannst du mit dem TikTok Pixel messen. Das integrierst du auf deiner Website und kannst dann tracken, ob sie beispielsweise ein Produkt in den Warenkorb legen, sich für den Newsletter anmelden oder sich auf deiner Website als Neukunden anmelden.

> **Was ist das TikTok Pixel?**
> Das Pixel ist jetzt kein kleines Bildelement, sondern ein Code, genauer gesagt ein JavaScript-Code. Den kannst du relativ einfach implementieren, also in deinen Website-Code einbauen. Du brauchst ihn, wenn du Ads mit dem Ziel Conversion bei TikTok schalten möchtest. Vielleicht kennst du das schon von dem *Facebook Pixel*, dem *Pinterest Tag* oder *Google Analytics*. Das sind ähnliche Tools.

### 13.4.1 Warum brauche ich das TikTok Pixel?

Wie bereits erklärt, kannst du ohne ein eingebundenes Pixel auf deiner Website keine Conversion-Ads schalten. Der Vorteil davon ist, dass du dann wirklich genau sehen kannst, wie die Nutzer mit deiner Website interagieren, die du von deiner Werbeanzeige auf TikTok dorthin lockst. Ohne das Pixel kannst du nur tracken, wie viele Nutzer auf deinen Link klicken, aber nicht, ob sie dein Produkt in den Warenkorb legen oder einen Kaufvorgang abschließen. So siehst du auch, welches Werbevideo welchen Kauf veranlasst hat. Mit dem Pixel kannst du also deine Kampagnenleistung viel genauer messen als nur mit dem Ziel Linkklick.

### 13.4.2 Wie binde ich das Pixel ein?

Um das TikTok Pixel einzurichten, brauchst du einen Account bei TikTok Ads. Dort klickst du zuerst auf das Register ELEMENTE und wählst dort EREIGNISSE aus. Um ein Pixel zu erstellen, klickst du auf CREATE PIXEL (siehe Abbildung 13.14).

Du wirst nun durch die einzelnen Schritte geleitet. Die sind bisher nur teilweise übersetzt, und TikTok bietet hier leider keine deutsche Version an. Deswegen sind Englisch-Kenntnisse von Vorteil. Zuerst brauchst du einen Namen für dein Pixel. Dann kannst du dich entscheiden, ob du das Pixel manuell einrichtest oder mit dem *Google Tag Manager*, mit dem es etwas einfacher geht (siehe Abbildung 13.15).

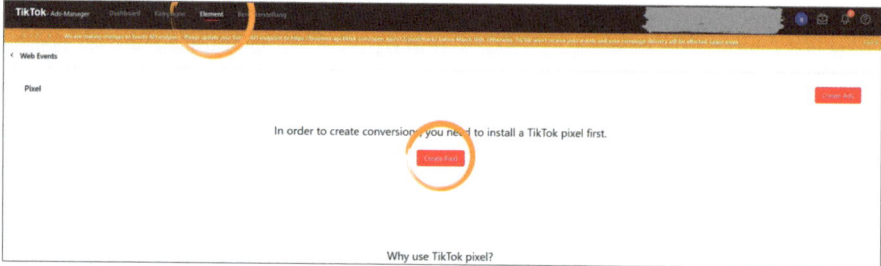

**Abbildung 13.14** So richtest du das Pixel bei TikTok Ads ein.

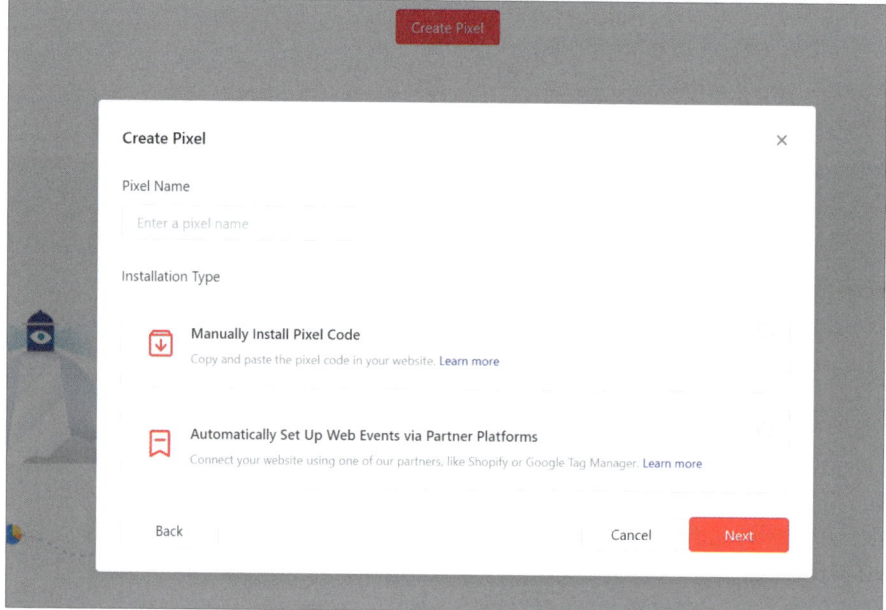

**Abbildung 13.15** Entscheide dich, wie du das Pixel installieren möchtest.

Wenn du das Pixel manuell einbinden möchtest, kannst du dich im nächsten Schritt für zwei weitere Optionen entscheiden:

- Im *Standardmodus* integrierst du sozusagen die Basisversion des Pixels. Hier kannst du weitere Ereignisse im Events-Manager von TikTok einstellen. Hast du wenig Erfahrungen mit Pixeln oder bist jetzt schon ausgestiegen, würde ich dir diese Variante empfehlen.

- Im *Entwicklermodus* erstellst du die Ereignisse im Code. So kannst du beispielsweise eigene Ereignisse definieren und bist nicht an die Vorgaben von TikTok gebunden.

## 13.4 Für Experten – das TikTok Pixel

> **Tipp: Pixel-Einbindung**
>
> Hast du dich hier für eine der beiden Varianten entschieden, kannst du das nicht mehr rückgängig machen. Lies dich hier also am besten noch weiter in das Thema ein! Außerdem empfiehlt TikTok selbst, nur ein Pixel pro Website zu integrieren, da du sonst die Ladezeiten der Website verlängerst. Eine aktuelle Anleitung zum Integrieren des Pixels findest du auch hier: *www.tiktokforbusinesseurope.com/de/resources/installing-pixel-ads-manager*

Hast du dich durch die Pixelgenerierung geklickt, erhältst du am Ende einen Code, den du kopieren oder herunterladen kannst. Wie ein Pixel aussieht, kannst du dir in Abbildung 13.16 ansehen.

```
HTML

</script>
!function (w, d, t) {
  w.TiktokAnalyticsObject=t;var ttq=w[t]=w[t]||[];ttq.methods=
["page","track","identify","instances","debug","on","off","once","ready","alias","group","enableCookie","disableCookie"],ttq.setAndDefer=function(t,e){t[e]=function(){t.push([e].concat(Array.prototype.slice.call(arguments,0)))}};for(var i=0;i<ttq.methods.length;i++)ttq.setAndDefer(ttq,ttq.methods[i]);ttq.instance=function(t){for(var e=ttq._i[t]||[],n=0;n<ttq.methods.length;n++)ttq.setAndDefer(e,ttq.methods[n]);return e},ttq.load=function(e,n){var i="https://analytics.tiktok.com/i18n/pixel/events.js";ttq._i=ttq._i||{},ttq._i[e]=[],ttq._i[e]._u=i,ttq._t=ttq._t||{},ttq._t[e]=+new Date,ttq._o=ttq._o||{},ttq._o[e]=n||{};var o=document.createElement("script");o.type="text/javascript",o.async=!0,o.src=i+"?sdkid="+e+"&lib="+t;var a=document.getElementsByTagName("script")[0];a.parentNode.insertBefore(o,a)};
  ttq.load(„DEINE PIXEL-ID STEHT HIER");
  ttq.page();
}(window, document, 'ttq');
</script>
```

**Abbildung 13.16**  Beispiel für ein TikTok Pixel (Quelle: *https://ads.tiktok.com/help/article?aid=717665906670358459*)

Das Pixel kannst du direkt in deine Webseite einfügen. Das machst du im Header-Abschnitt (siehe Abbildung 13.17). Wenn du hier unsicher bist, solltest du dich auf jeden Fall an den Entwickler der Website wenden. Du möchtest die Funktionsweise deiner Website ja nicht beinträchtigen.

```
<!---Beispiel__>
DOCTYPE html >
  </head>
      „TIKTOK-PIXEL-CODE HIER EINFÜGEN"
  </head>
</html>
```

**Abbildung 13.17**  So bindest du den Code ein.
(Quelle: *https://ads.tiktok.com/help/article?aid=717665906670358459*)

> **Tipp: Prüfe, ob du dein Pixel richtig eingebunden hast!**
> Hast du das Pixel integriert, solltest du auf jeden Fall testen, ob es auch funktioniert. Dafür hat TikTok ein eigenes Tool entwickelt, den TikTok-Pixel-Helfer. Mit ihm kannst du checken, ob du alles richtig gemacht hast. Eine Anleitung und die Downloadmöglichkeit dazu, findest du hier: *https://ads.tiktok.com/help/article?aid=6713418923846402054*

Einfacher kannst du das Pixel über eine Integration wie den Google Tag Manager oder via Shopify einrichten. Das kannst du nur machen, wenn du bereits einen Account dort hast. Dann kannst du dich ganz einfach dort anmelden und so das Pixel integrieren. Frag hier am besten auch den Entwickler oder die Entwicklerin deiner Website. Vielleicht liegt ja bereits eines der Integrationstools vor und erleichtert dir die Arbeit.

Wenn du das Pixel nun mit Conversion-Ads verwenden möchtest, kannst du beim Set-up des Pixels weitere Ereignisse definieren. Das sind in dem Fall einfach die Handlungen, die die Nutzer auf deiner Website vornehmen. So »weiß« das Pixel dann, was er tracken soll, und die Ergebnisse werden in der Auswertung richtig zugeordnet und ausgespielt. Wie das aussieht, kannst du dir in Abbildung 13.18 ansehen.

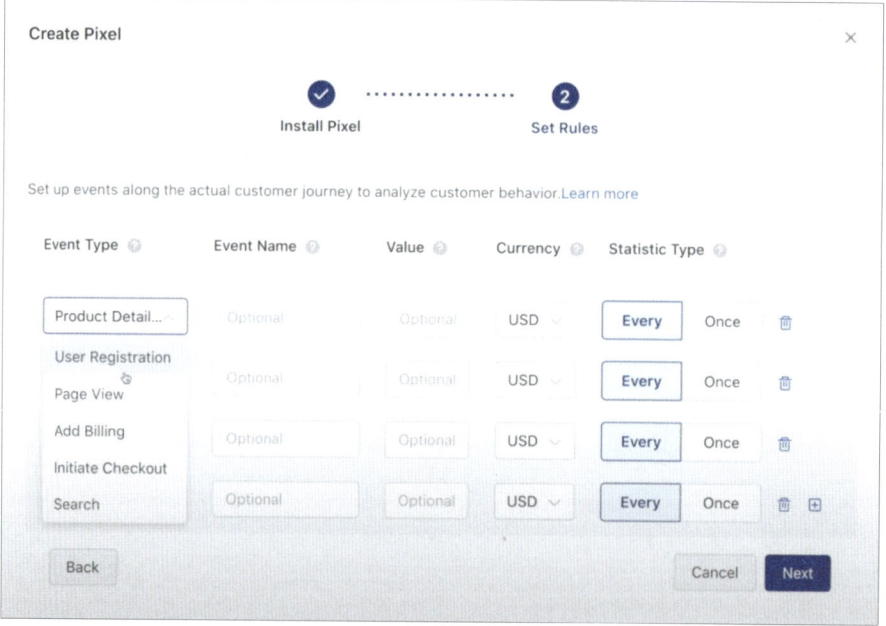

**Abbildung 13.18** So definierst du die Ereignisse für dein Pixel.

Als Ereignisse hast du verschiedene Auswahlmöglichkeiten, und zwar folgende:

- PRODUCT DETAILS PAGE VIEW (Aufruf der Produktdetailseite)
- ADD TO CART (Produkt wird in den Warenkob gelegt)
- PLACE AN ORDER (Aufgabe einer Bestellung)
- COMPLETE PAYMENT (Abschluss eines Zahlungsvorgangs)
- USER REGISTRATION (Registrierung eines Nutzers)
- PAGE VIEW (Aufruf deiner Website)
- ADD BILLING (Hinzufügen von Zahlungsinformationen)
- INITIATE CHECKOUT (Start eines Kaufvorgangs)
- SEARCH (Verwendung deiner Suchfunktion)

Unter VALUE kannst du festlegen, was dir ein solches Ereignis Wert ist. Du kannst also beispielsweise einen Wert von 5 € bei einer Registrierung eingeben. Das bedeutet, dass du bereit bist, so viel für eine Nutzerregistrierung zu zahlen. Das sollte bei dir abhängig vom Preis deines Produkts sein, denn du willst ja rentabel bleiben. Die Ereignisse kannst du später übrigens immer noch im Event-Manager bearbeiten. Hast du das alles ausgefüllt, bist du schon fertig mit der Einrichtung.

## 13.5 Best Practice: Gestalten von Werbevideos

Jetzt, wo du weißt, wie du deine Werbekampagnen planst, einstellst und optimierst, kannst du dich auch an die Planung der Werbevideos machen. Das Wichtigste bei TikTok ist: »Make TikToks, not Ads!« Das bedeutet, dass die Plattform Werbevideos pusht, die wie normale TikToks aussehen und sich in die *For You Page* einfügen, ohne zu werblich zu wirken – sozusagen ein Camouflage-Video. Du kannst auch einfach die Videos verwenden, die du bereits auf deinem Kanal gepostet hast.

> **Formatvorgaben für TikTok Ads**
>
> Da die Ads ja genauso aussehen sollen wie normale TikToks, sind die Formatvorgaben dieselben. Ich habe sie dir trotzdem noch mal zusammengefasst:
>
> - Dateigröße: bis 500 MB
> - Seitenverhältnis: 9:16
> - Videoformat: MP4, MOV, MPEG, AVI
> - Auflösung: 720 × 1.280 Pixel
> - Dauer: 15 bis 20 Sekunden, maximal 3 Minuten

Auch für die Gestaltung von TikTok Ads brauchst du kein großes Produktionsteam. Dafür reicht wieder dein Smartphone und der Videoeditor von TikTok aus. Ich gebe dir hier auch noch mal drei Tipps zur Ad-Gestaltung mit auf den Weg:

1. Platziere deine Kernaussage am Anfang! Eine Auswertung von TikTok hat ergeben, dass die erfolgreichsten Ads ihre wichtigste Aussage direkt am Anfang – also in den ersten 3 Sekunden – eingebaut haben. Dabei sollte sie vor allem kurz, direkt und so spannend gestaltet sein, dass die Nutzer dein Video zu Ende schauen.

2. Gestalte deine Story authentisch und unterhaltsam! Das bedeutet, dass Ads nicht aussehen sollen wie Werbung. Produziere ein Video, das Spaß macht und mit dem man interagieren will.

3. Verwende Text-Overlays! Das können Untertitel oder auch weitere Infos sein. Das lässt Videos mehr nach einem TikTok aussehen.

> **Tipp: Hilfreiche Links und Inspiration zu Best Practice Ads**
> Wenn du dir tolle und vor allem erfolgreiche Werbeanzeigen ansehen möchtest, habe ich hier noch einen Tipp für dich: TikTok stellt die Werbeanzeigen, die am besten performen, auf verschiedenen Webseiten vor. Hier lohnt sich ein Blick:
> - *https://ads.tiktok.com/business/creativecenter/inspiration/topads/pad/en*
> - *www.tiktokforbusinesseurope.com/de/inspiration*

### 13.5.1 Creating-Tools

Zur Erstellung eines Werbevideos bei TikTok gibt es mehrere hilfreiche Tools. Du kannst beispielsweise ein ganz normales TikTok mithilfe des Videoeditors in der App erstellen, hochladen und dann bewerben. Wie das geht, habe ich dir ja bereits in Kapitel 10, »Dein Weg zum erfolgreichen Unternehmensprofil – Videos erstellen«, erklärt. Zusätzlich kannst du viele weitere Videobearbeitungs-Apps und Softwares verwenden. Meine Favoriten stelle ich dir noch in Kapitel 15, »Bonus: Hilfreiche Tipps und Tricks«, vor. TikTok bietet dir aber auch die Möglichkeit, beim Erstellen deiner Ad-Kampagne den Videoeditor für Ads zu verwenden. Klicke dazu einfach auf Anzeigenebene auf CREATE, und schon kannst du dein Werbevideo erstellen. Einen Blick in den Videoeditor kannst du in Abbildung 13.19 werfen.

Dort kannst du aus verschiedenen Vorlagen dein Video zusammenbauen oder dein Videomaterial hochladen und automatisch zusammensetzen lassen. Neben verschiedenen Schriftarten kannst du hier dann auch Sticker und Sounds aus der kommerziellen Soundbibliothek hinterlegen (siehe Abbildung 13.20).

## 13.5 Best Practice: Gestalten von Werbevideos

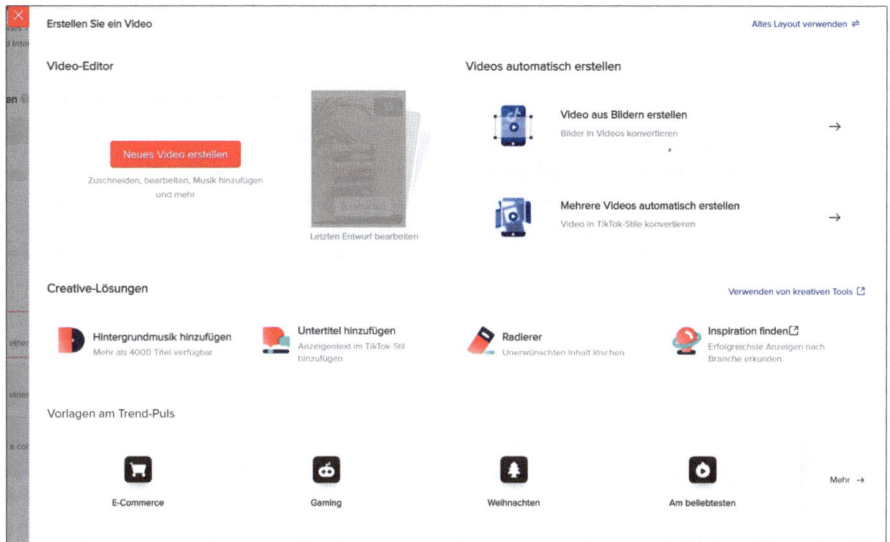

**Abbildung 13.19** Der Videoeditor von TikTok Ads

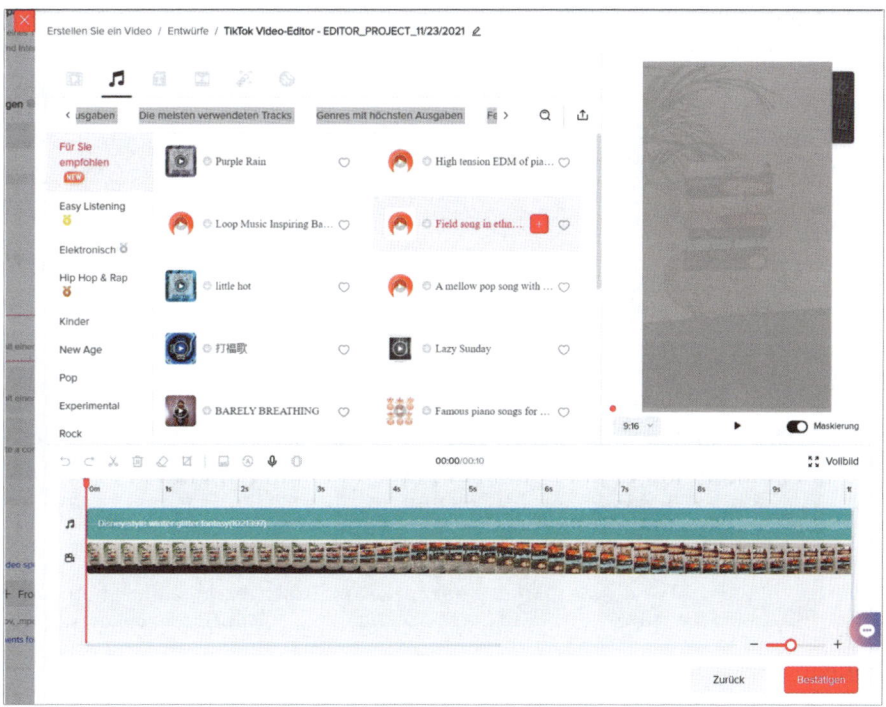

**Abbildung 13.20** Bearbeite dein Videomaterial im Videoeditor.

283

Am besten probierst du das einfach mal aus! Die Erstellung der Videos ist hiermit sehr intuitiv und du kannst coole Videoeffekte verwenden, um deine Werbeanzeige aufzupeppen.

### 13.5.2 Praxisbeispiel: TikTok-Ads für den Ravensburger Verlag

Mit dem Ravensburger Verlag arbeite ich jetzt schon seit vielen Jahren erfolgreich im Bereich Jugendbuch zusammen. Gemeinsam haben wir auch die ersten TikTok Ads getestet und binden sie mittlerweile regelmäßig in Social-Ad-Kampagnen beim Jugendbuch ein. Bei der Umsetzung der Ads setzen wir auf aktuelle *#BookTok*-Trends und die besonderen Merkmale des jeweiligen Buches, das beworben wird. Das bedeutet also, wir kreieren individuelle Ads für jedes Produkt. Erfolgreich umgesetzt haben wir das beispielsweise mit dem Buch »Bad Influence«. Im Buch geht es um verschiedene Influencer*innen, die auf eine Kreuzfahrt eingeladen wurden. Dafür haben wir ein Video gedreht, dass auf ironische Weise an sogenannte »Morning-Routines« angelehnt ist (siehe Abbildung 13.21). In Videos mit diesem Format zeigen Creators, wie sie ihren Morgen nach dem Aufstehen gestalten. Im Werbevideo haben wir die Morgenroutine des Buches gezeigt. Das Video kannst du dir auch auf dem Instagram-Kanal *@ravensburgerbuecher* ansehen, denn wir haben es auch als Reel verwendet.

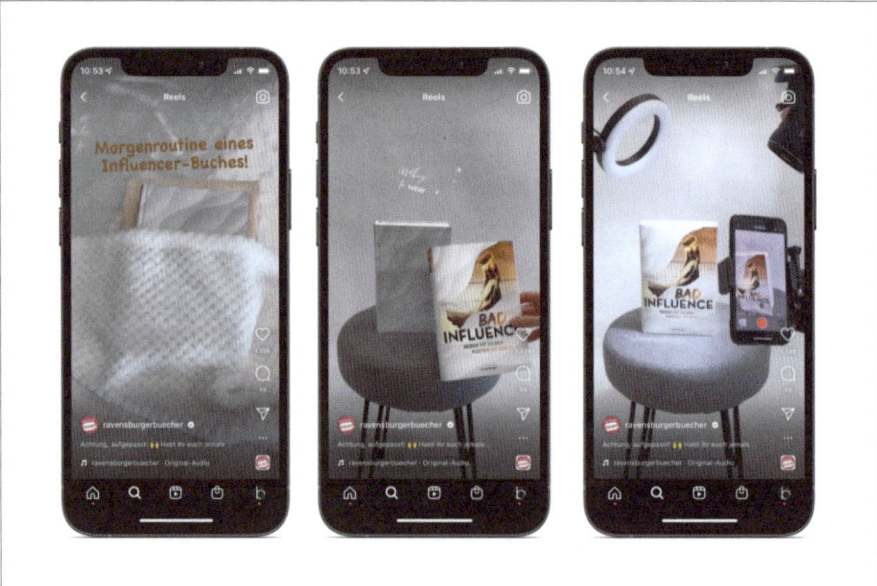

**Abbildung 13.21** Werbevideo des Ravensburger Verlags individuell abgestimmt auf das Produkt (Quelle: *www.instagram.com/reel/CZtdcezDqLK*)

## 13.6 Weitere Werbemöglichkeiten bei TikTok

Neben der Selfservice-Plattform bietet TikTok noch weitere Werbeformate an. Diese kannst du allerdings nur über einen TikTok-Mitarbeiter buchen, sie beinhalten dafür aber die Platzierungen, die am meisten Sichtbarkeit bieten. Deswegen stelle ich sie dir im Folgenden kurz vor.

### 13.6.1 Branded Hashtag-Challenge

Was eine Hashtag-Challenge ist, habe ich dir ja bereits in Kapitel 5, »Das Kanalkonzept«, erklärt. Um diese noch sichtbarer zu machen, kannst du sie zu einer Branded Hashtag-Challenge machen. Das bedeutet, dass deine Challenge in den rotierenden Bannern bis zu sechs Tage lang im Entdecken-Bereich ausgespielt wird. Mit einem Klick auf das Banner landet man entweder auf dem Profil des Initiators der Challenge oder es geht eine *#Hashtag*-Seite auf. Dort gibt es eine Beschreibung der Challenge, und es werden alle Videos gesammelt, die mit dem Hashtag hochgeladen worden sind. Wie das aussieht, kannst du dir in Abbildung 13.22 ansehen.

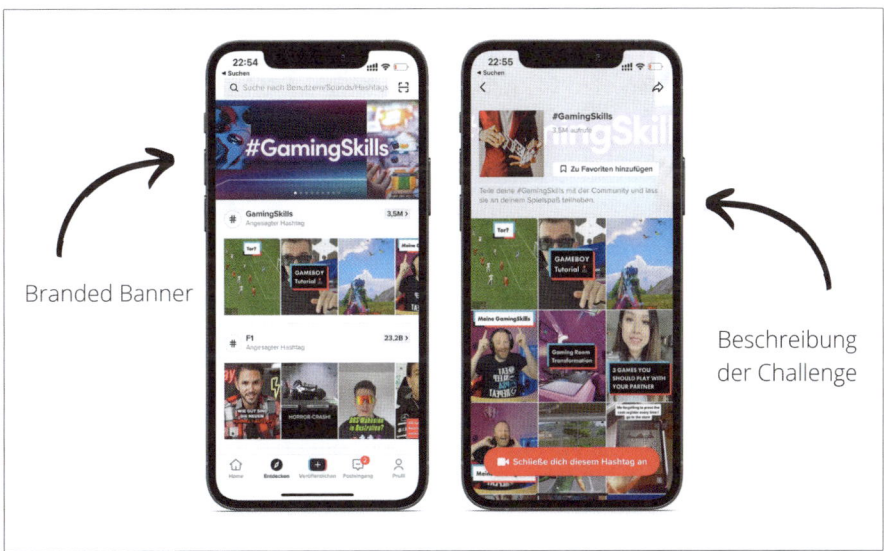

**Abbildung 13.22** Banner der Branded Hashtag-Challenge im Entdecken-Bereich

Ziel dieses Werbeformats ist es, deine Markenbekanntheit und die Kundenbindung zu steigern. Die Nutzer beschäftigen sich durch die Challenge mit deiner Marke oder deinem Produkt und generieren so User-generated Content.

Bauhaus startete z. B. seinen TikTok-Kanal mit einer Branded Hashtag-Challenge unter dem Hashtag #*FühlDichZuhause* (siehe Abbildung 13.23). Dabei riefen sie die Nutzer auf, sogenannte Vorher-nachher-Videos von ihrem Zuhause zu drehen, das sie renoviert oder umgestaltet haben. Für mehr Reichweite arbeiteten sie dabei unter anderem mit dem Influencer @*freshtorge* zusammen. So konnte das Unternehmen nicht nur 33.000 Follower im Kampagnenzeitraum aufbauen, sondern es beteiligten sich auch über 180.000 Nutzer an der Challenge.[5]

**Abbildung 13.23** Die #FühlDichZuhause-Challenge von @bauhaus (Quelle: *https:// vm.tiktok.com/ZMLC5JjDd*)

### 13.6.2 Top View Ads

Öffnest du deine TikTok-App, wird dir manchmal direkt als Erstes ein Werbevideo im Vollbildmodus angezeigt. Diese Platzierung kannst du nicht über die Selfservice-Plattform buchen, sondern sie zählt zu den besonderen Anzeigen von TikTok. Das ist die Top View Ad, die allen Nutzern angezeigt wird, die sich in den 24 Stunden einloggen, in denen die Platzierung gebucht wurde. Das Video kann zwischen 5 und 60 Sekunden lang sein. Empfohlen werden 15 Sekunden. Ziel dieser Werbeplatzierung ist es, möglichst viel Aufmerksamkeit zu bekommen und so deine Markenbekanntheit zu steigern.

---

5  Quelle: *www.tiktokforbusinesseurope.com/de/inspiration/bauhaus*

Sony Music Deutschland beispielsweise hat über TikTok Aufmerksamkeit für die neue Single von Apache207 geschaffen und gleichzeitig dessen Partnerschaft mit dem Berliner Tech-Unternehmen Grover verkündet. Dazu schalteten sie Top View Ads, die du in Abbildung 13.24 sehen kannst.

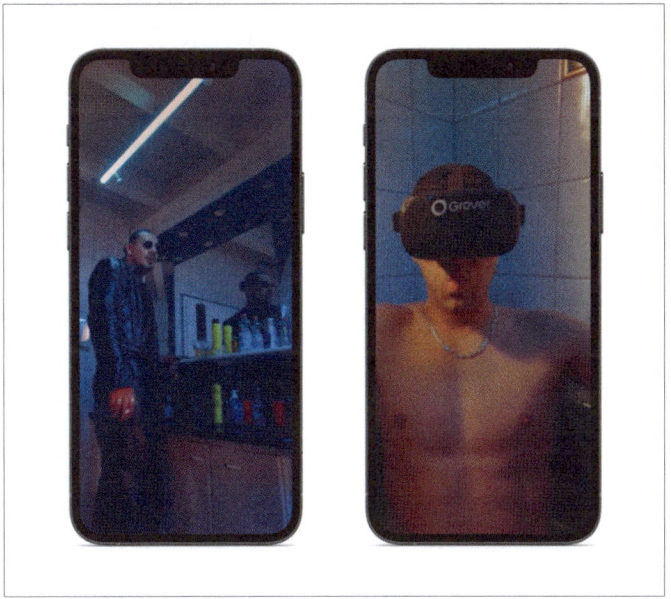

**Abbildung 13.24** Top View Ads von @sonymusic in Kooperation mit @apache207 und @grover (Quelle: *www.tiktokforbusinesseurope.com/de/inspiration/sony-music-x-apache207-x-grover*)

### 13.6.3 Branded Effect

Was Effekte sind und wie du sie einsetzen kannst, habe ich dir ja bereits in Kapitel 8, »Die verschiedenen TikTok-Formate«, erklärt. Du kannst bei TikTok auch solche Effekte bzw. AR-Filter buchen. Der Effekt wird dann individuell für dich angefertigt und ist bei den beliebten Effekten sichtbar platziert. Ziel der Werbeplatzierung ist es, die Markenbekanntheit durch Interaktion zu steigern. Zugleich entsteht ein positives Markenbewusstsein.

Das Luxusmode-Unternehmen Escada kreierte in Zusammenarbeit mit einer französischen Agentur einen eigenen AR-Filter für die Marke Escada Fragrances. Dabei rückte das neue Parfüm Candy Love in den Mittelpunkt. Der Effekt wurde dann sieben Tage lang bei den beliebten Effekten beworben und in Zusammenarbeit mit verschiedenen Influencerinnen populär gemacht. Dabei entstanden über 4,7 Millionen Aufrufe, und es wurden über 14.000 Videos mit dem Effekt erstellt (siehe Abbildung 13.25).

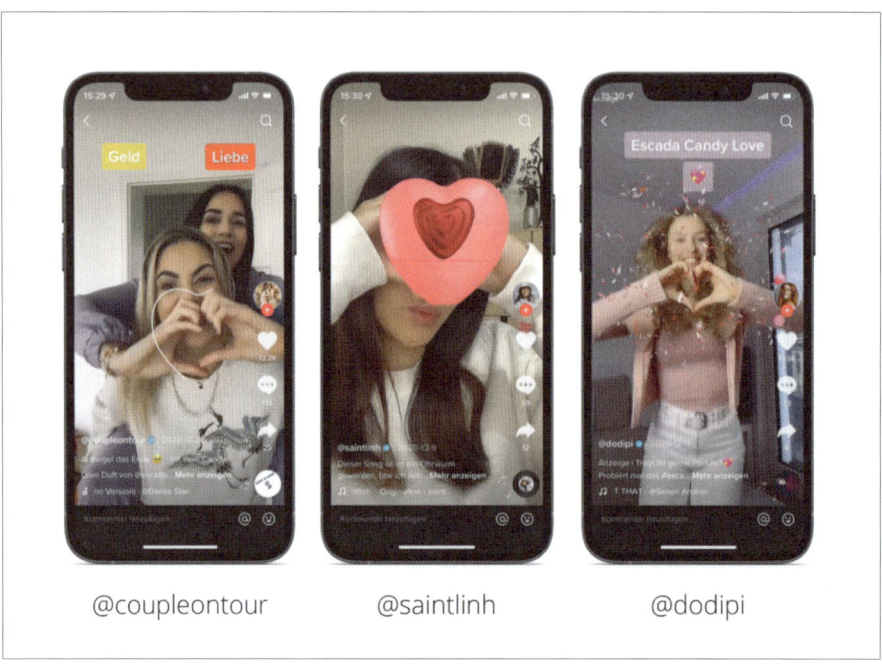

**Abbildung 13.25** Der Branded Effect von Escada bei TikTok

## Kapitel 14
# Mit Followern kommunizieren – warum gutes Community Management den Unterschied macht

Hinter jedem erfolgreichen Creator steht eine aktive und starke Community.

Eine aktive, engagierte Community ist das Herzstück eines erfolgreichen Social-Media-Auftritts. Mit ihr wächst der Kanal und seine Reichweite. Sie sorgt für authentisches Feedback, einen Austausch auf Augenhöhe und für Markentreue. Hat ein Unternehmen oder eine Marke keine interaktionsstarke Community, werden Posts ins Leere geblasen. Das bedeutet, dass sie von niemandem gesehen werden, und auch der Sozialaspekt einer Social-Media-Plattform geht verloren, denn ohne Sichtbarkeit gibt es keine Interaktion. Im Idealfall interagiert deine Community aktiv mit dir, bietet dir neuen Input sowie Ideen und kreiert sogar eigenen Content zu deinen Produkten (UGC). Wie wertvoll eine eigene Community ist, sieht man am besten an Influencern, die ohne ihre Community nicht so viel Aufmerksamkeit bekämen.

> **Was ist eine Community?**
> Eine Community ist eine Gruppe, die aktiv den Austausch und die Kommunikation über ein gemeinsames Thema sucht und dabei ein Gefühl der Zusammengehörigkeit entwickelt. Bei Social Media sind das dann die Abonnenten, Fans oder Follower, die sich beispielsweise über die Profile von Influencern, Unternehmen oder Marken zu einem Thema austauschen, wie beispielsweise bei *#BookTok*. Weitere Beispiele für Communitys von TikTok lernst du noch im Folgenden kennen.

> **Kapitelübersicht: Mit Followern kommunizieren**
>
> In diesem Kapitel lernst du Folgendes:
> - Wie baust du eine Community auf?
> - Warum ist sie so wichtig?
> - Wie tickt die Community bei TikTok?

## 14.1 Die TikTok-Community

Insgesamt gilt die TikTok-Community noch als aufgeschlossen und sehr freundlich im Vergleich zu anderen Plattformen, wie beispielsweise Facebook, wo sich durch Hasskommentare und Internettrolle fast schon eine Hasskultur etabliert hat. Anstatt einen freundlichen Austausch zu suchen, wird hier oft direkt mit Wut und Ablehnung reagiert. Bei TikTok ist das noch anders, und hier steht das Miteinander im Vordergrund. Doch sollte dir trotzdem klar sein, dass du dich auf einer Social-Media-Plattform befindest, auf der jeder geradeheraus und manchmal ohne nachzudenken seine Meinung kundtun kann. Deswegen wirst du nicht immer positive Kommentare und Nachrichten bekommen. Stell dich darauf ein, auch negative Kommentare zu erhalten und auf Kritik reagieren zu müssen.

Der Begriff TikTok-Community umfasst alle aktiven Nutzer der Plattform. Detaillierter unterteilt sich die große Gemeinschaft dann nach verschiedenen Interessen in weitere Communitys, die eine andere Dynamik als bei Plattformen wie Instagram oder Facebook haben. Nutzer kehren nicht so gezielt zu Profilen zurück wie bei Instagram. Das ist der Grund, wieso es auf TikTok etwas schwieriger ist, eine aktive Community um die eigene Marke aufzubauen.

Die Community ist auf dieser Plattform eher als große Einheit zu sehen, wie beispielsweise die #*LGBTQ*+-Community. Diese andere Dynamik liegt sowohl am Nutzerverhalten als auch am Algorithmus, denn TikTok ist die Plattform des Entdeckens. Hier werden den Nutzern im *For You Feed* immer neue Videos und Inhalte vorgeschlagen, die zu ihren Interessen passen. Communitys sind dabei meist Nischenthemen, in die du auch mit deinen Videos platziert wirst, wenn du spezielle Themen bedienst. Lerne diese Communitys kennen, ihre Interessen, ihre Bedürfnisse und auch ihre Herausforderungen. So kannst du nicht nur zeigen, dass du ihre Sprache sprichst und ihre Insider kennst, sondern auch mit deinen Produkten einen wirklichen Mehrwert schaffen. Dafür stelle ich dir gleich noch ein paar Communitys vor, die du auf dem Schirm haben solltest oder die Erklärungsbedarf haben.

14.1 Die TikTok-Community

**Die LGBTQ+-Community**

TikTok selbst setzt sich stark dafür ein, dass die Nutzer positiv, authentisch und freundlich miteinander kommunizieren, und versucht sicherzustellen, dass es für jeden einen Platz in der diversen Community gibt. Um das zu gewährleisten, startet TikTok selbst eigene Challenges, wie z. B. *#TikTokComic* im Februar 2022. In kreativen und lustigen Videos ganz im Stil von TikTok werden Creators der Plattform dazu aufgerufen, sich selbst als Superheld*innen zu positionieren und die eigene Superkraft zu zeigen (siehe Abbildung 14.1). So soll ein LGBTQ+-Superheld*innen-Universum auf TikTok entstehen. Die kreativsten Beiträge sollen dann in einem eigenen *#TikTokComic* verlegt werden.[1] Dabei setzt die Plattform auf die Zusammenarbeit mit reichweitenstarken queeren Creators weltweit.

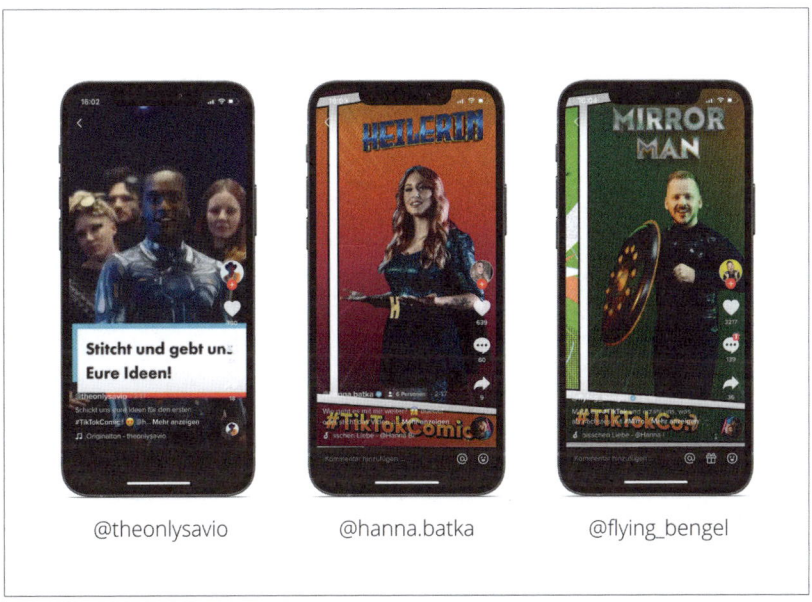

**Abbildung 14.1** Videos von Influencer*innen zu #TikTokComic

**Was bedeutet LGBTQ+?**

Das ist eine Abkürzung der englischen Begriffe *lesbian*, *gay*, *bisexual*, *transgender* und *queer* sowie *questioning*. Das Plus erweitert die Aufzählung um alle weiteren Geschlechtsidentitäten, die bisher nicht aufgezählt wurden. Insgesamt beschreibt der Begriff die Gemeinschaft aller Personen, die sich nicht als heterosexuell definieren und gemeinsam gegen Diskriminierung von Geschlechtern und/oder sexuellen Orientierungen vorgehen.

---

1 Wann der illustrierte Comic dazu erscheinen soll, ist bisher nicht bekannt gegeben worden.

Genauso vielfältig wie die Nutzer*innen selbst sind auch die Themen, mit denen sie sich beschäftigen. Bei TikTok wird nicht nur über LGBTQ+ aufgeklärt, sondern auch gegen Rassismus genauso klar Stellung bezogen wie zu aktuellen politischen Themen. Und genau das macht die Community von TikTok aus. Hier liegen Videos, in denen Nutzer ihre Hunde anbellen, nur einen Swipe entfernt von Videos, in denen beispielsweise über sexuell übertragbare Krankheiten aufgeklärt wird.

#### #WitchTok

Die *Genz Z* wächst in einer Zeit auf, die von Unsicherheiten, Klimawandel und politischen Unruhen geprägt ist. Als Folge davon wendet sich die Generation zunehmend Themen wie Astrologie, Energieheilung und Okkultismus zu. Der Trend der Themen lässt sich auch beispielsweise durch *Google Trends* nachverfolgen. In den letzten Jahren haben die Suchen danach zugenommen. Um die spirituellen Themen herum bilden sich bei TikTok ganze Communitys, und dazu gehört auch *#WitchTok*. Diese Community interessiert sich für moderne Hexenkunst. Das Hashtag hat mittlerweile über 24 Milliarden Aufrufe, und dort finden sich Videos zu Zaubersprüchen, Anfängertipps sowie Liveevents zum Tarotkartenlegen und zu Kontaktaufnahmen mit Geistern. Eine Auswahl siehst du in Abbildung 14.2. Neben der Zauberei dreht sich hier aber auch viel um *#Achtsamkeit* und *#Selfcare*. Insgesamt wächst die Community stetig und zeigt, wie vielfältig die Themen bei TikTok sind. Vielleicht passt ja auch gerade dein Produkt zu *#WitchTok*?

**Abbildung 14.2** Videos aus der #WitchTok-Community

## #MoneyTok oder #PersonalFinance

Eine weitere Community, die dir auf TikTok früher oder später begegnen wird, tauscht sich rund um das Thema persönliche Finanzen aus. Gen Z und auch die Millenials erhalten ihr erstes Einkommen oder sind schon fest im Arbeitsleben verankert. Was die beiden Generationen gemeinsam haben: Sie gehen sehr pragmatisch mit Geld um und sind auf der Suche nach Anlagestrategien. Deswegen ist es nicht verwunderlich, dass es bei TikTok eine ganze Community gibt, die sich mit dem Thema beschäftigt. Unter den milliardenfach geklickten Hashtags *#MoneyTok* und *#PersonalFinance* finden sich dann Videos zu Spartipps, Kreditkartenempfehlungen und Investions-Hacks. TikTok schafft es sogar, die Finanzwelt zu beeinflussen. Beispielsweise pushten 2020 TikTok-Nutzer den Wert der Kryptowährung Dogecoin (siehe Abbildung 14.3) auf ihren (bisherigen) Höchstwert.

**Abbildung 14.3** Die Kryptowährung Dogecoin wurde ursprünglich als Parodie auf Bitcoin entwickelt.

## #DIYTok

Einen unfassbar großen Zulauf auf TikTok findet auch das Thema *#DIY*. Die Abkürzung steht für »Do it yourself«, und unter dem millionenfach geklickten Hashtag finden sich Videos zu Hausrenovierungen, Möbel-Upcycling und Bastelanleitungen (siehe Abbildung 14.4).

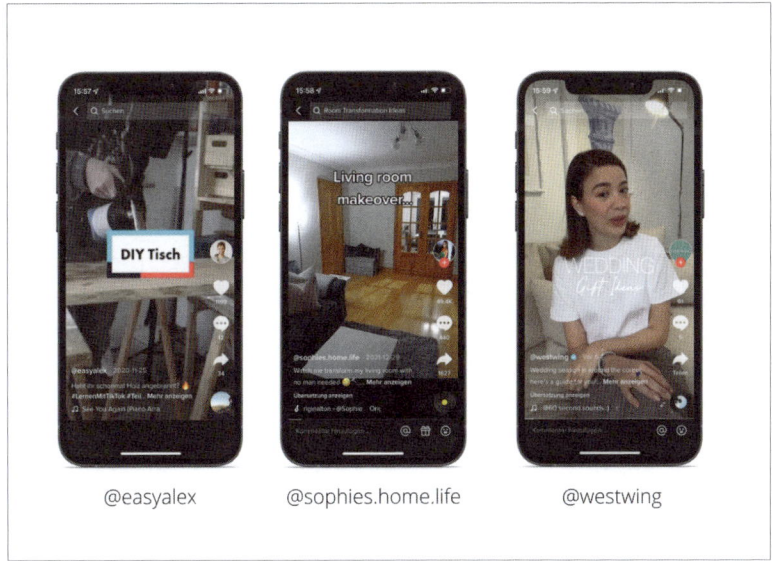

**Abbildung 14.4** Verschiedene DIYs und Makeovers bei TikTok

Das Thema kennst du bestimmt schon von Plattformen wie Pinterest oder Instagram, denn auch dort sind sie sehr beliebt. Vor allem für Besitzer*innen von Etsy-Stores, in denen beispielsweise Lesezeichen, Merch oder einfach coole Sticker, Handtaschen oder Schmuck verkauft werden, ist die Community bei TikTok ein wichtiger Bestandteil ihres Business.

**#SwiftTok**

Communitys bei TikTok bilden sich aber nicht nur um verschiedene Themen, sondern auch um *#Fandoms*. Das sind allgemein bezeichnet die Fans von beispielsweise einer Filmreihe wie »Star Wars« oder einer Buchreihe wie »Harry Potter«. Fandoms entstehen aber auch um Celebritys. Die Community, die sich beispielsweise um die erfolgreiche US-amerikanische Sängerin Taylor Swift gebildet hat, ist wirklich einzigartig. Die sogenannten *Swifties* tauschen sich unter *#SwiftTok* bei TikTok untereinander aus und das mit großem Zulauf: Das Hashtag hat über 6 Milliarden Aufrufe. Dabei kannst du Videos von alten Taylor-Swift-Interviews finden, aber auch Analysen zu ihren Songs oder ihrem letzten Social-Media-Post. Im Herbst 2021 erfuhren das Hashtag und die Community einen ganz besonderen Hype, denn die Fans erwarteten gespannt den Release des Albums »Red (Taylor's Version)«. Der Hype fand natürlich auch auf anderen Plattformen statt, aber die einfache Nutzung von Sounds auf TikTok löste ihn aus. In dem Fall waren das oft Ausschnitte aus Taylors Songs. So entstanden nicht nur unzählige TikTok-Dances, sondern auch viele Memes. Die Community drückt dabei nicht nur aus, wie sehr sie die Songs und die Sängerin feiert, sondern zeigt auch ihren Support gegenüber Taylor Swift, denn das Album »Red« war ein Re-Release. Hintergrund ist hier ein Rechtsstreit mit ihrem früheren Plattenlabel, das allerdings gar nicht in den Fokus der Community rückte. Den meisten *Hate* bekam der Schauspieler Jake Gyllenhaal zu spüren. Die Sängerin Taylor Swift ist bekannt dafür, in ihren Songs vergangene Beziehungen zu verarbeiten. Und einige der Lieder des neuen Albums drehen sich um den Herzschmerz und die Trennung von Jake Gyllenhaal – auch die neue, zehnminütige Version des Songs »All To Well«.

Bei TikTok begegnen dir im Laufe deiner Nutzungszeit die verschiedensten Subkulturen und Communitys, die unterschiedlicher nicht sein können. Doch was sie alle gemeinsam haben sind Authentizität, gegenseitige Unterstützung und Zusammenhalt. Egal, ob Finanzgurus, Fandom-Anhänger oder Leserinnen – die Nutzer und Nutzerinnen zeigen ihre Zugehörigkeit in kreativen und inspirierenden Videos. Genau das macht TikTok aus und bietet auch für Unternehmen die Möglichkeit, sich mit neuen Zielgruppen auseinanderzusetzen. So kannst auch du bestehende Interessen der verschiedenen Communitys aufnehmen und dich hier authentisch ins Gespräch einbringen. Die vorgestellten Communitys sind nur ein paar von unzähligen Gruppierungen zu den unterschiedlichsten Themen bei TikTok, die darauf warten, von dir entdeckt zu werden! Alles, was du dafür tun musst, ist *swipen*. Wenn du die App zum ersten Mal öffnest und der Algorithmus erst noch deine Interessen herausfindet, wirst du direkt viele neue Themen entdecken.

## 14.2 Community Management

Der Aufbau einer Community bei Social Media braucht vor allem Zeit und Kontinuität. Viel Reichweite hilft dir nicht dabei, auch engagierte Nutzer in deine Community einzubinden, sondern du musst Anreize schaffen, dass diese auf deine Seite zurückkehren und mit deinem Content interagieren. Deswegen solltest du deine Ziele hier langfristig setzen und versuchen, Nutzer zu gewinnen, die aktiv und interaktionsfreudig sind.

> **Was machen eigentlich Community Manager\*innen?**
> Oft übernehmen Social Media Manager\*innen die Aufgabe, die eigenen Communitys zu verwalten. Doch das ist wirklich aufwendiger, als es scheint. Mittlerweile gibt es deswegen ein eigenes Berufsbild zur Verwaltung von Communitys: Community Manager und Managerinnen. Sie kreieren meist keinen Content, sondern kümmern sich bei den Social-Media-Plattformen und/oder in verschiedenen Foren um die direkte Kommunikation mit den Kunden – beantworten also beispielsweise DMs, moderieren Beiträge und bauen die Community weiter aus.

Gut zu wissen, dass es unterschiedlich engagierte Nutzer gibt. Dafür ist beispielsweise die *Nielsen-Formel* ein guter Indikator. Sie besagt:

- 70 % der Nutzer sind nur passive Beobachter.
- 20 % der Nutzer interagieren mit Content.
- 10 % der Nutzer erstellen selbst aktiv Content.

Je mehr Reichweite und Abonnenten du hast, desto niedriger wird dann beispielsweise auch deine Interaktionsrate. Lass dich davon also nicht unterkriegen! Das ist ganz normal. Deine Community bildet sich aber nicht von allein im Laufe der Zeit. Du musst selbst aktiv werden und deine Zielgruppe davon überzeugen, dass sie dir folgt. Das gelingt dir am besten mit Content, der einen Mehrwert bietet und Nutzer dazu bringt, aktiv nach neuen Videos auf deinem Kanal zu schauen. Außerdem solltest du auch mit Nutzern interagieren. Das bedeutet, nicht nur auf Nachrichten und Kommentare zu antworten, sondern selbst zum aktiven Nutzer zu werden und mit anderen Videos zu interagieren.

Bevor ich dir die verschiedenen Möglichkeiten dazu vorstelle, will ich dich noch auf einen Punkt aufmerksam machen: Für den Community-Aufbau und die Betreuung solltest du dir genügend Zeit einplanen. Das kann durchaus zeitaufwendiger sein als die Content-Produktion, wenn du eine engagierte Community hast und viele Anfragen bekommst. In meiner täglichen Arbeit starte ich beispielsweise meinen Tag mit Community Management und verbringe die erste Stunde damit, auf Nachrichten zu antworten, auf Kommentare zu reagieren und Beiträge, in denen der betreute Kanal markiert wurde, zu liken, zu teilen und/oder zu kommentieren. Darüber hinaus scrolle ich aktiv durch meine *Follow Page* und interagiere hier mit dem Content der Community. Und das ist dann auch nicht das letzte Mal am Tag, dass ich den Kanal checke.

> **Tipp: Feste Zeiten fürs Community Management**
> Setz dir feste Zeiten, um deinen Kanal zu checken. Idealerweise machst du das morgens, mittags und abends. Dabei solltest du dich aber selbst auch zeitlich begrenzen, damit der Rest deiner Arbeit nicht untergeht. Beantworte morgens beispielsweise eine halbe Stunde Nachrichten und Kommentare, interagiere mittags 20 Minuten mit den Videos deiner Community und check vor Feierabend noch mal die letzten Nachrichten. Wie du welche Zeiten bei dir etablierst, solltest du selbst festlegen, denn es muss ja in deinen Workflow passen.

Wenn du in einem Team arbeitest, ist es sehr hilfreich, sogenannte Community-Guidelines festzulegen. Darin bestimmst du die Kommunikationsarten mit deiner Community. So gewährleistest du eine einheitliche Kommunikation und erleichterst dir außerdem die Arbeit.

> **Checkliste: Community-Guidelines**
> - Leg die Art der Ansprache fest: Sprichst du in deinen Videos deine ganze Community an oder gehst du auf Einzelpersonen ein?
> - Verzichte auf das Siezen bei TikTok! Hier steht das nahbare Du im Vordergrund!
> - Wer ist der Absender? Das Social-Media-Team oder einzelne Mitarbeiter?
> - Wie sieht die Tonalität der Ansprache aus? Bist du eher sachlich, bist du persönlich oder versuchst du es mit Humor?
> - Kommuniziere dabei nicht von oben herab!
> - Zeigt dein Unternehmen eine politische Haltung? Wie kannst du diese am besten repräsentieren?
> - Finde eine einheitliche Regelung, wie und ob Mitarbeiter und Mitarbeiterinnen in den Videos gezeigt werden!
> - Definiere, wie du Fragen beantwortest! Gib hier Beispiele vor und überleg dir beispielsweise vorab schon Standardantworten auf häufig gestellte Fragen.

## 14.2.1 Wie man in die DMs slidet

Die direkteste Art der Interaktion mit Kunden, Followern und interessierten Nutzern sind die privaten Nachrichten, die DMs genannt werden. Die Abkürzung steht für *Direct Messages*. Hier wirst du als Unternehmen, Marke oder auch als Influencer häufig direkte Fragen oder Feedback erhalten. Nimm dir deswegen auch die Zeit, auf diese Nachrichten einzugehen. Wenn eine Frage sehr häufig auftaucht, kannst du auch ein Video dazu erstellen oder dir bereits vorgefertigte Antworten in einem Word-Dokument zusammenschreiben. Bei meinen Kunden gibt es beispielsweise sehr häufig die Nachfrage nach Rezensionsexemplaren. Das ist ein kostenloses Exemplar eines neu erscheinenden Buches, das an Multiplikatoren wie Presse oder Influencer zur Bewertung und Bewerbung verschickt wird. Auf diese Frage kann man dann durchaus eine Standardantwort vorbereiten, um Zeit zu sparen.

> **DMs bei TikTok**
> 
> Im Gegensatz zu vielen anderen Plattformen kann dir bisher nicht jeder eine direkte Nachricht bei TikTok schicken. DMs können hier nur Konten austauschen, die sich gegenseitig folgen. Deswegen wird dein Postfach dort leerer sein als beispielsweise bei Instagram.

Bekommst du dennoch eine Nachricht, solltest du vorher festlegen, wie du darauf antwortest und wie die Ansprache und der Umgangston sind. Social Media ist mittlerweile sehr ungezwungen und meistens duzt man sich dort direkt. Passt das aber beispielsweise nicht zu deinem Unternehmen, kannst du deine Kunden auch siezen. Das sollte – vor allem bei mehreren Community Manager*innen – vorher nur einheitlich festgelegt werden. Auch solltet ihr euch einigen, als wer ihr antwortet. Schreibt ihr beispielsweise als Grußformel »Dein Team von Unternehmensname« oder verwendest du deinen Namen? Mach dir also vorab Gedanken, wie du mit deiner Community interagierst.

## 14.2.2 Kommentare richtig nutzen

Wenn deine Reichweite und deine Followerzahl steigen, bekommst du höchstwahrscheinlich auch mehr Kommentare, auf die du eingehen solltest. Bei TikTok kommt hinzu, dass die Nutzerinnen und Nutzer noch öfter kommentieren als bei anderen Plattformen. Für mehr Übersicht werden die Kommentare deswegen auch von einem Algorithmus in der Kommentarspalte sortiert. Das erfolgt nicht chronologisch, sondern hier spielen deine eingestellte Sprache und die Likes, die die Kommentare erhalten, eine Rolle. Je mehr Likes Kommentare erhalten, desto relevanter stuft der Algorithmus sie ein, sodass sie weiter oben angezeigt werden. Der Faktor

Sprache wird dir vielleicht auch schon aufgefallen sein. Bei englischsprachigen Videos werden dir beispielsweise vermehrt deutschsprachige Kommentare zuerst angezeigt. Dies geschieht, weil du bei der Einrichtung von TikTok Deutsch als Sprache ausgewählt hast. Der Algorithmus berücksichtigt das.

Positive Kommentare und solche, die dir besonders gut gefallen, solltest du immer hervorheben. Das kannst du nicht nur durch einen Like tun, sondern auch, indem du darauf antwortest. Diese Kommentare werden dann anderen Nutzern auch weiter oben angezeigt und es ist kenntlich gemacht, dass der Kommentar von dir gelikt wurde. Wie das aussieht, kannst du in Abbildung 14.5 erkennen.

Außerdem kannst du einen Kommentar pro Video auch ganz oben anheften. Bekommst du beispielsweise viele Rückfragen, kannst du selbst in einem Kommentar die Frage beantworten und diese oben anheften.

**Abbildung 14.5** Wie du die Kommentarfunktionen richtig nutzt (Quelle: @jo.semola, https://vm.tiktok.com/ZMLBUPQh6)

Das Anheften eines Kommentars ist beispielsweise auch ganz praktisch, wenn das Video Teil einer Videoreihe ist. Dann kannst du das nachfolgende Video einfach in dem Kommentar verlinken und oben anheften. Der Vorteil: So bringst du mehr Zuschauer dazu, auch das nachfolgende Video anzusehen.

Anstatt ein Video zu verlinken, kannst du beispielsweise auch auf einen Kommentar mit einem eigenen Video antworten. Das ist beispielsweise ganz praktisch, wenn die Frage öfter kommt oder sie nicht in einem ganzen Kommentar zu beantworten ist. Klick dafür einfach auf den entsprechenden Kommentar, und dann erscheint auch schon ein Kamerasymbol zum Videoaufnehmen. So kannst du auch deine Wertschätzung gegenüber deiner Community zeigen. Du gehst auf ihre Wünsche, Anregungen und Fragen wertvoller ein als mit einem einfachen Kommentar. Die Art des Kommentars ist auch beliebt für Q&As. Fordere beispielsweise in einem Video deine Community dazu auf, dir Fragen in den Kommentaren zu stellen. In einer Videoreihe kannst du sie dann ganz einfach beantworten. Der TikTok-Kanal von @*polizeiberlin_karriere* nutzt diese Funktion beispielsweise sehr oft, um Community-Fragen rund ums Thema Polizei und Karriere zu beantworten (siehe Abbildung 14.6).

**Abbildung 14.6** Auf Kommentare mit einem Video antworten
(Quelle: @polizeiberlin_karriere)

Bei TikTok können alle Nutzer Kommentare verfassen. Das bedeutet auch, dass jeder seine Meinung sagen kann und du auch Kritik erhalten wirst. Konstruktive Kritik solltest du auch immer zulassen und den Austausch mit den Nutzern dazu suchen. Du solltest aber davon absehen, Kommentare zu löschen, nur weil sie sich kritisch mit deinem Content oder deinem Unternehmen auseinandersetzen. Das Löschen eines kritischen Kommentars kann die Gemüter nur noch mehr erhitzen und sogar einen Shitstorm auslösen. Handelt es sich aber um Kommentare, die extrem beleidigend oder rassistisch sind oder in einem anderen strafrechtlichen Kontext stehen, solltest du den Kommentar löschen und den Nutzer sperren. Gerne kannst du daraufhin auch in deiner Kommentarspalte zu einem freundlichen Umgangston auffordern, sollten sich solche Kommentare häufen.

**So sperrst du einen Nutzer**

Klick dafür in der Kommentarspalte auf das Filtersymbol links oben, wähle den entsprechenden Kommentar aus und gehe dann auf MEHR. Nun kannst du den Nutzer sperren. Eine Schritt-für-Schritt-Anleitung findest du auch in Abbildung 14.7.

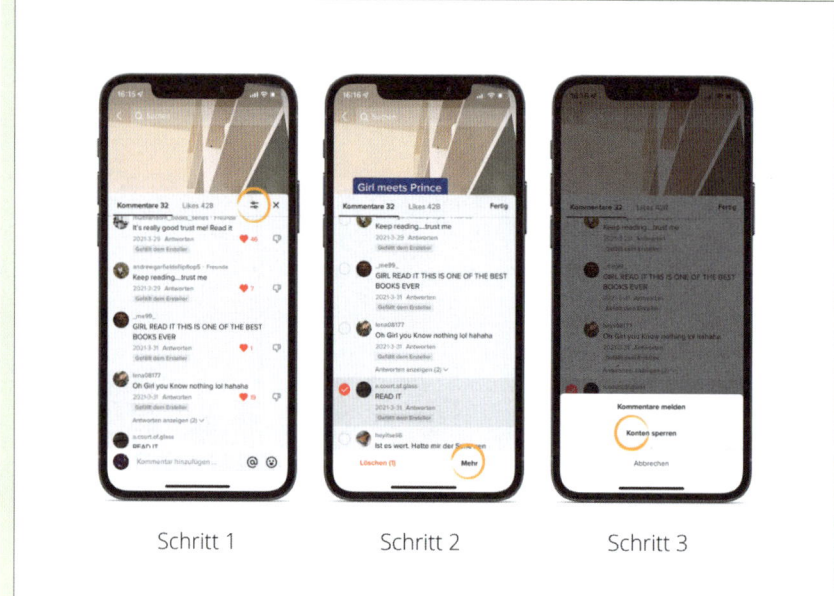

Schritt 1   Schritt 2   Schritt 3

**Abbildung 14.7** So sperrst du einen Nutzer.

Viele Unternehmen, die aktiv auf TikTok sind, nutzen die Kommentarfunktion auch, um mehr Sichtbarkeit für sich zu schaffen. Das gelingt ihnen, indem sie Videos von anderen Nutzern kommentieren. Sehr beliebt sind hier virale Hits. Die Kommentare sind dann meist sehr lustig oder aufbauend. Oft kommentieren verschiedene Unternehmen auch Videos untereinander, wobei auf humorvolle Art auf die Schwächen der anderen eingegangen wird. Das fördert nicht nur die Sichtbarkeit, sondern lässt die Unternehmen lässig und hip wirken. Die witzigsten Kommentare werden beispielsweise bei @*deutschebahn* in einem eigenen Video noch mal hervorgehoben, wie in Abbildung 14.8 zu sehen ist.

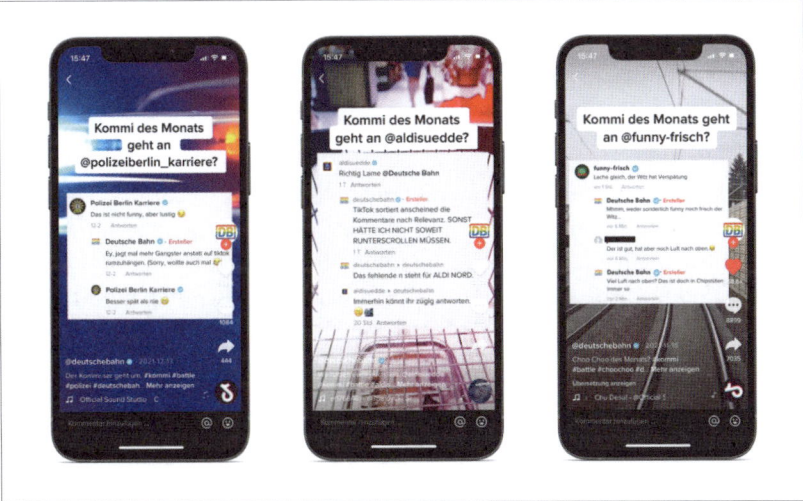

**Abbildung 14.8** Kommentare des Monats bei @deutschebahn

### 14.2.3 Weitere Interaktionsmöglichkeiten

Bei TikTok gibt es verschiedene Möglichkeiten, um nicht nur via Like oder Kommentar auf Videos aus der Community zu reagieren. Mit Duetten, Stitches oder einem Repost kannst du nicht nur deine Wertschätzung geben, sondern User-generated Content mehr Reichweite und Aufmerksamkeit verschaffen, indem du die Videos auf deinem Kanal teilst.

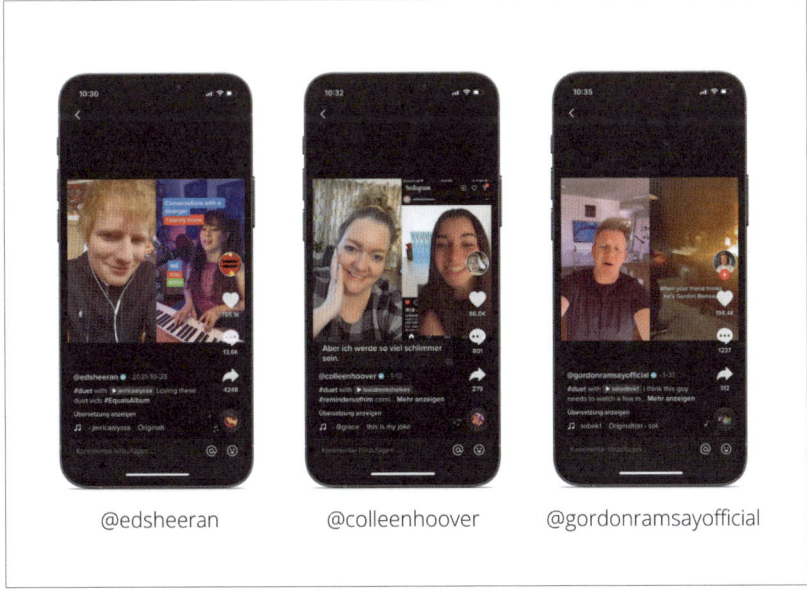

**Abbildung 14.9** Celebritys nutzen die Duett-Funktion.

Die Funktionen sind auch bei Celebritys sehr beliebt. Beispielsweise singt der britische Sänger @*edsheeran* via Duett-Funktion mit seinen Fans verschiedene Duette oder reagiert so auf Coversongs aus der Community. Aber auch Autorin @*colleenhoover* oder Starkoch @*gordonramsayofficial* reagieren damit auf Videos ihrer Fans (siehe Abbildung 14.9).

Darüber hinaus kannst du deine Community mit einem Call-to-Action zu verschiedenen Handlungen auffordern. Wenn sich deine Community gerade im Aufbau befindet, dreh doch ein Video mit der direkten Handlungsaufforderung, deinen Kanal zu abonnieren. Nicht alle Nutzer kommen beim Durchscrollen ihrer *For You Page* direkt auf die Idee, den verschiedenen Kanälen zu folgen. Fordere sie also aktiv dazu auf!

### 14.2.4  Best Practice: Tipps für einen guten Community-Aufbau

Social Media ist keine Einbahnstraße, sondern die beste Möglichkeit, sich mit seinen Kunden auszutauschen. Dafür reicht es nicht, News und Updates zum Unternehmen zu posten. Ich vergleiche eine Community gerne mit einer Freundschaft, in der die Beziehung zueinander auch gut gepflegt werden muss.

Du fragst dich jetzt bestimmt, wie du zu einer Community kommst, wie du sie glücklich machst? Das kann ich dir leicht beantworten. Sorge dafür, dass bei deinen Followern ein Zusammengehörigkeitsgefühl entsteht und sie sich auf deinem Kanal und in der Kommentarspalte wohlfühlen, denn das macht eine Community aus – und Menschen haben das Bedürfnis nach sozialer Zugehörigkeit. Nimm alle Nutzer ernst und zeige deine menschliche Seite. Das bedeutet, dass du dich nahbar zeigst und nicht wie ein Riesenkonzern wirkst. Dafür kannst du beispielsweise Content produzieren, der Nutzer direkt anspricht, mit Themen, die sie persönlich auch beschäftigen. Biete Lösungen für Probleme an oder zeig, dass du selbst vor demselben Problem stehst. Ein klassisches Problem aus der #*Buchcommunity* ist beispielsweise: Wie sortiere ich mein Bücherregal? Ordne ich die Bücher nach Alphabet, nach Genre oder sogar nach Farben? Zeig aktiv dein Problem – in dem Fall dein Bücherregal – und frag deine Community nach Fotos ihrer Probleme, also ihrer Bücherregale. Du kannst auch eine Umfrage starten, wie die Community das Problem löst oder ob sie sich Tipps wünscht. So kommst du ins Gespräch, zeigst, dass du die Community verstehst, und setzt auf den Faktor, dass viele Menschen gerne ihre Besitztümer zeigen, auf die sie stolz sind. Das sind dann nicht nur Bücherregale, sondern können auch Deko-Inspirationen, erfolgreiche Kochrezepte oder eine ordentlich gepflegte To-do-Liste sein. Und ganz nebenbei entsteht so Usergenerated Content – im Idealfall zu deinem Produkt oder deinem Unternehmen.

Um solche Probleme oder Themen zu finden, musst du nicht unbedingt stundenlang durch TikTok scrollen, sondern du findest sie meistens einfach in der Kommentarspalte oder in deinen DMs.

> **Best Practice: Videoideen zur Community-Bindung**
> - Stell dich in Q&A-Videos den Fragen, Kommentaren und dem Feedback aus deiner Community!
> - Biete Gewinnspiele und Verlosungen an, um deine Community zu beschenken!
> - Fordere in Challenges die Kreativität deiner Community!
> - Reagiere mit Duetten auf kreativen Content!
> - Initiiere selbst Stitches und biete so für aktive Nutzer weitere Content-Möglichkeiten!
> - Frag deine Community nach Inhalten, die sie sich wünscht!

## 14.3 Community Monitoring

Für einen langfristigen Community-Aufbau musst du ein intensives Monitoring betreiben. Das bedeutet, dass du auf User-generated Content reagierst, Kommentare und Fragen beantwortest, auf Wünsche und Feedback eingehst, aber auch auf eine faire Kommunikation zwischen den Nutzern achtest. Blockiere unangemessene Kommentare und bring dich im Streitfall als Moderator ein. Gleichermaßen solltest du dich aber auch über positives Feedback freuen und darauf reagieren. Dabei steht Kontinuität im Vordergrund. Eine Routine ist sehr wichtig, um regelmäßiges Monitoring zu gewährleisten.

Wenn du sehr viele Kommentare erhältst und in vielen Videos markiert wirst, musst du nicht auf jeden einzelnen eingehen. Deswegen solltest du hier nach Relevanz vorgehen. Auf folgende Beiträge solltest du allerdings immer reagieren:

- Fragen, deren Antworten für die gesamte Community interessant sind
- Fragen, die sehr häufig gestellt werden
- berechtigte Kritik oder Feedback sowie Unstimmigkeiten in der Community
- Kommentare, die durch Likes aus der Community, als relevant eingestuft werden

Dabei solltest du wissen, dass jede Art der Kommunikation ein gewisses Risiko mit sich bringen kann. Bei Social Media kann ein lieb gemeinter Kommentar oder Beitrag schnell eine Eigendynamik entwickeln, die sich nicht unbedingt positiv auf die Reputation deines Unternehmens auswirkt. Klassische Themen, die den Unmut von Nutzern wecken, sind beispielsweise persönliche Meinungen oder auch der Umgang mit politisch und/oder gesellschaftlichen Themen, wie beispielsweise dem Umweltschutz.

Deswegen solltest du vorab deine Vorgehensweise in einem Szenariokatalog für den Fall eines Shitstorms definieren. Beachte dabei aber, dass jeder Shitstorm anders verlaufen kann und du deine Vorgehensweise situationsbedingt anpassen können solltest.

> **Was ist ein Shitstorm?**
>
> Unter einem Shitstorm versteht man eine Welle der Entrüstung oder Kritik bei Social Media. Ein Shitstorm richtet sich meist gegen Unternehmen oder einzelne Personen, die in der Öffentlichkeit stehen.

Beispielsweise erhielt die meistabonnierte TikTokerin @*charlidamelio* einen Shitstorm im November 2020. In dem Video, das den Entrüstungssturm der Nutzer auslöste, servierte ein Koch der ganzen Familie Essen. Hinter dem Rücken des Kochs schnitt die TikTokerin Grimassen und äußerte sich ihm gegenüber respektlos. Als Reaktion auf das Video verlor sie über 1 Million Follower. In einem Livestream entschuldigte sich Charli unter Tränen bei ihren Fans und auch bei dem Koch und löschte das Video. In keinem Fall solltest du versuchen, den Shitstorm zu ignorieren. Das führt nur dazu, dass die Entrüstung und der Frust der Community wachsen, und das kann dir im schlimmsten Fall nur noch mehr schaden. Deswegen solltest du dich mit dem Thema auseinandersetzen, Reue zeigen und deinen Fehler eingestehen. Am besten zeigst du auch einen Lösungsweg auf, wie dein Unternehmen in Zukunft mit dem Thema umgehen wird. Verzichte an dieser Stelle unbedingt auf leere Versprechungen, und versuch dabei auch unbedingt, den Streisand-Effekt zu vermeiden.

> **Was ist der Streisand-Effekt?**
>
> Der Effekt ist nach der US-amerikanischen Schauspielerin Barbara Streisand benannt. Der Hintergrund dazu ist auch ganz einfach erklärt: 2003 wurde die Schauspielerin darauf aufmerksam, dass Luftaufnahmen ihres Anwesens auf der Website *pictopia.com* veröffentlicht wurden. Die Website war Teil des California Coastal Records Projekts, bei dem in über 12.000 Luftaufnahmen die Küstenerosion dokumentiert wurde. Streisand verklagte daraufhin den Fotografen und die Website auf Schadensersatz. Erst mit der Klage wurde die Aufmerksamkeit der breiten Bevölkerung auf die Aufnahmen von Streisands Anwesen gelenkt und die Bilder verbreiteten sich schnell weiter im Internet. So erhielt der Effekt, wenn rechtliche Schritte dazu führen, dass etwas noch mehr Aufmerksamkeit generiert, seinen Namen: der Streisand-Effekt.

Solltest du in das Zentrum eines Shitstorms geraten, bewahre auf jeden Fall Ruhe. Das ist den Besten schon passiert. Du musst das Problem auch nicht allein lösen. Hol dir in dem Fall Hilfe von deinen Kollegen und informiere in jedem Fall deine Vorgesetzten. Bei Social Media ist es wichtig, schnell zu reagieren und den Entrüstungssturm schnell im Keim zu ersticken. Deswegen solltest du in jedem Fall vorher schon deine Vorgehensweise festhalten. Am besten geht das mit einem Szenariokatalog.

Folgende Fragen solltest du dafür auf jeden Fall beantworten:

- Welche Kollegen und Vorgesetzen werden im Fall eines Shitstorms unterrichtet?
- Wie werden Mitarbeiter informiert und gebrieft?
- Wer verfasst eine Stellungnahme? Wie wird sie veröffentlicht? Wer erklärt sich bereit, dafür vor die Kamera zu treten?
- Wie gehst du mit Anfragen der Presse um?

Außerdem solltest du auch deine Community nicht unterschätzen, die hinter dir steht und dich unterstützt. Oft tritt eine engagierte Community als Fürsprecher für dich ein, und ein Problem löst sich beinahe von selbst.

Wie eine starke Community hinter einem stehen kann, zeigt das Beispiel Pamela Reif. Die deutsche Fitness-Influencerin und Instagrammerin wurde 2021 von @*foodwatch_de* für den »Goldenen Windbeutel« nominiert. Dabei rückte Pamelas eigene Marke *Naturally Pam* in den Fokus. Der Vorwurf: Die Verpackung der Proteinriegel sei aus Plastik und nicht biologisch abbaubar. Daraufhin hat ihre Community die Klarstellung übernommen: Pamela Reif habe nie behauptet, die Verpackung sei plastikfrei. Diese sei nur der richtige Weg in eine plastikfreiere Zukunft. Damit wolle sie auch ein Umdenken in der Verpackungsindustrie anstoßen (siehe Abbildung 14.10).

**Abbildung 14.10** Die Reaktion der Community von Pamela Reif auf den Vorwurf von Foodwatch (Quelle: *www.instagram.com/p/CWacqr4s70a*)

Kapitel 15

# Bonus: Hilfreiche Tipps und Tricks

Herzlichen Glückwunsch! Du bist im Bonuskapitel des Buches angekommen. Hier habe ich dir noch ein paar spannende Tools und Einstellungen zusammengestellt, die du für dein perfektes TikTok-Erlebnis nutzen kannst.

Nachdem wir uns jetzt ausgiebig mit den Themen Strategie, Planung und Umsetzung beschäftigt haben, habe ich dir noch meine liebsten Tools und Tricks in diesem Kapitel zusammengestellt, die dir die Arbeit mit TikTok und vor allem im Social Media Marketing erleichtern. Deswegen will ich dich hier auch gar nicht mit vielen Worten aufhalten, sondern wir steigen direkt in die Social-Media-Praxis ein und schauen uns an, wo und wie du deine TikTok-Videos noch verwenden kannst.

> **Kapitelübersicht: Hilfreiche Tipps und Tricks**
> In diesem Kapitel lernst du Folgendes:
> - Wie kannst du deine TikTok-Videos crossmedial einsetzen?
> - Welche nützlichen Einstellungen bietet dir TikTok?
> - Welche hilfreichen Tools kannst du zur Videoerstellung und -gestaltung nutzen?
> - Welche Tools eignen sich zum Projektmanagement für TikTok?

## 15.1 Weitere Einsatzmöglichkeiten deines TikTok-Contents

Instagram, Facebook und beispielsweise auch YouTube haben das erfolgreiche Format der TikToks bereits kopiert und relativ erfolgreich auf ihren Plattformen etabliert. Da liegt es nahe, die Videos auch dort zu posten. Du hast ja viel Zeit in die Entwicklung und Erstellung deiner Videos gesteckt. Im Marketingsprech nennt sich das Content-Recycling. Das bedeutet jetzt nicht, dass du all deine TikToks einfach

1 zu 1 bei Instagram Reels posten solltest. Instagram ist die Plattform der Ästhetik, und nicht alles, was bei TikTok funktioniert, wird auch dort gut ankommen. Besser ist es, wenn du deinen Content plattformspezifisch anpasst und je nach Zielgruppe die Videos noch mal neu zusammenschneidest oder die Ansprache anpasst. Du kannst auch einzelne Videoszenen in den Stories wiederverwenden. Probiere dich hier am besten einfach aus und werte die Performance der Videos auf den verschiedenen Plattformen aus! So kannst du am besten herausfinden, wie du deinen Content noch mal einsetzen kannst. Das ist nämlich ganz individuell abhängig von deiner Art des Contents und deiner Zielgruppe. Eine Allround-Lösung gibt es hier nicht.

**Best-Practice-Tipp: Poste TikToks auf Pinterest!**

Bei Pinterest funktionieren die schnellen, hochformatigen Videos auch sehr gut. Das habe ich beispielsweise zusammen mit dem Ravensburger Verlag durch Werbeschaltung herausgefunden. Als *TikTok Ads* gestartet ist, haben wir testweise dieselben Videos bei TikTok, Instagram und Pinterest ausgespielt (siehe Abbildung 15.1). Um gleiche Testverhältnisse zu schaffen, haben wir Budget, Laufzeit und die Zielgruppen so ähnlich wie möglich gehalten. Pinterest hat uns dann überrascht und hat wesentlich besser performt als die Anzeigen bei Instagram Reels. Deswegen kannst du deine Videos durchaus auch mal auf anderen Plattformen wiederverwenden und testen, wie das bei deiner Zielgruppe ankommt.

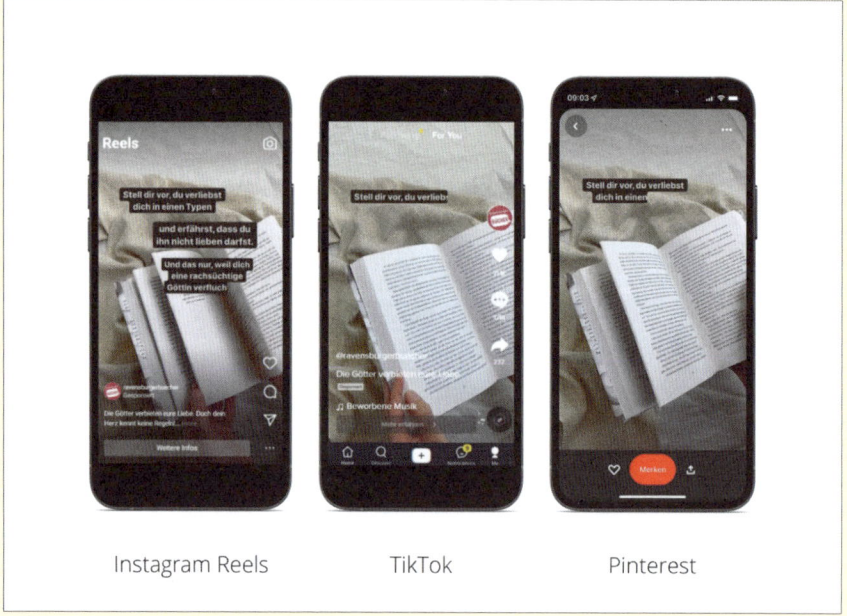

**Abbildung 15.1** Dieselbe Werbeanzeige auf verschiedenen Plattformen

Wenn du deine TikToks auf anderen Plattformen teilst, solltest du außerdem darauf achten, dass du keine Wasserzeichen darin hast. Hier schränkt dich dann nicht nur der Algorithmus ein, sondern das wirkt auch schnell unprofessionell, und die Videos verlieren durch den Download an Qualität. Deswegen zeige ich dir in Abschnitt 15.3 hilfreiche Apps und Programme, die du zum Videoschnitt verwenden kannst und die in diesem Fall auch besser geeignet sind als die plattformeigenen Videoeditoren.

## 15.2 Nützliche Einstellungen

TikTok bringt nicht nur Spaß und Unterhaltung für Nutzer, sondern hat auch seine Schattenseiten. Deswegen stand die Plattform in der Vergangenheit bereits öfter in der Kritik. TikTok selbst arbeitet daran, die App zu verbessern und sie für alle Nutzer zu einem »Safe Place« zu machen. Dafür gibt es mittlerweile ein paar wirklich hilfreiche Features, die du in deinem Konto einrichten kannst. Die wichtigsten stelle ich dir im Folgenden vor.

### 15.2.1 Digital Wellbeing

Öffnest du die TikTok-App, kannst du auf der *For You Page* viele neue Videos entdecken. Jedes neue Video ist eine Überraschung, und die Nutzung kann sehr viel Spaß machen. Doch ehe du dich versiehst, sind nicht 1, sondern 3 Stunden vorbei und du hast vielleicht sogar einen wichtigen Termin verpasst. Die schnellen Videos von TikTok machen süchtig und lassen einen alles um sich herum vergessen. Mir selbst ist das bereits oft genug passiert. TikTok hat deswegen ein Feature eingeführt, dass genau das verhindern soll. Mit der Funktion DIGITAL WELLBEING kannst du deine Zeit auf TikTok limitieren. Wenn du ein iPhone besitzt, kennst du vielleicht die Funktion, deine Bildschirmzeit für verschiedene Apps zu managen. Das bedeutet, du kannst ein tägliches Zeitlimit einstellen. Bei TikTok funktioniert das für alle Endgeräte, und du kannst deine Nutzungsdauer auf 40, 60, 90 oder 120 Minuten begrenzen. Hast du dein Limit erreicht, wird die App gesperrt und nur mit einem von dir eingestellten Zahlencode kannst du weitere TikToks schauen. Um die Bildschirmzeit einzustellen, gehe in deinen Einstellungen auf DIGITAL WELLBEING, wie in Abbildung 15.2 gezeigt.

Die Einstellung ist aber nicht nur nützlich, wenn du selbst zu viel Zeit auf TikTok verbringst, sondern beispielsweise auch, um die Nutzungszeit von Jugendlichen einzuschränken. Die App ist offiziell für Nutzerinnen und Nutzer ab 13 Jahren gedacht, doch Statistiken machen deutlich, dass auch jüngere Kinder bereits viel

Zeit auf TikTok verbringen.[1] Wie bei allen Social Apps gibt es nämlich keine Überprüfung der Altersangabe.

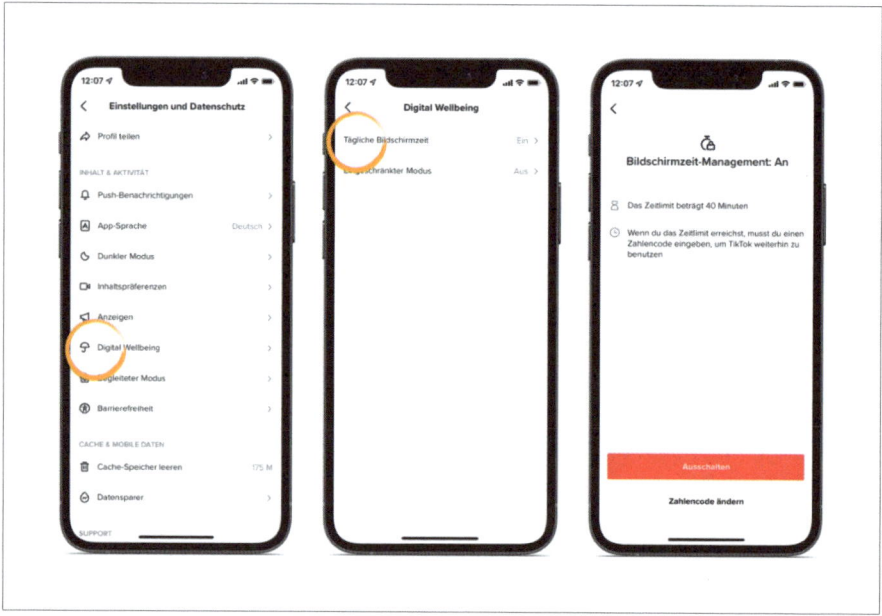

**Abbildung 15.2** So kannst du die Funktion »Digital Wellbeing« einstellen.

Bei der Digital-Wellbeing-Funktion kannst du außerdem einen eingeschränkten Modus einstellen. Das bedeutet, dass unangemessene Inhalte nicht angezeigt werden. Das ist eine weitere Funktion, die Eltern auf jeden Fall nutzen sollten.

### 15.2.2 Barrierefreiheit

Neben der Nutzungsdauer bietet die App auch Möglichkeiten für die Barrierefreiheit. So kannst du beispielsweise automatisierte Untertitel anschalten oder Videos mit Effekten ausblenden lassen, die bei Personen mit Photosensibilität zu Anfällen führen können. Geh dazu einfach wieder in deine Einstellungen. Unter dem Punkt BARRIEREFREIHEIT kannst du IMMER AUTOMATISCH ERZEUGTE UNTERTITEL ANZEIGEN lassen (siehe Abbildung 15.3).

---

[1] Quelle: *https://t3n.de/news/kinder-verbringen-taeglich-80-1288824/*

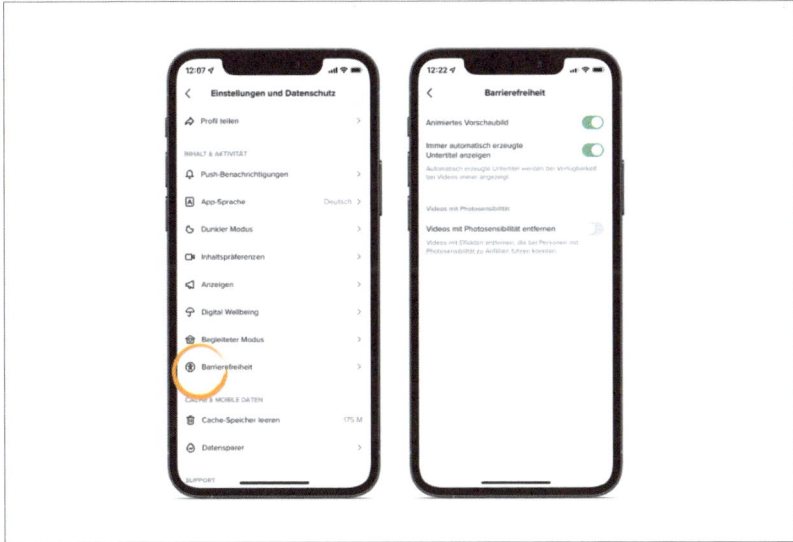

**Abbildung 15.3** So kannst du TikTok barrierefreier nutzen.

### 15.2.3 Familienfreundlichkeit

Die Digital-Wellbeing-Funktion kennst du ja bereits. TikTok versucht aber noch mehr, um die App familienfreundlich zu gestalten. Deswegen kannst du für deine Familie das Feature BEGLEITER MODUS nutzen.

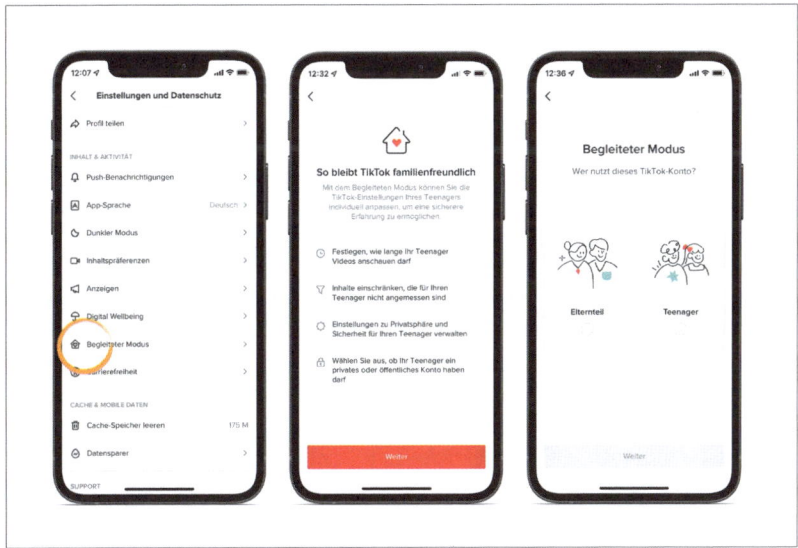

**Abbildung 15.4** So richtest du den »Begleiteter Modus« ein.

Du kannst hier einmal einstellen, wessen TikTok-Account genutzt wird, und im zweiten Schritt den Elternkanal mit dem Teenagerkanal verknüpfen. So kannst du hier zum einen die Nutzungsdauer der App limitieren, aber auch festlegen, wer den Kanal kontaktieren kann. Du kannst beispielsweise private Nachrichten komplett ausschalten. Den Punkt BEGLEITETER MODUS findest du in deinen Einstellungen. Dort bekommst du noch weitere Informationen zum Thema Familienfreundlichkeit (siehe Abbildung 15.4). Klick hier auf WEITER und folge dann einfach den weiteren Schritten.

## 15.3 Hilfreiche Tools und ihre Einsatzgebiete

Mittlerweile kannst du mit einem guten Smartphone ein ganzes Produktionsstudio in der Hand halten. Viele neuere Smartphones haben eine hochauflösende Kamera, stabilisieren bei der Kameraführung und reduzieren automatisch Hintergrundgeräusche bei Videoaufnahmen. Und das Beste daran: Für TikTok reicht das völlig aus! So kannst du selbst hochwertigen Content erstellen. Mit dem gezielten Einsatz von passenden Programmen und zusätzlichen Tools kannst du dein eigenes Produktionsstudio optimal nutzen. Ich stelle dir hierfür einfach mal meine Favoriten vor.

### 15.3.1 Videoschnitt

Es ist oft vorteilhaft, wenn man nicht den Videoeditor von TikTok für die Videobearbeitung nutzt. Zwar können darin beispielsweise einfacher Voiceovers gedreht werden, aber wenn du die Videos auch für andere Kanäle aufbereiten möchtest, ist das schwierig. Die Videos kannst du nämlich nicht ohne Wasserzeichen abspeichern. Wenn du wie ich in einer Agentur arbeitest oder eine Influencerin bzw. ein Influencer bist, dann schickst du die Videos vor dem Veröffentlichen meistens noch an den Kunden zur Abnahme. Das geht dann leider auch nicht so einfach. Deswegen drehe ich die Videos mit der integrierten Kamera meines Smartphones und bearbeite sie dann mit den Tools, die ich dir im Folgenden vorstelle.

> **Tipp zur Verwendung der integrierten Kamera**
>
> Die Standardeinstellung für deine integrierte Kamera ist meistens gar nicht die hochauflösendste für Fotos oder Videos. Schau deswegen mal in den Einstellungen deiner Kamera nach und stell gegebenenfalls die Auflösung für Fotos oder Videos auf 4K. Beim iPhone kannst du dann noch auf HIGH EFFICIENCY umstellen. Dann verbrauchen deine Videos zwar mehr Speicherplatz, werden aber in der höchstmöglichen Qualität aufgenommen.

## Videoeditor von Instagram Reels

Instagram hat den Videoeditor von TikTok erfolgreich kopiert und weiterentwickelt. Du kannst den *Reels-Editor* kostenlos nutzen. Einzige Voraussetzung ist hier ein eigener Instagram-Kanal. Bevor du ein bearbeitetes Reel hochlädst, kannst du es auf deinem Smartphone speichern, und du hast kein Wasserzeichen darin (siehe Abbildung 15.5). Veröffentlichst du das Reel jedoch und lädst es dann in deine Fotogalerie, ist es mit einem Wasserzeichen versehen.

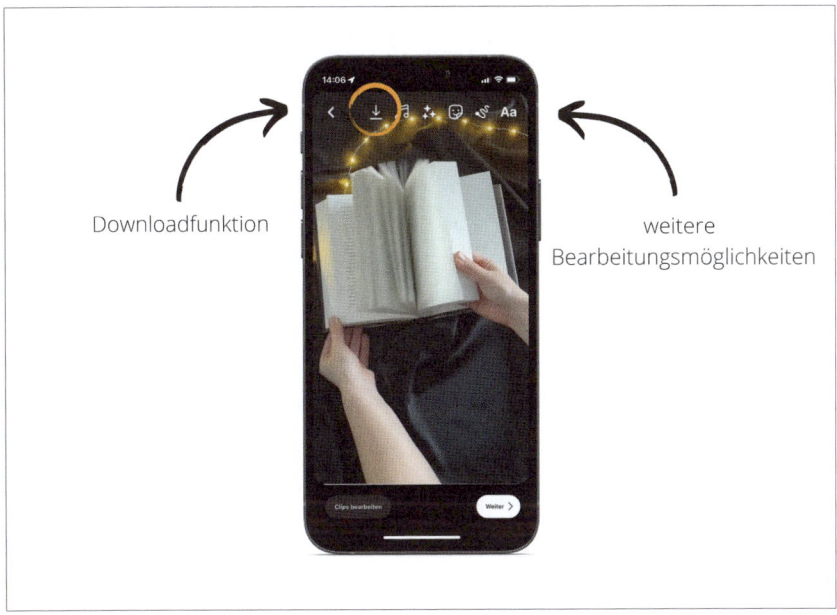

**Abbildung 15.5** Du kannst ein Video bei Instagram ohne Wasserzeichen abspeichern, wenn du es vor der Veröffentlichung herunterlädst.

Außerdem ist die Funktion, Texte einzublenden, besser und intuitiver zu bedienen als bei TikTok. Dort müssen Texte mindestens 1 Sekunde eingeblendet werden. Bei Reels können es auch nur wenige Millisekunden sein. Wenn du beispielsweise ein Video mit vielen Texteinblendungen erstellst, kann ich dir den Videoeditor von Instagram empfehlen.

## Adobe Premiere Rush

Für TikTok brauchst du kein aufwendiges Schnittprogramm wie beispielsweise *Adobe Premiere*, sondern du kannst mit der vereinfachten Version *Adobe Premiere Rush* arbeiten. Die App-Version dazu ist kostenlos, das Abo mit allen Funktionen kostet 11,99 € im Monat. Ich schneide damit am PC vor allem aufwendige *Transitions* und Übergänge. Das ist einfach viel genauer mit der Maus als mit dem Finger am Smartphone. In der App kann man dann ganz einfach die Videos hochladen und die Projekte werden automatisch mit der PC-Version synchronisiert. Einen Einblick in Premiere Rush erhälst du in Abbildung 15.6. Hier kannst du relativ einfach Videos hinzufügen, sie zusammenschneiden und auch beispielsweise mit Musik unterlegen.

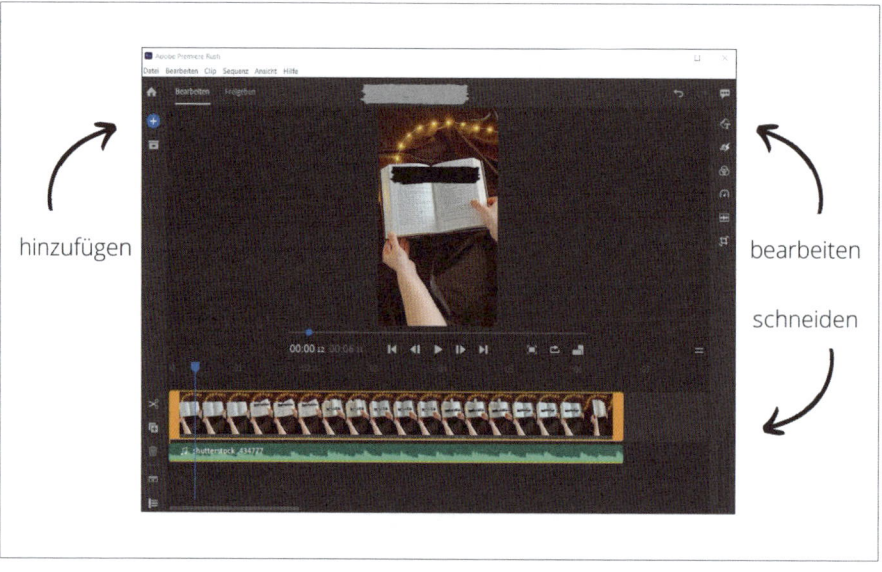

**Abbildung 15.6** Mit Adobe Premiere Rush kannst du Videos einfacher schneiden.

**CapCut, InShot und Videoleap**

Eine weitere Videoschnitt-App, die ich gerne nutze, ist *CapCut*. Sie ist kostenlos, und man kann super einfach Videoschnipsel und einzelne Fotos zu einem Video zusammenfügen und schneiden. Außerdem verfügt die App über eigene Filter und Effekte. Ich nutze sie am liebsten, wenn ich Videos schnell zusammenfügen muss, die keine aufwendigen Übergänge besitzen. Auch ist die Funktion, Videos rückwärts abzuspielen, einfach super. Videos mit *Greenscreen-Effekt* lassen sich hier ebenfalls einfach übereinanderlegen. Das bedeutet, dass du beispielsweise dich oder dein Produkt vor einem Greenscreen aufnimmst und den Hintergrund im Schnitt später austauschst.

So kannst du dich beispielsweise von deinem Aufnahmestudio an den Strand teleportieren. Wie du in CapCut weitere Videos ergänzt und einzelne Elemente rückwärts abspielen kannst, siehst du in Abbildung 15.7.

Die Apps *InShot* und *Videoleap* haben eigentlich die gleichen Funktionen wie Cap-Cut und ich kann auch sie nur empfehlen. Die Basisversionen sind kostenlos, die Pro-Version kostet 3,99 € bzw. 3,24 € im Monat. Probiere die Apps einfach mal aus und finde für dich heraus, mit welchen du am liebsten arbeitest!

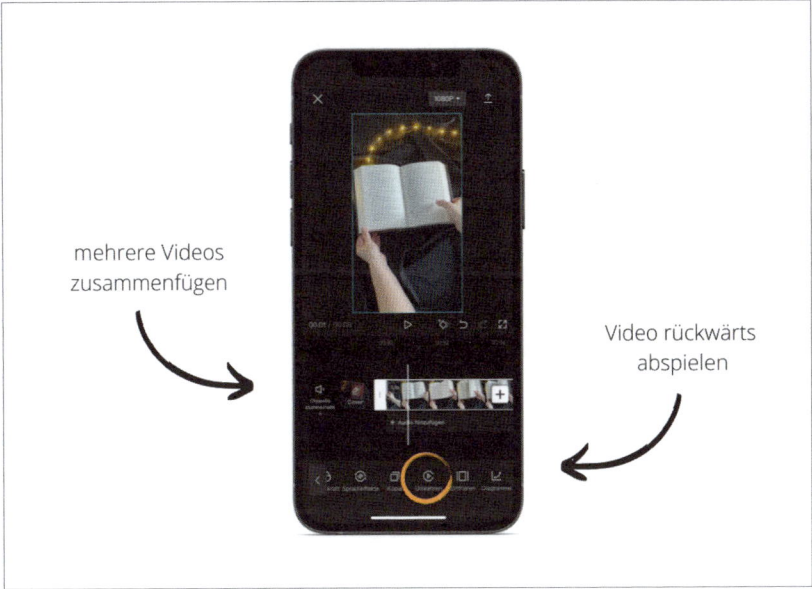

**Abbildung 15.7** Schneide deine Videos in der App CapCut.

## 15.3.2 Videogestaltung

Mit dem Videoschnitt ist deine Arbeit meist noch nicht getan. Du willst noch Texte, Effekte oder andere coole Elemente einfügen. Dafür habe ich dir noch drei Tools zusammengestellt, die ich verwende, um meine Videos aufzupeppen.

**Giphy**

Mittlerweile sind *GIFs* aus der Social-Media-Welt nicht mehr wegzudenken. Dafür hat vor allem auch *Giphy* gesorgt. Die Plattform für GIFs ist beispielsweise bei Instagram und auch bei TikTok integriert. Das bedeutet, dass du über die Sticker auf die Giphy-Datenbank zugreifst und deine GIFs so einbinden kannst. Bei Giphy selbst können Nutzer ihre eigenen GIFs hochladen, und es gibt auch eine eigene Rubrik für *Memes*. Über eine Hashtag-Suche sind die GIFs dann auffindbar.

Bei Giphy kannst du selbst eigene GIFs erstellen oder hochladen über den Upload- oder Create-Button. Erstelle so ganz einfach *Branded Sticker*! Ich nutze das beispielsweise, um Influencer-Kampagnen zu branden. Meist erstellen die Influencer*innen ihre eigenen Inhalte. Mit GIFs entsteht ein Wiedererkennungseffekt für deine Marke. Bei Giphy siehst du dann auch die Aufrufzahlen für deine Branded Sticker. Die sind meistens sehr hoch, da Giphy auf vielen Social-Media-Plattformen eingebunden ist. Zum Erscheinen des ersten Bandes von »Die Farm der fantastischen Tiere« vom Ravensburger Verlag haben wir beispielsweise einzelne Illustrationen aus dem Buch animiert. In Kooperation mit einigen Influencerinnen wurden diese dann via Instagram Stories geteilt. Die Sticker sind immer noch auffindbar unter dem Buchtitel-Hashtag (siehe Abbildung 15.8) und haben mittlerweile über 100.000 Aufrufe.

**Abbildung 15.8** Branded Sticker des Ravensburger Verlags bei Instagram

**Canva**

Die Grafikdesignplattform *Canva* ist offizieller Partner von TikTok und bietet viele Vorlagen zur Erstellung von TikToks. Die Plattform kann ich jedem Social Media Manager ans Herz legen, denn sie ist ein Multitalent und die Grafikerstellung ist dort ganz unkompliziert. Es gibt hier eine App und auch eine PC-Version, beide sind kostenlos. Die Pro-Version ist ab 109,99 € im Jahr erhältlich und kann auch monatlich abgerechnet werden. Gegen den Aufpreis kannst du viele nützliche Tools nutzen. Zum Beispiel stehen dir mehr Schriftarten, Stockmaterial und Vorlagen zur Verfügung. Außerdem kannst du z. B. bei Fotos automatisch den Hintergrund entfernen lassen und so Gegenstände oder Personen schnell freistellen. Die letzte Funktion kann ich persönlich sehr empfehlen, weil sie viel Zeit spart.

Canva eignet sich bisher weniger für den Videoschnitt. Am besten schneidest du deine Videos in einem anderen Programm und lädst das geschnittene Video dann bei Canva hoch, um beispielsweise kleine Videoanimationen einzubinden. Ich nutze es gerne, um sogenannte Chatanimationen zu erstellen. Das sind Videos, die aussehen wie ein Chat auf einem Smartphone, und sie sind ein beliebtes Format bei TikTok (siehe Abbildung 15.9). Du kannst beispielsweise auf diese Weise dein Produkt einblenden oder durch eine Animation einen CTA hervorheben, der beispielsweise zum Klick auf deine Website auffordert.

Canva verfügt außerdem über eine eigene Bild- und Videodatenbank. Das spart nicht nur Zeit, denn so kannst du in einem Tool zusätzlich auf Stockmaterial zugreifen.

15.3 Hilfreiche Tools und ihre Einsatzgebiete

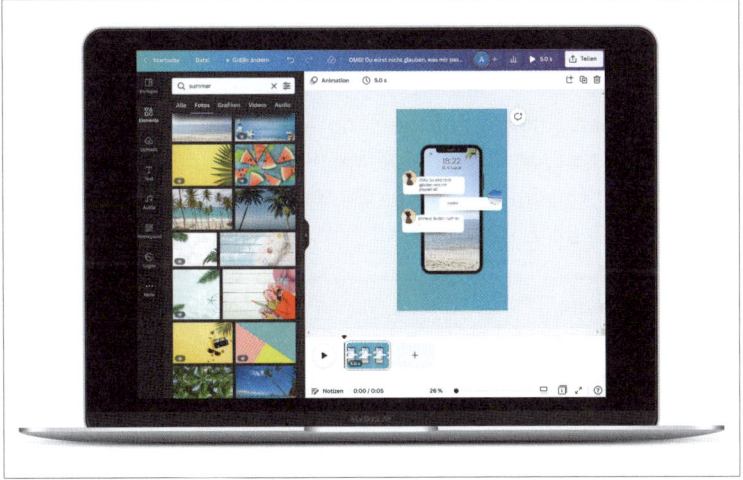

**Abbildung 15.9** Beispielhafte Chatanimation bei Canva: *www.canva.com*

**Mojo**

Eine gute Alternative zu Canva ist die App *Mojo*, die eigentlich für Instagram Stories optimiert ist. Mittlerweile gibt es dort aber auch unzählige Vorlagen, Sticker und Animationen für TikTok. Die App kostet 9,99 € im Monat. In Abbildung 15.10 siehst du, wie die Vorlagen für TikTok beispielsweise aussehen.

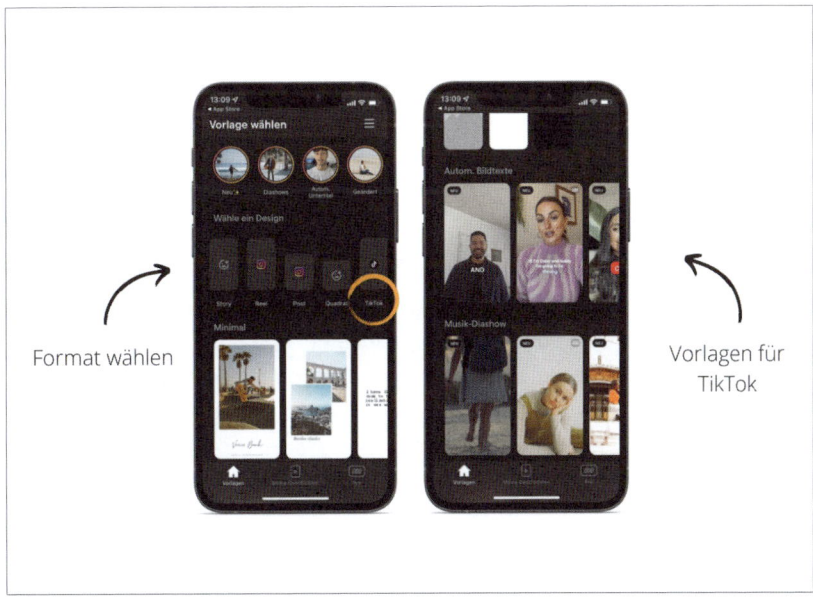

**Abbildung 15.10** Die App Mojo

### 15.3.3 Weitere Toolempfehlungen

In den vorgestellten Tools sind oft auch Sound-, Foto- und Videobibliotheken enthalten, die du für deine Videos nutzen kannst. Diese sind allerdings meist beschränkt und – wenn man eine feste Vorstellung von einer Szene hat – schnell erschöpft. Außerdem hat man nicht immer die Möglichkeit, alle Szenen selbst zu drehen. Dafür gibt es zum Glück Plattformen, die (meist kostenpflichtig) Videos, Sounds oder Fotos zur Verfügung stellen, sogenanntes Stockmaterial.

> **Plattformen für Stockmaterial**
>
> Bevor du dir die passenden Materialien herunterlädst, solltest du vorher noch mal einen Blick in die Nutzungsbedingungen und auf das Urheberrecht werfen. Gegebenenfalls kannst du beispielsweise Fotos oder Videos nur mit einer erweiterten Lizenz für Werbemaßen nutzen oder musst beispielsweise den Urheber nennen.
>
> Plattformen für Musiklizenzen:
> - Shutterstock, *www.shutterstock.com/de/music*
> - Premium Beat, *www.premiumbeat.com*
> - Artlist.io, *https://artlist.io*
>
> Plattformen für Foto- und Videomaterial:
> - Canva, *www.canva.com*
> - Shutterstock, *www.shutterstock.com/de*
> - Unsplash, *https://unsplash.com*
> - Adobe Stock, *https://stock.adobe.com*
> - iStock, *www.istockphoto.com*

## 15.4 TikTok-Workflow – alle wichtigen Aufgaben auf einen Blick

In der täglichen Arbeit ist es wichtig, Arbeitsabläufe festzulegen und zu optimieren. Dann kannst du mit einem optimalen Workflow deine Teamarbeit verbessern und alle Aufgaben erledigen, ohne Schritte zu vergessen. So hat jede*r im Team zugeteilte Aufgaben und sieht im Idealfall, was bereits erledigt wurde und wo noch Unterstützung benötigt wird.

### 15.4.1 Kanalaufbau

Die wichtigsten Schritte zu einem erfolgreichen TikTok-Kanal hast du bereits kennengelernt. In der folgenden Auflistung habe ich dir noch mal die wichtigsten

Punkte zusammengestellt, die für einen erfolgreichen Kanalaufbau wichtig sind und die du in deinem Projektmanagement unterbringen solltest.

**Die wichtigsten Aufgaben für einen erfolgreichen Kanalaufbau**

Erarbeite eine Strategie:
- Definiere deine Ziele für deinen Kanal!
- Leg deine Zielgruppe mithilfe einer Persona fest!
- Schau dir an, was deine Konkurrenz macht!
- Erstelle einen Redaktionsplan!
- Leg dabei wiederkehrende Formate und Regulars fest!
- Finde dein Markenzeichen!

Erstelle dein Profil:
- Leg ein Unternehmens- oder Erstellerkonto an!
- Schreib eine aussagekräftige Kanalbeschreibung!
- Vergiss das Impressum nicht!
- Lade ein Profilbild hoch!
- Richte eine zweistufige Authentifizierung ein!
- Verknüpfe deinen Instagram- oder deinen YouTube-Kanal

Erstelle dein erstes Video:
- Leg dir eine Liste mit relevanten Hashtags an!
- Richte dein Video-Set-up her!
- Nimm dein erstes Video auf!
- Werde kreativ und teste verschiedene Dinge aus!
- Lade dein erstes Video hoch!
- Lern deine Community kennen!
- Hab Spaß!

Mach eine Auswertung:
- Erstelle ein Reporting!
- Werte mithilfe der Analytics deine Ergebnisse aus!
- Optimiere deine Inhalte!
- Bleib dabei deiner Strategie und Positionierung treu!

### 15.4.2 File Management

Wenn du bereits Videos gedreht hast, kennst du folgende Probleme sicher auch: Wie bekommt man ein Video vom Aufnahmegerät auf den Laptop? Wie schicke ich Videos am besten zum Kunden oder an einen Kollegin vor dem Posten? Und wie speichere ich Videos, Videoschnipsel und Sounds richtig ab, um sie später eventuell wiederverwerten zu können? Diese Frage will ich dir natürlich gerne beantworten.

**Videos vom Aufnahmegerät transferieren**

Am einfachsten wäre hier natürlich die Nutzung von WhatsApp, Teams oder anderen Messengern, die sich auf beiden Geräten befinden. Leider ist es jedoch so, dass Messenger-Dienste oft die Qualität der versendeten Dateien herunterrechnen. Ich selbst nutze für einen Videotransfer ohne Qualitätsverlust Cloud-Systeme wie iCloud, Dropbox oder Sharepoint und kann das nur empfehlen. So kannst du dir am PC die entsprechenden Dateien einfach herunterladen und direkt auch richtig sichern.

**Videos richtig sichern**

Videomaterial kannst du später immer wieder gebrauchen, beispielsweise für einen Monatsrückblick oder um es für andere Social-Media-Plattformen aufzubereiten. Dafür sicherst du die Dateien aber nicht einfach wild auf deinem Smartphone, im Downloadordner oder in einem Ordner namens TikTok. So verlierst du schnell den Überblick. In meiner täglichen Arbeit macht es für mich am meisten Sinn, das Videomaterial in Ordnern zu sichern, die erst mal nach Kunden sortiert sind. Dann folgt der Projektname, das Jahr, der Monat und dann erst der Videotitel. Wichtig ist auch, die Videoschnipsel selbst zu benennen – nur so erkennst du, welches beispielsweise das finale Video ist, das später hochgeladen werden soll, und was das Rohmaterial.

**Videos versenden**

Egal, ob noch ein Kollege oder eine Kollegin das Video gegenprüft oder ob du es beispielsweise an einen Kunden zur Abnahme schicken möchtest – das Video muss irgendwie ankommen. Meist sind Videodateien jedoch viel zu groß, um sie via E-Mail zu versenden. Hier kannst du auch eine cloudbasierte Lösung nutzen und beispielsweise einen Ordner bei Dropbox oder Sharepoint freigeben. Ein weiteres Tool, um große Dateien zu versenden, ist auch z. B. WeTransfer.

### 15.4.3 Projektmanagement

»Wahnsinn! Da habe ich ja richtig zu tun! Was habe ich mir nur eingebrockt?«[2] Die Erkenntnis des deutschen Reality-Sternchens Kader Loth aus einem Interview ist mittlerweile bei TikTok zum Meme geworden. Und vielleicht hast du gerade denselben Gedanken, nachdem du die lange Aufgabenliste gesehen hast. Aber keine

---

[2] Den Sound bei TikTok findest du hier: *https://vm.tiktok.com/ZMLWjLcFH*

Sorge! Es gibt noch ein paar Tools, die dir auch im Projektmanagement helfen und dir die Arbeit abnehmen können.

**Arbeiten im Team mit Trello oder Asana**

*Trello* und *Asana* sind sogenannte Aufgabenverwaltungs-Onlinedienste und zählen zu den beliebtesten Tools, denn sie eignen sich besonders gut zum Arbeiten im Team, sind in der Grundversion kostenlos und einfach zu verstehen. Die Organisation erfolgt hier nämlich über sogenannte Boards, in denen Aufgaben und Listen angelegt werden können. Die einzelnen Aufgaben können dann zusätzlich mit weiteren Checklisten, Terminen, Bildern etc. versehen werden. Gleichzeitig werden so die Arbeitsprozesse protokolliert. Es gibt auch verschiedene Boards für Einsteiger, die als Vorlagen verwendet werden können (siehe Abbildung 15.11).

**Abbildung 15.11** Ein Board bei Trello (Quelle: *https://trello.com/de*)

Beide Tools eignen sich auch zum agilen Projektmanagement. Was das ist, erfährst du im nächsten Abschnitt.

**Agiles Projektmanagement mit Scrum**

*Agile Projektmanagementmethoden* sind vor allem in der IT- und Softwareentwicklung beliebt, werden aber auch bei projektbasierter Arbeit eingesetzt. Die einzelnen Arbeitsschritte sind hier *agil* – also dynamisch und flexibel anpassbar. Da das alles sehr abstrakt ist, erkläre ich es dir gerne noch genauer. In dem Unternehmen, in dem ich angestellt bin, arbeiten wir schon seit Jahren in fast allen Bereichen mit agilem Projektmanagement, also auch im Social Media Marketing. Das bietet sich an, da wir hier sehr projektbezogen arbeiten. Dafür verwenden wir das Tool *Redmine*. Dort werden einzelne Arbeitsschritte für jedes Projekt definiert und erstellt. Das kannst du dir vorstellen wie eine Aufgabenliste. Beauftragt mich beispielsweise ein Kunde, ein TikTok-Video zu erstellen, würde das in Redmine so aussehen wie in Abbildung 15.12.

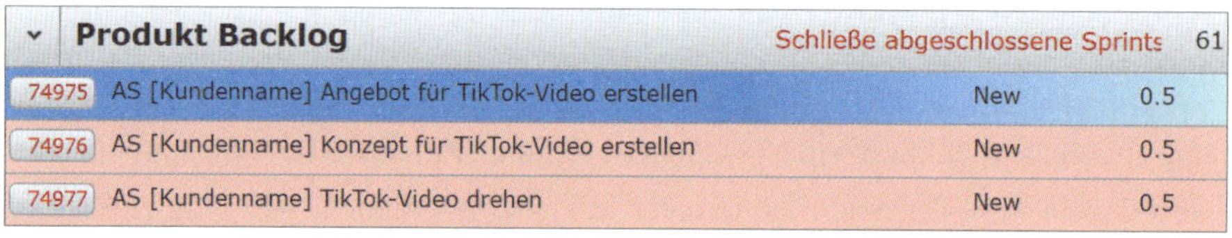

| Produkt Backlog | Schließe abgeschlossene Sprints | 61 |
|---|---|---|
| 74975 AS [Kundenname] Angebot für TikTok-Video erstellen | New | 0.5 |
| 74976 AS [Kundenname] Konzept für TikTok-Video erstellen | New | 0.5 |
| 74977 AS [Kundenname] TikTok-Video drehen | New | 0.5 |

**Abbildung 15.12** Die einzelnen Aufgaben zur Videoerstellung bei Redmine

Mein Team trifft sich dann jeden Montagmorgen zu einem Planungsmeeting. Dort werden die Aufgaben für die Woche verteilt. Hier werden also keine Grundsatzentscheidungen getroffen, sondern nur die aktuellen Aufgaben verteilt. Für die Moderation ist der Scrum-Master zuständig. Die einzelnen Aufgaben sind dabei priorisiert, sodass alle wissen, welche diese Woche auf jeden Fall erledigt werden müssen. Im Meeting werden die Aufgaben dann an die einzelnen Teammitglieder verteilt – das kann beispielsweise projektbasiert oder auch nach Themen und Stärken der einzelnen Teammitglieder geschehen. Die Zuteilung erfolgt bei uns dann durch das Namenskürzel, in meinem Fall AS. Gleichzeitig wird dabei der Aufwand der Aufgaben geschätzt. Dadurch wird gewährleistet, dass jede Person für die Woche nur so ausgelastet wird, wie sie auch verfügbar ist. Insgesamt ist diese Methode sehr strukturiert, fördert die Stärken des Teams und gewährleistet, dass keine Aufgaben vergessen werden.

### Videos vorplanen

Meistens erstellst du wahrscheinlich gleich mehrere TikTok-Videos an einem Tag. Idealerweise kannst du diese dann terminieren. Das bedeutet, sie gehen zum idealen Postingzeitpunkt online. Du musst dir also keinen Wecker auf Sonntag um 19 Uhr stellen, um noch schnell das Video zu veröffentlichen, das funktioniert dann ganz automatisch. Die TikTok-App selbst hat die Funktion leider nicht, in der Desktop-Version ist das aber mittlerweile möglich, wie in Abbildung 15.13 zu sehen ist.

**Tools von Drittanbietern zum Vorplanen von TikToks**
- SocialPilot, *www.socialpilot.co/social-media-scheduling/tiktok*
- Later, *https://later.com/tiktok*
- Loomly, *www.loomly.com*
- Crowdfire, *www.crowdfireapp.com*

## 15.4 TikTok-Workflow – alle wichtigen Aufgaben auf einen Blick

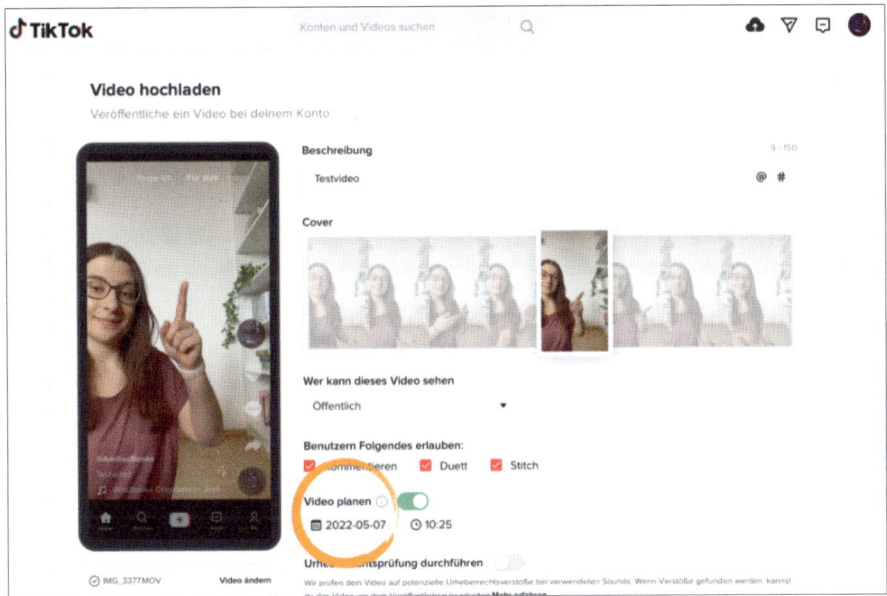

**Abbildung 15.13** Am PC oder Laptop kannst du TikToks planen.

### Deine tägliche TikTok-Routine

Mittlerweile hast du viel über die Plattform gelernt und die besten Tools für deinen Start auf TikTok kennengelernt. Jetzt habe ich dir noch eine Routine zusammengestellt, die dir einen Überblick darüber bietet, welche Aufgaben täglich auf dich zukommen.

Mit dem Hochladen und Teilen eines Videos ist deine Arbeit noch nicht getan. Du solltest – vor allem bei TikTok – noch weiter mit anderen Accounts und Videos interagieren, um deine Community zu pflegen und die neuesten Trends der Plattform zu erkennen:

1. Bei TikTok lädst du im Idealfall zwei bis drei Videos pro Tag hoch. Achte dabei auf die beste Uploadzeit – also wann deine Follower am aktivsten sind. Diese Info findest du in deinen Analytics. Alternativ lädst du deine Videos unter der Woche zwischen 18 und 20 Uhr hoch. Laut Hootsuite ist die beste Postingzeit donnerstags um 19 Uhr.[3] Am Wochenende postest du eher um die Mittagszeit, also zwischen 10 und 13 Uhr. Wichtig ist allerdings, dass du nicht alle Videos auf einmal hochlädst.

2. Täglich investierst du bis zu 30 Minuten, um mit anderen Accounts und Videos zu interagieren. Beantworte offene Fragen von Nutzern, reagiere auf Kommen-

---

3 Quelle: *https://blog.hootsuite.com/best-time-to-post-on-tiktok*

323

tare und prüfe deine DMs. Schaue auch aktiv Videos deiner Community, check dein Branded Hashtag oder such nach Content, der deinem ähnlich ist und interagiere damit! Das sind z. B. Videos von Influencer*innen deiner Branche. Werde hier durch einen Kommentar sichtbar!

3. Außerdem solltest du täglich bis zu 20 Minuten auf der For You Page verbringen, um die neuesten Trends zu entdecken und herauszufinden, was die Nutzer der Plattform gerade beschäftigt. Nur so kannst du selbst auf Trends aufspringen. Speichere Videos, die dich zu eigenen Ideen inspirieren, am besten auch gleich ab.

4. Nach dem Posten solltest du TikTok nicht schließen, sondern immer mal wieder die Benachrichtigungen checken. Nur so erfährst du, wie dein Video ankommt und kannst schnell auf Fragen und Kommentare reagieren.

5. Einmal in der Woche solltest du dann deine Videos auswerten und prüfen, wie gut sie bei der Community ankommen. Nur so kannst du herausfinden, welcher Content gut funktioniert. Außerdem solltest du nicht alle Videos vorproduzieren, sondern dir auch Platz für spontane Videodrehs freihalten. TikTok ist bekannt für seinen schnelllebigen Content, und hier sind schnelle Reaktionszeiten sehr wichtig.

Kapitel 16

# #GetItRight – TikTok aus rechtlicher Sicht

In diesem Kapitel werden die rechtlichen Aspekte von TikTok behandelt. Schwerpunkte liegen dabei auf den Fragen des Datenschutzes, des Urheber- und des Influencer-Rechts. Grundlage ist das deutsche Recht, wobei die meisten Aussagen wegen der Harmonisierung der geltenden Gesetze auch auf andere Länder, z. B. Österreich und die Schweiz, übertragen werden können.

Der Autor dieses Kapitels, Dr. jur. Thomas Schwenke, LL. M. (Auckland) ist Rechtsanwalt in Berlin, zertifizierter Datenschutzauditor, Experte für Marketingrecht und Anbieter der Plattform *Datenschutz-generator.de* (*drschwenke.de*).

---

**In diesem Kapitel lernst du Folgendes**
- Ist der Einsatz von TikTok datenschutzrechtlich zulässig?
- Wann darfst du fremde Bilder, Videos und Musik nutzen?
- Wann darfst du Aufnahmen von fremden Personen und Sachen posten?
- Wann musst du eine Werbekennzeichnung als Influencer platzieren?
- Wie darfst du Gewinnspiele veranstalten und fremde Marken nutzen?

---

## 16.1 Private und geschäftliche Nutzung von TikTok

Das Kapitel richtet sich vor allem an geschäftliche Nutzer und Nutzerinnen von TikTok. Daher behandelt es nicht nur Themen, die alle Nutzer betreffen, wie z. B. das Urheberrecht, sondern zusätzlich werden auch weitere und speziell für Unternehmen oder geschäftlich handelnde Influencerinnen und Influencer geltende Regeln berücksichtigt.

> **Checkliste: Geschäftliche Nutzung**
>
> Als geschäftlich gelten folgende Accounts:
> - von Unternehmen und Freiberuflern
> - von wirtschaftlich agierenden Vereinen
> - von Behörden und anderen staatlichen Einrichtungen
> - von Influencer*innen und generell allen Nutzern, die Kooperationen eingehen und dafür Geld oder kostenlose Produkte erhalten

## 16.2 Welches Recht und welche Regeln gelten bei TikTok?

Die Regeln für die Nutzung von TikTok finden sich zum einen in den gesetzlichen Vorgaben und zum anderen in den AGB von TikTok.[1] Für die erstellten Inhalte der Videos sind speziell die Community-Richtlinien relevant,[2] z. B. das Verbot von Nacktheit oder gefährlichen Handlungen. Im Fall von kommerziellen Inhalten gelten zudem spezielle Einschränkungen, die z. B. Influencer*innen Werbung für Alkohol, Tabak, Glücksspiele oder politische Parteien untersagen.[3] Bei Verstoß gegen diese Rechte behält sich TikTok eine Löschung der Inhalte, die Einschränkung der Rechte der Nutzer bis hin zu deren Kündigung oder gar Hausverbot vor. Wenn es zu einem Rechtsstreit mit TikTok kommen sollte, gilt das Recht des Landes, in dem die TikTok-Nutzer ihren Wohn- bzw. Geschäftssitz haben. Allerdings sollten Rechtsstreitigkeiten mit ausländischen Plattformen wie TikTok möglichst vermieden werden, da sie viele Jahre dauern, hohe Kosten verursachen und mit einem unerwarteten Ausgang enden können.

Zusätzlich zu den Nutzungsbedingungen von TikTok müssen die allgemein geltenden nationalen Gesetze beachtet und auch laut den AGB von TikTok eingehalten werden. Dazu gehören sowohl das Urheber- sowie das Marken- als auch das Wettbewerbs-, Verbraucher- und das Datenschutzrecht. Werden zudem Kunden im Ausland angesprochen, dann muss auch das Recht deren Landes beachtet werden, z. B. wenn ein deutsches Unternehmen österreichische Kunden in der Werbung ansprechen möchte.

Generell sind jedoch viele der Gesetze, vor allem das Verbraucher- und das Datenschutzrecht der EU sowie das Urheber- und Markenrecht weltweit harmonisiert.

---

1 AGBs von TikTok: *www.tiktok.com/legal/terms-of-service-eea*
2 Community-Richtlinen von TikTok: *www.tiktok.com/community-guidelines*
3 Einschränkungen bei TikTok: *www.tiktok.com/community-guidelines*

Das heißt, wenn du das deutsche oder österreichische Recht beachtest, dann ist das Risiko, Verstöße in anderen Ländern zu begehen, sehr gering.

**Checkliste: Geltendes Recht**

Es sind die folgenden Regeln und Gesetze zu beachten:
- die AGB und Richtlinien von TikTok
- die Gesetze des eigenen Sitzlandes
- die Gesetze des Landes/der Länder, in dem potenzielle Zielgruppen gezielt angesprochen werden

## 16.3 Datenschutz

Die folgenden Vorgaben der Datenschutz-Grundverordnung (DSGVO) gelten für geschäftliche Profile. Sie gelten nicht, wenn die TikTok-Profile ausschließlich privat genutzt werden. Allerdings kommt die DSGVO zumindest nach Ansicht der Aufsichtsbehörden bereits dann zur Anwendung, wenn z. B. Bildaufnahmen von Dritten im Internet veröffentlicht werden. In diesem Fall könnten sich die zu Unrecht Abgebildeten auch bei Privatpersonen auf die DSGVO berufen und z. B. Unterlassung, Schadensersatz und Erstattung von Anwaltskosten verlangen.

### 16.3.1 Datenübermittlung in die USA und Mitverantwortung

Einer der Hauptvorwürfe gegen TikTok besteht darin, dass das Unternehmen Daten in den USA verarbeitet und möglicherweise auch von China aus auf sie zugegriffen werden kann. Laut der DSGVO sind derartige Transfers von personenbezogenen Daten der EU-Bürger grundsätzlich verboten und verlangen spezielle Sicherheitsmaßnahmen, die z. B. vor Zugriff durch Geheimdienste der USA und staatliche Behörden Chinas schützen.

Ob TikTok die hinreichende Sicherheit bietet und Daten der Nutzer rechtmäßig verarbeitet, kann derzeit rechtlich nicht abschließend beantwortet werden. Aufgrund der sich schnell ändernden technischen Umstände, Gesetze und politischen Konstellationen stellt diese Unsicherheit einen Dauerzustand im Social Media Marketing dar, gewissermaßen ein Betriebsrisiko.

In einem solchen Fall muss über die Frage, ob ein TikTok-Account betrieben werden soll, auch auf Basis eines gewissen Risikos entschieden werden. Da die offenen Fragen höchstrichterlich noch nicht entschieden sind, kann aufgrund bisheriger Erfahrungen jedoch davon ausgegangen werden, dass keine Bußgelder verhängt werden. Wenn, dann ist eher damit zu rechnen, dass Datenschutzaufsichtsbehörden zuerst gegen öffentliche Stellen vorgehen und auch da einzelne Musterfälle auswählen würden. Als Worst Case droht die Untersagung des Weiterbetriebs des TikTok-Accounts. Dementsprechend sind auch Klagen von Mitbewerbern oder Nutzern wenig unwahrscheinlich. Allerdings muss die Rechtsentwicklung ständig im Auge behalten werden.

### 16.3.2 TikTok Pixel

Das TikTok Pixel ist ein Softwarecode, der in eine Website (oder App) eingebunden wird. Mithilfe des Pixels sowie Cookies werden anhand der Verhaltens- und Interessendaten der Nutzer Werbeprofile gebildet. So können Website-Betreiber z. B. TikTok Ads nur solchen TikTok-Nutzern anzeigen lassen, die ihre Website besucht haben oder den Website-Besuchern ähneln.

Das TikTok Pixel darf nur mit Einwilligung der Website-Besucher oder App-Nutzer eingesetzt werden. Die Einwilligung muss mittels eines sogenannten Cookie-Opt-in-Banners eingeholt werden. Dazu müssen die Nutzer schon im Rahmen des Banners über die Funktion des TikTok Pixels und die Speicherdauer der Cookies informiert werden. Darüber bestehen bei dessen Einsatz und im Hinblick auf das Risiko dieselben Unsicherheiten wie bei TikTok-Accounts, sodass auf die vorstehenden Ausführungen verwiesen werden kann.

### 16.3.3 Datenschutzerklärung und Impressum

Über den Betrieb des TikTok-Accounts sowie des TikTok Pixels muss zudem in der Datenschutzerklärung informiert werden. Dabei ist zu empfehlen, einen Link zu der eigenen Datenschutzerklärung gleich mit in die Profilbeschreibung aufzunehmen. Das Gleiche gilt für einen Link zum Impressum, das geschäftliche Social-Media-Profile laut mehrerer gerichtlicher Entscheidungen ebenfalls enthalten müssen.

Jedoch hat der Gesetzgeber das Risiko von Abmahnungen seitens der Mitbewerber erheblich gemindert. Daher lösen Abmahnungen zumindest bei Influencern und kleinen Unternehmen keine Kosten aus, und eine Pflicht zur Abgabe einer strafbewehrten Unterlassungserklärung entsteht erst ab der zweiten Warnung.

Allerdings stellt eine fehlende Datenschutzerklärung einen DSGVO-Verstoß dar, der z. B. einer Aufsichtsbehörde gemeldet werden und so zu einem aus Unternehmenssicht unnötigen Prüfverfahren führen kann. Um dieses zu vermeiden, sind Hinweise auf ein Impressum und die Datenschutzerklärung zu empfehlen.

TikTok bietet kein spezielles Feld, in dem das Impressum und die Datenschutzerklärung angegeben werden können. Jedoch kann auf das Impressum und die

Datenschutzhinweise auf der eigenen Website verlinkt werden. Nach Ansicht des Verfassers ist auch ein Link auf die Website ausreichend, wenn klar ist, dass dort Links zur Datenschutzerklärung und zum Impressum zu finden sind, z. B. »Impressum/Datenschutz: *https://beispieldomainXY.de/*«.

> **Checkliste: Datenschutz**
>
> - Die Zulässigkeit des Betriebs von TikTok-Profilen ist rechtlich unklar, das Risiko jedoch vertretbar.
> - Der Einsatz des TikTok Pixels darf nur mit Einwilligung der Nutzer erfolgen und ist rechtlich ebenfalls umstritten, aber vom Risikograd her vertretbar.
> - Ein Link zum Impressum und zur Datenschutzerklärung im Profil ist empfohlen, bei Influencern oder kleineren Unternehmen ist das Risiko jedoch insoweit gering, als zuerst mit einer kostenlosen Warnung zu rechnen ist.

## 16.4 Jugendschutz (Mitverantwortung für die Plattformen)

Bei geschäftsmäßigen Internetangeboten mit entwicklungsbeeinträchtigenden oder jugendgefährdenden Inhalten ist die Bestellung eines Jugendschutzbeauftragten gesetzlich vorgeschrieben. Als entwicklungsgefährdend gelten dabei besondere Gewaltdarstellungen, Diskriminierung oder stereotype Sexualdarstellungen. Da solche Inhalte bei TikTok jedoch bereits laut den Community-Richtlinien verboten sind, ist bei deren Beachtung kein Jugendschutzbeauftragter erforderlich.

> **Checkliste: Jugendschutz**
>
> Ein Jugendschutzbeauftragter ist nicht erforderlich, da die TikTok-AGB jugendgefährdende Inhalte verbieten.

## 16.5 Video- und Bildrechte (Urheberrecht: Bibliotheken, Stockmaterial, Remixes)

Bei einer Videoplattform wie TikTok muss vor allem das Urheberrecht (das Pendant im angelsächsischen Raum wird als »Copyright« bezeichnet) beachtet werden. Die folgenden Hinweise gehören zu den Basics des Urheberrechts und sollten vor allem von geschäftlichen TikTok-Nutzer*innen beachtet werden, um Abmahnungen und Schadensersatzzahlungen zu vermeiden.

### 16.5.1 Fotos, Videos, Musik und Texte – was wird geschützt?

Das Urheberrecht verbietet die Nutzung fremder Fotos, Videos, Musikstücke oder Texte (zusammen werden diese als »Werke« bezeichnet) sofern diese individuell-originell sind und daher eine hinreichende Schöpfungshöhe erreichen.

Allerdings sind die Hürden dieser Schöpfungshöhe gering. Zudem hat der Gesetzgeber sogenannte Leistungsschutzrechte geschaffen, die ihren Schutz auch ganz ohne diese Schöpfungshöhe entfalten. So sind, zumindest in Deutschland und Österreich, auch einfache Schnappschüsse oder Videos unabhängig von Qualität und Kreativität geschützt. Das gilt auch für Gesangs- und Tonaufnahmen.

Bei Texten sind zwar einzelne Wörter oder kurze und banale Sätze nicht geschützt, aber schon eine individuelle Textzeile eines Musikstücks oder (sofern kommerziell genutzt) Auszüge aus Presseveröffentlichungen können Urheberrechtsverstöße begründen. Wobei die Nutzung von Texten bei TikTok eine untergeordnete Rolle spielt und schon eine Zeitungsseite abgefilmt werden müsste, damit das Urheberrecht an Texten relevant wird.

Zusammenfassend solltest du zu deiner Sicherheit stets davon ausgehen, dass alle fremden Inhalte urheberrechtlich geschützt sind und ohne Zustimmung der Rechteinhaber (die auch als »Lizenzen« bezeichnet werden) nicht verwendet werden dürfen. Es sei denn, das Gesetz erlaubt die Nutzung, wie z. B. im Fall der in Abschnitt 16.5.3 und Abschnitt 16.5.4 besprochenen Zitate oder Parodien.

### 16.5.2 Durch TikTok vermittelte Lizenzen

Mit den Nutzungsbedingungen sorgt TikTok dafür, dass Nutzer, die Inhalte bei TikTok posten, sich zugleich mit deren Nutzung durch andere TikTok-Nutzer einverstanden erklären. Ebenso schließt TikTok Lizenzverträge mit Rechteinhabern, vor allem damit TikToks mit Musik oder Soundeffekten untermalt werden können.

Das gilt jedoch nur dann, wenn die fremden Inhalte mittels der von TikTok bereitgestellten Funktionen und auf TikTok genutzt werden. Wird z. B. ein TikTok mittels der Funktion des Smartphones abgefilmt und auf einer anderen Plattform hochgeladen, dann handelt es sich um einen Urheberrechtsverstoß.

Die TikTok-Lizenzen können auch nur für bestimmte Arten von Inhalten gelten. So dürfen z. B. für TikToks, die Werbezwecken dienen, nur Musikstücke aus der Kategorie »Commercial« verwendet werden.[4]

---

[4] »Richtlinien für Monetarisierung und Werbung bei TikTok«, *https://support.tiktok.com/de/business-and-creator/creator-and-business-accounts/branded-content-on-tiktok*

Bei den von TikTok bereitgestellten Musikstücken und Clips kannst du davon ausgehen, dass TikTok die zu deren Nutzung notwendigen Lizenzen erworben hat. Allerdings gelten diese Lizenzen nur für die Nutzung auf der Plattform TikTok.

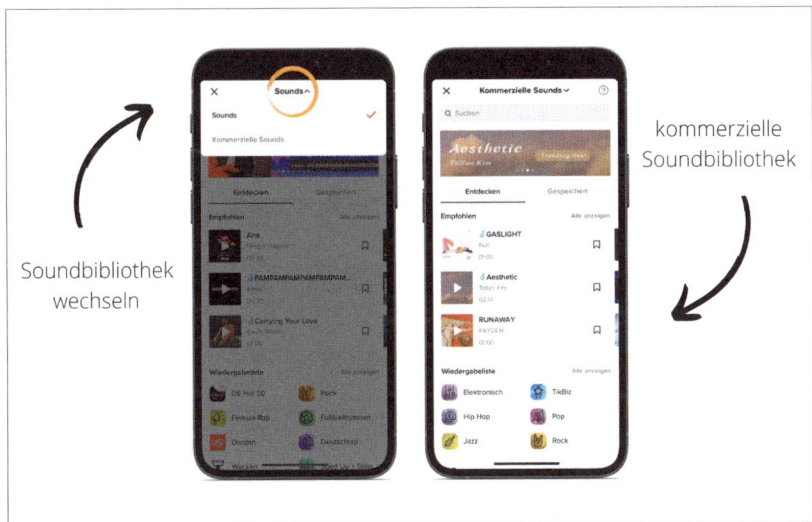

**Abbildung 16.1** Die Sounds aus der kommerziellen Soundbibliothek von TikTok kannst du für Videos auf der Plattform nutzen.

### 16.5.3 Gesetzliche Ausnahme: Zitatrecht

Das Zitatrecht erlaubt es, fremde Inhalte zu nutzen. Allerdings muss die Nutzung des fremden Inhalts notwendig sein, um eigene Gedanken und Ausführungen zu belegen (sogenannte Belegfunktion). Zum Beispiel darf eine Szene aus einem Film gezeigt werden, wenn er rezensiert wird. Oder es dürfen Szenen aus dem TV oder aus anderen TikTok-Videos verwendet werden, wenn fremde Aussagen kritisiert werden. Dagegen würde es nicht ausreichen, wenn der fremde Inhalt lediglich für lustig oder interessant befunden wird.

Zudem darf ein Zitat nur so lang sein, wie es als Beleg für die eigene geistige Auseinandersetzung erforderlich ist. Es gilt der Grundsatz »so viel wie nötig, so wenig wie möglich«. Wird z. B. die Aussage einer Person kritisiert, dann ist es an sich nicht notwendig, mehr als den Ausschnitt mit der Aussage zu zeigen. Der Rest muss mit eigenen Worten wiedergegeben werden.

Ferner muss stets die Quelle so genannt werden, dass sie gefunden werden kann (z. B. durch Nennung des Accounts, Datums, Links zur Quelle etc.).

### 16.5.4 Gesetzliche Ausnahme: Karikaturen, Parodien, Pastiches und Memes

Anders als beim Zitatrecht sind die Voraussetzungen des Rechts auf Karikatur, Parodie oder Pastiche nicht besonders hoch. Es reicht, dass das auf Grundlage fremder Inhalte geschaffene Werk der Belustigung dient.

Als Karikatur oder Parodie (beide Begriffe überschneiden sich häufig) werden dabei Darstellungen bezeichnet, die satirisch bestimmte charakteristische Züge einer Person, einer Sache oder eines Geschehens überzeichnen und der Belustigung oder gar Lächerlichkeit preisgeben. Der Begriff Pastiche umfasst z. B. Memes, Remixes, Mashups, Fan Fiction und Fan Art oder Samplings. Das Recht auf Karikatur, Parodie oder Pastiche erlaubt es z. B., einen Ausschnitt aus einem Film oder einem fremden Video als Hintergrund für einen eigenen Sketch zu übernehmen. Voraussetzung ist dabei jedoch, dass ein wahrnehmbarer Unterschied zu dem übernommenen Inhalt besteht. Das heißt, eine 1:1-Übernahme ist nicht zulässig, es muss z. B. ein eigener Inhalt dazu addiert oder der bestehende Inhalt verfremdet werden. Ebenfalls anders als beim Zitat muss die Quelle der Verfremdung nicht genannt werden.

### 16.5.5 Gesetzliche Ausnahme: Unwesentliches Beiwerk

Schließlich kann die Nutzung eines fremden Inhalts auch als ein sogenanntes unwesentliches Beiwerk zulässig sein. Um ein solches Beiwerk handelt es sich, wenn ein urheberrechtlich geschütztes Bild oder ein Musikstück zufällig in einem Video auftauchen und für das Video nicht prägend sind. Das heißt, das Bild oder Musikstück könnte entfernt werden, ohne dass es Relevanz für das Video hätte. Das ist der Fall, wenn, z. B. wenn ein Raum gefilmt wird, in dem Bilder an der Wand hängen oder Musik aus einem vorbeifahrenden Auto schallt. Kein unwesentliches Beiwerk läge dagegen vor, wenn explizit auf ein Bild gezoomt oder ein in einem Lokal laufendes Musikstück abgepasst werden würde.

### 16.5.6 Erwerb von Stockmaterial

Eine weitere Berechtigung zur Nutzung fremder Bilder oder Videos kann sich aus einer bei einem sogenannten Stockarchiv erworbenen Lizenz ergeben. Dabei müssen jedoch unbedingt die Lizenzbedingungen des Stockarchivs gelesen und beachtet werden.

Als erster Punkt muss geprüft werden, ob die Nutzung in Social Media explizit erlaubt ist. Denn Rechte an Stockinhalten dürfen grundsätzlich nicht auf Dritte übertragen werden. Da TikTok sich jedoch das Recht auf Nutzung der Inhalte der Nutzer in den AGB einräumen lässt (z. B. um sie anderen Nutzern bereitzustellen), würde der Upload bei TikTok sonst einen Verstoß gegen die Lizenzbedingungen des Stockarchivs darstellen. Des Weiteren sollten bei Stockmaterial Remixfunktionen der TikToks, wie z. B. die Erlaubnis von Duetten oder die Stich-Funktion, vor deren Veröffentlichung abgeschaltet werden.

Auch muss beachtet werden, für welche Art der Nutzung das Stockmaterial freigegeben ist. Zum Beispiel sind Aufnahmen von Prominenten auf die »redaktionelle Nutzung« beschränkt, d. h., die Aufnahmen dürfen nur für Zwecke der Berichterstattung eingesetzt werden, z. B. bei einem Kanal für Promi-News. Dagegen wäre die »kommerzielle Nutzung«, also Einsatz in einer Werbeanzeige oder in einem TikTok mit vergleichbarer Produktanpreisung nicht zulässig.

Auch die Pflicht zur Nennung der Urheber (in der Regel ist das der Fotograf oder die Videofilmerin) muss beachtet werden. Diese Pflicht besteht fast immer bei redaktioneller Nutzung und muss z. B. in der Beschreibung der TikToks oder direkt im hochgeladenen Video als eingeblendeter Text erfolgen. Bei kommerzieller Nutzung darf auf die Urhebernennung in der Regel verzichtet werden.

Zudem enthalten Lizenzbedingungen häufig Klauseln, die es untersagen, das Stockmaterial in einer Art und Weise zu nutzen, die für die Fotograf*innen oder Models abträglich sein könnte. Das wäre z. B. der Fall, wenn in einem TikTok eines Pharmaunternehmens behauptet würde, die abgebildete Person litte an einer Krankheit.

Da Lizenzbestimmungen umfangreich und häufig nicht eindeutig sind, empfiehlt es sich, bei den Stockarchiven zusätzlich direkt nachzufragen, ob die geplante Nutzung bei TikTok von der Lizenz gedeckt ist.

### 16.5.7 Vereinbarung einer individuellen Nutzungserlaubnis

Alternativ zum Erwerb von Stockmaterial können die Rechteinhaber auch direkt um eine Erlaubnis zur Nutzung ihrer Werke gebeten werden.

Eine Erlaubnis muss nicht zwingend schriftlich erfolgen und kann auch mündlich erteilt werden. Allerdings muss die Erlaubnis im Zweifel nachgewiesen werden, was am besten mit einer Niederschrift, Bestätigung in einer E-Mail oder Videoaufnahme der Einwilligung gelingt.

Zudem muss nicht nur nachgewiesen werden, dass eine Erlaubnis erteilt wurde, sondern auch, welche Reichweite sie hatte. Dabei gehen alle Zweifel zugunsten der Rechteinhaber. Daher sollte stets die beabsichtigte Nutzung dargelegt werden. Wichtig ist vor allem, wo das urheberrechtlich geschützte Werk genutzt wird, ob die Nutzung kommerziell erfolgt, ob Rechte gegenüber Dritten eingeräumt werden, ob eine Bearbeitung stattfindet und ob auf die Urhebernennung verzichtet werden darf.

Eine Erlaubnisanfrage, wenn ein Unternehmen z. B. auf die Nutzung seiner Produkte hinweisen möchte, könnte etwa lauten: »*Wir würden gerne Ihr Musikvideo innerhalb des TikTok-Kanals unseres Unternehmens nutzen und dabei etwas zuschneiden, um unseren Nutzern zu zeigen, wie gut unsere Gitarren klingen. Aus technischen Gründen würden wir auf die Urhebernennung verzichten. Bitte sagen Sie uns Bescheid, falls Sie das Video nicht selbst erstellt haben oder es nicht selbst im Video sind, da wir dann gerne bei den jeweilgen Urhebern bzw. abgebildeten Personen nachfragen würden*«.

Natürlich kann man die Formulierung abwandeln und z. B. die Nennung des Accounts anbieten.

Wichtig ist auch der letzte Satz, in dem sichergestellt wird, dass die Person die Erlaubnis erteilt, tatsächlich auch über die Rechte an der Aufnahme und dem Recht am eigenen Bild (dazu mehr im nächsten Abschnitt) verfügt. Denn im Urheberrecht gibt es keinen sogenannten »guten Glauben«. Das heißt, ein Urheberrechtsverstoß bzw. ein Verstoß gegen das Recht am eigenen Bild liegt auch dann vor, wenn man dachte zur Nutzung berechtigt zu sein.

### 16.5.8 Lizenzfreie Werke

Im Internet finden sich vielfach Angebote von Fotos, Videos oder Musikstücken, die als lizenzfrei bezeichnet und kostenlos angeboten werden. Diese Quellen sollten bei geschäftlicher Nutzung jedoch nur mit höchster Vorsicht genutzt werden. Denn sollte sich herausstellen, dass diese Werke urheberrechtlich doch geschützt sind, wird deren Nutzung abmahnbar sein. Denn wie im Abschnitt zuvor erläutert, zählt der gute Glaube, rechtmäßig zu handeln, im Urheberrecht nichts. Anders als bei kostenpflichtigen Stockarchiven geben die kostenlosen Archive auch keine Gewähr für die Rechtmäßigkeit der Nutzung der Werke. Das heißt, sie erstatten keine Kosten der Urheberrechtsverletzung aufgrund der von ihnen bereitgestellten Bilder oder Videos. Daher lohnt es sich bei kommerzieller Nutzung häufig doch, kostenpflichtiges Stockmaterial zu nutzen.

### 16.5.9 Abmahnungen und Uploadfilter

Wenn fremde Urheberrechte nicht beachtet werden, können die Rechteinhaber gegen die Nutzung mit einer Abmahnung vorgehen und Löschung, Ersatz der Anwaltskosten und Schadensersatz verlangen. Die Kosten richten sich nach der Reichweite des Kanals, Dauer der Nutzung oder dem, was der Rechteinhaber sonst an Lizenzgebühren verlangen könnte. Die Kosten können daher wenige hundert Euro bei unerlaubt verwendeten Inhalten von Privatpersonen oder ein paar tausend Euro bei professionellen Aufnahmen betragen.

Ferner müssen Plattformen wie TikTok über sogenannte Uploadfilter verfügen. Dazu übermitteln die Rechteinhaber eine Datenbank mit ihren Werken (z. B. Musikstücken oder Videos) und TikTok muss automatisch prüfen, ob diese in den Videos auftauchen. Wenn z. B. fremde Musikstücke oder Videos mehr als 15 Sekunden ausmachen, muss TikTok den Upload verweigern und die Nutzer fragen, warum sie denken, das Video hochladen zu dürfen (z. B. weil eine Stocklizenz erworben wurde oder es sich um eine Parodie handelt). Unter 15 Sekunden muss TikTok das Video hochladen, aber zugleich die Rechteinhaber auf den Upload hinweisen. Dieser kann wiederum die nachträgliche Sperrung verweigern. Die genauen technischen Angaben zu diesem Verfahren hält TikTok jedoch geheim.

---

**Checkliste: Urheberrecht**

Praktisch alle Bilder, Videos und Musikstücke sind urheberrechtlich geschützt. Aber sie dürfen in TikToks verwendet werden, wenn eine der folgenden Erlaubniskonstellationen vorliegt:

- Die von TikTok bereitgestellten Musikstücke und mittels der TikTok-Remix-funktionen zugänglichen Videoclips sind urheberrechtlich sicher nutzbar.
- Externe fremde Inhalte dürfen im Fall eines Zitats verwendet werden, wenn sie als Beleg für eigene Ausführungen notwendig sind (z. B. Film oder Personenkritik).
- Die Verwendung fremder Inhalte zu Parodiezwecken oder im Sinne von Memes ist urheberrechtlich zulässig.
- Fremde Bilder, Videos oder Musik, die nur zufällig und kurz in Aufnahmen auftauchen und genauso gut ersetzt oder entfernt werden könnten, sind als unwesentliche Beiwerke zulässig.
- Es wurde eine Stocklizenz erworben, die zur Nutzung der Stockinhalte in Social Media berechtigt. Kostenlos erhältliche Lizenzen bieten in der Regel keine Gewährleistung.
- Es wurde individuell eine Nutzungserlaubnis erteilt.

---

## 16.6 Abbildung von Personen und Sachen

Mindestens genauso wichtig wie die Urheberrechte sind die Persönlichkeits- und Datenschutzrechte der in Videos abgebildeten Personen. Auch in diesem Fall muss entweder deren Zustimmung (in dem Kontext als »Einwilligung« bezeichnet) oder eine gesetzliche Ausnahme vorliegen.

### 16.6.1 Erkennbarkeit

Die Aufnahmen von Personen sind dann problematisch, wenn die Personen auf den Bildern erkennbar sind. Allerdings muss nicht unbedingt das Gesicht der abgebildeten Person zu sehen sein. Auch ein Tattoo oder ein Namensschild können zur Erkennbarkeit führen. Ferner reicht es aus, dass die abgebildeten Personen nur von ihren Familien oder Freunden erkannt werden.

### 16.6.2 Einwilligung in die Aufnahme

Ebenso wie im Urheberrecht können Einwilligungen in Bildaufnahmen formlos, sogar durch bloßes Lächeln in die Kamera eingeholt werden. Doch weil sie im Zweifel nachgewiesen werden müssen, empfiehlt es sich, sie schriftlich oder sprachlich als Aufnahme einzuholen. Bereits bei Unklarheit sollte um eine Einwilligung bzw. deren Bestätigung, z. B. nachträglich per E-Mail, gebeten werden.

Genauso wie bei urheberrechtlich geschützten Werken muss auch im Hinblick auf Personenabbildungen dargelegt werden, wo, auf welche Art und zu welchen Zwecken die Aufnahme verwendet wird. Das heißt, nur wenn jemand in eine Kamera lächelt, heißt das nicht automatisch, dass die Person mit dem Upload einer Aufnahme auf TikTok einverstanden ist.

Der Nachteil einer Einwilligung liegt zudem darin, dass sie ohne Begründung und jederzeit widerrufen werden kann. Soll das Risiko vermieden werden, z. B. bei Nutzung von Personenabbildungen im Rahmen von Werbekampagnen, sollte ein Vertrag über die Nutzung der Abbildungen der Person (sogenanntes *Model-Release*) abgeschlossen werden. Beim Stockmaterial wird ein solches Model-Release in der Regel vorliegen.

Ferner ist zu beachten, dass minderjährige Personen erst ab einem bestimmten Alter wirksam in Bildaufnahmen einwilligen können. Dieses Alter ist gesetzlich nicht festgelegt und bestimmt sich nach der Fähigkeit der Minderjährigen, die Reichweite der Einwilligung und der Risiken für ihre Person nachvollziehen zu können. Als Daumenregel sollten die Einwilligenden jedoch nicht jünger als 16 Jahre alt sein. Ansonsten sollten nicht nur die Minderjährigen, sondern auch deren Erziehungsberechtigten, d. h. in der Regel die Eltern, zusätzlich eine nachweisbare Einwilligung abgeben.

### 16.6.3 Gesetzliche Ausnahmen von der Einwilligungspflicht

Vor allem bei Ereignissen und Außenaufnahmen kann die Einholung einer Einwilligung sehr umständlich sein. Daher hält das Gesetz Ausnahmen bereit, die das Fotografieren in solchen Fällen erleichtern sollen (§ 23 Kunsturhebergesetz (KUG)).

Zum einen sind Aufnahmen von Personen im Rahmen von zeitgeschichtlichen Ereignissen erlaubt. Die Art des Ereignisses ist nicht relevant, maßgeblich ist, dass die aufgenommenen Personen sich freiwillig in der Öffentlichkeit herausstellen.

Daher können z. B. Sportler oder Künstler und Redner auf Bühnen oder auch Ansprechpartner an einem politischen Stand in der Fußgängerzone gefilmt werden.

Ferner dürfen Aufnahmen von zusammengehörenden Gruppen bei öffentlichen Versammlungen, Aufzügen oder Umzügen gemacht werden. Eine Gruppe sollte mindestens drei Personen umfassen, die sich als solche verstehen, also nicht bloß zufällig zusammenstehen. Öffentlich bedeutet, dass jeder und jede Zugang zu dem Ereignis hatte. Das gilt auch, wenn ein Eintritt zu bezahlen ist. Erlaubt ist es z. B., Aufnahmen von Demonstrationen oder dem Publikum bei einem Kultur- oder Sportereignis zu machen (wobei hier das nachfolgend behandelte Hausrecht zu beachten ist). Private Events, wie z. B. eine interne Betriebsfeier, sind nicht öffentlich, sodass die Personen um eine Einwilligung gebeten werden müssen. Allerdings können Veranstalter bereits in einer Einladung darauf hinweisen, dass der Besuch einer Veranstaltung mit einer Einwilligung in die Aufnahmen verbunden ist (wobei hier genau über die Zwecke, zu denen die Aufnahmen genutzt werden sollen, informiert werden muss).

Ebenso dürfen Menschen aufgenommen werden, die lediglich unwesentliche Beiwerke einer Örtlichkeit oder Landschaft sind. Das heißt, die Personen sind zufällig im Bild und für die Aufnahme nicht prägend. Das sind typischerweise Menschen, die im Hintergrund durchs Bild laufen, wie es z. B. an beliebten Orten der Fall ist. Dagegen wäre z. B. die Aufnahme einer leicht bekleideten Person in einem Park nicht erlaubt. Zum einen wäre an der Zufälligkeit der Aufnahme zu zweifeln und zum anderen wäre diese Person für das Bild prägend.

### 16.6.4 Keine Privatsphärenverletzung und keine wirtschaftliche Ausbeutung

Die vorgenannten Ausnahmen greifen nicht, wenn die Privatsphäre der abgebildeten Personen oder deren Würde verletzt wird. So wäre z. B. die Aufnahme einer Person, die sich am Rande einer Tanzveranstaltung erleichtert oder volltrunken am Boden liegt, nicht erlaubt. Ebenso dürfen Menschen bei einer Trauerfeier nicht fotografiert werden. Auch darf der wirtschaftliche Wert der Personen nicht ausgebeutet werden. So darf die Aufnahme eines Popstars auf der Bühne zwar zu Zwecken der Berichterstattung über ein Konzert verwendet werden, aber nicht in einem Video, das für ein Unternehmensprodukt wirbt.

### 16.6.5 Bildfläche Mitarbeiter (Gesicht des Kanals)

Tauchen Mitarbeiter in Videos des Unternehmenskontos auf oder sind gar dessen »Gesicht«, müssen mit ihnen vorab datenschutzrechtliche Vereinbarungen getroffen werden. Im Optimalfall wird die Veröffentlichung ihrer Abbildungen in Videos auf TikTok (bzw. generell in Social Media) in die Leistungsbeschreibung ihres Arbeitsvertrages aufgenommen oder der Arbeitsvertrag wird entsprechend ergänzt. Dabei sollte auch gleich mit vereinbart werden, dass die Mitarbeiter die Urheberrechte an selbst erstellten Aufnahmen auf den Arbeitgeber übertragen. Anderenfalls kann jeweils separat eine Einwilligung der Mitarbeiter eingeholt werden. Steht die Pflicht, vor die Kamera zu treten, nicht im Arbeitsvertrag, dann kann sie verweigert werden. Zudem kann eine Einwilligung im Gegensatz zu einem Vertrag jederzeit grundlos widerrufen werden, wodurch die Videos mit diesen Mitarbeitern gelöscht werden müssten. Ist ein Betriebs- oder ein Personalrat vorhanden, dann muss er in die Entscheidung über die Eröffnung einer TikTok-Präsenz immer eingebunden werden.

### 16.6.6 Strafbarkeit, Abmahnung und Schadensersatz

Wenn Aufnahmen von Personen unerlaubterweise publiziert werden, drohen Abmahnungen und Schadensersatz, die je nach Kanalreichweite, Nutzungsdauer und Bekanntheit der Person die Zahlung von mehreren hundert bis mehreren tausend Euro bedeuten können. Ferner können die Aufgenommenen einen Strafantrag stellen, der zu einer Freiheitsstrafe von bis zu einem Jahr oder einer Geldstrafe führen kann (§ 33 KUG). Bei Aufnahmen von Personen, die hilflos sind (z. B. bei Autounfällen) oder dem Ansehen der abgebildeten Person erheblich schaden könnten (z. B. betrunkene oder entblößte Personen), erhöht sich das maximale Strafmaß auf bis zu zwei Jahre Freiheitsstrafe und wenn unbefugt nicht öffentliche Gespräche mit aufgezeichnet werden (z. B. bei heimlichen Aufnahmen) sogar auf bis zu drei Jahre Freiheitsstrafe.

---

**Checkliste: Abbildung von Personen**

Aufnahmen, auf denen anhand der körperlichen Merkmale oder sonstiger Umstände Personen erkennbar sind, dürfen nur in den folgenden Fällen veröffentlicht werden:

- Einwilligung der Betroffenen
- Model-Release bzw. Vereinbarung im Arbeitsvertrag
- Abbildung im Rahmen eines öffentlichen Ereignisses (Künstler oder Politiker auf Bühnen, Sportler in der Öffentlichkeit)
- Abbildung von zusammengehörenden Gruppen von mindestens drei Personen als Teil einer öffentlichen Versammlung (z. B. Demonstration)
- Person ist lediglich ein unwesentliches Beiwerk, das entfernt werden könnte, ohne die Wirkung der Aufnahme zu ändern.
- Es liegt keine Verletzung der Privatsphäre oder Abbildung in hilfloser Lage oder in einer für das Ansehen der Person abträglichen Situation sowie keine wirtschaftliche Ausbeutung der Person vor.

## 16.7 Aufnahmen von Sachen und Gebäuden

Fremde Gebäude und Sachen, wie z. B. Autos, Skulpturen oder Tiere (die wie Sachen behandelt werden), dürfen von öffentlichen Straßen und Plätzen aus aufgenommen werden.

Betritt man dagegen nicht öffentliche Grundstücke, gelten die Vorgaben der Hausrechtsinhaber. Bei Aufnahmen für geschäftliche Zwecke heißt das, dass grundsätzlich davon ausgegangen werden muss, dass Aufnahmen ohne deren Zustimmung verboten sind und dass nach einer Erlaubnis gefragt werden muss. Das gilt z. B. für Veranstaltungsorte, Messen, Bürogebäude, Zoos oder private Parks.

Diese Vorgaben sind in der Praxis häufig schwer umzusetzen und werden daher häufig durch eine Risikoabwägung ersetzt, bei der weniger auf das Recht, sondern auf mögliche Folgen geachtet wird. Diese Folgen können z. B. in einem Videoverbot und einer Löschpflicht (z. B. am Flughafen) oder gar zivil- oder strafrechtlichen Konsequenzen (z. B. unerlaubtes Filmen in Wohnungen) bestehen, oder es können Lizenzgebühren verlangt werden (z. B. in einem Zoo, wenn Aufnahmen von Tieren veröffentlicht werden, wofür Zoos häufig Lizenzgebühren für geschäftliche Nutzung verlangen). Auch bei Events und Messen solltest du dich am besten vorab erkundigen, ob Aufnahmen und deren Veröffentlichung bei TikTok erlaubt sind.

> **Checkliste: Abbildung von Sachen und Gebäuden**
> - Aufnahmen von öffentlichen Straßen und Plätzen aus sind erlaubt, darüber hinaus nur bei Einverständnis der Inhaber des Hausrechts.
> - Häufig handelt es sich um eine Risikoentscheidung, bei der mögliche Folgen bedacht werden sollten.

## 16.8 Influencer und Werbekennzeichnung

Das Gesetz definiert selbst nicht, wer Influencer ist. Es können alle Personen sein, die einen gewissen Einfluss auf die Meinungsbildung haben, unabhängig davon, ob sie Millionen oder nur wenige hundert Follower haben. Für das Gesetz ist nur relevant, dass kommerziell motivierte Inhalte immer als solche erkennbar sind (§ 6 Abs. 1 Nr. 1 Telemediengesetz, (TMG), § 5a Abs. 4 Gesetz gegen den unlauteren Wettbewerb (UWG), § 74 i. V. m. §§ 8, 10, 11, 72 Medienstaatsvertrag (MStV). Anderenfalls handelt es sich um Schleichwerbung, die zu Bußgeldern und Abmahnungen sowie Kosten von ca. 2.000 € und Vertragsstrafen von bis zu 5.000 € im Fall erneuter Schleichwerbung führen kann.

### 16.8.1 Kennzeichnungspflicht bei Entgelt und selbst erworbene Produkte

Kommerziell sind in jedem Fall Postings, für die Influencer direkt oder deren Agenturen eine Zahlung, kostenlose Produkte oder Reisen erhalten.

Wenn die Produkte oder Reisen selbst bezahlt wurden, kommt es darauf an, ob der Kanal geschäftlicher Natur ist. Wer seinen Kanal ausschließlich privat nutzt, also z. B. keine Kooperationen eingeht, muss bei der Vorstellung selbst erworbener Produkte keine Werbehinweise platzieren.

Bei geschäftlich tätigen Influencern kommt es darauf an, ob sie die Produkte sachlich ausgewogen (z. B. als einen Produkttest) vorstellen oder diese redaktionell als Teil ihres Lebens auftauchen (z. B. wenn das eigene Auto oder Mobiltelefon zu sehen sind). In diesem Fall ist keine Werbekennzeichnung erforderlich.

Werden die Produkte oder Unternehmen dagegen unkritisch, vor allem ihre Vorzüge hervorhebend, also werblich, vorgestellt, dann ist ein Werbehinweis erforderlich. Das gilt vor allem, wenn die Anbieter oder Produkte in der Videobeschreibung verlinkt werden. Die Gerichte begründen die Kennzeichnungspflicht damit, dass die Influencer zwar kein Entgelt erhalten, aber für ihre Fähigkeiten als Influencer werben. Nur wenn der geschäftliche Charakter des Kanals eindeutig erkennbar ist, erübrigt sich ein Werbehinweis. Der BGH nannte zwar keine festen Grenzen, bejahte einen erkennbar kommerziellen Charakter jedoch bei Influencerinnen mit 600.000 und 1,7 Millionen Followern (BGH, 09.09.2021 – I ZR 90/20, I ZR 125/20, I ZR 126/20).

### 16.8.2 Art der Werbekennzeichnung

Am sichersten ist die Verwendung der Begriffe »Anzeige« oder »Werbung«. Der englische Begriff »Ad« sollte nur dann verwendet werden, wenn der Kanal auf Englisch betrieben wird. Andere Begriffe, wie z. B. »Gesponsert« werden von Gerichten als nicht hinreichend deutlich abgelehnt (da der Begriff »Sponsoring« im Recht eine spezielle Bezeichnung für imagebildende Unterstützung ohne Hervorhebung bestimmter Produkte hat).

Der Werbehinweis muss einfach zu erkennen und daher gleich am Anfang der Videobeschreibung oder direkt im Video oder der Story als Text eingeblendet sein. Ein Werbehinweis allein in der Profilbeschreibung ist nicht ausreichend. Auch wäre ein gesprochener Werbehinweis, z. B. »Jetzt folgt Werbung«, nicht ausreichend, denn nicht alle Nutzer schauen Videos mit Ton.

### 16.8.3 Richtlinien für Monetarisierung und Werbung bei TikTok

Im Fall von kommerziellen Inhalten müssen neben den gesetzlichen Vorgaben auch die »Richtlinien für Monetarisierung und Werbung bei TikTok« beachtet werden.[5] Sie verlangen, dass diese Inhalte (bezeichnet als »Branded Content« oder auf Deutsch »Markeninhalte«) mittels einer Schaltfläche als solche gekennzeichnet werden. In diesem Fall wird die Beschreibung der Beiträge automatisch um einen von TikToK vorgegebenen Werbehinweis »Bezahlte Partnerschaft« ergänzt. Ob dieser Hinweis zugleich dazu führt, dass auf die oben empfohlenen Begriffe »Werbung« oder »Anzeige« verzichtet werden kann, wurde bisher gerichtlich nicht entschieden. Wer auf Nummer sicher gehen möchte, sollte die empfohlenen Begriffe zusätzlich am Anfang der Beitragsbeschreibung platzieren.

Ob die Nutzung des Begriffs »bezahlte Partnerschaft« den gesetzlichen Anforderungen an eine Werbekennzeichnung genügt, wurde bisher gerichtlich nicht bestätigt. Wer auf Nummer sicher gehen möchte, der sollte zusätzlich den Begriff »Werbung« oder wie im Beispiel »Anzeige« am Anfang der Beschreibung der TikToks platzieren.

**Abbildung 16.2** So markierst du eine Kooperation richtig.
Quelle: *https://vm.tiktok.com/ZMNbSs8fT*

---

5 *https://support.tiktok.com/de/business-and-creator/creator-and-business-accounts/branded-content-on-tiktok*

### 16.8.4 Influencer-Vertrag

Unternehmen, die mit Influencern kooperieren, sollten mit diesen Verträge abschließen. Inhaltlich sollten neben dem Leistungsumfang auch Vorgaben für die Werbekennzeichnung, die Art der Inhalte, für verwendete Begrifflichkeiten, Nutzungs- und Löschungsrechte an den erstellten Inhalten, die Erstellung von Rapports sowie Kündigungsregeln im Fall eines Fehlverhaltens oder eines Imagewandels, der dem Unternehmensimage schaden könnte, aufgenommen werden. Ebenso sollte ausdrücklich vereinbart werden, dass Influencer die von ihnen verursachten Kosten, z. B. im Fall von Abmahnungen wegen fehlender Werbekennzeichnung, ersetzen müssen.

### 16.8.5 Keine Pflicht zur Weberkennzeichnung bei Accounts von Unternehmen

Bei Accounts von Unternehmen ist der kommerzielle Charakter generell erkennbar, sodass deren Inhalte grundsätzlich keiner Werbekennzeichnung bedürfen. Es sei denn, die Kanäle sind redaktioneller Natur, z. B. wenn ein Unternehmen einen Kanal mit neutralen Produkttests betreiben würde. In dem Fall müssen bezahlte Inhalte, genauso wie in einem Verlagsprodukt, als Werbung gekennzeichnet werden.

### 16.8.6 Mitarbeiter als Corporate Influencer

Alle Mitarbeiter sollten darauf hingewiesen werden, dass sich ihr Verhalten in den sozialen Medien auch auf den Arbeitgeber auswirken kann (z. B. im Rahmen einer Social-Media-Richtlinie). Dabei sollten Mitarbeiter angehalten werden, nicht mit privaten Accounts im Namen des Arbeitgebers zu sprechen und z. B. negative Kommentare zu kontern oder Auskünfte zu den Produkten zu geben. Wenn dennoch der Arbeitgeber in einem Gespräch erwähnt werden sollte, dann sollte auf die Zugehörigkeit zum Unternehmen hingewiesen werden, um Schleichwerbung zu vermeiden. Ebenso sollte immer klar sein, dass die Mitarbeiter im eigenen Namen und nicht im Namen des Unternehmens sprechen.

Abweichungen können für besonders instruierte Mitarbeiter gemacht werden, mit denen eine Fürsprache für den Arbeitgeber auf deren privaten Kanälen vereinbart wird (sogenannte Corporate Influencer*innen). In diesem Fall sollte auch ein (Corporate-)Influencer-Vertrag mit den Mitarbeitern geschlossen werden. Dabei sollte den Beteiligten klar sein, dass der bis dato private Kanal des Mitarbeiters nun als geschäftlich anzusehen ist und damit denselben Gesetzen wie ein Unternehmen unterfallen wird. Ebenso werden in dem Fall ein Impressum und eine Datenschutzerklärung notwendig, wobei Mitarbeiter auf die entsprechenden Informationen des Arbeitgebers verlinken können. Dann jedoch muss es im Impressum und in der Datenschutzerklärung des Arbeitgebers stehen, dass sie auch für die entsprechenden Mitarbeiter-Accounts gelten.

> **Checkliste: Influencer**
>
> Das Gesetz definiert nicht, verlangt aber, dass kommerzielle TikToks stets als solche erkennbar sind:
>
> - Unmittelbarer oder mittelbarer Erhalt von Entgelt verpflichtet zur Werbekennzeichnung.
> - Anpreisende Vorstellung von Produkten durch geschäftlich tätige Influencer begründet eine Pflicht zur Werbekennzeichnung (außer bei Mega-Influencern).
> - Eine Werbekennzeichnung sollte mit den Begriffen »Werbung« und »Anzeige« bzw. bei englischsprachigen Accounts mit »Ad« im Video oder am Anfang der Beschreibung erfolgen.
> - Zusätzlich muss die TikTok-Funktion zur Kennzeichnung von Werbeinhalten verwendet werden.
> - Unternehmens-Accounts bedürfen grundsätzlich keiner Werbekennzeichnung.
> - Mitarbeiter, die für Arbeitgeber weben, müssen auf die Zugehörigkeit zu dem Unternehmen hinweisen.
> - Unternehmen haften für Influencer und sollten mit diesen Influencer-Verträge mit Regeln und Pflichten abschließen.

## 16.9 Namens- und Markenrechte

Namens- und Markenrechte sind für Unternehmen häufig von hohem Wert, da Kunden mit ihnen bestimmte Qualitätsvorstellungen, Produkte und generell das Image von Produkten und ihren Anbietern assoziieren. Daher werden Namens- und Markenrechte umfassend geschützt, und Verstöße sind besonders teuer. Schon die erste Abmahnung kann Kosten von bis zu 5.000 € oder mehr auslösen. Während Privatnutzer von dieser Problematik nur selten betroffen sind, ist bei geschäftlichen TikTok-Accounts zusätzlich das strenge Markenrecht anwendbar.

### 16.9.1 Welche Namen und Marken sind rechtlich geschützt?

Geschützt sind zum einen Eigennamen, zu denen insbesondere Namen von Prominenten oder Unternehmensnamen gehören. Ferner werden Markenlogos geschützt, Namen von Produkten. Auch sogenannte »Werktitel« können geschützt sein, wozu Titel von Büchern, Podcasts oder Titel von Fernsehsendungen gehören. Nicht geschützt sind rein beschreibende oder branchenübliche Begriffe. So wäre der Begriff »Social Media Podcast« als Marke nicht registrierungsfähig, da ansonsten die Alltagssprache beeinträchtigt wäre. Die Grenzen der Schutzfähigkeit sind jedoch fließend, sodass im Zweifel die Schutzfähigkeit angenommen und eine Rechtsberatung in Anspruch genommen werden sollte.

> **Tipp: Führe stets eine Marken-, Namen- und Titelrecherche durch**
> Vor jeder Nutzung von Fantasienamen oder Eigennamen sollte eine Recherche mittels einer Onlinesuchmaschine, im Markenregister (*www.tmdn.org/tmview*) und im Titelregister (*www.titelschutzanzeiger.de*) erfolgen.

### 16.9.2 Verwechslungsgefahr, Imagetransfer und Herabsetzung

Eigene Produkte und Leistungen dürfen nicht mit ähnlichen Produkten und Leistungen der Namens- oder Markenrechtsinhaber verwechselt werden. Eine Verwechslungsgefahr kann sich auch dann erheben, wenn zwar nicht identische, aber ähnlich geschriebene oder klingende Bezeichnungen verwendet werden. Wenn z. B. ein Onlinehändler seinen Shop »Amazonas« nennen sollte oder dessen Logo stilistisch dem Logo von Amazon ähneln würde, wäre das unzulässig. Auch sollte nicht der Eindruck einer Kooperation entstehen.

Bei bekannten Marken sollte auch ein Imagetransfer durch Bezugnahme auf diese Marken vermieden werden, z. B. wenn ein Fahrradverkäufer mit der Aussage »Unsere E-Bikes, der Porsche unter den Fahrrädern« werben würde. Als grobe Regel gelten Marken, die mehr als der Hälfte der Kundenzielgruppe bekannt sind, als bekannte Marken. Ebenso dürfen Marken nicht herabgesetzt werden, z. B. wenn Hundefutter »McDognals« genannt werden würde.

### 16.9.3 Typische Verstöße

Markenverstöße im Rahmen eines TikTok-Accounts können bereits bei der Benennung des Accounts oder der Wahl des Profilbildes erfolgen. Ferner kann auch die Nennung fremder Marken in der Videobeschreibung oder als Hashtag zu einem unerlaubten Imagetransfer führen. Daher solltest du auch den Inhalt der TikToks auf mögliche Verstöße prüfen. Problematisch kann auch die Nutzung von Markenprodukten im Inhalt sein, wenn sie nicht bloß redaktionell eingebunden sind. Redaktionell, d. h. »aus dem Alltag«, wäre ein Video, bei dem zu sehen ist, dass der Geschäftsführer eines Unternehmens ein eigenes oder gemietetes Luxusauto fährt. Würden dagegen die eigenen Produkte in einem Video auf der Motorhaube des Luxusautos gezeigt werden, könnte der Autohersteller dagegen wegen unerlaubten Imagetransfers und unter Umständen auch wegen Verwechslungsgefahr vorgehen.

### 16.9.4  Erlaubte Nutzung fremder Marken und Markenprodukte

Erlaubt ist eine Nutzung fremder Marken und Markenprodukte im Rahmen der Berichterstattung oder von Szenen aus dem Alltag, wie im Abschnitt zuvor beschrieben. Ebenso zulässig ist die Abbildung und Benennung von Markenprodukten, die verkauft oder verlost werden. Auch wenn Leistungen rund um die Marke oder Zubehör angeboten wird, darf darauf hingewiesen werden. Allerdings muss sich die Nutzung in Grenzen halten. Wenn der Hersteller Max Müller z. B. Zubehör für den Autohersteller Ferrari anbietet, darf er seinen Account ohne ausdrückliche Erlaubnis trotzdem nicht »Ferrari-Müller« nennen. Ferner ist Verballhornung von Marken und Produkten im Rahmen von Satire und Parodie zulässig. Das gilt zwar für einzelne Creators, aber nur selten für Unternehmen, die sich so über Mitbewerber lustig machen. Wenn, dann geschehen derartige Neckereien unter Marken häufig auf Grundlage eines informellen Einverständnisses, d. h. eines Gentleman Agreements, dessen man sich jedoch sehr sicher sein sollte.

> **Checkliste: Namens und Markenrechte**
> - Vor der Nutzung von Eigenbezeichnungen für Accounts sollte geprüft werden, ob sie nicht als Marken oder Unternehmensnamen geschützt sind.
> - Es sollte ohne Zustimmung kein Anschein der Kooperation mit Inhabern fremder Marken aufkommen.
> - Es sollte sich nicht das Image fremder Marken, z. B. durch Vergleiche eigener Produkte mit fremden Produkten oder Nutzung der Marken als Hashtags, zu eigen gemacht werden.
> - Ebenso sollten Marken von Mitbewerbern nicht herabgesetzt werden.
> - Zulässig ist die Nutzung fremder Marken, um auf Leistungen rund um die Marken zu verweisen oder Marken sowie Markenprodukte zu Zwecken des Verkaufs oder der Verlosung abzubilden bzw. zu benennen.
> - Zulässig ist auch, Markenprodukte als Teil des Alltags abzulichten (redaktionelle Nutzung).

## 16.10  Gewinnspiele und Wettbewerbe

TikTok selbst gibt keine speziellen Regeln für Gewinnspiele vor, verlangt jedoch, dass die gesetzlichen Vorgaben eingehalten werden.

Zu den gesetzlichen Vorgaben gehören vor allem verständliche Teilnahmebedingungen und Datenschutzhinweise. Hier ist zu empfehlen, auf reguläre Teilnahmebedingungen, die z. B. auf der eigenen Website gespeichert werden, per Link zu verweisen. Der Link sollte in der Videobeschreibung stehen und möglichst kurz sowie sprechend sein, z. B. *beispieladresseXY.de/teilnahmebedingungen* oder entsprechend eingeleitet werden »Teilnahmebedingungen und Datenschutz: *https://beispieladresseXY.de/tb*«.

Auf die Gewinnspielbedingungen kann in der Beschreibung der TikToks die URL der Teilnahmebedingungen aufgenommen werden. Die Webadresse sollte jedoch einfach merkbar sein, wie z. B. die eigene Domain mit der Unterseite */tb* oder */teilnahmebedingungen*.

**Abbildung 16.3** Verlinke die Teilnahmebedingungen nochmal in der Videobeschreibung wie zum Beispiel @libro. Quelle: *https://vm.tiktok.com/ZMNbSbR8V*

Die Teilnahmebedingungen sollten weitere Hinweise zu den Details, wie genaue Gewinnbeschreibungen, Teilnahmevoraussetzungen oder Gewährleistung sowie Datenschutzhinweise, beinhalten. Unbedingt erforderlich ist die Angabe, wann ein Gewinnspiel endet.

Sollen die Teilnehmer mit Namen genannt oder deren Beiträge anderweitig veröffentlicht werden, dann sollte dafür eine Einwilligung eingeholt werden. Der Einwilligungstext sollte jedoch nicht nur in den Teilnahmebedingungen stehen, sondern bereits in den Gewinnspielbeitrag aufgenommen werden, z. B.: »Die Gewinner werden mit Vornamen und/oder Accountnamen genannt, ihre Beiträge werden auf unseren Social-Media-Plattformen präsentiert.«

Ferner ist bei Gewinnspielen zu beachten, dass Influencer die Gewinnspiele als Werbung kennzeichnen sollten, wenn ihnen die verlosten Produkte kostenlos gestellt werden.

Die verlosten Produkte dürfen genannt und abgefilmt werden. Allerdings sollten keine fremden Produktaufnahmen (z. B. Auszug aus Herstellervideos) verwendet, sondern eigene Aufnahmen erstellt werden. Ansonsten kann es sich um einen Urheberrechtsverstoß handeln.

**Checkliste: Gewinnspiele**
- Die Angabe des Endes des Gewinnspiels ist erforderlich.
- Die Teilnahmebedingungen mit Datenschutzhinweisen sollten mittels Angabe der URL, über die sie abrufbar sind, mitgeteilt werden.
- Es sollten Einwilligungen in die Nennung der Namen und Veröffentlichung der Gewinnerbeiträge eingeholt werden.

## 16.11 Äußerungsrecht und Werbeaussagen

Die Meinungsfreiheit erlaubt grundsätzlich die Kundgabe jeder persönlichen Ansicht, auch wenn es sich um scharfe Kritik handelt. Die Grenze ist jedoch zum einen im Fall der Beleidigung oder einer Schmähung überschritten, d. h., wenn z. B. vulgäre, den Geltungswert einer Person oder eines Unternehmens herabsetzende Begriffe verwendet werden.

Ebenso verboten ist die Behauptung unwahrer Tatsachen. Tatsachen unterscheiden sich von Meinungen darin, dass sie nachweisbar sind. Zum Beispiel ist die Aussage, dass ein Essen im Restaurant nicht geschmeckt hat, eine zulässige Meinung, egal, für wie toll alle anderen Gäste das Essen hielten. Denn Meinungen sind subjektiv und können daher nicht unwahr sein. Die Aussage, dass die Speise in einem Restaurant angebrannt gewesen sei, ist im Gegensatz dazu eine nachzuweisende Tatsache. Den Nachweis muss führen, wer die Tatsache behauptet hat. Daher sollten nur Tatsachen behauptet werden, wenn sie z. B. durch Zeugen oder Videoaufnahmen bewiesen werden können. Zudem sollten möglichst häufig Ausdrücke, wie z. B. »ich meine«, »ich denke« etc. verwendet werden.

Vorsicht ist zudem bei Aussagen über Mitbewerber oder deren Produkte angebracht, z. B. bei Produktvergleichen. Zulässig ist nur der Vergleich objektiv nachweisbarer Tatsachen, die für die Kunden relevant sind, z. B. können der Preis oder der Umfang verglichen werden. Superlative und Behauptungen der Spitzenstellung sind nur zulässig, wenn sie nachgewiesen werden können (z. B. »das beliebteste Produkt« oder das »günstigste Angebot«).

Zudem existiert eine Vielzahl spezieller Vorgaben. So müssen bei Werbung für Fahrzeuge deren Verbrauchs- und Emissionswerte angegeben werden. Auch bei Nahrungsmitteln muss aufgepasst werden und darf z. B. nicht mit Begriffen aus dem Gesundheitsbereich, wie z. B. »Detox« oder »gesund«, geworben werden. Das gilt auch für Aussagen zur Umweltfreundlichkeit oder Nachhaltigkeit von Produkten. Unternehmen sollten Influencer daher genau instruieren, was sie sagen dürfen und was nicht, da sie für deren Aussagen mithaften und z. B. direkt von Mitbewerbern oder Verbraucherschützern abgemahnt werden können.

> **Checkliste: Äußerungsrecht und Werbeaussagen**
> - Meinungen sind auch in Form scharfer Kritik zulässig, solange sie keine Beleidigungen und Schmähungen darstellen.
> - Tatsachen sollten nur behauptet werden, wenn sie nachgewiesen werden können.
> - Zu Mitbewerbern oder deren Produkten sollten ohne rechtliche Prüfung von Unternehmen und deren Influencern am besten keine Kommentare abgegeben werden.
> - Unternehmen und deren Influencer sollten nicht nachweisbare Spitzenstellungsbehauptungen meiden (»das beste Produkt«, »das größte Unternehmen«).
> - Es müssen branchentypische Werbevorgaben und -verbote beachtet werden (Emissions- und Verbrauchsangaben bei Fahrzeugen oder gesundheitsbezogene Begriffe).

## 16.12 Haftung für Links, Kommentare und fremde Inhalte

Eine Haftung für verlinkte Inhalte liegt nur vor, wenn man sich diese zu eigen macht oder sogar von deren Inhalt geschäftlich profitieren möchte. Wer z. B. ein Produkt bewirbt und auf die Produktseite des Herstellers und dortige Angaben verweist, haftet für etwaige wettbewerbswidrige Behauptungen auf der verlinkten Webseite. Das gilt auch, wenn man zeigt, dass man die (rechtswidrigen) verlinkten Aussagen oder Inhalte gut findet.

Auch wenn fremde Inhalte in eigene Videos aufgenommen werden, geschieht dies unter Übernahme der Haftung. Das wäre z. B. der Fall, wenn Clips anderer Nutzer wettbewerbswidrige Behauptungen enthalten. So darf ein Privatnutzer behaupten, dass das Unternehmen X der Konkurrenz in allen Punkten überlegen ist. Würde diese Aussage vom Unternehmen X in einem TikTok-Video übernommen, dann wäre es ein Superlativ, der objektiv nachgewiesen werden müsste (was bei einer derart pauschalen Aussage kaum möglich wäre).

Bei Kommentaren gilt ein Haftungsprivileg. Das heißt, der Account-Inhaber haftet selbst und kann abgemahnt werden, wenn ihm der Rechtsverstoß mitgeteilt wurde (z. B. Nachricht mit Hinweis auf einen beleidigenden Kommentar) und dieser nicht unverzüglich gelöscht wurde. Unverzüglich heißt möglichst sofort, vor allem bei Beleidigungen. Zulässig ist es, zuvor den eigenen Rechtsbeistand zu kontaktieren, jedoch sollte dies nicht mehr als drei Tage dauern.

**Checkliste: Haftung für Links, Kommentare und fremde Inhalte**

- Für Links auf fremde Quellen haftet man grundsätzlich nicht, außer man zeigt sich mit verlinkten Inhalten solidarisch oder nutzt sie, um Produkte zu bewerben.
- Werden fremde Inhalte oder Aussagen in eigene TikToks aufgenommen, geht damit die Haftung für diese Inhalte einher.
- Für Kommentare der Nutzer gilt das Haftungsprivileg. Das heißt, die Haftung entsteht erst, wenn man die Kommentare trotz Hinweis auf deren Rechtswidrigkeit nicht löscht.

# Index

9GAG .................................................. 199

## A

Abbildung von Personen ..................... 338
Adobe Premiere Rush ......................... 313
Adobe Stock ........................................ 318
Ads ........................................................ 33
Ads-Manager ....................................... 260
Advertisement ..................................... 258
AGB ..................................................... 326
Agiles Projektmanagement ................. 321
Akustische Markenführung ................. 115
Algorithmus ... 24, 145, 151, 185, 187, 189
Analytics ................................. 73, 231, 241
Angepinnte Videos ............................. 229
Anschreiben ........................................ 139
Anzeigenmüdigkeit ............................. 249
App-Installation ........................... 265, 275
AR-Filter ........................... 174, 209, 211, 287
Artist.io ............................................... 318
Asana ................................................... 321
ASMR ................................................... 183
Aufgabenverwaltungs-Onlinedienst ..... 321
Aufmerksamkeit ............................. 97, 109
Aufnahmeort ....................................... 207
Augmented Reality ............................. 174
Auswertung ........................................ 245
Authentizität ................................. 54, 135

## B

Begleiter Modus .................................. 311
Beleuchtung ........................................ 207
Benchmark .......................................... 100
Benutzername ....................................... 77
Best Practice ......... 75, 110, 144, 148, 186,
  187, 221, 222, 246, 269, 282, 302, 303
Biografie ............................................... 79
Blauer Haken ........................................ 81
Blitz .................................................... 209
BookTok ..................... 18, 47, 69, 86, 111,
  122, 133, 149, 154, 289, 302

Brand Awareness .................................. 65
Branded Challenge .............................. 144
Branded Content ................................. 141
Branded Effect .................................... 287
Branded Hashtag .................................. 80
Branded Hashtag Challenge ......... 37, 285
Branded Sticker .................................. 315
Branded Takeover Ads .......................... 36
Branding ............................................. 222
Brand Loyalty ....................................... 69
Briefing ............................................... 139
Brutto-Reichweite ............................... 248
Budget .............................. 264, 266, 267
Business-Account ............................... 232
Business-Center .................................. 263
Business-Konto .............................. 72, 76
Bytedance ............................................. 50

## C

Call-to-Action ....................................... 33
Canva ..................... 117, 186, 316, 318
CapCut ................................................ 314
Challenge ...................................... 36, 96
Chatmoderation ................................. 164
Coins ................................................... 125
Commercial Music Library ................... 74
Community ........... 68, 198, 289, 290, 302
  #DIYTok .......................................... 293
  #MoneyTok ..................................... 293
  #SwiftTok ........................................ 294
  #WitchTok ....................................... 292
  LGBTQ+ ........................................... 291
Community-Aufbau ............................ 185
Community-Bindung .......................... 303
Community-Guidelines ...................... 296
Community-Interaktion ............... 265, 275
Community Management .............. 66, 295
Community Manager*in ..................... 295
Community Monitoring ...................... 303
Content ............................................... 167
  passender ......................................... 86
  planen .............................................. 87
  schnellebiger .................................... 32

351

Content Creator ................................. 121
Content-Formate ..................... 109, 176
Content-Kategorie ............................. 58
Content Marketing ................... 34, 202
Content-Planung ............................. 157
Content-Recycling ........................... 307
Content-Strategie ...................... 63, 184
Conversions ............................. 265, 275
Copyright ........................................ 329
Cover .............................................. 226
Creator .................................... 186, 251
Creator-Konto ................................... 72
Creator Next ................................... 124
CringeTok ....................................... 100
Crowdfire ....................................... 322
CTA ........................................ 196, 265
Custom Audience ........................... 269
Customer Journey ...................... 32, 85

## D

D'Amelio, Charli ............................... 32
Datenschutz ...................... 50, 327, 329
Datenschutzerklärung ..................... 328
Diamanten .............................. 125, 241
Digital Natives ................................. 21
Digital Wellbeing ............................ 309
Direct Message .............................. 297
DIY ................................................ 293
DMs ............................................... 297
Dogecoin ....................................... 293
Downloadcharts ............................... 50
Dropbox ......................................... 102
DSGVO ........................................... 327
Duett .................................. 144, 167, 301
Durchschnittliche Wiedergabezeit ....... 238

## E

Early Adopter ............................ 35, 42
Effect House .................................. 174
Effekte .................... 174, 209, 211, 214
 Facemorphing ........................... 214
 Gamification .............................. 216
 Greenscreen .............................. 216
Eindeutige Zuschauer .................... 240
Elevator Pitch ................................ 140

Empfehlungsmarketing .................... 33
Empfehlungssystem ....................... 146
Employer Branding ............. 48, 57, 66
Engagement ..................................... 67
Entdecken ........................................ 25
Equipment ..................................... 206
 Gimbal ...................................... 207
 Ringlicht ................................... 207
 Softbox ..................................... 207
 Stativ ........................................ 206
Erfolge
 messen ........................ 65, 231, 275
 vergleichen .............................. 244
Erfolgreiche Videos ......................... 92
Erreichte Personen ............. 238, 241, 248
Erstellerkonto ......................... 72, 232
Erzähltheorie ......................... 106, 109

## F

Facebook ..................... 40, 145, 277, 290
Fake-Check .................................... 134
Feed ................................. 23, 24, 145
Filter .............................. 209, 214, 287
Follower ......................... 236, 238, 242
Follower-Aktivität .......................... 239
Follow Page ..................................... 24
Format ....................... 30, 89, 92, 157
Formatideen .................................. 177
Formatvorgaben .................... 167, 281
For You Feed ................................... 59
For You Page ........... 23, 24, 33, 145, 187
Frequenz ............................... 249, 271

## G

Gaming .......................................... 159
Gehackter Account .......................... 83
Geltendes Recht ............................ 327
Gendern ........................................ 109
Generation Z ............................ 57, 257
Geräuschreduzierer ...................... 211
Gesamte Spielzeit .......................... 238
Geschäftliche Nutzung .................. 326
Geschlecht .................................... 239
Gesicht eines Kanals ..................... 114
Geteilt .......................................... 237

Gewinnspiel ............................................. 251
GIF ................................................. 199, 315
Giphy ...................................................... 315
Google Ads ............................................... 40
Google Analytics ............................. 62, 277
Google Tag Manager ........................... 277
Gründungsmythos ................................. 105

## H

Halbwertszeit .......................................... 32
Hashtag ................ 37, 118, 148, 164, 180, 185, 199, 200, 223, 225
  Branded Hashtags ............................. 149
  finden ................................................. 154
Hashtag-Challenge ................... 25, 97, 285
Heldenreise ............................................ 107
Hintergrund .......................................... 114
Homefeed ................................................ 24
Hook ....................................................... 187
Hubspot .................................................... 17
Hype ....................................................... 294
Hypeauditor .......................................... 134

## I

iCloud .................................................... 102
Ideen finden ........................................... 89
Impact .................................................... 198
Impressionen .............................. 241, 248
Impressum ............................................. 328
Impressumpflicht ................................... 80
In-App-Käufe ........................................... 47
Influencer ..................................... 121, 250
Influencer-Kooperation ......................... 97
Influencer Marketing ........... 121, 122, 130
InShot ..................................................... 314
Insiderwitz ............................................ 199
Insights .................................................... 73
Inspiration ................................... 50, 186
Instagram ....... 27, 113, 151, 152, 154, 155
  Reels ........................... 26, 27, 102, 244
  Stories ................................................ 174
Interaktionen ............................. 185, 243
Interaktionsrate .................. 38, 242, 295
Interview ................................................. 61
iStock ..................................................... 318

## J

Jugendschutz .............................. 50, 329

## K

Kamera, integrierte ............................. 312
Kamerafahrt ........................................ 207
Kampagne ........................................... 270
  optimieren ........................................ 276
  planen ............................................... 263
Kanal ........................................................ 71
Kanalbeschreibung ................................ 79
Käufer-Persona ............................... 60, 62
Kennzahlen .......................................... 241
Key Perfomance Indicator ................. 231
Keyword-Filter ..................................... 161
Kommentar .............. 161, 236, 237, 297
  anheften ........................................... 298
Kommentarspalte ............................... 297
Kommerzielle Musikbibliothek ............. 144
Kontaktmöglichkeiten ........................... 80
Konto ....................................................... 71
Kooperation ......................................... 135
Körpersprache ..................................... 116
KPI ............................................ 231, 273, 275
Kreativitätsfond ................................... 124
Kreativzentrum ...................................... 73
Kritik ..................................................... 303
Kundenbeispiel ................................... 105
Kundenbindung .................................... 69

## L

Lampenfieber ....................................... 165
Leadgenerierung ...................... 265, 275
Leads .................................................... 261
Lernphase ................................. 273, 276
LGBTQ+ .............................................. 291
Likes ........................................... 236, 237
Linkliste ................................................... 81
Lip-Sync .................................... 178, 182
Lip-Sync-Videos ................................. 179
Live ........................... 24, 158, 236, 240
Liveauftritt planen ............................. 164
Live-Content-Kategorien .................... 164
Liveevent .............................................. 163

353

Livegeschenke .................................. 126
Live Q&A Suite .................................. 161
Livestreaming .................................. 158
Lizenzfreie Werke .............................. 334
Loomly ............................................ 322
Loop ............................................... 194

## M

Makro-Influencer ............................... 132
Markenbekanntheit ....................... 35, 65
Markenbotschafter ............................ 137
Markenimage ..................................... 44
Markenloyalität .................................. 69
Markenmomente ................................ 37
Markenzeichen ................................. 113
Mediabudget ................................... 266
Meme ........................ 118, 179, 197, 315
Meme Generator .............................. 202
Meta ................................................. 40
Mikro-Influencer ............................... 132
Millennials ................................. 56, 257
Mobile Filming ................................. 207
Mobile-First-App ................................ 23
Model-Release ................................. 336
Mojo .............................................. 317
Monetarisierung ............................... 124
MoneyTok ....................................... 293
musical.ly ......................................... 22
Music Library .................................... 96
Musik ............................................. 211

## N

Nachrichten .................................... 297
Nano-Influencer ............................... 132
Netto-Reichweite .............................. 248
Neue Follower ................................. 238
Newsroom ........................................ 17
Nielsen-Formel ................................ 295
Nische ....................... 58, 100, 132, 186
Nischenthemen .......................... 35, 290
Noob .............................................. 198
Nutzer ....................................... 31, 52
   *sperren* .................................... 300
Nutzeransprache ............................. 189
Nutzungsbedingungen ...................... 326
Nutzungsdauer ............................ 32, 53

## O

Öffentliches Profil .............................. 72
Onlinerecherche ................................ 62
Onlineshopping ................................. 46
Overview-Tab .................................. 235

## P

Pinterest .................................. 277, 308
Pitch .............................................. 140
Pixel .............................................. 277
Pointing TikTok .......................... 218, 220
Point of View .................................. 188
Postingkategorie ............................... 89
POV ............................................... 188
Premiere Rush ................................. 117
Premium Beat .................................. 318
Privates Profil ................................... 72
Pro-Account ..................................... 72
Produktplatzierung .................... 121, 135
Profil ............................................... 71
Profilaufrufe .................................... 236
Profilbeschreibung ............................. 80
Profilbild .......................................... 78
Projektmanagement .......................... 320

## Q

Q&A ....................................... 161, 299

## R

Reaction-Video ................................ 168
Recruitingmaßnahme ........................ 105
Redaktionsplan .......................... 87, 153
Reddit ..................................... 197, 199
Redmine ......................................... 322
Reels .......................................... 26, 45
Reels-Editor .................................... 313
Regelmäßigkeit ................................. 87
Regulars .......................................... 89
Reichweite ............ 38, 68, 185, 197, 241,
                  247, 265, 275, 289, 295
   *bezahlte* ............................... 248, 254
   *organische* ............ 38, 39, 202, 248, 249

# Index

Reichweite (Forts.)
   *steigern* ............................................. 252
   *verdiente* ........................................... 249
Reichweitensteigerung ........................... 38
Relevanz ................................................. 145
Reporting ...................................... 233, 245
Repost .......................................... 173, 301
ReUpload .................................................. 28
Rundfunklizenz ...................................... 165

## S

Sättigungseffekt ..................................... 271
Schnitte .................................................. 192
Scrollstopper ........................................... 42
Scrum ..................................................... 321
Selfservice-Plattform ............................. 260
Selfservice-Werbeplattform .................... 40
Set-up ..................................................... 206
Shadowban-Hashtags .......................... 155
Shares ..................................................... 236
Shazam ................................................... 213
Shitstorm ................................................ 304
Shopify ..................................................... 47
Shorts .......................................... 26, 30, 45
Shutterstock .......................................... 318
Sichtbarkeit ........................................... 300
Snapchat .................................... 27, 49, 174
Social Ads .............................................. 273
Social Commerce .................................. 257
Social Media Marketing ....................... 247
SocialPilot ............................................. 322
Social Shopping .................................... 257
Social Stories ............................... 109, 110
Sound-on-Plattform ................................ 38
Sounds ................... 74, 93, 144, 179, 181,
                        199, 211, 249, 251
   *Commercial Music Library* ................... 93
   *Soundbibliothek* ................................ 211
   *Text-to-Speech* .................................... 94
   *Toneffekte* ........................................... 95
Spam-Hashtags ..................................... 155
Spark Ads .............................................. 141
Spark AR ................................................ 174
Spotify .................................................... 186
Standort-Targeting ................................ 261
Stativ ..................................................... 207
Sticker ................................................... 211

Stimme ................................................... 115
Stitch ..................................... 144, 171, 301
Stockmaterial ........................................ 332
Story ...................................................... 176
Storytelling .................................... 103, 104
   *crossmediales* .................................. 106
   *traditionelles* ................................... 106
   *transmediales* .................................. 106
Strategie .................................................. 51
Streisand-Effekt .................................... 304
Suche ....................................................... 25
Suchmaschinenoptimierung .................. 79
Suchtfaktor .............................................. 22
Support ...................................... 66, 75, 82
SwiftTok ................................................. 294
Szenariokatalog ..................................... 303

## T

Takeover ................................................ 136
Targeting ................................................. 40
Tausend-Kontakt-Preis ......................... 247
TCM ............................................ 127, 132, 140
Technische Formate .............................. 167
Texteinblendungen ........................ 38, 218
Text-Overlays ....................... 211, 218, 282
Text-to-Speech-Funktion ...................... 221
Themenbaukasten .................................. 88
Thumbnail ............................................. 226
TikTok Ads .................................... 260, 308
TikTok-Ads-Manager ............................ 255
TikTok Business .................................... 248
TikTok-Community ............................... 290
TikTok Creator Marketplace ... 75, 127, 132
TikTok-Dance ........................ 177, 185, 294
TikTok Marketplace .............................. 127
TikTok Pixel .......................................... 328
TikTok-Schriften ................................... 117
Titelbild ............................... 163, 166, 226
Tools .................................... 154, 207, 282
Top-Gebiete .......................................... 239
Top View Ads ........................................ 286
Tracking ................................................ 266
Traffic .......................................... 265, 275
Transitions ................... 191, 192, 196, 218
Trello ..................................................... 321
Trends ..... 38, 98, 185, 186, 199, 249, 251
   *identifizieren* ..................................... 98

355

Trinkgeld ............................................... 126
Twitch ........................................... 16, 158
Twitter ....................................... 150, 173

## U

Übergänge ........................................... 192
Umfrage ................................................. 60
Unique Viewers .................................... 240
Unsplash .............................................. 318
Unternehmenskonto ............................. 72
   *einrichten* ......................................... 76
Untertitel ..................................... 92, 222
Untertitelfunktion ............................... 117
Uploadfilter ......................................... 334
Urheber ...................................... 100, 173
Urheberrecht .............................. 329, 335
User-generated Content ........... 49, 90, 96,
149, 301
USP ....................................................... 79

## V

Value .................................................. 191
Verifizierung ....................................... 113
Veröffentlichungszeit ............................ 90
Videoaufrufe ............... 236, 237, 241, 243,
248, 265
Videoaufrufe nach Abschnitt ................ 238
Videoaufrufe nach Region ................... 238
Videobeschreibung ............................. 225
Videoeditor ......................... 117, 207, 228
Videoeffekt .......................................... 211
Videogeschenke ................................. 125
Videoidee ........................................... 186
Videolänge ..................................... 21, 92
Videoleap ........................................... 314
Videoschrift ........................................ 117
Videotitel ............................................ 166
Video- und Bildrechte ........................ 329
Vierte Wand .......................................... 38

Viralität ............................................... 202
Virtual Reality ..................................... 174
Voiceover ................................... 184, 211

## W

Wachstumsrate ................................... 238
Wasserzeichen ............................ 28, 102
Watchtime ................................. 109, 203
Web Business Suite ............................. 75
Wenige Kommentare .......................... 243
Werbeanzeige ............................ 142, 255
Werbeanzeigenmanager ....................... 40
Werbekennzeichnung ................. 139, 340
Werbekonto ........................................ 263
Werbeplattform .................................. 270
Werbeschaltung ................................. 257
Werbevideo ........................................ 136
Wettbewerbsanalyse ........................... 100
Wiedererkennungswert ....................... 113
Wiedergabeliste ......................... 212, 229
Wiedergabezeit .................................. 148
Wiederkehrende Person(en) ............... 114
WitchTok ............................................ 292

## Y

YouTube ...................................... 30, 158
   *Shorts* ........................................ 26, 30

## Z

Ziel ............................... 65, 184, 264, 275
Zielgruppe .... 52, 53, 57, 60, 186, 251, 264
   *definieren* ....................................... 268
Zielgruppenanalyse ....................... 53, 60
Zielgruppenorientiert posten ................ 87
Zitatrecht ............................................ 331
Zweistufige Authentifizierung ............... 83

# Erfolgreiches Marketing mit Instagram

Instagram hat im Online-Marketing viel zu bieten: höhere Reichweite, mehr Interaktion und Sichtbarkeit für Produkte und Marke. Man muss aber wissen, wie gutes Visual Storytelling funktioniert! Anne Grabs, Co-Autorin des Bestsellers »Follow me!«, zeigt die Erfolgsfaktoren für Instagram auf: Fotoreihen konzipieren, Hashtags richtig nutzen, gute Geschichten erzählen, an denen man dranbleibt. Randvoll mit Content-Strategien und guten Ads-Kampagnen, ideal für Online-Marketer, Influencer, Unternehmer und Selbstständige.

472 Seiten, broschiert, in Farbe, 34,90 Euro, ISBN 978-3-8362-7952-9
www.rheinwerk-verlag.de/5210

# Gute Geschichten entfalten ein virales Potenzial

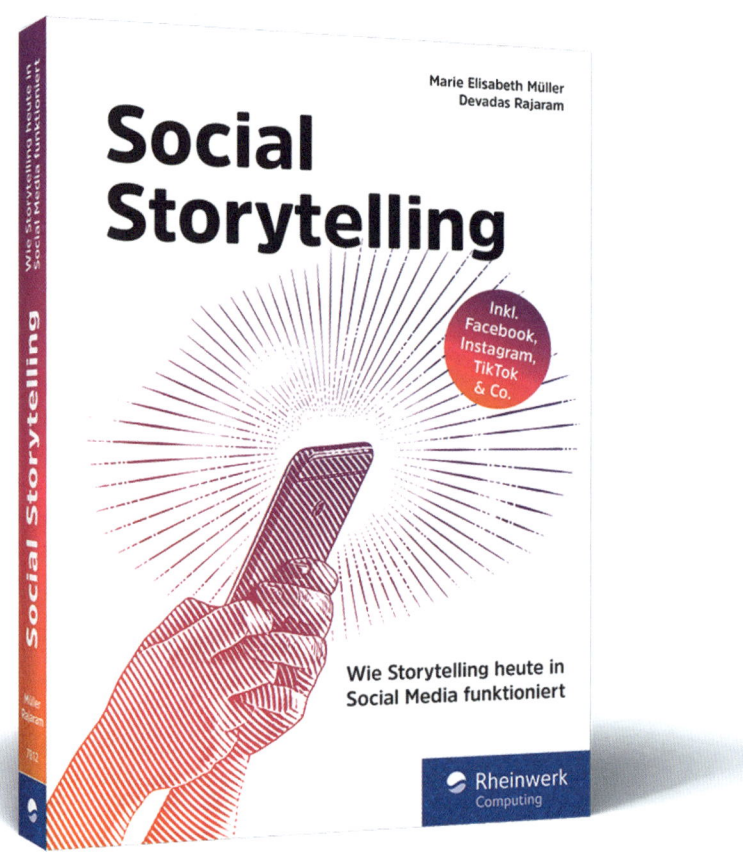

Mehr Aufmerksamkeit und Reichweite gewinnst du mit gutem Storytelling! Doch in den sozialen Netzen ticken die Uhren etwas anders. In diesem Buch gibt dir das Autorenteam einen Überblick über die Möglichkeiten, Anforderungen und Methoden des Social Storytellings. Du erfährst, wie du gute Geschichten und wertvollen Content erstellen, verarbeiten und für die PR-Arbeit nutzen kannst. Mit einfachen (aber effektiven!) und kostenlosen Mitteln lernst du, wie du mit deinen Storys auf Facebook, Instagram, TikTok und Co. begeisterst.

336 Seiten, broschiert, in Farbe, 29,90 Euro, ISBN 978-3-8362-7812-6
www.rheinwerk-verlag.de/5166

# Nutzen Sie KI in der Content Creation

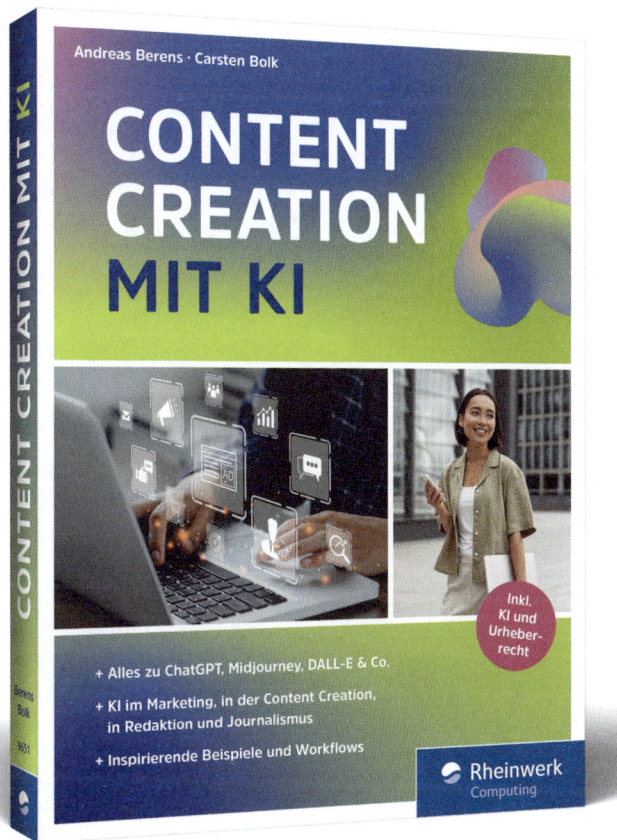

Social-Media-Posts automatisch erstellen und kommentieren, Titelseiten von Magazinen gestalten, Interviews vorbereiten, Recherchen anstellen, oder bessere Texte sowie Video- und Audio-Content von der KI erstellen lassen: ChatGPT, Jasper und Co. werden die Content-Erstellung in Zukunft grundlegend verändern. Erfahren Sie, wie Sie Texte generieren, Blog-Artikel schreiben, Übersetzungen redigieren, Bilder, Videos und Sounds erstellen oder Kreativitätsblockaden überwinden können. Und das alles mithilfe von Künstlicher Intelligenz!

314 Seiten, broschiert, 29,90 Euro, ISBN 978-3-8362-9651-9
www.rheinwerk-verlag.de/5744

# Rheinwerk Social Media Marketing Days

## Konferenz & Workshops

### FÜR MEHR PERFORMANCE IN DEINEN KANÄLEN

✓ Social Media Marketing von den Besten lernen

✓ Fachvorträge und Praxisworkshops

✓ Alle Konferenzvorträge exklusiv auf Video

✓ Tausche Dich mit Expert*innen aus

✓ 100 Prozent Rheinwerk

Alle Infos und Tickets:
**www.smmdays.de**